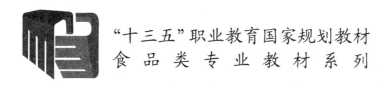

“十三五”职业教育国家规划教材

食品类专业教材系列

食品理化检验技术

（第二版）

主　编　杜淑霞　王一凡
副主编　罗海英　张越华　郑　琳

科学出版社

北京

内 容 简 介

本书根据职业教育培养高素质技术技能人才的培养目标,结合食品理化检验工作岗位的实际需求,遵循"必需、够用、实用"的原则编写而成。全书主要内容包括:绪论、食品理化检验质量保证、食品样品的采集和预处理、食品中一般理化指标的检验、食品中常见营养成分的检验、食品中污染物的检验、食品添加剂的检验、食品中农药残留和兽药残留的检验、食品中真菌毒素的检验、食品接触材料及制品的检验、食品标签的检验、食品中其他常见理化项目的检验。

本书可作为职业教育食品类专业及相关专业的教学用书,也可作为食品检验岗位培训和职业技能鉴定培训用书,还可供食品相关企业技术人员参考。

图书在版编目(CIP)数据

食品理化检验技术/杜淑霞,王一凡主编. —2 版. —北京:科学出版社,
2022.4

("十三五"职业教育国家规划教材·食品类专业教材系列)

ISBN 978-7-03-072035-1

Ⅰ. ①食… Ⅱ. ①杜… ②王… Ⅲ. ①食品检验-职业教育-教材
Ⅳ. ①TS207.3

中国版本图书馆 CIP 数据核字(2022)第 054742 号

责任编辑:王 彦 / 责任校对:赵丽杰
责任印制:吕春珉 / 封面设计:耕者设计工作室

斜 学 出 版 社 出版

北京东黄城根北街 16 号
邮政编码:100717
http://www.sciencep.com

新科印刷有限公司 印刷

科学出版社发行 各地新华书店经销

*

2019 年 2 月第 一 版　开本:787×1092　1/16
2022 年 4 月第 二 版　印张:19 1/4
2022 年 8 月第九次印刷　字数:440 000

定价:62.00 元

(如有印装质量问题,我社负责调换〈新科〉)

销售部电话 010-62136230　编辑部电话 010-62130750

第二版前言

《食品理化检验技术》教材入选为教育部"十三五"职业教育国家规划教材。本书保持了第一版教材的基本内容和特色，以我国食品安全国家标准为依据，从职业维度、知识维度和学习维度优化内容体系框架，选取的内容既考虑了食品理化检验工作岗位的实际需求，也考虑了职业院校学生专业技能大赛和1＋X证书相关知识、技能的考核要求，内容上真正体现了课、岗、证、赛的融合。结合食品理化检验技术的特点和职业院校学生的特征，本书遵循"明确目标、知识学习、问题思考、拓展训练"的编写思路，以标准解读、样品采集、检验操作、数据处理、结果判定、操作注意事项、实验室质量控制为主线进行编写，结构层次清晰，内容简洁明了。

食品理化检验新技术、新要求不断出现，检验方法的标准也不断更新，本次修订，编者依据最新的相关标准更正和丰富了教材内容，力求内容新颖，与时俱进。本书将检验方法的操作步骤制作成动画以二维码的形式展示，学习者可以通过手机扫描书中二维码，快速、直观地熟悉整个检验操作流程。

本书主要内容包括食品理化检验质量保证、食品样品的采集和预处理、食品中一般理化指标的检验、食品中常见营养成分的检验、食品中污染物的检验、食品添加剂的检验、食品中农药残留和兽药残留的检验、食品中真菌毒素的检验、食品接触材料及制品的检验、食品标签的检验、食品中其他常见理化项目的检验，此外，还包含了部分自主学习和拓展学习的内容。本书由杜淑霞、王一凡担任主编，罗海英、张越华、郑琳担任副主编，具体编写分工如下：杜淑霞、冯蕾编写绪论、第一章、第三章、第四章的第一节和第二节、第七章；王一凡编写第二章、第四章的第五节、第五章；罗海英、张越华编写第八章至第十一章；郑琳、王小博编写第四章的第三节和第四节、第六章。全书由杜淑霞统稿。

编者在编写本书的过程中参考了大量的文献资料，得到了许多同行的支持和帮助，在此一并表示衷心的感谢！

由于编者水平所限，书中难免存在不足与疏漏之处，恳请广大读者批评指正。

第一版前言

食品理化检验技术是食品类专业，特别是食品检验类专业的核心课程，目的是使学生掌握食品及相关产品中理化指标的检验方法，提高动手能力，能正确处理检测数据，并能根据检测结果和相关要求对产品的质量安全做出正确的判断。本书以 GB 14880—2012《食品安全国家标准　食品营养强化剂使用标准》、GB 2760—2014《食品安全国家标准　食品添加剂使用标准》、GB 2762—2017《食品安全国家标准　食品中污染物限量》、GB 2763—2019《食品安全国家标准　食品中农药最大残留限量》、GB 2761—2017《食品安全国家标准　食品中真菌毒素限量》等标准为参考，构建内容框架，以最新食品安全国家标准中的检验方法为依据，结合企业检验工作岗位的实际需求编写而成。本书架构合理，内容精练，重点突出。全书的内容不仅包括食品中一般理化指标的检验、食品中常见营养成分的检验、食品中污染物的检验、食品添加剂的检验、食品中农药残留和兽药残留的检验、食品中真菌毒素的检验，还将食品理化检验的基本原则和要求、食品理化检验质量的保证、食品样品的采集和预处理，以及食品接触材料及制品的检验、食品标签的检验等内容也纳入其中。为了培养学生自主学习的意识，提高其自主思维的能力，书中还安排了自主学习的内容（第十一章）。

本书由浅入深地介绍了食品及相关产品中常规理化指标的检验方法，同时选取糕点、面包等焙烤制品，酒及饮料类，乳及乳制品，肉及肉制品，调味品等典型食品中常规理化指标的检验为实训项目进行拓展训练，使学生在完成真实样品检验的过程中加深对检验方法原理的理解，在提高实际操作能力和数据处理能力的同时，熟悉企业检验岗位的工作流程、内容和要求，实现学习情境与工作情境的零距离对接。

本书由杜淑霞、王一凡担任主编，罗海英、郑琳担任副主编，具体编写分工如下：杜淑霞编写绪论、第一章、第三章、第四章的第一节和第二节、第七章；王一凡编写第二章、第四章的第五节、第五章；罗海英编写第八章至第十一章；郑琳、王小博编写第四章的第三节和第四节、第六章。全书由杜淑霞统稿。

编者在编写本书的过程中参考了大量的文献资料，得到了许多同行的支持和帮助，在此一并表示衷心的感谢！

由于食品理化检验的新技术、新方法、新标准不断出台和更新，加上编者水平有限，书中难免有疏漏之处，恳请广大读者批评指正。

目　　录

绪　　论

☞ **知识目标**　了解食品检验的任务和作用；熟悉食品理化检验的方法；熟悉食品检验相关的法律、法规和标准。

☞ **能力目标**　掌握食品理化检验的内容，能根据食品理化检验工作的内容和要求查阅食品检验相关标准及文献。

☞ **职业素养**　增强食品质量与安全意识，培养爱岗敬业的奉献精神。

一、食品检验的任务和作用

"民以食为天，食以安为先。"食品是人类赖以生存和发展的物质基础，食品是否安全直接关系着人民群众的身体健康与生命安全，关系着国民经济的健康发展与社会的和谐稳定。通常意义上的食品安全是指食品无毒、无害，符合应有的营养要求，对人体健康不造成任何急性、亚急性或者慢性危害。《中华人民共和国食品安全法》（简称《食品安全法》）指出，食品安全工作实行预防为主、风险管理、全程控制、社会共治，建立科学、严格的监督管理制度，而这一系列工作的开展离不开食品检验，判断食品是否安全就必须通过食品检验。食品检验是指食品检验机构指定检验人员依照有关法律、法规的规定，并按照食品安全标准和检验规范对食品进行检验，出具客观、公正的检验数据和结论，为食品安全工作提供技术支撑和科学依据。

食品检验工作贯穿于食品行业及食品相关行业产品的研发、生产、贮存、运输，以及食品安全监督管理及事故处置的各个环节。

（1）食品科学研究中离不开食品检验。食品新产品的开发和试制、新设备的使用、生产工艺的改进、产品包装的更新、贮运技术的提高等方面的研究，都需要以分析检验结果为依据。

（2）食品生产经营中离不开食品检验。通过检验，可以对原辅材料的质量进行把关，可以防止不合格的半成品流入下道工序，可以保证不合格的产品不出厂，可以判断食品在贮存、运输和销售过程中是否受到污染或发生品质变化。

（3）食品安全监督管理及事故处置过程中离不开食品检验。检验是食品安全监督管理过程中必不可少的环节，是食品安全执法工作重要的技术支撑。检验结果是评价食品是否安全的客观依据，也是为食品安全违法犯罪行为定性的重要判定依据。

（4）食品安全风险评估离不开食品检验。通过食品安全风险监测或者接到举报发现食品可能存在安全隐患时，在进行分析检验后才能确定是否需要进行食品安全风险评估，而食品安全风险评估结果又是制定、修订食品安全标准和实施食品安全监督管理的科学依据。

（5）进出口贸易离不开食品检验。通过检验，为进出口食品安全监督管理提供依据，做到严格把关、守住食品安全的底线，促进进出口贸易的健康发展。

二、食品理化检验的内容

按检验方法分类，食品检验包括感官检验、理化检验和微生物检验。理化检验是指运用物理、化学的基本理论和手段，借助某种测量工具或仪器设备对食品及相关产品所进行的检验。食品理化检验的主要内容包括：

（1）食品中一般理化指标的检验，如相对密度、折射率、旋光度、水分、灰分、酸度等的测定。

（2）食品中常见营养成分的检验，如脂肪、蛋白质与氨基酸、碳水化合物（糖类）、维生素、矿物质元素等的测定。

（3）食品中污染物的检验，如铅、镉、汞、砷、锡、镍、铬、亚硝酸盐、硝酸盐、苯并[a]芘、N-亚硝胺类化合物、多氯联苯、3-氯-1,2-丙二醇等的测定。

（4）食品添加剂的检验，如防腐剂、护色剂、漂白剂、甜味剂、抗氧化剂、合成着色剂等的测定。

（5）食品中真菌毒素的检验，如黄曲霉毒素 B_1、黄曲霉毒素 M_1、脱氧雪腐镰刀菌烯醇、展青霉素等的测定。

（6）食品中农药残留和兽药残留的检验。

（7）食品接触材料及制品的检验。

（8）食品标签的检验。

三、食品理化检验的方法

（1）物理检验法。物理检验法是指根据食品的一些物理指标（如密度、相对密度、折射率和旋光度等）与食品的组分及含量之间的关系对待测组分进行测定的方法。物理检验法简单、快速，在生产过程中应用较多。

（2）化学检验法。化学检验法是以物质的化学反应为基础，使被测成分在溶液中与试剂作用，由生成物的量或消耗试剂的量来确定组分和含量的方法。化学检验法是食品检验技术中最基础、最重要的方法，如食品中碳水化合物、蛋白质、酸类物质等的测定常常应用化学检验法。

（3）仪器检验法。仪器检验法是以物质的物理或物理化学性质为基础，利用光电仪器来测定物质含量的方法，如光谱分析法、色谱分析法、电化学分析法等。仪器检验法选择性好、灵敏度高，特别适合低含量组分的测定，如维生素、矿物质、添加剂、农药残留、兽药残留的测定大多是通过仪器检验法来完成的。

（4）酶检验法。酶检验法是利用酶反应进行物质定性、定量的方法。酶具有高效和专一的催化剂特征，而且酶所催化的化学反应一般是在较温和的条件下进行的。酶作为分析试剂应用于食品检验中，解决了从复杂组分中检测某一成分而不受或少受其他共存成分干扰的问题，具有简便、快速、准确、灵敏等优点。例如，利用淀粉酶可以测定淀粉的含量，利用葡萄糖氧化酶可以测定葡萄糖的含量。另外，酶还可用于真菌毒素、农药残留、兽药残留的快速检验。

随着科学技术的进步，各种食品检验的方法得到不断完善和改进，在保证检测结果准确度的前提下，食品检验技术向着微量、快速、自动化的方向发展，许多高灵敏度、高分辨率的分析仪器也越来越多地应用于食品分析检验中，为食品的研究与开发、食品的质量安全检验提供了强有力的手段。但随着食品污染源的增多及各种新型食品添加剂的出现，食品检验检测的任务越来越重，某些有害残留物、微量及痕量组分的检验方法和手段仍需不断研究和发展。

思考题

1. 食品检验的任务和作用是什么？
2. 食品理化检验主要包括哪些内容？

拓展学习

1. 了解以下食品及相关产品的国际化组织。

国际标准化组织（International Organization for Standardization，ISO）
联合国粮食及农业组织（Food and Agriculture Organization，FAO）
世界卫生组织（World Health Organization，WHO）
国际食品法典委员会（Codex Alimentarius Commission，CAC）
国际乳品联合会（International Dairy Federation，IDF）
国际葡萄与葡萄酒组织（International Organization of Vine and Wine，OIV）
美国分析化学家协会（Association of Official Analytical Chemists，AOAC）

2. 查阅并了解以下与食品理化检验相关的国家标准。

GB/T 601—2016《化学试剂　标准滴定溶液的制备》
GB/T 602—2002《化学试剂　杂质测定用标准溶液的制备》
GB/T 603—2002《化学试剂　试验方法中所用制剂及制品的制备》
GB 2760—2014《食品安全国家标准　食品添加剂使用标准》
GB 2761—2017《食品安全国家标准　食品中真菌毒素限量》
GB 2762—2017《食品安全国家标准　食品中污染物限量》
GB 2763—2021《食品安全国家标准　食品中农药最大残留限量》
GB 31650—2019《食品安全国家标准　食品中兽药最大残留限量》

3. 检测和检验有何区别？

检测是指实验室对样品进行测试，得到样品的各项数据，但是并不对样品合格或不合格、质量好与坏等做出判断。

检验是指实验室对样品做出符合性的判断，判断过程中用到的数据可能是来自实验室中的测试结果，也可能是客户或者其他相关方提供的。

实验室根据自己的检测能力测试产品的各项技术指标，并根据测试数据及相关标准做出产品符合性的判断，这种既做检测又做判断的实验室称为检验检测机构。

第一章　食品理化检验质量保证

☞ **知识目标**　熟悉食品理化检验方法的基本原则和要求；掌握检验数据处理及分析结果表述的要求；了解检验检测实验室能力的通用要求；熟悉实验室质量监控的内容；掌握食品理化检验结果质量保证的措施和方法。

☞ **能力目标**　能正确配制、使用和保存各种试剂溶液；能按要求准备检验仪器设备并掌握其正确的使用和维护方法；能正确处理和分析检验数据；能够制定检验结果质量保证的措施，保证检验结果的准确性和可靠性。

☞ **职业素养**　树立"百年大计、质量为本"的意识，培养职业认同感。

第一节　食品理化检验方法的基本原则和要求

食品理化检验过程中各环节的操作都直接影响检验结果的质量，一定要掌握各个环节的基本原则和要求，并注意尽量避免错误，才能做好分析检验工作，得到准确可靠的检验结果。

一、检验方法的选择

检验方法有明确的适用范围，确定检验方法前首先应明确其对所检验食品的适用性，根据适用范围选择适宜的方法。当同一适用范围有两种或以上检验方法时，以第一法的标准方法为优先方法。如果未标明第一法的标准方法，其与其他方法属于并列关系，可根据所具备的条件及试样特性选择使用适宜的方法。

二、检验方法的要求

1. 试剂的要求及溶液组成的表示方法

1）试剂的要求

（1）检验方法中所使用的水，未注明其他要求时，均指蒸馏水或去离子水，水应符合 GB/T 6682—2008《分析实验室用水规格和试验方法》的要求。未指明溶液用何种溶剂配制时，均指水溶液。

（2）检验方法中未指明具体浓度的硫酸、硝酸、盐酸、氨水，其浓度均指市售试剂规格的浓度。

（3）配制溶液时所使用的试剂和溶剂纯度应符合检验项目的要求。应根据检验方法及对检验结果准确度的要求等选用不同纯度等级的化学试剂。除非另有说明，所用试剂均为分析纯。试剂瓶使用硬质玻璃瓶，一般碱液和金属溶液用聚乙烯瓶存放；需避光的试剂贮存在棕色瓶中。

2）溶液组成的表示方法

表示溶液组成的量和单位一般分为三大类：分数、比、浓度。

（1）用分数表示的量和单位。

质量分数：指溶液中溶质的质量与溶液的质量之比，也指混合物中某种物质质量占总质量的百分比，用符号 ω 表示。表示方法为"质量分数是 0.75"、"质量分数是 75%"或"质量分数是 5μg/g"等。

体积分数：指某物质的体积与总体积之比，用符号 φ 表示。表示方法为"体积分数是 0.75"、"体积分数是 75%"或"体积分数是 4.2mL/L"等。

（2）用比表示的量和单位。

体积比：指某物质的体积与另一物质的体积之比，用符号 Ψ 表示，体积比是无量纲量。液体试剂的混合体积份数可表示为（1＋1）、（4＋2＋1）等。

（3）用浓度表示的量和单位。

物质的量浓度：指某组分的物质的量除以相应的混合物的体积，或溶液中某组分的物质的量除以该溶液的体积，也可称为摩尔浓度，用符号 c 表示，常用单位为 mol/L。标准滴定溶液浓度以物质的量浓度表示。

质量浓度：指某组分的质量除以相应混合物的体积，用 ρ 表示，常用单位 g/L 或 mg/L 等表示。标准溶液和内标溶液的浓度应用克每升（g/L）或其分倍数表示，应说明配制方法，注明有效期和贮存条件。

另外，还有溶液稀释的表示方法。如果溶液由另一种特定溶液稀释配制，应按下列惯例表示："稀释 $V_1 \rightarrow V_2$"，表示将体积为 V_1 的特定溶液以某种方式稀释，最终混合物的总体积为 V_2；"稀释 $V_1 + V_2$"，表示将体积为 V_1 的特定溶液加到体积为 V_2 的溶液中。

2．样品取样的表述

1）称取和准确称取

称取：指用天平进行的称量操作，其准确度要求用数值的有效数字位数表示。如无特殊说明，"称取 20g……"指称量精确至 1g；"称取 20.0g……"指称量精确至 0.1g；"称取 20.00g……"指称量精确至 0.01g。所称取的试样的允许差应在规定量的 10%以内，如称取 2.0g，则称取质量可为 1.8～2.2g；如果要求更小的允许差，可在 5%以内，如称取 2.0g，则称取质量可为 1.9～2.1g。

准确称取：指用天平进行的称量操作，其准确度为 0.1mg 或 0.01mg。可表示为"准确称取 20g（精确至 0.1mg）……"。

2）量取和吸取

量取：指用量筒或量杯取液体物质的操作。

吸取：指用移液管或刻度吸（量）管取液体物质的操作。

3）定容

定容指将溶解后的试剂或溶液定量地移入指定容量的容量瓶内，并稀释至刻度。

4）液体的滴

液体的滴是指自 25mL 标准滴定管流下的 1 滴的量，在 20℃时 20 滴约相当于 1mL。

3．恒重

恒重指在规定的条件下，连续 2 次干燥或灼烧后称定的质量差异不超过相应标准的要求。

4．仪器和设备的要求

（1）玻璃量器：检验方法中所使用的滴定管、容量瓶、刻度吸管、比色管等计量量器均应符合国家相关规定，并经过计量检定合格。新购置的或试验使用后的量器均应彻底洗净后才能使用。

（2）控温设备：检验方法中所使用的高温炉、恒温干燥箱、恒温水浴锅等均应符合国家相关规定。

（3）测量仪器：定量分析设备应满足量值溯源要求，凡是需要检定或校验的仪器，如天平、酸度计、温度计、分光光度计、色谱仪、质谱仪等均应按国家有关规程进行测试和计量校准。检验方法中所列仪器为该方法所需要的主要仪器，一般实验室常用仪器不再列入。

5．空白试验

如果需要用空白试验去验证试剂的纯度或实验室环境和仪器的清洁度，应注明进行空白试验的所有条件。空白试验除不加试样外，应与试样测定平行进行，并采用相同的分析步骤，取相同量的试剂（滴定法中标准滴定溶液的用量除外）。

在某些情况下，不加试样可能导致空白试验条件与实际测定条件不同，影响检验方法的应用，此时可对空白试验的分析步骤进行必要的调整，但原则上仍应使空白试验与试样测定所用的试剂量相同。

三、分析结果的表述

（1）测定值的运算和有效数字的修约应符合 GB/T 8170—2008《数值修约规则与极限数值的表示和判定》等相关标准的规定。

（2）结果的表述：报告平行样的测定值的算术平均值，计算结果表示到小数点后的位数或有效位数应满足相关标准的要求。

（3）样品测定值应使用法定计量单位。

（4）如果分析结果在方法的检出限以下，可以用"未检出"表述分析结果，同时应注明检出限。

四、数据处理的要求

（1）食品理化检验中直接或间接测定的量，一般用数字表示，称为有效数字，它与数学中的"数"不同，仅表示量度的近似值。有效数字包括所有准确数字和最后 1 位可疑数字，如 0.0123 与 1.23 都为 3 位有效数字。当数字末端的"0"不作为有效数字时，要改写成用乘以 10^n 来表示，如 24 600 取 3 位有效数字，应写作 2.46×10^4。

（2）除有特殊规定外，一般可疑数字表示末位 1 个单位的误差。

（3）复杂运算时，其中间过程多保留 1 位有效数字，最后结果须取应有的位数。

（4）加减法计算的结果，其小数点以后保留的位数，应与参加运算各数中小数点后位数最少的相同。

（5）乘除法计算的结果，其有效数字保留的位数，应与参加运算各数中有效数字位数最少的相同。

（6）方法测定中按其仪器准确度确定了有效数字的位数后，先进行运算，运算后的数值再修约。

五、常用洗涤液的配制及使用方法

（1）重铬酸钾-浓硫酸溶液（100g/L）（洗涤液）：称取 100g 重铬酸钾于 1000mL 烧杯中，加入 100mL 水，稍微加热，使其溶解。把烧杯放于水盆中冷却后，慢慢加入硫酸，边加边用玻璃棒搅动，防止硫酸溅出，开始有沉淀析出，硫酸加到一定量时沉淀可溶解，最后加硫酸至溶液总体积为 1000mL。该洗涤液是强氧化剂，但氧化作用比较慢，直接接触器皿数分钟至数小时才有作用，待洗涤物取出后要用自来水充分冲洗 7～10 次，最后用蒸馏水淋洗 3 次。

（2）肥皂洗涤液、碱洗涤液、合成洗涤剂洗涤液：配制一定浓度，主要用于油脂和有机物的洗涤。

（3）氢氧化钾-乙醇洗涤液（100g/L）：取 100g 氢氧化钾，用 50mL 水溶解后，加乙醇至 1L。该洗涤液用于洗涤油垢、树脂等。

（4）酸性草酸或酸性羟胺洗涤液：称取 10g 草酸或 1g 盐酸羟胺，溶于 10mL 盐酸溶液（1+4）中。该洗涤液用于洗涤氧化性物质。对沾污在器皿上的氧化剂，酸性草酸洗涤液作用较慢，酸性羟胺洗涤液作用快且易洗净。

（5）硝酸洗涤液：常用体积比为（1+9）或（1+4），主要用于浸泡清洗测定金属离子时所使用的器皿。一般浸泡过夜，取出用自来水冲洗，再用去离子水冲洗。

注意：洗涤后的玻璃器皿应防止二次污染。

六、安全要求

要严格按照标准方法或规范中规定的分析步骤进行操作，对于实验中的不安全因素（如中毒、爆炸、腐蚀、烧伤等）及某些特殊的试剂（如剧毒试剂），或当材料存在危险（如爆炸、着火或中毒）时，都必须采取专门的防护措施，按照试剂或材料所注明的注意事项进行操作，以避免伤害的发生。对健康或环境有危险或危害的产品、试剂或分析步骤，应引起注意并注明所需的注意事项，以避免造成伤害。

第二节　食品理化检验实验室的质量控制

食品理化检验过程比较复杂，决定检验结果准确性和可靠性的因素有很多，如人员素质及能力、实验室设施和环境条件、仪器设备的性能、玻璃量器的准确性、试剂的质量、样品的代表性、方法的选择确认及验证、计量的溯源性、检测样品的处置等，如果没有切实可行的分析质量保证措施，就很难提供准确可靠的检验结果。

分析质量保证（analytical quality assurance，AQA）是指分析测试过程中，为了将各种误差减少到预期要求而采取一系列培训、能力测试、控制、监督、审核、认证等措施的过程。分析质量保证涉及许多影响分析检验结果的因素，是一个需要不断改进与完善的过程，是保证实验室检验过程可控、检验结果可靠所必需的。制定科学合理的分析质量保证措施对食品企业、食品科研机构、食品检验检测机构、食品质量与安全管理机构及检验检测人员都具有十分重要的意义。

质量控制是质量保证的核心部分，实验室应建立质量控制程序，以监控检测结果的有效性。质量控制的内容包括实验室内部质量控制和实验室外部质量控制。实验室应分析监控活动的数据，当发现监控活动数据分析结果超出预定的准则时，应采用适当的措施防止报告不正确的结果。

一、实验室内部质量控制

理化检验实验室可根据本实验室的工作特点选择使用标准物质、人员比对、方法比对、仪器比对、留样复测等多种方法实施日常实验室内部质量控制。

1．使用标准物质

定期使用有证标准物质进行监控，和（或）使用质量控制物质作为监控样品，定期或不定期将监控样品以比对样或密码样的形式，与样品检测以相同的流程和方法同时进行，也可由检验人员自行安排在样品检测时同时插入标准物质，将检测结果与标准值进行比较，验证检测结果的准确性，评价测试方法的系统误差。通过对标准物质的检测可以完成仪器的期间核查，判断仪器是否处于合格状态，也可利用对标准物质的检测而对检验人员的检测能力进行考核。

2．人员比对

由实验室内部的检验人员对同一样品，使用同一方法，在相同的检测仪器上完成检测任务，比较检测结果的符合程度，判定检验人员操作能力的可比性和稳定性。这种方法主要用于考核新进人员、新培训人员的检测技术能力和评价在岗人员的检测技术水平。比对项目的检测环节应尽可能复杂一些，尤其是手动操作步骤多一些，检验人员之间的操作要相互独立，避免相互存在干扰。

3．方法比对

方法比对是不同分析方法之间的比对试验，指同一检验人员对同一样品采用不同的检验方法，检测同一项目，比较测定结果的符合程度，评价不同检验方法的检测结果是否存在显著性差异，以验证方法的可靠性。比对时，通常以标准方法所得检测结果作为参考值进行对比。方法比对主要用于考查不同的检验方法之间存在的系统误差，监控检测结果的有效性，另外也用于对实验室涉及的非标方法的确认。

4．仪器比对

仪器比对是指同一检验人员运用不同仪器设备（包括仪器型号相同或不同等），对相同的样品使用相同检验方法进行检测，比较测定结果的符合程度，主要是评价不同检测仪器的性能差异（如灵敏度、精密度、抗干扰能力等）、测定结果的符合程度和找出存在的问题。仪器比对通常用于实验室对新增或维修后仪器设备的性能情况进行的核查控制，也可用于评估仪器设备之间检测结果的差异程度。进行仪器比对时，尤其要注意保持比对过程中除仪器之外其他所有环节条件的一致性，以确保结果差异对仪器性能的充分响应。

5. 留样复测

留样复测是指在合理的时间间隔内，再次对同一样品进行检测，通过比较前后两次测定结果的一致性，有助于发现检测过程中存在的问题并使其得到及时有效的纠正，从而验证检测数据的可靠性和稳定性。若两次检测结果符合评价要求，则说明实验室该项目的检测能力持续有效；若不符合，应分析原因，采取纠正措施，必要时追溯前期的检测结果。留样复测应注意所用样品的性能指标的稳定性。采取留样复测有利于监控该项目检测结果的持续稳定性及观察其发展趋势，也可促使检验人员认真对待每一次检验工作，从而提高自身素质和技术水平。

6. 空白试验

空白试验是在不加待测样品（特殊情况下可采用不含待测组分，但有与样品基本一致基体的空白样品代替）的情况下，用与测定待测样品相同的方法、步骤进行定量分析，获得分析结果的过程。空白值一般反映测试系统的本底，包括测试仪器的噪声、试剂中的杂质、环境及操作过程中的污染等因素对样品产生的综合影响，它直接关系到最终检测结果的准确性，可从样品的分析结果中扣除。通过这种扣除可以有效降低由试剂不纯或试剂干扰等造成的系统误差。实验室通过做空白试验，一方面可以有效评价并校正由试剂、试验用水、器皿及环境因素带入的杂质所引起的误差；另一方面在保证对空白值进行有效监控的同时，也能够掌握不同分析方法和检验人员之间的差异情况。此外，做空白试验还能够准确评估该检验方法的检出限和定量限等技术指标。

7. 重复检测

重复检测是指在重复性条件下进行的两次或多次测试。重复检测可以广泛地用于实验室对样品制备均匀性、检测设备或仪器的稳定性、测试方法的精密度、检验人员的技术水平等进行监控评价。

8. 回收率试验

回收率试验也称加标回收率试验，通常是将已知质量或浓度的标准物质添加到被测样品中作为测定对象，用给定的方法进行测定，将所得的结果与已知质量或浓度进行比较，计算的百分比即称该方法对该物质的加标回收率，简称回收率。通常情况下，回收率越接近100%，定量分析结果的准确度就越高。

二、实验室外部质量控制

实验室外部质量控制是在实验室内部质量控制的基础上，对实验室检验质量进行全面审核的工作，它不但包括对检验人员、设备、环境等的比对，也包括对检验报告、数据处理的验证等，是实验室能力确认的重要方法之一，也是实验室质量控制的重要手段。实验室参加国内外实验室认可机构组织的能力验证活动和实验室主管机构组织的比对活动、参加国际及国内同行间的实验室比对试验都属于实验室外部质量控制范畴。针对客户投诉项目、新开展的检验项目、无法溯源的仪器设备检验的项目、使用非标准检验方法的项目及其他技术水平要求较高或有必要的检验项目，实验室也可以自行开展与外部实验室之间的比对和能力验证试验。实验室应根据外部评审、能力验证、考核、比对等结果来评估检验工作的质量并采取相应的改进措施，以保证检验结果的质量。

在日常工作中为保证检验结果的质量，必须做到以下几点：根据试样的特性和方法的适用范围正确选择检验方法，严格按照方法中规定的分析步骤进行规范操作，正确处理检测数据；考虑试样性状、待测组分含量的高低及天平称量误差等因素正确选取样品量；通过对照试验、空白试验、回收率试验、仪器校准、重复检测等减少系统误差和偶然误差，保证检验结果的准确性和可靠性。

思考题

1．试剂溶液组成的基本表示方法有哪些？
2．对检验过程中用到的仪器设备有哪些基本要求？
3．对检验数据的处理及结果表述有哪些要求？
4．影响食品理化检验结果质量的因素主要有哪些？
5．采取哪些方式可以对食品理化检验结果进行有效监控？

拓展学习

1．查阅并了解以下标准。
GB/T 5009.1—2003《食品卫生检验方法　理化部分　总则》
GB/T 8170—2008《数值修约规则与极限数值的表示和判定》
JJF 1094—2002《测量仪器特性评定》
JJG 196—2006《常用玻璃量器检定规程》
GB/T 27025—2019《检测和校准实验室能力的通用要求》
GB/T 27404—2008《实验室质量控制规范　食品理化检测》
2．验证和确认检验方法时，应考虑哪些技术参数？
实验室应对非标方法、实验室设计（制定）的方法、超出其预定范围使用的标准方法、扩充和修改过的标准方法进行确认，以证实该方法适用于预期用途。检验方法的验证包括实验室内验证和实验室间验证，根据检验方法的类别和性质决定其技术参数的选择及要求。

（1）标准曲线：绘制标准曲线时，应根据不同方法的需要选用标准曲线或工作曲线。

标准曲线的浓度至少有 5 个浓度点（不包括空白），范围应覆盖方法的定量限、限量水平和关注的浓度水平，标准曲线的相关系数应不低于 0.99，试液中被测组分浓度应在标准曲线的线性范围内。

（2）准确度：指测定结果与被测量真值或约定真值间的一致程度，通常用回收率表示。

样品中加入不同水平已知量的标准物质（将标准物质的量作为真值）称为加标样品；同时测定样品和加标样品；加标样品扣除样品值后与标准物质的误差即为该方法的准确度。加入的标准物质的回收率按下式计算：

$$P = \frac{X_1 - X_0}{m} \times 100$$

式中，P——加入的标准物质的回收率，%；

m——加入标准物质的量；

X_1——加标样品中待测物和标准物质的量；

X_0——未加标样品中待测物的量；

100——单位换算系数。

（注：式中 m、X_0、X_1 的单位为质量或浓度单位，计算过程中应保持一致。）

在准确度试验中，应采用至少 3 个浓度水平对方法的准确度进行验证。验证时，应首先考虑使用有确定含量的有证标准物质。如没有可采用的标准物质，应在具有代表性的样品基质中添加至少 3 个浓度水平进行评价，添加浓度水平应包含方法测定范围内的最低浓度水平（定量限）、关注浓度水平和最高浓度水平。对于不得检出的物质，可选择定量限、2 倍定量限和 10 倍定量限 3 个添加水平；对于已设定限量值的物质，可选择低于限量值（如限量值的 1/2）、限量值和高于限量值（如限量值的 2 倍）3 个添加水平；对于未设定限量值的物质，可选择定量限、食品中的一般含量水平（平均或中位数含量）和较高含量水平（95%分位数等）3 个添加水平。每个水平重复次数不少于 3 次，计算其回收率的平均值，平均回收率原则上符合表 1-1 的要求，在具体方法中已做规定的以具体规定为准。

表 1-1 不同含量水平的准确度要求

含量水平/（mg/kg）	回收率范围/%	相对标准偏差/%
>100	95～105	≤5.3
1～100	90～110	≤11
0.1～<1	80～110	≤15
<0.1	60～120	≤20

（3）精密度：指在规定条件下，相互独立测定结果间的一致程度。精密度通常以测定结果的相对偏差、标准偏差、相对标准偏差表示。在某一实验室，使用同一操作方法，测定同一稳定样品时，允许变化的因素有操作者、时间、试剂、仪器等，测定值之间的相对偏差即为该方法在实验室内的精密度。

相对偏差、标准偏差、相对标准偏差的计算公式分别如下：

$$相对偏差 = \frac{X_i - \overline{X}}{\overline{X}} \times 100\%$$

$$标准偏差（S）= \sqrt{\frac{\sum\limits_{i=1}^{n}(X_i - \overline{X})^2}{n-1}}$$

$$相对标准偏差（RSD）= \frac{S}{\overline{X}} \times 100\%$$

式中，X_i——某一次的测定值；

$\overline{X}$——测定值的平均值；

n——重复测定次数。

（4）重复性：是指在重复性条件下的精密度。重复性条件是在同一实验室，由同一操作人员使用相同的设备，按相同的检测方法，并在短时间内对同一被测对象取得独立检测结果的条件。

（5）再现性：用再现性条件下的精密度表示。再现性条件是在不同实验室，由不同的操作人员使用不同的设备，按相同的检测方法，从同一被测对象取得检测结果的条件。

（6）检出限：指由特定的分析方法在给定的置信度内能够合理地检测出的最小分析信号求得的最小浓度或量。

（7）定量限：指样品中被测物质能被定量测定的最低量，其检测结果应满足该最小量时的准确度和精密度要求。

3. 食品理化检验对原始记录有哪些要求？

（1）原始的观察结果、数据和计算应在观察到或获得时予以记录，并按特定任务予以识别。检验原始记录应包含足够的信息，如样品编号，样品名称，检验项目，检验的方法依据，使用仪器设备的名称、型号及编号，检验时的环境条件，检验观察结果，数据及其计算，检验人员及复核人员签字等，根据这些信息可再现检测过程。

（2）原始记录应在检验现场或检验过程中逐项进行填写，填写时要求不漏项、不错项，根据相关规定处理测定数据，并严格使用法定计量单位。

（3）原始记录不得使用铅笔、圆珠笔填写，须用黑色或蓝色钢笔或签字笔进行填写。原始记录的填写应字迹工整、清晰，技术术语应使用准确。

（4）原始记录不得涂改，如需改动，只能在改动处进行划改，不能使原字迹模糊或消失，且原记录人需在改动处签字（盖章），即记录的修改可以追溯到前一个版本或原始观察结果。

（5）检验原始记录应至少有一名检验人员签字，并经有相应工作经验的人员复核。

（6）原始记录表格中若有不适用栏应予以画线。

（7）检验原始记录实行统一管理，归档保存，应正确标识，以方便查阅。未经批准，原始记录一律不能查阅和外借。

（8）采用电子媒介形式保存的原始记录，应注意防潮、防压、防光、防磁并及时备份，避免存储内容丢失。

4. 食品理化检验对检验报告有哪些要求?

检验结果在发出前应经过审查和批准,结果通常以检验报告的形式出具,检验报告是反映检测结果和结论的文件,实验室应准确、清晰、明确和客观地出具结果并应包括客户同意的、解释结果所必需的及所用方法要求的全部信息。所发出的报告应作为技术记录予以保存。检验报告应至少包括下列信息,最大限度地减少误解或误用的可能性。

（1）标题,如"检验报告"。

（2）实验室的名称和地址。

（3）实施实验活动的地点,包括客户设施、实验室固定设施以外的地点,或相关的临时或移动设施。

（4）将报告中所有部分标记为完整报告一部分的唯一性标识,以及表明报告结束的清晰标识。

（5）客户的名称和联络信息。

（6）所用方法的标识。

（7）检测物品的描述、明确的标识及必要时物品的状态。

（8）检测物品的接收日期,以及对结果的有效性和应用至关重要的抽样日期。

（9）实施实验活动的日期。

（10）报告的发布日期。

（11）当与结果的有效性或应用相关时,实验室或其他机构所用的抽样计划和抽样方法的说明。

（12）检验结果仅与被检测或被抽样物品有关的声明。

（13）检验结果,适当时带有测量单位。

（14）对检测方法的偏离、补充或删减的说明。

（15）报告批准人的标识。

（16）当结果来自于外部提供者时,要清晰标识。

实验室对报告中所有信息负责,由客户提供的信息除外。由客户提供的数据应予以明确标识。此外,当客户提供的信息可能影响结果的有效性时,报告中应有免责声明。当实验室不负责抽样阶段（如样品由客户提供）时,应在报告中声明结果适用于收到的样品。

除上述所列的要求之外,检验报告中还应包括以下解释检测结果所必需的信息。

（1）特定的检测条件信息,如环境条件。

（2）相关时,与要求或规范的符合性声明。

（3）适用时,评定测量不确定度的声明。当不确定度与检测结果的有效性或应用有关,或客户有要求,或当不确定度影响到与规范限量的符合性时,检验报告中还需要包括有关不确定度的信息。

（4）适当且需要时,提出意见和解释。

（5）特定方法、法定管理机构或客户要求的其他信息。

当报告中做出与规范或标准符合性声明时,实验室应考虑与所用判定规则相关的风险水平,将所使用的判定规则制定成文件,并应用判定规则,实验室在报告符合性声明时应清晰标识:符合性声明适应于哪些结果;满足或不满足哪个规范、标准或其中哪些条款；应用的判定规则。当表述意见和解释时，实验室应确保只有授权人员才能发布相关意见和解释，实验室应当把意见和解释的依据制定成文件。报告中的意见和解释应基于被检测物品的结果，并清晰地予以标注。当更改、修订或重新发布已发出的报告时，应当在报告中清晰标识修改的信息，适当标注修改原因。当修改已发出的报告时，应仅以追加文件或数据传输的形式，如"对序列号为……（或其他标识）报告的修改"或其他等效文字。当有必要发布全新的检验报告时，应给予唯一性标识，并注明所替代的原报告。

5．检验报告上 CNAS、CMA、CAL 这 3 个标识的含义是什么？

CNAS 是 China National Accreditation Service for Conformity Assessment（中国合格评定国家认可委员会）的缩写，表明该机构的管理能力和技术能力已经通过了中国合格评定国家认可委员会的认可，并颁发认可证书。CNAS 与国际认可论坛（International Accreditation Forum，IAF）、国际实验室认可合作组织（International Laboratory Accreditation Cooperation，ILAC）和亚太认可合作组织（Asia Pacific Accreditation Cooperation，APAC），签署了互认协议。因此，获得 CNAS 认可的实验室，出具的检验报告可以获得签署互认协议方国家和地区认可机构的承认。

CMA 是 China Metrology Accreditation（中国计量认证）的缩写，表明该机构的计量检定、测试能力和可靠性已经通过了省级以上人民政府计量行政部门的考核，并颁发计量认证合格证书。未取得计量认证合格证书的产品质量检验机构，不得开展产品质量检验工作。有 CMA 标记的检验报告可用于产品质量评价、成果及司法鉴定、贸易交易等方面，具有法律效力，是仲裁和司法机构采信的依据。

CAL 是 China Accredited Laboratory（中国考核合格检验实验室）的缩写，表明该机构的检测能力和质量体系通过了国家认证认可监督管理委员会或质量监督部门的审查认可。CAL 是质量监督检验机构认证符号，是国家质量监督部门授予的权威性标志，授予前该机构必须经过了 CMA 计量认证。具有此标志的机构有资格做出仲裁检验结论。具有 CAL 比仅具有 CMA 的机构，工作质量和可靠程度更进了一步。

CNAS 认可是由中国合格评定国家认可委员会实施的认可活动，是一种自愿行为，任何第一方、第二方和第三方实验室均可申请认可。在我国，为社会提供公证数据的产品质量检验机构，必须经省级以上人民政府计量行政部门计量认证并取得计量认证合格证书（CMA）。并不是所有的实验室都需要通过审查认可，只有承担政府抽查任务的检测机构才需要也是必须要通过审查认可（获得 CAL 标志）。

第二章　食品样品的采集和预处理

☞ **知识目标**　了解食品分析检验的一般程序；熟悉食品样品的采集和预处理的方法。
☞ **能力目标**　掌握食品样品的采集和预处理要求，能根据不同食品样品及不同的检验项目，对食品样品进行采集和预处理。
☞ **职业素养**　培养吃苦耐劳、注重细节、讲求效率的良好品质。

食品分析检验的对象包括各种食品及其原辅材料、半成品，种类繁多，成分复杂，来源不一。食品分析检验的目的、项目和要求也不尽相同。尽管如此，无论哪种类型的食品分析检验，都按以下程序进行：样品的采集→制备和保存→样品预处理→成分分析→数据处理→出具检验报告。

第一节　样品的采集和制备

从大量的检测对象中抽取有代表性的一部分样品供分析检验用，称为采样。

一、正确采样的重要性

采样是食品检验工作中非常重要的环节。食品的组成成分复杂多样，不管是成品，还是未加工的原料，即使是同一种类，由于品种、产地、成熟期、加工或贮藏条件的不同，其成分及含量也可能有很大的差异。另外，即使是同一分析对象，不同部位间的组成和含量也往往有比较大的差异。因此，要保证分析检验结果准确，前提之一，就是采集的样品要有代表性。从大量的被检产品中采集到能代表全部被检物质质量的少量样品，必须遵循一定的原则，使用科学的方法，在防止成分逸散和确保不被污染的情况下，均衡地、不加选择地采集有代表性的样品，否则，即使以后的样品处理、检测等一系列工作非常精密、准确，其检测的结果也毫无意义，以致得出错误的结论。正确采样应遵循的基本原则如下：

（1）采集的样品要有代表性，能反映整批被检食品的质量、安全状况。

（2）采样过程中应设法保持原有的理化指标，防止待测组分发生化学变化、损失或被污染。

二、采样的步骤、方法与要求

1. 采样的步骤

采样一般分3步，即依次获得检样、原始样品和平均样品。

由检测对象大批物料的各个部分采集的少量样品称为检样；许多份检样综合在一起称为原始样品；原始样品经过充分混合后，均匀地分出一部分供分析检验的样品称为平均样品。然后将平均样品分为 3 份，一份作为检验用的样品，可称为试验样品（或检验样品）；一份作为供复检用的样品，可称为复验样品；一份作为备查用的样品，可称为保留样品，每份样品原则上不少于 0.5kg。以上样品按照不同检验项目的要求妥善包装后，送实验室尽快进行检验。

2．采样的方法

样品的采集有随机抽样和代表性取样两种方法。随机抽样可以避免人为的倾向性，但是在有些情况下，如难以混匀的食品的采样，仅用随机抽样法是不行的，必须结合代表性取样，从有代表性的各个部分分别取样。因此，采样通常采用几种方法相结合的方式。具体的取样方法因分析对象的性质而异。

（1）取样件数的确定。有完整包装（袋、桶、箱等）的食品，先按下式确定取样件数：

$$n=\sqrt{\frac{N}{2}}$$

式中，n——取样件数；

N——总件数。

（2）无包装的散堆样品。一般按三层五点法取样。先根据检验单位的物料面积将物料划分若干个方块，每一块为一区，每区面积不超过 $50cm^2$。每区按上、中、下分 3 层，每层设中心、四角共 5 个点，按区按点、先上后下用取样器各取少量样品，再按四分法处理取得代表性样品。

（3）散粒状食品（粮食、粉状食品等）。按确定的取样件数（袋、桶、箱等），用双套回转取样管采样。将取样管插入包装中，回转 180°取出样品，每一包装须由上、中、下 3 层取出 3 份检样；整批的所有检样混合为原始样品；用四分法将原始样品做成平均样品，即将原始样品充分混合后堆成圆锥体后压成厚度在 3cm 以下的等高扁平正方形或圆形，并划成十字线，将样品分成 4 份，取对角的 2 份混合，再如上分为 4 份，取对角的 2 份，最后获得有代表性的样品。

（4）较黏稠的半固体物料（如稀奶油、动物油脂、果酱等）。首先，确定取样总件数。由于这类物料不易充分混合均匀，开启包装后，用采样器从各包装中分层（一般上、中、下 3 层）分别取出检样，然后混合分取缩减得到代表性样品。

（5）液体物料（如植物油、鲜乳、酒或其他饮料等）。对包装体积不是太大的液体物料，根据确定的取样件数，连同包装一起取样；对大桶装或大罐盛装的液体物料，先充分混匀后再采样，样品应分别盛在 3 个干净的容器中。

（6）畜禽肉类、水产品。这类食品本身各部位体积极不均匀，个体大小及成熟程度差异很大，取样更应注意代表性，可按下述方法采样。

① 畜禽肉类：根据不同的分析目的和要求而定。可从不同部位取样，混合后代表该只动物；或从多只动物的同一部位取样，混合后代表某一部位样品的情况。

②　水产品：对小鱼、小虾，可随机取多个样品；对个体较大的鱼，可从若干个体上按代表性合理切割少量可食部分，切碎混匀分取，再缩减到所需数量。

（7）果蔬类。对有包装（木箱、纸箱、袋装等）的产品，按批量货物中同类包装货物件数确定取样件数，按取样件数随机取样；对散装产品，与货物的总量相适应，每批货物至少取 5 个抽检货物。在蔬菜或水果个体较大情况（大于 2kg/个）下，抽检货物至少由 5 个个体组成。

（8）小包装食品（罐头、袋或罐装奶粉、瓶装饮料等）。这类食品一般根据批号连同包装一起采样。同一批号的取样件数，250g 以上的包装不得少于 6 件，250g 以下的包装不得少于 10 件。如果小包装外还有大包装（如纸箱），可在堆放的不同部位抽取一定量大包装，从每箱中抽取小包装（瓶、袋等），再缩减到所需数量。

（9）掺伪食品和食物中毒的样品采集，要有典型性。

3．采样的要求

（1）采样应注意样品的生产日期、批号、代表性和均匀性（掺伪食品和食物中毒样品除外）。采集的数量应能反映该食品的质量、安全状况且满足检验项目对样品量的需求。

（2）一切采样的工具，如采样器、容器、包装纸等都应清洁、干燥、无异味，不应将任何有害物质带入样品中，采样容器应根据检验项目选用硬质玻璃瓶、聚乙烯瓶或袋。检验微量与超微量元素时，要对容器进行预处理。例如，检验食品中铅含量时，容器在盛样前应先进行去铅处理；检验铁含量时，应避免与铁的工具与容器接触；做汞测定的样品不能用橡胶塞；检验 3,4-苯并[a]芘时，样品不要用蜡纸包，并防止阳光照射。

（3）设法保持样品原有理化指标，在进行检测之前不得污染，不发生理化变化。例如，做黄曲霉毒素检测的样品，要避免阳光、紫外灯照射，以免黄曲霉毒素分解。

（4）采样后应在 4h 内迅速送往实验室进行分析检验，使其保持原来的理化状态及有毒有害物质的存在状况，在检验前不应再被污染，也不应发生变质、腐败、霉变、微生物死亡、毒物分解或挥发及水分增减等变化。

（5）感官性质极不相同的样品，切不可混合在一起，应另行包装并注明其性质。

（6）盛装样品的器具上要做好标识。

（7）采样完毕时，应认真填写采样记录。采样数据应作为检测工作的一部分保留记录，记录的内容应包括以下信息：所用的采样方法、采样的日期和时间、识别和描述样品的数据（如编号、数量、名称）、采样人、所用设备、环境或运输条件、采样地点等。

三、样品的制备

对采集的样品进行粉碎、混匀、缩分，即为样品制备。样品制备的目的就是要保证样品十分均匀，使在分析检验时取任何部分都能代表全部样品的成分。采集到实验室的样品，应全部用于样品的制备。制备前首先要进行样品的缩分，再进行试样的制备，当采样量仅满足检测用量时可不进行缩分。

1．样品的缩分

对于谷类和豆类等粒状、粉状或类似的样品，应按以下步骤操作：堆成圆锥体→压成等高扁平正方体→划两条垂直直线分成 4 等份→取对角部分进行缩分。

对于饼干、糕点类样品，应粉碎或切成小块。

对于液体、半流体样品，应充分搅匀。

对于带壳、核、皮等的食品样品，应去皮、核、壳等，取出可食部分。

对于个体较大的外形基本均匀的样品，可在对称轴或对称面上分割或切成小块；对于细长、扁平或组分含量在各部分有差异的样品，可在不同部位切取小片或截成小段。

对于果皮可食的样品，取全果；对于果皮不可食的样品，取果肉。

对于畜禽肉类，根据检测需要取相应的部位，如脂肪或肌肉组织，再进行切碎、绞匀。

对于鱼，去鳞、骨和内脏后切碎、绞匀。

对于虾、蟹等带壳水产品，去壳后，将可食部分切碎、绞匀。

对于包装样品，应将样品全部倒出，按样品的形态切碎、粉碎或绞匀。

对于罐头样品，水果罐头在捣碎前必须清除果核，肉、鱼罐头应预先清除骨头，并去除八角、花椒等调味料，再粉碎、混匀。

将上述处理后的样品采取适当的方法进行混合后采用四分法进行缩分。

2．试样的制备

将缩分后的样品全部制成试样，具体方法如下：
（1）干制固体样品：将样品粉碎，使其全部可以通过 425μm 的标准筛网。
（2）新鲜样品：切碎后均一化制成匀浆。
（3）冷冻制品：解冻后（冷冻样品中的冰晶和水不得丢弃），立即均一化制成匀浆。
（4）液体、半流体样品：搅拌均匀。
（5）对于粉碎后黏性大、无法过筛的样品，应保证样品粉碎均匀且满足检测要求。

四、样品的贮存

采集的样品，为了防止其水分或挥发性成分散失及其他待测成分含量的变化（如光解、高温分解、发酵等），应在短时间内进行分析检验，否则，应妥善保存。样品保存的原则是防止污染、防止丢失、防止水分变化、防止腐败变质。

制备好的样品应放在密封、洁净、结实的容器或包装袋内，避光保存，对于大多数样品，可用玻璃广口瓶、聚乙烯瓶或袋装存放。试样应在规定的保质期内进行分析，必要时采用冷冻贮存。新鲜试样和冷冻试样一般在−18℃条件下密封贮存，干制固体试样和液体、半流体试样一般在通风干燥的条件下密封贮存。试样应有清晰牢固的识别标记，须防止标记遗失，以免造成混乱。

检测结束后，样品应保留至复检期限或样品的保质期，以备需要时复检。政府下达的指令性检测任务或约定检测任务，样品保存时间按任务实施方案或合同要求执行。样品保存时应加封并尽量保持原状。易变质食品不予保留。

五、样品的处置

根据样品的特性，在保证对人员健康和环境安全没有影响的情况下，分类处理。对具有危害性的样品，实验室无法自行处理时，应交由专业废弃物处理机构处置，并保留处理记录。

第二节　样品预处理

食品的成分复杂，既含有大分子的有机化合物，如蛋白质、碳水化合物、脂肪、纤维素及因污染引入的有机农药等，也含有各种无机元素，如钾、钠、钙、铁等。这些组分往往以复杂的结合态或配位化合态形式存在。当应用某种化学方法或物理方法对其中某种组分的含量进行测定时，其他组分的存在常给测定带来干扰。因此，为了保证分析检验工作的顺利进行，得到准确的分析检验结果，必须在测定前排除干扰组分；此外，有些被测组分在食品中含量极低，如农药、兽药、黄曲霉毒素等，要准确测出它们的含量，必须在测定前对样品提取液进行富集、浓缩等处理。以上这些操作过程统称为样品预处理，它是食品检验过程中的一个重要环节，直接关系着检验工作的成败。

样品预处理的方法有很多，可根据食品的种类、特点及被测组分的存在形式和理化性质不同采取不同的方法。总的原则是消除干扰因素，完整保留被测组分。一般常用的样品预处理方法有以下 6 种，另外还有一些新技术出现。

一、有机物破坏法

有机物破坏法主要用于食品中无机盐或金属离子的测定。

食品中的无机盐或金属离子常与蛋白质等有机物结合，成为难溶、难离解的有机金属化合物。欲测定其中金属离子或无机盐的含量，则需在测定前破坏有机结合体，释放出被测组分。通常可采用高温或高温加强氧化条件，使有机物质分解，呈气态逸散，而被测组分残留下来。根据具体操作条件不同，又可分为干法灰化和湿法消化两大类。

（一）干法灰化

干法灰化又称灼烧法，即用高温灼烧的方式破坏样品中有机物的方法。除汞之外，大多数金属元素和部分非金属元素的测定可用该方法处理样品。

1. 原理

将一定量的样品置于坩埚中加热，小火炭化后，使其中的有机物脱水、炭化、分解、氧化，再置于 500～600℃高温炉中灼烧灰化，直至残灰为白色或浅灰色为止，所得残渣即为无机成分，可供测定用。

2. 特点

该方法的优点在于有机物分解彻底，操作简单，无须工作者经常看管。另外，该方法基本不加或加入很少的试剂，所以空白值低，但所需时间较长，温度过高易造成某些易挥发元素的损失，坩埚对被测组分有吸留作用，致使测定结果和回收率降低。

3．提高回收率的措施

（1）根据被测组分的性质，采取适宜的灰化温度。

（2）加入助灰化剂，防止被测组分的挥发损失和坩埚吸留。例如，通过加入氢氧化钠或氢氧化钙可使卤素转变为难挥发的碘化钠或氟化钙；加入氯化镁或硝酸镁可使磷元素、硫元素转变为磷酸镁或硫酸镁，防止它们损失。

后来已开发了一种低温灰化技术，即将样品放在低温灰化炉中，先将空气抽至 0～133.3Pa，然后不断通入氧气，每分钟 0.3～0.8L，用射频照射使氧气活化，在低于150℃下可使样品完全灰化，从而克服高温灰化的缺点，但所需仪器昂贵。

（二）湿法消化

湿法消化简称消化法，是常用的样品无机化方法。

1．原理

向样品中加入强氧化剂，并加热煮沸，使样品中的有机物质完全分解、氧化，呈气态逸出，待测成分转化为无机物状态存在于消化液中，供测定用。常用的强氧化剂有浓硝酸、浓硫酸、高氯酸、高锰酸钾、过氧化氢等。

2．特点

该方法有机物分解速度快，所需时间短；由于加热温度较干法灰化低，故可减少无机元素挥发逸散的损失，容器吸留也少，但在消化过程中，常产生大量有害气体，因此操作过程需在通风橱内进行。消化初期，易产生大量泡沫外溢，故需操作人员随时照管；此外，试剂用量较大，空白值偏高。该方法适用于某些高温条件下极易挥发散失物质的测定。除汞之外，大部分金属元素的测定能达到良好的效果。

目前已开发了一种新型样品消化技术，即高压密封罐消化法。该方法是在聚四氟乙烯容器中加入适量样品和氧化剂，置于密封罐内 120～160℃恒温干燥箱中保温数小时，取出自然冷却至室温，消化液供测定用。该方法克服了常压湿法消化的一些缺点，但高压密封罐的密封程度要求高，使用寿命有限。

3．常用的消化方法

1）硝酸-高氯酸-硫酸法

称取 5～10g 粉碎的样品于凯氏烧瓶或消化管中，加少许水使之湿润，加数粒玻璃珠，加（4＋1）的硝酸-高氯酸混合液 10～15mL，放置片刻，小火缓缓加热，待作用缓和后放冷，沿瓶壁加入 5mL 或 10mL 浓硫酸，再加热。当瓶中液体开始变成棕色时，不断沿瓶壁小心滴加硝酸-高氯酸混合液（4＋1）至有机物分解完全。加大火力至产生白烟，溶液应澄清，无色或微黄色。在操作过程中应注意防止爆炸。

2）硝酸-硫酸法

称取均匀样品 10～20g 于凯氏烧瓶或消化管中，加入浓硝酸 20mL、浓硫酸 10mL，先以小火加热，待剧烈作用停止后，加大火力并不断滴加浓硝酸直至溶液透明不再变黑为止。每当溶液颜色变深时，冷却后立即添加硝酸，否则溶液难以消化完全。待溶液颜色不再变黑后，继续加热数分钟至有浓白烟逸出，消化液应澄清透明。

也可用过氧化氢水溶液（双氧水）代替硝酸进行操作，滴加时应沿壁缓慢进行，以防爆沸。

二、溶剂提取法

在同一溶剂中，不同的物质具有不同的溶解度。利用样品各组分在某一溶剂中溶解度的差异，将各组分完全或部分地分离的方法，称为溶剂提取法。该方法常用于维生素、添加剂、农药及黄曲霉毒素等的测定。

溶剂提取法又分为浸提法和溶剂萃取法。

（一）浸提法

用适当的溶剂将固体样品中的某种待测成分浸提出来的方法称为浸提法，又称液-固萃取法。

1．提取剂的选择

一般来说，提取效果符合“相似相溶”的原则，故应根据被提取物的极性强弱选择提取剂。对极性较弱的成分（如有机氯农药），可用极性小的溶剂（如正己烷、石油醚）提取。对极性强的成分（如黄曲霉毒素 B_1），可用极性大的溶剂（如甲醇与水的混合溶液）提取。溶剂沸点宜在 45～80℃，沸点太低易挥发，沸点太高则不易浓缩，且对热稳定性差的被提取成分不利。此外，溶剂要稳定，不与样品发生作用。

2．提取方法

（1）振荡浸渍法：将样品切碎，放在合适的溶剂系统中浸渍、振荡一定时间，即可从样品中提取出被测成分。该方法简便易行，但回收率较低。

（2）捣碎法：将切碎的样品放入捣碎机中加溶剂捣碎一定时间，将被测成分提取出来。该方法回收率较高，但干扰杂质溶出较多。

（3）索氏抽提法：将一定量样品放入索氏抽提器中，加入溶剂加热回流一定时间，将被测成分提取出来。该方法溶剂用量少，提取完全，回收率高，但操作较麻烦，且需专用的索氏抽提器。

（二）溶剂萃取法

利用某组分在两种互不相溶的溶剂中分配系数的不同，使其从一种溶剂转移到另一种溶剂中，而与其他组分分离的方法，称为溶剂萃取法。该方法操作快速，分离效果好，应用广泛，但萃取溶剂通常易燃、易挥发，且有毒性。

1．萃取溶剂的选择

萃取溶剂应与原溶剂不互溶，对被测组分有最大溶解度，而对杂质有最小溶解度。即被测组分在萃取溶剂中有最大的分配系数，而杂质有最小的分配系数。经萃取后，被测组分进入萃取溶剂中，即与仍留在原溶剂中的杂质分离开。此外，还应考虑两种溶剂分层的难易及是否会产生泡沫等问题。

2．萃取方法

萃取通常在分液漏斗中进行，一般需经4～5次萃取，才能达到完全分离的目的。当用密度比水小的溶剂，从水溶液中提取分配系数小或振荡后易乳化的物质时，采用连续液体萃取器较分液漏斗效果更好。

在萃取时如果发生乳化现象，可以采取以下方法破坏乳化。

（1）延长静置时间。

（2）水平旋转、摇动分液漏斗，消除界面处的乳化层。

（3）在水相或者乳化液中加入氯化钠或硫酸钠，利用盐析作用加大两相间的密度差异。

（4）将乳化混合物移入离心机中，进行高速离心分离。

（5）用玻璃棒机械搅拌，破坏乳化层。

（6）根据不同情况，加入乙醇等消除乳化。

三、蒸馏法

蒸馏法是利用被测物质中各组分挥发性差异来进行分离的方法，可用于除去干扰组分，也可用于被测组分蒸馏逸出，收集馏出液进行分析。该方法具有分离和净化的双重作用。

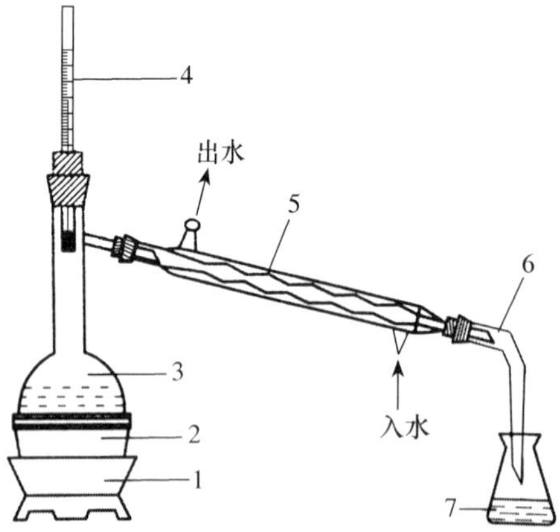

根据样品中待测组分性质的不同，可采取常压蒸馏、减压蒸馏、水蒸气蒸馏等方式。

对于沸点不高或者加热不发生分解的物质，可采用常压蒸馏，装置如图2-1所示。

当常压蒸馏容易使蒸馏物质分解，或其沸点太高时，可以采用减压蒸馏。

某些物质沸点较高，直接加热蒸馏时，因受热不均易引起局部炭化；还有些被测成分，当加热到沸点时可能发生分解。这些成分的提取，可用水蒸气蒸馏。水蒸气蒸馏是用水蒸气来加热混合液体，使具有一定挥发度的被测组分与水蒸气成比例地自溶液中一起蒸馏出来。

1．电炉；2．水浴锅；3．蒸馏瓶；4．温度计；
5．冷凝管；6．接收管；7．接收瓶。

图 2-1　常压蒸馏装置
（铁架台等固定装置未绘出）

四、色层分离法

色层分离法又称色谱分离法，是在载体上进行物质分离的一系列方法的总称。根据分离原理的不同，可分为吸附色谱分离法、分配色谱分离法和离子交换色谱分离法等。此类分离方法分离效果好，近年来在食品检验中应用越来越广泛。

（一）吸附色谱分离法

利用聚酰胺、硅胶、硅藻土、氧化铝等吸附剂，经活化处理后所具有的适当的吸附能力，对被测成分或干扰组分进行选择性吸附而进行的分离称为吸附色谱分离。例如，聚酰胺对色素有强大的吸附力，而其他组分则难于被其吸附，在测定食品中色素含量时，常用聚酰胺吸附色素，经过滤、洗涤，再用适当溶剂解吸，可以得到较纯净的色素溶液，供测定用。

（二）分配色谱分离法

该方法是以分配作用为主的色谱分离法，是根据不同物质在两相间的分配比不同所进行的分离。两相中的一相是流动的（称流动相），另一相是固定的（称固定相）。被分离的组分在流动相沿着固定相移动的过程中，由于不同物质在两相中具有不同的分配比，当溶剂渗透在固定相中并向上渗展时，这些物质在两相中的分配作用反复进行，从而达到分离的目的。例如，多糖类样品的纸上层析，样品经酸水解处理，中和后制成试液，点样于滤纸上，用苯酚-1%氨水饱和溶液展开，用苯胺-邻苯二甲酸显色剂显色，于105℃加热数分钟，则可见到被分离开的戊醛糖（红棕色）、己醛糖（棕褐色）、己酮糖（淡棕色）、双糖类（黄棕色）的色斑。

（三）离子交换色谱分离法

离子交换色谱分离法是利用样品各组分与固定相之间发生离子交换的能力差异来进行分离的色谱法，分为阳离子交换和阴离子交换两种。交换作用可用下列反应式表示。

阳离子交换：

$$R-H+M^+X^- \rightleftharpoons R-M+HX$$

阴离子交换：

$$R-OH+M^+X^- \rightleftharpoons R-X+MOH$$

式中，R——离子交换剂的母体；

M^+X^-——溶液中被交换的物质。

当将被测离子溶液与离子交换剂一起混合振荡，或将样液缓缓通过用离子交换剂做成的离子交换柱时，被测离子或干扰离子即与离子交换剂上的 H^+ 或 OH^- 发生交换，被测离子或干扰离子留在离子交换剂上，被交换出的 H^+ 或 OH^-，以及不发生交换反应的其他物质留在溶液内，从而达到分离的目的。在食品分析检验中，可应用离子交换色谱分离法制备无氨水、无铅水。离子交换色谱分离法还常用于分离较为复杂的样品。

五、化学分离法

（一）磺化法和皂化法

磺化法和皂化法是除去油脂常用的方法，常用于农药残留和脂溶性维生素测定中样品的处理。

1. 磺化法

该方法用浓硫酸处理样品提取液，能有效地除去脂肪、色素等干扰杂质。其原理是浓硫酸能使脂肪磺化，并与脂肪和色素中的不饱和键发生加成作用，形成可溶于硫酸和水的强极性化合物，不再被弱极性的有机溶剂所溶解，从而达到分离净化的目的。

该方法简单、快速、净化效果好，但用于农药残留量测定时，仅限于在强酸介质中稳定的农药（如有机氯农药中的六六六、DDT）提取液的净化，其回收率在80%以上。

2. 皂化法

该方法用热碱溶液处理样品提取液，以除去脂肪等干扰杂质。其原理是利用氢氧化钾-乙醇溶液将脂肪等杂质皂化除去，以达到净化的目的。该方法常用于脂溶性维生素含量测定样品的预处理。

（二）沉淀分离法

该方法是利用沉淀反应进行分离的方法。即在试样中加入适当的沉淀剂，使被测组分沉淀下来，或将干扰组分沉淀下来，经过过滤或离心将沉淀与母液分开，从而达到分离的目的。例如，测定冷饮中糖精钠含量时，可在试样中加入碱性硫酸铜，将蛋白质等干扰杂质沉淀下来，而糖精钠仍留在试液中，经过滤除去沉淀后，取滤液进行分析检验。

（三）掩蔽法

该方法利用掩蔽剂与样液中干扰成分作用，使干扰成分转变为不干扰测定状态，即被掩蔽起来。运用这种方法可以不经过分离干扰成分的操作而消除其干扰作用，简化分析步骤，因而该方法在食品检验中应用十分广泛，常用于金属元素的测定。例如，双硫腙比色法测定铅时，在测定条件（pH值为8.5～9.0）下，加入柠檬酸铵、氰化钾和盐酸羟胺，掩蔽铁、铜、锌等离子对测定的干扰。

六、浓缩法

食品样品经提取、净化后，有时净化液的体积较大，在测定前需进行浓缩，以提高被测成分的浓度。常用的浓缩方法有常压浓缩法和减压浓缩法2种。

（一）常压浓缩法

常压浓缩法主要用于待测组分为非挥发性的样品净化液的浓缩，通常采用蒸发皿直接挥发；若要回收溶剂，则可用一般蒸馏装置或旋转蒸发器。该方法简便、快速，是常用的方法。也可使用氮吹仪进行浓缩。氮吹仪是用氮气吹扫样品溶液表面，通过提高样品温度和调节氮气流速可以促进溶剂蒸发，达到迅速浓缩的目的。氮气是一种惰性气体，能起到隔绝氧气的作用，防止待测组分的氧化。

（二）减压浓缩法

减压浓缩法主要用于待测组分为热不稳定或易挥发的样品净化液的浓缩，通常采用K-D浓缩器。浓缩时，水浴加热并抽气减压。该方法浓缩温度低、速度快、被测组分损失少。

七、样品处理新技术

（一）固相萃取

固相萃取（solid phase extraction，SPE）是一项样品预处理技术，由液-固萃取和液相色谱技术相结合发展而来。与传统的液-液萃取法相比较，该方法可以提高分析物的回收率，更有效地将分析物与干扰组分分离，减少样品预处理过程，操作简单、省时、省力。

SPE利用的是选择性吸附与选择性洗脱的液相色谱法分离原理。较常用的方法是使液体样品溶液通过吸附剂，保留其中被测物质，再选用适当强度溶剂冲去杂质，然后用少量溶剂迅速洗脱被测物质，从而达到快速分离净化与浓缩的目的，也可选择性吸附干扰杂质，使被测物质流出；或同时吸附杂质和被测物质，再使用合适的溶剂选择性洗脱被测物质。

（二）固相微萃取

固相微萃取以熔融石英光导纤维或其他材料为基体支持物，利用"相似相溶"的特点，在其表面涂渍不同性质的高分子固定相薄层，通过直接或顶空方式，对待测物进行提取、富集、进样和解吸。然后将富集了待测物的纤维直接转移到仪器（气相色谱仪或高效液相色谱仪）中，通过一定的方式解吸（一般是热解吸或溶剂解吸），最后进行分离分析。

固相微萃取弥补了传统样品预处理技术的缺陷，集采样、萃取、浓缩、进样于一体，大大加快了分析检测的速度。其显著的技术优势正受到环境、食品、医药行业分析人员的普遍关注，该技术已得到大力推广应用。

（三）微波萃取

微波萃取又称微波辅助提取（microwave-assisted extraction，MAE），是指使用适当的溶剂在微波反应器中从植物、土壤、动物组织等中提取各种化学成分的技术和方法。微波是指频率在 300MHz～300GHz 的电磁波，利用电磁场的作用可使固体或半固体物质中的某些有机物成分与基体有效分离，并能保持分析对象的原本化合物状态。

在微波萃取过程中，高频电磁波穿透萃取介质，到达被萃取物料的内部，微波能迅速转化为热能而使细胞内部的温度快速上升。当细胞内部的压力超过细胞的承受能力时，细胞就会破裂，有效成分便从胞内流出，并在较低的温度下溶解于萃取介质，再通过进一步过滤分离，即可获得被萃取组分。

（四）超临界流体萃取

超临界流体萃取（supercritical fluid extraction，SFE）是国际上较为先进的物理萃取技术。超临界流体萃取分离技术利用超临界流体的溶解能力与其密度密切相关，通过改变压力或温度使超临界流体的密度大幅改变，在超临界状态下，使超临界流体与待分离的物质接触，将其有选择性地依次把极性大小、沸点高低和分子量大小不同的成分萃取出来。

其原理是当在较低温度下，不断增加气体的压力时，气体会转化成液体，当压力增高时，液体的体积增大。对于某一特定的物质而言，总存在一个临界温度（T_c）和临界压力（p_c），高于临界温度和临界压力，物质不会成为液体或气体，这一点就是临界点。在临界点以上，物质状态处于气体和液体之间的状态，此时的流体称为超临界流体。超临界流体具有类似于气体的较强穿透力及类似于液体的较大密度和溶解度，具有良好的溶剂特性，可作为溶剂进行萃取、分离单体。

 思考题

1. 采样的原则是什么？采样的步骤包括哪几步？
2. 以果蔬制品为例，简述正确采样的意义及采样方法。
3. 什么叫四分法采样？
4. 采集的样品应如何保存？
5. 在食品检测中，为什么要进行样品预处理？样品预处理的原则是什么？有哪几种处理方法？各有何特点？

 拓展训练

1. 设计一份食品样品采集的原始记录表格。
2. 查阅资料，熟悉样品采集相关标准的要求。

第三章 食品中一般理化指标的检验

- ☞ **知识目标** 了解密度、相对密度、折射率、旋光度的概念及其与食品组成及含量之间的关系;掌握食品相对密度、折射率、旋光度测定的原理和操作方法;了解食品中水分、灰分、酸类物质测定的意义;熟悉水分、灰分、酸类物质、pH 值测定方法的适用范围;掌握水分、灰分、酸类物质测定的原理和操作方法;掌握密度瓶、比重计、折光仪、旋光仪、酸度计、电位滴定仪等仪器设备的使用方法。
- ☞ **能力目标** 掌握食品相对密度、折射率和可溶性固形物、旋光度测定的操作技能,能正确使用密度瓶、阿贝折光仪、旋光仪测定试样的相对密度、折射率、旋光度;掌握食品中水分、灰分、酸类物质测定的操作技能,能根据不同食品样品的特性选择合适的方法,准确测定食品中水分、灰分、酸类物质;能按要求处理检验数据,并正确评价食品品质。
- ☞ **职业素养** 具有科学严谨、实事求是的工作态度,养成客观公正的工作作风。

本章主要介绍密度和相对密度、折射率和可溶性固形物、旋光度、水分、灰分、酸类物质等食品中一般理化指标的检验方法,这些指标是否合格,影响着食品质量,关系着食品安全。

第一节 食品相对密度的测定

密度是指物质在一定温度下单位体积的质量,以符号 ρ 表示,其单位为 g/L。相对密度是指某物质的密度与参考物质的密度在各自规定的条件下之比,以符号 d 表示,是无量纲量。

因为物质具有热胀冷缩的性质,所以密度和相对密度的值都随温度的改变而改变,故密度应标示出测定时物质的温度,表示为 ρ_t;而相对密度应标示出测定时物质的温度及参考物质的温度,表示为 $d_{t_2}^{t_1}$,其中 t_1 表示物质的温度,t_2 表示参考物质的温度。

液体相对密度通常是指在 20℃、标准大气压下,液体的密度与纯水的密度的比值,用符号 d_{20}^{20} 表示。

各种液态食品都有一定的密度和相对密度,当掺杂、变质等引起这些液体食品的组成成分发生变化时,均可出现密度或相对密度的变化。例如,牛乳的相对密度与其脂肪含量、总乳固体含量有关,脱脂乳相对密度升高,掺水乳相对密度下降;油脂的相对密度与其脂肪酸的组成和结构有关,随着油脂分子中低分子脂肪酸、不饱和脂肪酸和羟基酸含量的增加,其相对密度增大,酸败的油脂相对密度升高。因此,测定液态食品的密度或相对密度可以检验食品的纯度和浓度,从而判断食品品质。

另外,当液态食品的水分完全蒸发,干燥至恒重时,所得到的剩余物为固形物,密度或相对密度与固形物含量具有一定的数学关系,通过测定密度或相对密度可以间接得到其固形物含量。对于某些液态食品（如果汁、番茄酱等），测定相对密度并通过换算或查专用经验表格可以确定可溶性固形物或总固形物的含量。

乙醇水溶液密度与酒精度（乙醇含量）有一定的数学关系，通过试验已经编制了乙醇水溶液密度与酒精度（乙醇含量）对照表，只要测得密度就可以从专用数据表上查出其对应的酒精度（乙醇含量）。

需要注意的是，当食品的密度或相对密度异常时，可以肯定食品的质量有问题，但其密度或相对密度正常时，并不能肯定食品质量无问题，必须配合其他的分析检验，才能确定食品的质量和安全。

食品相对密度的测定方法主要有密度瓶法、天平法和比重计法。下面主要介绍常用的密度瓶法和比重计法。

一、密度瓶法

1．原理

在 20℃时分别测定充满同一密度瓶的水及试样的质量，由水的质量可确定密度瓶的容积即试样的体积，根据试样的质量及体积可计算试样的密度，试样密度与水密度的比值为试样的相对密度。

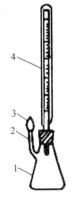

1．密度瓶；2．支管标线；
3．支管上小帽；4．附温度计的瓶盖。
图 3-1　精密密度瓶

2．仪器和设备

（1）密度瓶：精密密度瓶，如图 3-1 所示。
（2）恒温水浴锅。
（3）分析天平。

3．分析步骤

（1）取洁净、干燥、恒重、准确称量的密度瓶。
（2）装满试样后，置 20℃水浴中浸 0.5h，使内容物的温度达到20℃，盖上瓶盖，并用细滤纸条吸去支管标线上的试样，盖上小帽后取出。用滤纸把瓶外擦干，置天平室内 0.5h，称量。
（3）将试样倾出，洗净密度瓶，装满水，置 20℃水浴中浸 0.5h，使内容物的温度达到 20℃，盖上瓶盖，并用细滤纸条吸去支管标线上的水，盖上小帽后取出。用滤纸把瓶外擦干，置天平室内 0.5h，称量。

4．结果计算

试样在 20℃时的相对密度按式（3-1）计算：

$$d_{20}^{20}=\frac{m_2-m_0}{m_1-m_0} \tag{3-1}$$

式中，d_{20}^{20}——试样在 20℃时的相对密度；

m_0——空密度瓶质量，g；

m_1——密度瓶加水的质量，g；

m_2——密度瓶加液体试样的质量，g。

计算结果表示为称量天平的精度的有效位数（精确至0.001）。

在重复性条件下获得的2次独立测定结果的绝对差值不得超过算术平均值的5%。

5．说明和注意事项

（1）水及样品必须装满密度瓶，密度瓶内不应有气泡。

（2）天平室内温度保持20℃恒温条件，否则不应使用该方法。

（3）拿取已达恒温的密度瓶时，不得用手直接接触密度瓶球部，以免液体受热流出。应戴隔热手套拿取瓶颈或用工具夹取。

（4）水浴中的水必须清洁无油污，防止瓶外壁被污染。

（5）密度瓶法适用于各种液体食品相对密度的测定，需要的试样量较少，对挥发性样品也适用，结果准确，但操作较耗时。

6．密度瓶的应用——酒中乙醇浓度的测定（密度瓶法）

GB 5009.225—2016《食品安全国家标准　酒中乙醇浓度的测定》中第一法使用密度瓶法测定蒸馏酒、发酵酒和配制酒的酒精度。

1）原理

以蒸馏法去除样品中的不挥发性物质，用密度瓶法测出试样（乙醇水溶液）20℃时的密度，查附表1，求得在20℃时乙醇的体积分数，即为酒精度（以体积分数表示）。

2）分析步骤

（1）蒸馏酒、发酵酒和配制酒样品制备（不包括啤酒和起泡葡萄酒）。用一洁净、干燥的100mL容量瓶，准确量取样品（液温20℃）100mL于500mL蒸馏瓶中，用50mL水分3次冲洗容量瓶，洗液并入500mL蒸馏瓶中，加几颗沸石（或玻璃珠），连接蛇形冷凝管，以取样用的原容量瓶作接收器（外加冰浴），开启冷却水（冷却水温度宜低于15℃），缓慢加热蒸馏，收集馏出液。当接近刻度时，取下容量瓶，盖塞，于20℃水浴中保温30min，再补加水至刻度，混匀，备用。

（2）啤酒和起泡葡萄酒样品制备。在保证样品有代表性，不损失或少损失乙醇的前提下，用振摇、超声波或搅拌等方式除去酒样中的二氧化碳气体。

去除样品中二氧化碳有以下两种方法。

第一种方法：将恒温至15～20℃的酒样约300mL倒入1000mL锥形瓶中，加橡胶塞，在恒温室内轻轻摇动，开塞放气（开始有"砰砰"声），盖塞。反复操作，直至无气体逸出为止。用单层中速干滤纸（漏斗上面盖表面玻璃）过滤。

第二种方法：采用超声波或磁力搅拌法除气，将恒温至15～20℃的酒样约300mL移入带排气塞的瓶中，置于超声波水槽中（或搅拌器上），超声（或搅拌）一定时间后，用单层中速干滤纸（漏斗上面盖表面玻璃）过滤。

注：第二种方法要通过与第一种方法比对，使其酒精度测定结果相似，以确定超声（或搅拌）时间和温度。

试样去除二氧化碳后，收集于具塞锥形瓶中，温度保持在15～20℃，密封保存，限制在2h内使用。用一洁净、干燥的100mL容量瓶，准确量取样品（液温20℃）100mL

于 500mL 蒸馏瓶中进行蒸馏。

（3）试样溶液的测定。用密度瓶测定试样处理液的密度，按式（3-2）分别计算试样在 20℃时的密度（ρ_{20}^{20}）和空气浮力校正值（A）：

$$
\begin{cases}
\rho_{20}^{20} = \rho_0 \dfrac{m_2 - m + A}{m_1 - m + A} \\[2mm]
A = \rho_u \dfrac{m_1 - m}{997.0}
\end{cases}
\tag{3-2}
$$

式中，ρ_{20}^{20}——试样在 20℃时的密度，g/L；

ρ_0——20℃时蒸馏水的密度（998.20g/L）；

m_2——20℃时密度瓶和试样的质量，g；

m——密度瓶的质量，g；

A——空气浮力校正值；

m_1——20℃时密度瓶与水的质量，g；

ρ_u——干燥空气在 20℃、1013.25hPa 时的密度（≈1.2g/L）；

997.0——在 20℃时蒸馏水与干燥空气密度值之差，g/L。

根据试样的密度 ρ_{20}^{20}，查附表 1，求得酒精度，以体积分数表示。以重复性条件下获得的 2 次独立测定结果的算术平均值表示，结果保留至小数点后 1 位。啤酒样品在重复性条件下获得的 2 次独立测定结果的绝对差值不得超过 0.1%（体积分数）；其他样品在重复性条件下获得的 2 次独立测定结果的绝对差值不得超过 0.5%（体积分数）。

二、比重计法

1．原理

比重计利用了阿基米德原理，将待测液体倒入一个较高的容器，再将比重计放入液体中。比重计下沉到一定高度后呈漂浮状态，此时液面的位置在玻璃管上所对应的刻度就是液体的密度。测得试样和水的密度比值即为相对密度。

食品相对密度的测定——比重计法

2．仪器和设备

比重计：上部细管中有刻度标签，表示密度读数，如图 3-2 所示。

3．分析步骤

图 3-2　比重计

将比重计洗净擦干，缓缓放入盛有待测液体试样的适当量筒中，勿使其碰及容器四周及底部，保持试样温度在 20℃，待其静止后，再轻轻按下少许，然后待其自然上升，静置至无气泡冒出后，从水平位置观察与液面相交处的刻度值，即为试样的密度。

4．结果计算

分别测试试样和水的密度，两者比值即为试样相对密度。

在重复性条件下获得的 2 次独立测定结果的绝对差值不得超过算术平均值的 5%。

5．说明和注意事项

（1）该方法操作简便快速，但准确性较差，需要样液量多，且不适用于易挥发试样的测定。操作时应注意避免比重计触及量筒的壁及底部，待测液中不得有气泡。读数时应以比重计与液体形成的弯月面的下缘为准。若液体颜色较深，不易看清弯月面下缘，则以弯月面上缘为准。

（2）比重计种类较多，但结构和形状基本相同，都由玻璃外壳制成。头部呈球形或圆锥形，里面灌有铅珠、水银或其他重金属，使其能立于溶液中，中部是胖肚空腔，内有空气故能浮起，尾部是一细长管，内附有刻度标记，刻度是利用各种不同密度的液体标度的，如图 3-2 所示。根据测定用途不同，食品工业中常用的比重计主要有锤度计、乳稠计、酒精计等。

（3）使用比重计时要求试样温度为 20℃，如果测量温度不在 20℃，应对测定结果进行校正。

① 锤度计。锤度计是专用于测定糖液浓度的比重计。它是以蔗糖质量分数为刻度的，以符号°Bx 表示。其刻度方法是以 20℃为标准温度，在蒸馏水中为 0°Bx，在 1%蔗糖溶液中为 1°Bx（即 100g 蔗糖溶液中含 1g 蔗糖），以此类推。

若测定温度不在标准温度（20℃），应进行温度校正。当测定温度高于 20℃时，因糖液体积膨胀导致相对密度减小，即锤度降低，故应加上相应的温度校正值（附表 2），反之，则应减去相应的温度校正值。例如：

在 17℃时观测锤度为 22.00°Bx，查附表 2 得校正值为 0.18，则标准温度（20℃）时糖锤度为 22.00−0.18＝21.82（°Bx）。

在 24℃时观测锤度为 16.00°Bx，查附表 2 得校正值为 0.24，则标准温度（20℃）时糖锤度为 16.00＋0.24＝16.24（°Bx）。

② 乳稠计（乳类比重计）。乳稠计是专用于测定乳类相对密度的比重计，测量相对密度的范围为 1.015～1.045。它是将相对密度减去 1.000 后再乘以 1000 作为刻度，以度（符号：数字右上角标"°"）表示，其刻度范围为 15°～45°。使用时把测得的读数按上述关系可换算为相对密度值。如果测量温度不在 20℃，则应将读数校正为标准温度下的读数。对于 20°/4°乳稠计，在 10～25℃，温度每升高 1℃，乳稠计读数平均下降 0.2°，即相当于相对密度值平均减小 0.0002。故当乳温高于标准温度（20℃）时，每高 1℃应在得出的乳稠计读数上加上 0.2°；乳温低于标准温度（20℃）时，每低 1℃应在得出的乳稠计读数上减去 0.2°。例如，16℃时 20°/4°乳稠计读数为 31°，换算为 20℃应为

$$31−(20−16)×0.2＝31−0.8＝30.2$$

即牛乳的相对密度 $d_4^{20}＝1.0302$，而 $d_{15}^{15}＝1.0302＋0.002＝1.0322$。

25℃时 20°/4°乳稠计读数为 29.8°，换算为 20℃应为

$$29.8＋(25−20)×0.2＝29.8＋1.0＝30.8$$

即牛乳的相对密度 $d_4^{20}＝1.0308$。

③ 酒精计。酒精计是用于测量酒精度（乙醇含量）的比重计。GB 5009.225—2016《食

品安全国家标准 酒中乙醇浓度的测定》中的第二法（酒精计法）就是以蒸馏法去除样品中不挥发性物质，用酒精计测得乙醇体积分数示值。如果测量温度不在20℃，根据酒精计温度与20℃酒精度（乙醇含量）换算表进行结果校正，得到20℃时乙醇的体积分数，即为酒精度。

第二节 食品折射率和可溶性固形物的测定

一、基本概念

1. 折射定律与折射率

由于光在不同介质中的传播速度不同，当从一种介质射到另一种介质时，光的传播方向会发生改变，这种现象称为光的折射，如图3-3所示。

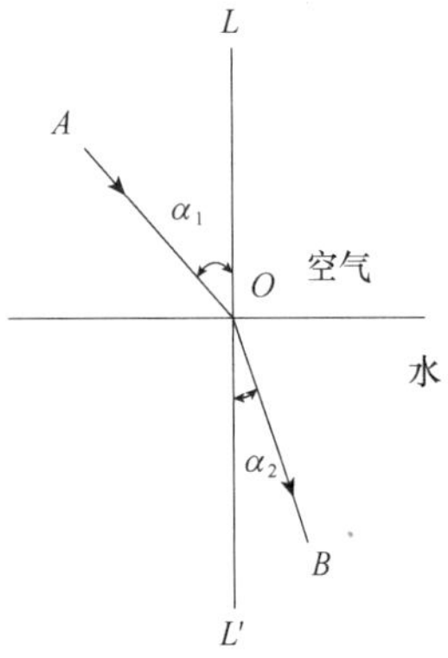

折射定律：无论入射角怎样改变，入射角正弦与折射角正弦之比，恒等于光在两种介质中的传播速度之比，即

$$\frac{\sin \alpha_1}{\sin \alpha_2} = \frac{v_1}{v_2} \qquad (3\text{-}3)$$

式中，α_1——入射角；

α_2——折射角；

v_1——光在第一种介质中的传播速度；

v_2——光在第二种介质中的传播速度。

图3-3 光的折射

光在真空中的传播速度 c 和在介质中的传播速度 v 之比，称为介质的绝对折射率（简称折射率、折光率），以 n 表示，即

$$n = \frac{c}{v}, \quad n_1 = \frac{c}{v_1}, \quad n_2 = \frac{c}{v_2} \qquad (3\text{-}4)$$

式中，n_1 和 n_2 分别为第一种介质和第二种介质的绝对折射率。

所以折射定律可表示为

$$\frac{\sin \alpha_1}{\sin \alpha_2} = \frac{n_2}{n_1} \qquad (3\text{-}5)$$

2. 全反射与临界角

当光线从光密介质射到光疏介质时，折射角 α_1 大于入射角 α_2（光在光密介质中传播速度比在光疏介质中传播速度慢，$v_2 < v_1$），当逐渐增大入射角 α_2 时，折射角 α_1 也逐渐增大，当入射角 α_2 增大到某一角度，折射角 α_1 达到90°时，折射线不再进入光疏介质而是沿两介质的接界面 OM 射出，这种现象称为全反射，如图3-4所示。发生全反射的入射角称为临界角。

若光线从1′～4′反向射入（即由样液射向棱镜），从 MO 位置射入的光线经折射后占有 OU 的位置，其他光线折射后都在 OU 的左面。结果 OU 左面明亮，右面完全黑暗，形成明显的黑白分界。利用这一现象，可测出临界角。

因为发生全反射时折射角等于 90°，所以

$$\frac{n_2}{n_1}=\frac{\sin\alpha_1}{\sin\alpha_2}=\frac{\sin 90°}{\sin\alpha_{临}} \qquad (3\text{-}6)$$

即

$$n_1=n_2\sin\alpha_{临}$$

式中，n_2 为棱镜的绝对折射率，是已知的。

因此，只要测得了临界角 $\alpha_{临}$ 就可求出被测样液的折射率 n_1。

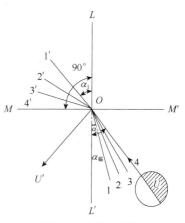

图 3-4　光的全反射

3．折光仪的原理

折光仪是利用临界角原理测定物质折射率的仪器，进光棱镜和折射棱镜之间夹着一层薄薄的样液，经过折射后可测出样液折射率。大多数的折光仪可以直接读取折射率，不必由临界角间接计算。

折射率大小与入射光的波长、介质的温度和溶质的浓度有关。实际测定折射率的光源通常为白光，当白光经过棱镜和样液发生折射时，因各色光的波长不同，折射程度也不同，折射后产生色散现象。光的色散会使视野明暗分界线不清，产生测定误差。为了消除色散，在折光仪观测镜筒的下端安装了色散补偿器（又称"补偿棱镜"）。此时测得的液体折射率相当于用单色光钠光 D 线（$\lambda=589.3nm$）所测得的折射率 n_D。溶液的折射率随温度而改变，通常在 20℃标准温度下进行测定，否则，应对测定结果进行温度校正。

二、测定折射率的意义

折射率是物质的物理常数之一，正常情况下，某些液态食品的折射率有一定的范围，当这些液态食品掺杂、浓度改变或品质改变时，折射率常常会发生变化。所以，通过测定液态食品的折射率，可以鉴别食品的组成，确定食品的浓度，判断食品的纯净程度及品质。例如，油脂中脂肪酸的构成和比例不同，不同的脂肪酸均有其特定的折射率。含碳原子数目相同时，不饱和脂肪酸的折射率比饱和脂肪酸的折射率大得多；不饱和脂肪酸分子量越大，折射率也越大；酸度高的油脂折射率低，因此通过测定折射率可以鉴别油脂品质。

通过测定折射率可以确定以蔗糖为主要成分的透明液体及半黏稠、含悬浮物的饮料制品中可溶性固形物的含量。折光法测得的只是可溶性固形物含量，这是因为固体粒子不能在折光仪上反映出它的折射率。

三、常用折光仪及使用方法

食品工业中常用的折光仪有阿贝折光仪和手持式折光仪。

1．阿贝折光仪的结构

阿贝折光仪的结构如图 3-5 所示。

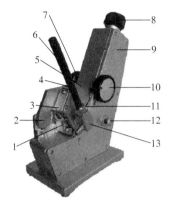

1．反射镜；2．转轴；3．遮光板；4．温度计；5．进光棱镜座；6．色散调节手轮；7．色散值刻度圈；8．目镜；
9．盖板；10．锁紧手轮；11．折射棱镜座；12．照明刻度盘聚光镜；13．温度计座；14．底座；
15．折射率刻度调节手轮；16．校正螺钉；17．壳体；18．恒温器接头。

图 3-5　阿贝折光仪的结构

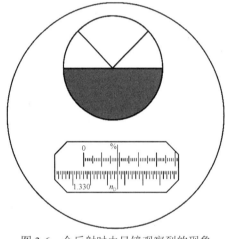

图 3-6　全反射时由目镜观察到的现象

阿贝折光仪光学系统由观测系统和读数系统两部分组成。

观测系统：光线由反射镜反射，经进光棱镜、折射棱镜及其间的样液薄层折射后射出。再经色散补偿器消除由折射棱镜及被测样品所产生的色散，然后由物镜将明暗分界线成像于分划板上，经目镜放大后成像于观测者眼中，见图 3-6 全反射时由目镜观察到的现象的上半部分。

读数系统：光线经聚光镜照明刻度盘，旋转折射率刻度调节手轮，使明暗分界线在十字线交叉点上，通过反射镜、棱镜及物镜将折射率示值成像于分划板上，通过目镜放大后成像于观测者眼中，见图 3-6 的下半部分。

2．阿贝折光仪的使用方法

（1）折光仪的校正：按照仪器说明书，在折射棱镜的抛光面上滴 1～2 滴溴代萘，再贴上标准试样的抛光面，测得的折射率应与标准试样的折射率一致。若有偏差，调节校正螺钉，使明暗分界线恰好通过十字线交叉点。对于低刻度值部分，也可以根据不同温度下蒸馏水的折射率不同（附表 3），用蒸馏水进行校正。

（2）分开折光仪两块棱镜，用脱脂棉蘸乙醚或乙醇擦净棱镜，以免影响成像清晰度和测量准确度。

（3）滴加 1～2 滴试样溶液于折射棱镜镜面中央（勿使玻璃棒或滴管触及镜面）。

（4）迅速闭合两块棱镜，静置 1min，使试液均匀无气泡，并充满视野。

（5）打开遮光板，合上反射镜，调节目镜视度，使十字线成像清晰。

食品折射率和可溶性固形物的测定——阿贝折光仪法

（6）用目镜观察，转动折射率刻度调节手轮，使视野出现明暗两部分。

（7）转动色散调节手轮，使视野中只有黑白两色。

（8）转动折射率刻度调节手轮，使明暗分界线在十字线交叉点上。

（9）从目镜中读取折射率或可溶性固形物的含量。如目镜读数标尺刻度为百分数，即为可溶性固形物含量（%）；如目镜读数标尺为折射率，可按附表 4 换算为可溶性固形物含量（%）。

（10）记录棱镜或样液的温度，如温度不在 20℃，将可溶性固形物含量按附表 5 换算为 20℃时的含量。

（11）同一样品，可溶性固形物含量的测定值之差不应大于 0.5%，取 2 次测定的算术平均值作为结果，精确到小数点后 1 位。

3．手持式折光仪

手持式折光仪主要由一个棱镜、一个盖板及一个观测镜筒组成，如图 3-7 所示。

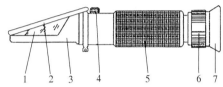

1. 检测棱镜；2. 盖板；3. 棱镜座；4. 校正螺钉；
5. 观测镜筒和手柄；6. 视度调节圈；7. 目镜。

图 3-7　手持式折光仪的结构

该仪器操作简单，便于携带，常用于生产现场检验。使用时打开棱镜盖板，用擦镜纸仔细将检测棱镜擦净，取 1～2 滴待测试样溶液置于棱镜上，将溶液均布于棱镜表面，合上盖板，将仪器对准光线明亮处，调节视度调节圈，使视场内分划线清晰可见，视场中明暗分界线相应读数即为溶液中可溶性固形物的含量。若测量时温度不在 20℃，则需按附表 5 换算为 20℃时的含量。

4．说明和注意事项

（1）使用折光仪测定折射率和可溶性固形物含量时，试液的制备方法如下。

① 透明液体制品：充分混匀，直接测定。

② 半黏稠制品（果酱、菜酱类）：将试样充分混匀，用 4 层纱布挤出滤液，弃去最初几滴，收集滤液供测定用。

③ 含悬浮物制品（果粒果汁类饮料）：将待测样品置于组织捣碎机中捣碎，用 4 层纱布挤出滤液，弃去最初几滴，收集滤液供测定用。

（2）注意事项：

① 测量前将棱镜清洗干净并拭干。

② 滴在棱镜面上的液体要均匀分布，不应有气泡。

③ 要对仪器进行校正才能得到正确结果。

④ 仪器应放置于干燥、空气流通的室内，以免光学零件受潮后生霉。仪器应避免强烈振动或撞击，以防止光学零件损伤及影响精度。

⑤ 当测试腐蚀性液体时应及时做好清洗工作（包括光学零件、金属件及油漆表面），以免损坏仪器。

⑥ 仪器使用完毕后必须做好清洁工作，若光学零件表面有灰尘可用脱脂棉蘸乙醇-乙醚混合液轻擦。

第三节　食品旋光度的测定

一、基本概念

1．偏振光

光是一种电磁波，它的振动方向与其前进方向相互垂直。自然光有无数个与光的前进方向互相垂直的光波振动面。若在光的前进方向放某些偏振元件（如尼科耳棱镜、偏振器等），只有振动面与尼科耳棱镜的光轴平行的光波才能通过尼科耳棱镜，而在其他平面上振动的光线则被挡住，所以通过尼科耳棱镜的光，只有一个与光的前进方向互相垂直的光波振动面，这种仅在一个平面上振动的光称为偏振光。

2．旋光度与比旋光度

偏振光通过某些物质时，其振动平面会产生一定的偏转，这些物质称为旋光性物质，偏振光的振动平面所偏转的角度称为该物质的旋光度，以 α 表示。

单糖、低聚糖、淀粉及大多数的氨基酸等组分的分子结构中含有不对称的碳原子，都具有旋光性。其中能把偏振光的振动平面向右旋转的，称为具有右旋性，以（＋）号表示；反之称为具有左旋性，以（－）号表示。

不同的旋光性物质具有不同的旋光度。另外，旋光度的大小与光源的波长、试样的温度、旋光物质的浓度及液层的厚度有关。当光源波长和温度一定时，其旋光度 α 与溶液的浓度 ρ 和液层的厚度 L 成正比，即

$$\alpha = K\rho L \tag{3-7}$$

当旋光性物质的浓度 ρ 为 1g/mL，液层厚度 L 为 1dm 时，所测得的旋光度称为比旋光度，以 $[\alpha]_\lambda^t$ 表示。由式（3-7）可知：

$$[\alpha]_\lambda^t = K \times 1 \times 1 = K$$

故

$$\alpha = [\alpha]_\lambda^t \rho L \tag{3-8}$$

式中，α ——旋光度，（°）；

$[\alpha]_\lambda^t$ ——比旋光度，（°）；

t ——测定温度，℃；

λ ——光源波长，nm；

L ——液层厚度或旋光管长度，dm；

ρ ——待测溶液的浓度，g/mL。

通常规定用钠光 D 线（$\lambda = 589.3\text{nm}$）在 20℃条件下测定，此时，比旋光度用 $[\alpha]_D^{20}$ 表示，在一定条件下比旋光度 $[\alpha]_D^{20}$ 是已知的，L 为液层厚度或旋光管长度，也是已知的，所以只要测得了旋光度 α 就可计算出旋光性物质的浓度 ρ。

3．旋光法

利用旋光仪测定溶液的旋光度，进而确定物质含量的方法称为旋光法。旋光法可以分析检测食品样品的浓度、纯度及含量，在食品工业中应用广泛。

二、旋光仪的原理及使用方法

1．旋光仪的原理

旋光仪是测量物质旋光度的仪器，旋光仪的工作原理如图 3-8 所示。自然光通过起偏镜后产生平面偏振光，如果旋光管内装有旋光性物质，则当偏振光经过该物质溶液时，由于样品物质的旋光作用，其振动方向改变了一定的角度 α，将检偏镜旋转一定角度，使透过的光强与入射光强相等，该旋转的角度即为该样品溶液的旋光度。

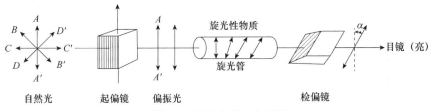

图 3-8　旋光仪的工作原理

目前使用最广泛的自动旋光仪采用光电检测自动平衡原理，自动测量的旋光度结果由点阵液晶显示。它具有稳定可靠、体积小、灵敏度高、没有人为误差、读数方便等优点，具有同时测定旋光度、比旋光度、溶液浓度和糖度 4 种测量工作模式，大大满足了用户的使用需求。

2．WZZ-3 型自动旋光仪的使用方法

（1）将仪器电源插头插入 220V 交流电源（要求使用交流电子稳压器），并将接地脚可靠接地。打开仪器右侧的电源开关，这时钠光灯应启动，需经 5min 钠光灯才发光稳定。

（2）将仪器右侧的光源开关向上扳到直流位置（若光源开关扳上后，钠光灯熄灭，则再将光源开关上下重复扳动 1～2 次，使钠光灯在直流下点亮）。

（3）直流灯点亮后按"回车"键，这时液晶显示器即有 MODE、L、C、n 选项显示（MODE 为模式，L 为试管长度，C 为浓度，n 为测量次数）。根据需要选择测量模式及测量次数：MODE1 为旋光度；MODE2 为比旋光度；MODE3 为浓度；MODE4 为糖度。

（4）将装有蒸馏水或其他空白溶剂的旋光管放入样品室，盖上箱盖，按"清零"键，显示"0"读数。旋光管中若有气泡，应先让气泡浮在凸颈处；通光面两端的雾状水滴，应用软布擦干。旋光管螺母不宜旋得过紧，以免产生应力，影响读数。旋光管安放时应注意标记的位置和方向。

（5）取出旋光管，将待测样品溶液注入旋光管，按相同的位置和方向放入样品室内，盖好箱盖。仪器将显示出该样品的旋光度（或相应示值）。仪器自动复测 n 次，得 n 个读数并显示平均值。

（6）如样品超过测量范围，仪器在±45°处来回振荡。此时，取出旋光管，仪器即自动转回零位。此时可稀释样品后重测。

（7）仪器使用完毕后，应依次关闭光源、电源开关。

三、旋光法的应用——味精中谷氨酸钠的测定

1．原理

谷氨酸钠分子结构中含有一个不对称碳原子，具有光学活性，能使偏振光面旋转一定角度，因此可用旋光仪测定其旋光度，根据旋光度换算谷氨酸钠的含量。

2．试剂和材料

盐酸（HCl）。

3．仪器和设备

（1）旋光仪（精度±0.010°），备有钠光灯（钠光 D 线 589.3nm）。

（2）分析天平：感量为 0.1mg。

味精中谷氨酸钠的
测定——旋光法

4．分析步骤

（1）试样制备：称取试样 10g（精确至 0.0001g），加少量水溶解并转移至 100mL 容量瓶中，加盐酸 20mL，混匀并冷却至 20℃，定容并摇匀。

（2）试样溶液的测定：于 20℃，用标准旋光角校正仪器；将制备好的试液置于旋光管中（不得有气泡），观测其旋光度，同时记录旋光管中试样溶液的温度。

5．结果计算

试样中谷氨酸钠（含 1 分子结晶水）的含量按式（3-9）计算：

$$X = \frac{\dfrac{\alpha}{L\rho}}{25.16 + 0.047 \times (20 - t)} \times 100 \qquad (3\text{-}9)$$

式中，X——试样中谷氨酸钠的含量，g/100g；

α——实测试样液的旋光度，（°）；

L——旋光管长度（液层厚度），dm；

ρ——1mL 试样液中含试样的质量，g/mL；

25.16——谷氨酸钠的比旋光度 $[\alpha]_D^{20}$，（°）；

t——测定试液的温度，℃；

0.047——温度校正系数；

100——单位换算系数。

以重复性条件下获得的 2 次独立测定结果的算术平均值表示，结果保留 3 位有效数字。在重复性条件下获得的 2 次独立测定结果的绝对差值不得超过 0.5g/100g。

6．说明和注意事项

（1）具有光学活性的还原糖类（如葡萄糖、果糖、乳糖、麦芽糖等），在溶解之后，其旋光度起初迅速变化，然后渐渐变得较缓慢，最后达到恒定值，这种现象称为变旋光作用。这是由于有的糖存在 2 种异构体，即α型和β型，它们的比旋光度不同。这 2 种环形结构及中间的开链结构在构成一个平衡体系过程中，即显示出变旋光作用。因此，在用旋光法测定蜂蜜、葡萄糖等含有还原糖的样品时，样品制成溶液后，宜放置过夜再测定。若需立即测定，可将中性溶液（pH 值为 7）加热至沸，或加几滴氨水后再稀释定容；若溶液已经稀释定容，则可加入碳酸钠干粉至溶液刚显碱性。在碱性溶液中，变旋光作用迅速，很快达到平衡。微碱性溶液应立即测定，不宜放置过久，温度也不可太高，以免破坏果糖而影响测定结果。

（2）测量旋光度的溶液必须澄清透明，避免引起测量误差。

（3）旋光仪应放在干燥通风处，防止潮气侵蚀，尽可能在 20℃的工作环境中使用仪器，搬动仪器应小心轻放，避免振动。

（4）该方法适用于味精中谷氨酸钠的测定。味精中谷氨酸钠的含量还可以采用高氯酸非水溶液滴定法和酸度计法进行测定。

第四节　食品中水分的测定

食品中水分的测定是食品分析检验的重要项目之一，因为水分是食品的重要组成部分，不同种类的食品，水分含量差别很大。食品中水分含量的多少，直接影响食品的感官性状，影响胶体状态的形成和稳定。控制食品的水分含量，可以防止食品的腐败变质和营养成分的水解。例如，脱水蔬菜的非酶褐变可随水分含量的增加而增加；新鲜面包的水分含量若低于 30%，其外观形态干瘪，失去光泽；乳粉水分含量控制在 2.5%～3.0%，可抑制微生物生长繁殖，延长保存期。因此，通过了解食品中水分含量可以掌握食品的基础数据，同时增加其他测定项目数据的可比性，水分含量的数据可用于表示样品在同一计量基础上的其他分析的测定结果（如干基）。此外，各种生产原料中水分含量的测定，对于产品的品质和保存、成本核算、提高经济效益等方面均具有重要意义。

食品中通常含有大量的水分，根据水在食品中存在形式不同，可将食品中的水分为以下两类。

（1）自由水：是指没有被食品中非水成分化学结合的水，这部分水保持着水本身的物理性质，能作为胶体的分散剂和盐的溶剂，如食盐、砂糖、氨基酸、蛋白质或植物胶的水溶液中的水，它们在被截留区域内可以自由流动，能使食品变质的反应及微生物活动在其中进行。这部分水易结冰、易被干燥除去。在高水分含量的食品中，自由水可达到总水分含量的 90%以上。

（2）结合水：是指与食品中的非水成分借助化学力或物理化学力相结合的水。通常指存在于溶质或其他非水组分附近的那部分水，与自由水相比，它们呈现低的流动性，且水的其他性质明显改变。这些水在−40℃不会结冰，在食品内部不能作为溶剂，不易蒸发除去，不参与化学和生化反应，不能被微生物利用，如葡萄糖、麦芽糖、乳糖的结晶水或果胶、明胶所形成冻胶中的结合水。

在进行水分的测定时，可以把食品分为不含或含其他挥发性物质甚微、高温易分解及水分含量较多、水分含量较多又有较多挥发性成分、含微量水分的食品。对于不同特性的食品，其测定水分的方法也不同，主要有直接干燥法、减压干燥法、蒸馏法和卡尔·费歇尔法。

一、直接干燥法

1．原理

利用食品中水分的物理性质，在101.3kPa（1atm）、101～105℃下采用挥发方法测定样品中干燥减失的质量，包括吸湿水、部分结晶水和该条件下能挥发的物质的质量，再通过干燥前后的称量数值计算出水分含量。

2．试剂和材料

（1）盐酸溶液（6mol/L）：量取50mL盐酸加水稀释至100mL。

（2）氢氧化钠溶液（6mol/L）：称取24g氢氧化钠加水溶解并稀释至100mL。

（3）海砂：用水洗去泥土的海砂、河砂、石英砂或类似物，先用盐酸溶液（6mol/L）煮沸0.5h，用水洗至中性，再用氢氧化钠溶液（6mol/L）煮沸0.5h，用水洗至中性，经105℃干燥备用。

3．仪器和设备

（1）电热恒温干燥箱。

（2）扁形铝制或玻璃制称量瓶。

（3）干燥器：内附有效干燥剂。

（4）分析天平：感量为0.1mg。

食品中水分的测定——
直接干燥法

4．分析步骤

1）固体试样

（1）取洁净铝制或玻璃制的扁形称量瓶，置于101～105℃干燥箱中，瓶盖斜支于瓶边，加热1.0h，取出盖好，置干燥器内冷却0.5h，称量，并重复干燥至前后2次质量差不超过2mg，即为恒重。

（2）将混合均匀的试样迅速磨细至颗粒小于2mm，不易研磨的样品应尽可能切碎，称取2～10g试样（精确至0.0001g），放入此称量瓶中，试样厚度不超过5mm，如为疏松试样，厚度不超过10mm，加盖，精密称量后，置于101～105℃干燥箱中，瓶盖斜支于瓶边，干燥2～4h后，盖好取出，放入干燥器内冷却0.5h后称量。然后放入101～105℃干燥箱中干燥1h左右，取出，放入干燥器内冷却0.5h后再称量。重复以上操作至前后2次质量差不超过2mg，即为恒重。

注：2次恒重值在最后计算中，取质量较小的一次称量值。

2）半固体或液体试样

（1）取洁净的称量瓶，内加 10g 海砂（操作过程中可根据需要适当增加海砂的质量）及一根小玻璃棒，置于 101～105℃干燥箱中，干燥 1.0h 后取出，放入干燥器内冷却 0.5h 后称量，并重复干燥至恒重。

（2）称取 5～10g 试样（精确至 0.0001g），置于称量瓶中，用小玻璃棒搅匀放在沸水浴上蒸干，并随时搅拌。擦去瓶底的水滴，置于 101～105℃干燥箱中干燥 4h 后盖好取出，放入干燥器内冷却 0.5h 后称量。然后放入 101～105℃干燥箱中干燥 1h 左右，取出，放入干燥器内冷却 0.5h 后再称量。重复以上操作至前后 2 次质量差不超过 2mg，即为恒重。

5．结果计算

试样中的水分含量按式（3-10）计算：

$$X = \frac{m_1 - m_2}{m_1 - m_0} \times 100 \tag{3-10}$$

式中，X——试样中的水分含量，g/100g;

m_0——称量瓶（加海砂、玻璃棒）的质量，g;

m_1——称量瓶（加海砂、玻璃棒）和试样的质量，g;

m_2——称量瓶（加海砂、玻璃棒）和试样干燥后的质量，g;

100——单位换算系数。

水分含量大于等于 1g/100g 时，计算结果保留 3 位有效数字；水分含量小于 1g/100g 时，计算结果保留 2 位有效数字。在重复性条件下获得的 2 次独立测定结果的绝对差值不得超过算术平均值的 10%。

6．说明和注意事项

（1）该方法适用于在 101～105℃，蔬菜、谷物及其制品、水产品、豆制品、乳制品、肉制品、卤菜制品、粮食（水分含量低于 18%）、油料（水分含量低于 13%）、淀粉及茶叶类等食品中水分含量的测定，不适用于水分含量小于 0.5g/100g 的样品。

（2）使用干燥法测定水分含量，样品必须具备 3 个条件：①水分是唯一的挥发性物质；②测定条件下水分能被完全排除；③加热过程中食品中各组分之间发生化学反应而引起的质量变化可以忽略不计。

（3）恒重是指在规定的条件下，连续 2 次干燥或灼烧后的质量差不超过规定的范围。具体操作步骤：干燥（或灼烧）、冷却、称量，并重复干燥（或灼烧）至前后 2 次质量差不超过规定的范围。水分的测定规定前后 2 次质量差不超过 2mg 即为恒重。

（4）液体试样直接在高温下加热，会因沸腾而造成试样损失；半固体直接加热其表面易结硬壳焦化，使内部水分蒸发受阻。故在测定前，需加入精制海砂搅拌均匀，以增大蒸发面积，加速水分蒸发，缩短检测时间。

（5）称量皿有玻璃称量皿和铝质称量皿 2 种。前者耐酸碱，不受样品性质的限制，应用广泛。铝质称量皿质量小，导热性强，但对酸性食品不适宜，常用于减压干燥法。

称量皿规格的选择，以样品置于其中平铺开后厚度不超过皿高的 1/3 为宜。

（6）干燥器内一般用硅胶干燥剂，当硅胶蓝色减退或变红时，需及时更换，或将吸湿后的硅胶置于 135℃干燥 2～3h 后再使用。

（7）在测定过程中，称量皿从电热恒温干燥箱中取出后，应迅速放入干燥器中进行冷却，否则不易达到恒重。

（8）含有较多糖类、脂肪、氨基酸、蛋白质、羰基化合物的试样，胶态试样及含有较多高温下易氧化、易挥发物质的试样宜采用其他方法进行水分的测定。

二、减压干燥法

1. 原理

利用食品中水分的物理性质，在达到 40～53kPa 压力后加热至（60±5）℃，采用减压烘干方法去除试样中的水分，再通过烘干前后的称量数值计算出水分含量。

2. 仪器和设备

（1）扁形铝制或玻璃制称量瓶。

（2）真空干燥箱。

（3）干燥器：内附有效干燥剂。

（4）分析天平：感量为 0.1mg。

3. 分析步骤

（1）试样制备：粉末和结晶试样直接称取；较大块硬糖经研钵粉碎，混匀备用。

（2）测定：取已恒重的称量瓶称取 2～10g（精确至 0.0001g）试样，放入真空干燥箱内，将真空干燥箱连接真空泵，抽出真空干燥箱内空气（所需压力一般为 40～53kPa），并同时加热至所需温度（60±5）℃。关闭真空泵上的活塞，停止抽气，使真空干燥箱内保持一定的温度和压力，经 4h 后，打开活塞，使空气经干燥装置缓缓进入真空干燥箱内。待压力恢复正常后，取出称量瓶，放入干燥器中 0.5h 后称量，并重复以上操作至前后 2 次质量差不超过 2mg，即为恒重。

4. 结果计算

同"直接干燥法"。

5. 说明和注意事项

（1）该方法适用于高温易分解的样品及水分较多的样品（如糖、味精等食品）中水分含量的测定，不适用于添加了其他原料的糖果（如奶糖、软糖等食品）中水分含量的测定，不适用于水分含量小于 0.5g/100g 的样品。

（2）该方法加热温度较低，避免了热不稳定成分对测定结果的干扰，特别适合于高温易分解的样品及水分较多的样品中水分含量的测定。

（3）减压干燥时，自干燥箱内部压力降至规定真空度、温度达到规定温度时开始计时。

三、蒸馏法

1．原理

食品中水分的
测定——蒸馏法

利用食品中水分的物理化学性质，使用水分测定器将食品中的水分与甲苯或二甲苯共同蒸出，根据接收的水的体积计算出试样中的水分含量。

2．试剂和材料

甲苯或二甲苯（制备方法：以水饱和后，分去水层，进行蒸馏，收集馏出液备用）。

3．仪器和设备

（1）水分测定器，如图3-9所示，水分接收管容量5mL，最小刻度值0.1mL，容量误差小于0.1mL。

（2）分析天平：感量为0.1mg。

4．分析步骤

（1）准确称取适量试样（应使最终蒸出的水在2～5mL，但最多取样量不得超过蒸馏瓶的2/3），放入250mL蒸馏瓶中，加入新蒸馏的甲苯（或二甲苯）75mL，连接冷凝管与水分接收管，从冷凝管顶端注入甲苯（或二甲苯），装满水分接收管。同时做甲苯（或二甲苯）的试剂空白。

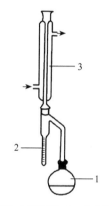

1．250mL蒸馏瓶；2．水分接收管（有刻度）；3．冷凝管。
图3-9　水分测定器

（2）加热慢慢蒸馏，使每秒钟的馏出液为2滴，待大部分水分蒸出后，加速蒸馏约每秒4滴，当水分全部蒸出后，接收管内的水分体积不再增加时，从冷凝管顶端加入甲苯冲洗。如冷凝管壁附有水滴，可用附有小橡胶头的铜丝擦下，再蒸馏片刻至接收管上部及冷凝管壁无水滴附着，接收管水平面保持10min不变为蒸馏终点，读取接收管水层的体积。

5．结果计算

试样中水分含量按式（3-11）计算：

$$X = \frac{V - V_0}{m} \times 100 \tag{3-11}$$

式中，X——试样中的水分含量，mL/100g（或按水在20℃的密度0.998 20g/mL计算质量）；

V——接收管内水的体积，mL；

V_0——做试剂空白时，接收管内水的体积，mL；

m——试样的质量，g；

100——单位换算系数。

以重复性条件下获得的2次独立测定结果的算术平均值表示，结果保留3位有效数字。在重复性条件下获得的2次独立测定结果的绝对差值不得超过算术平均值的10%。

6．说明和注意事项

（1）该方法适用于含水较多又有较多挥发性成分的水果、香辛料及调味品、肉与肉制品等食品中水分的测定，不适用于水分含量小于 1g/100g 的样品。

（2）该方法以蒸馏收集到的水量计算试样中水分含量，避免了组分的氧化、分解及挥发引起的质量变化对水分测定结果的干扰。该方法设备简单，操作方便，现已广泛用于谷类、果蔬、发酵食品、油脂及香辛料等水分含量较多又有较多挥发性成分的食品的水分测定，特别对于香辛料，该方法是唯一公认的水分含量测定的标准方法。

（3）蒸馏过程中，加热温度不宜太高，温度太高时冷凝管上端水汽难以全部回收，会造成测定误差。

（4）样品为粉状或半流体时，先将瓶底铺满干净海砂，再加入样品和蒸馏剂。

（5）为了尽量避免水分接收管和冷凝管壁附着水滴，仪器必须洗涤干净并干燥后才能使用。

（6）影响蒸馏法测定水分含量结果准确度的因素主要包括以下几方面：①水与有机溶剂易发生乳化现象；②样品中水分可能没有完全挥发出来；③水分有时附在冷凝管壁上，造成读数误差等。若分层不理想，造成读数误差，可加少量戊醇或异丁醇防止出现乳浊液。

四、卡尔·费歇尔法

卡尔·费歇尔法，简称费歇尔法或 K-F 法，是由卡尔·费歇尔在 1935 年提出的测定水分的容量分析方法。它属于碘量法，是一种既快速又准确的测定水分含量的化学方法。

1．原理

碘能与水和二氧化硫发生化学反应，在有吡啶和甲醇共存时，1mol 碘只与 1mol 水作用，反应式如下：

$$C_5H_5N \cdot I_2 + C_5H_5N \cdot SO_2 + C_5H_5N + H_2O + CH_3OH \longrightarrow 2C_5H_5N \cdot HI + C_5H_6N[SO_4CH_3]$$

卡尔·费歇尔水分测定法又分为库仑法和容量法。其中容量法测定的碘是作为滴定剂加入的，滴定剂中碘的浓度是已知的，根据消耗滴定剂的体积，计算消耗碘的量，从而计量出被测物质的水分含量。

卡尔·费歇尔法的基本原理及反应式如下。

I_2 和 SO_2 的氧化还原反应需有定量的水参与：

$$I_2 + SO_2 + 2H_2O \Longrightarrow H_2SO_4 + 2HI$$

上述反应是可逆的，当硫酸浓度达 0.05% 以上时，即能发生逆反应。若加入适量的吡啶（C_5H_5N）中和反应过程中生成的硫酸，则能促使反应向右进行。反应式如下：

$$C_5H_5N \cdot I_2 + C_5H_5N \cdot SO_2 + C_5H_5N + H_2O \longrightarrow 2C_5H_5N\overset{H}{\underset{I}{|}} + C_5H_5N\overset{SO_2}{\underset{O}{|}}$$

　　碘吡啶　　亚硫酸吡啶　　　　　氢碘酸吡啶　　硫酸吡啶

该反应生成的硫酸吡啶很不稳定，能与水发生副反应，会消耗一部分水而干扰测定结果。如果有甲醇存在，硫酸吡啶可生成稳定的甲基硫酸氢吡啶。

$$C_5H_5N\overset{SO_2}{\underset{O}{|}}+CH_3OH \longrightarrow C_5H_5N\overset{H}{\underset{SO_4 \cdot CH_3}{}}$$

由上可见，在有吡啶和甲醇共存时，碘与水和二氧化硫发生的化学反应能顺利进行。由碘、二氧化硫、吡啶及甲醇按一定比例组成的混合溶液，称为卡尔·费歇尔试剂，用该试剂滴定试样，根据消耗试剂的量可以计算试样中的水分含量。

2．试剂和材料

（1）卡尔·费歇尔试剂。

（2）无水甲醇：优级纯。

3．仪器和设备

（1）卡尔·费歇尔水分测定仪。

（2）分析天平：感量为 0.1mg。

4．分析步骤

1）卡尔·费歇尔试剂的标定（容量法）

在反应瓶中加一定体积（浸没铂电极）的甲醇，在搅拌下用卡尔·费歇尔试剂滴定至终点。加入 10mg 水（精确至 0.0001g），滴定至终点并记录卡尔·费歇尔试剂的用量（V）。卡尔·费歇尔试剂的滴定度按式（3-12）计算：

$$T=\frac{m}{V} \tag{3-12}$$

式中，T——卡尔·费歇尔试剂的滴定度，g/mL；

　　　m——水的质量，g；

　　　V——滴定水消耗的卡尔·费歇尔试剂的用量，mL。

2）试样预处理

固体试样要尽量粉碎，使之均匀；不易粉碎的试样可切碎。

3）试样中水分的测定

于反应瓶中加一定体积的甲醇或卡尔·费歇尔测定仪中规定的溶剂浸没铂电极，在搅拌下用卡尔·费歇尔试剂滴定至终点。迅速将易溶于甲醇或卡尔·费歇尔测定仪中规定溶剂的试样直接加入滴定杯中；对于不易溶解的试样，应对滴定杯进行加热或加入已测定水分的其他溶剂辅助溶解后用卡尔·费歇尔试剂滴定至终点。建议采用容量法测定试样中的水的质量应大于 100μg。对于滴定时平衡时间较长且引起漂移的试样，需要扣除其漂移量。

4）漂移量的测定

在滴定杯中加入与测定样品一致的溶剂，并滴定至终点，放置不少于 10min 后再滴定至终点，2 次滴定之间的单位时间内的体积变化即为漂移量（D）。

5．结果计算

固体试样中的水分含量按式（3-13），液体试样中的水分含量按式（3-14）进行计算：

$$X = \frac{(V_1 - Dt)\ T}{m} \times 100 \qquad (3\text{-}13)$$

$$X = \frac{(V_1 - Dt)\ T}{V_2 \rho} \times 100 \qquad (3\text{-}14)$$

式中，X——试样中的水分含量，g/100g；

V_1——滴定样品时卡尔·费歇尔试剂体积，mL；

D——漂移量，mL/min；

t——滴定时所消耗的时间，min；

T——卡尔·费歇尔试剂的滴定度，g/mL；

m——样品质量，g；

100——单位换算系数；

V_2——液体样品体积，mL；

ρ——液体样品的密度，g/mL。

水分含量大于等于 1g/100g 时，计算结果保留 3 位有效数字；水分含量小于 1g/100g 时，计算结果保留 2 位有效数字。重复性条件下获得的 2 次独立测定结果的绝对差值不得超过算术平均值的 10%。

6．说明和注意事项

（1）卡尔·费歇尔法适用于食品中微量水分的测定，不适用于含有氧化剂、还原剂、碱性氧化物、氢氧化物、碳酸盐、硼酸等食品中水分的测定。卡尔·费歇尔法适用于水分含量大于 1.0×10^{-3} g/100g 的样品。

（2）试样处理过程中应避免吸潮或水分挥发，固体样品细度以 40 目为宜。

（3）卡尔·费歇尔法是水分含量测定的化学方法，测得的结果既包括试样中的自由水，也包括试样中的结合水，所得结果能更客观地反映出试样中的总水分含量。

（4）食品中水分含量测定除上面介绍的 4 种方法外，还可以采用微波干燥法、化学干燥法、红外线干燥法、气相色谱法、冰点分析法、介电容量法、电导率法、红外吸收光谱法等方法进行快速测定。

第五节　食品中灰分的测定

食品中除含有大量有机物质外，还含有较丰富的无机成分。当高温灼烧时，食品中的组分将发生一系列的物理和化学变化，有机成分挥发逸散，而无机成分（主要是无机盐和氧化物）则残留下来，这些残留物称为灰分。灰分是反映食品中无机成分总量的一项指标。

从数量和组成上看，食品的灰分与食品中原来存在的无机成分并不完全相同。食品在灰化时，一方面，某些易挥发元素，如氯、碘、铅等，会挥发散失，磷、硫等也能以含氧酸的形式挥发散失，使这些无机成分减少；另一方面，某些金属氧化物会吸收有机物分解产生的二氧化碳而形成碳酸盐，又使无机成分增多。因此，灰分并不能准确地表示食品中原来的无机成分的总量。通常把食品经高温灼烧后的残留物称为粗灰分。

食品中的灰分按其溶解性还可分为水溶性灰分、水不溶性灰分和酸不溶性灰分。其中水溶性灰分反映的是可溶性的钾、钠、钙、镁等的氧化物和盐类的含量。水不溶性灰分反映的是污染的泥沙和铁、铝等氧化物及碱土金属的碱式磷酸盐的含量。酸不溶性灰分反映的是污染的泥沙和食品中原来存在的微量氧化硅等物质的含量。

测定灰分具有十分重要的意义。不同的食品，因所用原料、加工方法及测定条件不同，各种灰分的组成和含量也不相同。如果灰分含量超过了正常范围，说明食品中使用了不符合要求的原料或食品添加剂，或食品在加工、贮运过程中受到污染，因此测定灰分可以判断食品受污染的程度。此外，灰分还可以评价食品的加工精度和食品的品质。例如，在面粉加工中，常以总灰分评价面粉等级，面粉的加工精度越高，灰分含量越低。总灰分含量还可反映果胶、明胶等胶质品的胶冻性能；水溶性灰分含量可反映果酱、果冻等制品中果汁的含量。总之，灰分是某些食品重要的质量控制指标，是食品中常规的理化检验项目之一。

一、食品中总灰分含量的测定

1．原理

食品经灼烧后所残留的无机物称为灰分，灼烧、称量即可计算出样品中总灰分的含量。

食品中总灰分含量
的测定

2．试剂和材料

（1）乙酸镁溶液（80g/L）：称取 8.0g 乙酸镁加水溶解并定容至 100mL，混匀。

（2）乙酸镁溶液（240g/L）：称取 24.0g 乙酸镁加水溶解并定容至 100mL，混匀。

（3）盐酸溶液（10%）：量取 24mL 分析纯浓盐酸，用蒸馏水稀释至 100mL。

3．仪器和设备

（1）高温炉：最高使用温度大于等于 950℃。

（2）分析天平：感量分别为 0.1mg、1mg、0.1g。

（3）石英坩埚或瓷坩埚。

（4）干燥器：内附有效干燥剂。

（5）电热板。

（6）恒温水浴锅（控温精度±2℃）。

4．分析步骤

1）坩埚预处理

（1）含磷量较高的食品和其他食品：取大小适宜的石英坩埚或瓷坩埚置高温炉中，在（550±25）℃灼烧 30min，冷却至 200℃左右，取出，放入干燥器中冷却 30min，准确称量。重复灼烧至前后 2 次称量值相差不超过 0.5mg 为恒重。

（2）淀粉类食品：先用沸腾的稀盐酸洗涤，再用大量自来水洗涤，最后用蒸馏水冲洗。将洗净的坩埚置于高温炉内，在（900±25）℃灼烧 30min，并在干燥器内冷却至室温，称量，精确至 0.0001g。

2）称样

（1）含磷量较高的食品和其他食品：对于总灰分含量大于等于 10g/100g 的试样，称取 2～3g（精确至 0.0001g）；对于总灰分含量小于等于 10g/100g 的试样，称取 3～10g（精确至 0.0001g）；对于总灰分含量更低的样品，可适当增加称样量。

（2）淀粉类食品：迅速称取样品 2～10g（马铃薯淀粉、小麦淀粉及大米淀粉至少称 5g，玉米淀粉和木薯淀粉至少称 10g），精确至 0.0001g。将样品均匀分布在坩埚内，不要压紧。

3）测定

（1）含磷量较高的豆类及其制品、肉禽及其制品、蛋及其制品、水产及其制品、乳及乳制品：称取试样后，加入 1.00mL 乙酸镁溶液（240g/L）或 3.00mL 乙酸镁溶液（80g/L），使试样完全润湿。放置 10min 后，在水浴上将水分蒸干，在电热板上以小火加热使试样充分炭化至无烟，然后置于高温炉中，在（550±25）℃灼烧 4h。冷却至 200℃左右，取出，放入干燥器中冷却 30min，称量前如发现灼烧残渣有炭粒，应向试样中滴入少许水湿润，使结块松散，蒸干水分再次灼烧至无炭粒即表示灰化完全，方可称量。重复灼烧至前后 2 次称量值相差不超过 0.5mg 为恒重。

吸取 3 份与上述相同浓度和体积的乙酸镁溶液，做 3 次试剂空白试验。当 3 次试验结果的标准偏差小于 0.003g 时，取算术平均值作为空白值。若标准偏差大于等于 0.003g，应重新做空白试验。

（2）淀粉类食品：将坩埚置于高温炉口或电热板上，半盖坩埚盖，小心加热使样品在通气情况下完全炭化至无烟，即刻将坩埚放入高温炉内，将温度升高至（900±25）℃，保持此温度直至剩余的炭全部消失为止，一般 1h 可灰化完毕。冷却至 200℃左右，取出，放入干燥器中冷却 30min，称量前如发现灼烧残渣有炭粒，应向试样中滴入少许水湿润，使结块松散，蒸干水分再次灼烧至无炭粒即表示灰化完全，方可称量。重复灼烧至前后 2 次称量值相差不超过 0.5mg 为恒重。

（3）其他食品：液体和半固体试样应先在沸水浴上蒸干。固体或蒸干后的试样，先在电热板上以小火加热，使试样充分炭化至无烟，然后置于高温炉中，在（550±25）℃灼烧 4h。冷却至 200℃左右，取出，放入干燥器中冷却 30min，称量前如发现灼烧残渣有炭粒，应向试样中滴入少许水湿润，使结块松散，蒸干水分再次灼烧至无炭粒即表示灰化完全，方可称量。重复灼烧至前后 2 次称量值相差不超过 0.5mg 为恒重。

5. 结果计算

以试样质量计，未加乙酸镁溶液的试样中总灰分的含量，按式（3-15）计算：

$$X_1 = \frac{m_1 - m_2}{m_3 - m_2} \times 100 \qquad (3\text{-}15)$$

式中，X_1——未加乙酸镁溶液的试样中总灰分的含量，g/100g；

m_1——坩埚和总灰分的质量，g；

m_2——坩埚的质量，g；

m_3——坩埚和试样的质量，g；

100——单位换算系数。

以试样质量计，加了乙酸镁溶液的试样中总灰分的含量，按式（3-16）计算：

$$X_2=\frac{m_1-m_2-m_0}{m_3-m_2}\times100 \tag{3-16}$$

式中，X_2——加了乙酸镁溶液的试样中总灰分的含量，g/100g；

m_1——坩埚和总灰分的质量，g；

m_2——坩埚的质量，g；

m_0——氧化镁（乙酸镁灼烧后生成物）的质量，g；

m_3——坩埚和试样的质量，g；

100——单位换算系数。

6．说明和注意事项

（1）该方法适用于食品中总灰分的测定，淀粉类食品中总灰分的测定方法适用于总灰分质量分数不大于2%的淀粉和变性淀粉。

（2）灰化容器：

① 坩埚是测定灰分常用的灰化容器，常使用的有素烧瓷坩埚和铂坩埚，素烧瓷坩埚具有耐高温、耐酸、价格低廉等优点；但耐碱性差，灰化碱性食品（如水果、蔬菜、豆类等）时，瓷坩埚内壁的釉层会被部分溶解，造成坩埚吸留现象，多次使用往往难以达到恒重，在这种情况下宜使用新的瓷坩埚，或使用铂坩埚。铂坩埚具有耐高温、耐碱、导热性好、吸湿性弱等优点，但价格昂贵，故使用时应特别注意其性能和使用规则。

② 瓷坩埚使用前应将其用（1＋4）的盐酸溶液煮1～2h，洗净、晾干后，用三氯化铁与蓝墨水的混合液在坩埚外壁及盖上编号，再在规定条件下重复灼烧至恒重（前后2次称量值相差不超过0.5mg）。用过的坩埚经初步洗刷后，可用粗盐酸或废盐酸浸泡10～20min，再用水冲刷干净。

③ 灰化容器的大小要根据试样的性状来选用，需要预处理的液态样品、加热易膨胀的样品及灰分含量低、取样量较大的样品，需选用稍大些的坩埚。

④ 把坩埚放入高温炉或从炉中取出时，要放在炉口停留片刻，使坩埚预热或冷却，防止因温度剧变而使坩埚破裂。灼烧后的坩埚应冷却到200℃以下再移入干燥器中，否则热的对流作用易造成残灰飞散，且冷却速度慢，冷却后干燥器内形成的真空度较大，盖子不易打开。从干燥器内取出坩埚时，因内部成真空，开盖恢复常压时，应该使空气缓缓流入，以防残灰飞散。

（3）取样量。取样量应根据试样的种类和性状来决定。食品的灰分与其他成分相比，含量较少，所以取样时应考虑称量误差，以灼烧后得到的总灰分量为10～100mg来决定取样量。

（4）灰化是否完全的判断。以样品灼烧至灰分呈白色或浅灰色，无炭粒存在，且达到恒重为止。但对有些样品，即使灰化完全，残灰也不一定呈白色或浅灰色，如铁含量高的食品，残灰呈褐色；锰、铜含量高的食品，残灰呈蓝绿色。有时即使灰的表面呈白色，内部仍残留有炭块。所以应根据样品的组成、性状观察残灰的颜色，正确判断灰化程度。

（5）加速灰化的方法。对于含磷较多的谷物及其制品，其磷酸过剩于阳离子，随着灰化的进行，磷酸将以磷酸二氢钾、磷酸二氢钠等形式存在，残灰在比较低的温度下会熔融而包住炭粒，试样难以完全灰化，即使灰化相当长时间也达不到恒重。对这类难灰化的样品，可采用下述方法来加速灰化。

① 加入乙酸镁等灰化助剂，这类镁盐随着灰化的进行而分解，与过剩的磷酸结合，避免发生熔融而残灰呈松散状态，这样就可避免炭粒被包裹，从而大大缩短灰化时间。该方法应做空白试验，以校正加入的镁盐灼烧后分解产生氧化镁（MgO）的量。

② 称量前如发现灼烧残渣有炭粒，应向试样中滴入少许水湿润，使结块松散，蒸干水分并再次灼烧至无炭粒即表示灰化完全。加速灰化时，一定要沿坩埚壁加去离子水，不可直接将水洒在残灰上，以防残灰飞扬，造成损失和测定误差。

（6）试样经预处理后，在放入高温炉灼烧前要先进行炭化处理。样品炭化时要注意热源强度，防止在灼烧时，高温引起试样中的水分急剧蒸发，使试样飞溅；防止糖、蛋白质、淀粉等易发泡膨胀的物质在高温下发泡膨胀而溢出坩埚；不经炭化而直接灰化，炭粒易被包住，造成灰化不完全。

（7）试样中总灰分含量大于等于 10g/100g 时，保留 3 位有效数字；试样中总灰分含量小于 10g/100g 时，保留 2 位有效数字。在重复性条件下获得的 2 次独立测定结果的绝对差值不得超过算术平均值的 5%。

二、食品中水溶性灰分和水不溶性灰分的测定

1．原理

用热水提取总灰分，经无灰滤纸过滤、灼烧，称量残留物，测得水不溶性灰分，由总灰分和水不溶性灰分的质量之差计算水溶性灰分。

2．试剂和材料

同"食品中总灰分含量的测定"。

3．仪器和设备

无灰滤纸、漏斗、表面皿（直径 6cm）、烧杯（高型，容量 100mL），其他同"食品中总灰分含量的测定"。

4．分析步骤

（1）坩埚预处理：同"食品中总灰分含量的测定"。
（2）称样：同"食品中总灰分含量的测定"。
（3）总灰分的制备：同"食品中总灰分含量的测定"。
（4）测定：用约 25mL 热蒸馏水分次将灰分从坩埚中洗入 100mL 烧杯中，盖上表

面皿，用小火加热至微沸，防止溶液溅出。趁热用无灰滤纸过滤，并用热蒸馏水分次洗涤杯中残渣，直至滤液和洗涤体积约 150mL 为止，将该无灰滤纸连同残渣移入原坩埚内，放在沸水浴上小心地蒸去水分，然后将坩埚烘干并移入高温炉内，以（550±25）℃灼烧至无炭粒（一般需 1h）。待炉温降至 200℃时，将其取出放入干燥器内，冷却至室温，称量（准确至 0.0001g）。再将坩埚放入高温炉内，在（550±25）℃灼烧 30min，如前冷却并称量。如此重复操作，直至连续 2 次称量值相差不超过 0.5mg 为止，记下最低质量。

5．结果计算

以试样质量计，水不溶性灰分的含量按式（3-17）计算：

$$X_1 = \frac{m_1 - m_2}{m_3 - m_2} \times 100 \tag{3-17}$$

式中，X_1——水不溶性灰分的含量，g/100g；

　　m_1——坩埚和水不溶性灰分的质量，g；

　　m_2——坩埚的质量，g；

　　m_3——坩埚和试样的质量，g；

　　100——单位换算系数。

水溶性灰分的含量按式（3-18）计算：

$$X_2 = \frac{m_4 - m_5}{m_0} \times 100 \tag{3-18}$$

式中，X_2——水溶性灰分的含量，g/100g；

　　m_0——试样的质量，g；

　　m_4——总灰分的质量，g；

　　m_5——水不溶性灰分的质量，g；

　　100——单位换算系数。

6．说明和注意事项

（1）该方法适用于食品中水溶性灰分和水不溶性灰分的测定。

（2）无灰滤纸是定量滤纸的一种，灼烧后其灰分含量小于 0.01%。

（3）用热蒸馏水从坩埚中转移总灰分时要完全，以免引起结果误差。

（4）过滤后，需将坩埚放沸水浴上小心地蒸去水分，并将坩埚烘干后再移入高温炉内，避免高温灼烧使水分急剧蒸发造成试样损失。

（5）其他说明和注意事项同"食品中总灰分含量的测定"。

三、食品中酸不溶性灰分的测定

1．原理

用盐酸溶液处理总灰分，过滤、灼烧、称量残留物。

2．试剂和材料

同"食品中总灰分含量的测定"。

3．仪器和设备

同"食品中水溶性灰分和水不溶性灰分的测定"。

4．分析步骤

（1）坩埚预处理：同"食品中总灰分含量的测定"。

（2）称样：同"食品中总灰分含量的测定"。

（3）总灰分的制备：同"食品中总灰分含量的测定"。

（4）测定：用 25mL 10%盐酸溶液将总灰分分次洗入 100mL 烧杯中，盖上表面皿，在沸水浴上小心加热，至溶液由浑浊变为透明时，继续加热 5min，趁热用无灰滤纸过滤，用沸蒸馏水少量反复洗涤烧杯和滤纸上的残留物，直至中性（约 150mL）。将该无灰滤纸连同残渣移入原坩埚内，在沸水浴上小心蒸去水分，将坩埚移入高温炉内，在（550±25）℃灼烧至无炭粒（一般需 1h）。待炉温降至 200℃时，取出坩埚，放入干燥器内，冷却至室温，称量（准确至 0.0001g）。再将坩埚放入高温炉内，在（550±25）℃灼烧 30min，如前冷却并称量。如此重复操作，直至连续 2 次称量值相差不超过 0.5mg 为止，记下最低质量。

5．结果计算

以试样质量计，酸不溶性灰分的含量，按式（3-19）计算：

$$X_1 = \frac{m_1 - m_2}{m_3 - m_2} \times 100 \qquad (3-19)$$

式中，X_1——酸不溶性灰分的含量，g/100g；

　　　m_1——坩埚和酸不溶性灰分的质量，g；

　　　m_2——坩埚的质量，g；

　　　m_3——坩埚和试样的质量，g；

　　　100——单位换算系数。

6．说明和注意事项

（1）该方法适用于食品中酸不溶性灰分的测定。酸不溶性灰分是指用 10%盐酸溶液溶解总灰分后的残留物，其含量可以反映食品中氧化硅的含量以及判断食品中是否混入泥沙。

（2）用 10%盐酸溶液处理总灰分时，应使用沸水浴小心加热，防止溶液溅出。

（3）用沸蒸馏水少量反复洗涤烧杯和滤纸上的残留物，直至无氯离子为止。

（4）其他说明和注意事项同"食品中总灰分含量的测定"。

第六节　食品中酸类物质的测定

食品中的酸类物质使食品具有一定的酸度，这些酸类物质包括有机酸、无机酸、酸式盐及某些酸性有机化合物（如单宁、蛋白质分解产物等），但主要是有机酸，而无机酸含量很少。通常有机酸呈游离状态、部分呈酸式盐状态存在于食品中，而无机酸呈中性盐化合态存在于食品中。食品中常见的有机酸有柠檬酸、苹果酸、酒石酸、草酸、乳酸及乙酸等，这些有机酸有的是食品所固有的，如果蔬及其制品中的有机酸；有的是在食品加工中人为加入的，如汽水中的有机酸；有的是在生产、加工、贮藏过程中产生的，如酸奶、食醋中的有机酸。

食品的酸度可分为总酸度、有效酸度（pH 值）和挥发酸。总酸度（以下简称酸度）是指食品中所有酸性成分的总量，包括已离解的酸的浓度和未离解的酸的浓度，其大小可用标准碱滴定溶液进行滴定，用 °T 表示，也可以样品中主要代表酸的含量表示。有效酸度是指食品中呈游离状态的 H^+ 的浓度，常用 pH 值表示，大小可用酸度计进行测定。挥发酸是指食品中易挥发的部分有机酸，如乙酸、甲酸等，其大小可通过蒸馏法分离，再用标准碱液测定。

食品中的酸类物质不仅作为酸味成分，还在食品的加工、贮运及品质管理等方面起着重要作用，因此测定食品的酸度具有十分重要的意义。

（1）有机酸影响食品的色、香、味及其稳定性。果蔬中所含色素的色调与其酸度密切相关，在一些变色反应中，酸是起重要作用的成分。例如，叶绿素在酸性条件下会变成黄褐色的脱镁叶绿素；花色素于不同酸度下，颜色也不相同。果蔬的果实及其制品的口味取决于糖、酸的种类、含量及其比例，酸度降低则甜味增加，各种水果及其制品就是因其适宜的酸味和甜味而具有各自独特的风味。同时水果中适量的挥发酸含量也会带给其特定的香气。另外，食品中有机酸含量高，则其 pH 值低，而 pH 值的高低对食品的稳定性有一定的影响。降低 pH 值能减弱微生物的抗热性和抑制其生长，所以 pH 值是果蔬罐头杀菌条件的主要依据；在水果加工中，控制介质 pH 值还可抑制水果褐变；有机酸能与 Fe、Sn 等金属反应，加快对设备和容器的腐蚀，影响制品的风味和色泽；有机酸可以提高维生素 C 的稳定性，防止其氧化。

（2）食品中有机酸的种类和含量是判断其质量好坏的一个重要指标。挥发酸的种类是判断某些制品腐败的标准，如某些发酵制品中有甲酸积累，则说明已发生细菌性腐败。挥发酸的含量也是某些制品质量好坏的指标，如水果发酵制品中含有 0.1% 以上的乙酸，则说明制品腐败。牛乳及乳制品中乳酸过高时，也说明其已由乳酸菌发酵而产生腐败。新鲜的油脂通常是中性的，不含游离脂肪酸，但油脂在存放过程中，本身含的解脂酶会分解油脂而产生游离脂肪酸，使油脂酸败，故测定油脂酸度（以酸价表示）可判断其新鲜程度。有效酸度也是判断食品质量的指标，如新鲜肉的 pH 值为 5.7~6.2，若 pH 值大于 6.7，说明肉已变质。

（3）利用有机酸的含量与糖的含量之比，可判断某些果蔬的成熟度。有机酸在果蔬中的含量，因其成熟度及生长条件不同而异，一般随成熟度的提高，有机酸含量下降，而糖含量增加，糖酸比增大。故通过测定酸度可判断某些果蔬的成熟度，对于确定果蔬收获期及加工工艺条件很有意义。

食品酸度的测定主要有酚酞指示剂法、酸度计法、电位滴定仪法，有效酸度通常采用酸度计法，挥发酸采用蒸馏法测定。

一、食品酸度的测定

（一）酚酞指示剂法

1．原理

试样经过处理后，以酚酞作为指示剂，用 0.1mol/L 氢氧化钠标准溶液滴定至中性，记录消耗氢氧化钠溶液的体积，经计算确定试样的酸度。

2．试剂和材料

（1）氢氧化钠标准滴定溶液（0.1mol/L）：按 GB/T 601—2016《化学试剂　标准滴定溶液的制备》配制和标定。

（2）参比溶液：将 3g 七水硫酸钴溶解于水中，并定容至 100mL。

（3）酚酞指示液：称取 0.5g 酚酞溶于 75mL 体积分数为 95% 的乙醇中，并加入 20mL 水，然后滴加 0.1mol/L 氢氧化钠溶液至微粉色，再加入水定容至 100mL。

（4）中性乙醇-乙醚混合液：取等体积的乙醇、乙醚混合后加 3 滴酚酞指示液，以氢氧化钠溶液（0.1mol/L）滴至微红色。

（5）不含二氧化碳的蒸馏水：将水煮沸 15min，逐出二氧化碳，冷却，密闭。

3．仪器和设备

（1）分析天平：感量为 0.001g 和 0.01g。

（2）恒温水浴锅。

（3）粉碎机：可使粉碎的样品 95% 以上通过 CQ16 筛［相当于孔径 0.425mm（40目）］，粉碎样品时磨膛不应发热。

（4）振荡器：往返式，振荡频率为 100 次/min。

4．分析步骤

1）乳粉

（1）试样制备：将样品全部移入约 2 倍于样品体积的洁净干燥容器中（带密封盖），立即盖紧容器，反复振荡，使样品彻底混合。在此操作过程中，应尽量避免样品暴露在空气中。

（2）测定：称取 4g 样品（精确至 0.01g）于 250mL 锥形瓶中。用量筒量取 96mL 约20℃的不含二氧化碳的蒸馏水，使样品复溶，搅拌，然后静置 20min。

向一只装有 96mL、约 20℃、无二氧化碳的蒸馏水的锥形瓶中加入 2.0mL 参比溶液，轻轻转动，使之混合，得到标准参比颜色。如果要测定多个相似的产品，则此参比溶液可用于整个测定过程，但时间不得超过 2h。

向另一只装有样品溶液的锥形瓶中加入 2.0mL 酚酞指示液，轻轻转动，使之混合。用 25mL 碱式滴定管向该锥形瓶中滴加氢氧化钠溶液，边滴加边转动锥形瓶，直到颜色与参比溶液的颜色相似，且 5s 内不消退，整个滴定过程应在 45s 内完成。记录所用氢氧化钠溶液的体积（V_1），精确至 0.05mL，代入式（3-20）中进行计算。

（3）空白滴定：用 96mL、约 20℃、无二氧化碳的蒸馏水做空白试验，记录所消耗氢氧化钠标准溶液的体积（V_0）。空白试验所消耗的氢氧化钠的体积应不小于零，否则应重新制备和使用符合要求的蒸馏水。

2）乳及乳制品

（1）制备参比溶液：向装有等体积相应溶液的锥形瓶中加入 2.0mL 参比溶液，轻轻转动，使之混合，得到标准参比颜色。如果要测定多个相似的产品，则此参比溶液可用于整个测定过程，但时间不得超过 2h。

（2）巴氏杀菌乳、灭菌乳、生乳、发酵乳：称取 10g（精确至 0.001g）已混匀的试样，置于 150mL 锥形瓶中，加 20mL 新煮沸冷却至室温的水，混匀，加入 2.0mL 酚酞指示液，混匀后用氢氧化钠标准溶液滴定，边滴加边转动锥形瓶，直到颜色与参比溶液的颜色相似，且 5s 内不消退，整个滴定过程应在 45s 内完成。记录消耗的氢氧化钠标准滴定溶液体积（V_2），代入式（3-21）中进行计算。

用等体积的无二氧化碳的蒸馏水做空白试验，记录消耗氢氧化钠标准溶液的体积（V_0）。空白所消耗的氢氧化钠的体积应不小于零，否则应重新制备和使用符合要求的蒸馏水。

（3）奶油：称取 10g（精确至 0.001g）已混匀的试样，置于 250mL 锥形瓶中，加 30mL 中性乙醇-乙醚混合液，混匀，加入 2.0mL 酚酞指示液，混匀后用氢氧化钠标准溶液滴定，边滴加边转动锥形瓶，直到颜色与参比溶液的颜色相似，且 5s 内不消退，整个滴定过程应在 45s 内完成。记录消耗的氢氧化钠标准滴定溶液体积（V_2），代入式（3-21）中进行计算。

用 30mL 中性乙醇-乙醚混合液做空白试验，记录消耗氢氧化钠标准溶液的体积（V_0）。空白试验所消耗的氢氧化钠的体积应不小于零，否则应重新制备和使用符合要求的中性乙醇-乙醚混合液。

（4）炼乳：称取 10g（精确至 0.001g）已混匀的试样，置于 250mL 锥形瓶中，加 60mL 新煮沸冷却至室温的水溶解，混匀，加入 2.0mL 酚酞指示液，混匀后用氢氧化钠标准溶液滴定，边滴加边转动锥形瓶，直到颜色与参比溶液的颜色相似，且 5s 内不消退，整个滴定过程应在 45s 内完成。记录消耗的氢氧化钠标准滴定溶液体积（V_2），代入式（3-21）中进行计算。

用等体积的无二氧化碳的蒸馏水做空白试验，记录耗用氢氧化钠标准溶液的体积（V_0）。空白所消耗的氢氧化钠的体积应不小于零，否则应重新制备和使用符合要求的蒸馏水。

（5）干酪素：称取 5g（精确至 0.001g）经研磨混匀的试样于锥形瓶中，加入 50mL 无二氧化碳的蒸馏水，于室温（18～20℃）下放置 4～5h，或在水浴锅中加热到 45℃并在该温度下保持 30min，再加 50mL 无二氧化碳的蒸馏水，混匀后，通过干燥的滤纸过滤。吸取滤液 50mL 于锥形瓶中，加入 2.0mL 酚酞指示液，混匀后用氢氧化钠标准溶液滴定，边滴加边转动锥形瓶，直到颜色与参比溶液的颜色相似，且 5s 内不消退，整个滴定过程应在 45s 内完成。记录消耗的氢氧化钠标准滴定溶液体积（V_3），代入式（3-22）进行计算。

用等体积的无二氧化碳的蒸馏水做空白试验，记录耗用氢氧化钠标准溶液的体积（V_0）。空白所消耗的氢氧化钠的体积应不小于零，否则应重新制备和使用符合要求的蒸馏水。

3）淀粉及其衍生物

（1）样品预处理：样品应充分混匀。

（2）称样：称取样品 10g（精确至 0.1g），移入 250mL 锥形瓶内，加入 100mL 水，振荡并混合均匀。

（3）滴定：向一只装有 100mL 约 20℃水的锥形瓶中加入 2.0mL 参比溶液，轻轻转动，使之混合，得到标准参比颜色。如果要测定多个相似的产品，则此参比溶液可用于整个测定过程，但时间不得超过 2h。

向装有样品的锥形瓶中加入 2～3 滴酚酞指示剂，混匀后用氢氧化钠标准溶液滴定，边滴加边转动锥形瓶，直到颜色与参比溶液的颜色相似，且 5s 内不消退，整个滴定过程应在 45s 内完成。记录消耗氢氧化钠标准溶液的体积（V_4），代入式（3-23）中进行计算。

（4）空白滴定：用 100mL 无二氧化碳的蒸馏水做空白试验，记录消耗氢氧化钠标准溶液的体积（V_0）。空白试验所消耗的氢氧化钠的体积应不小于零，否则应重新制备和使用符合要求的蒸馏水。

4）粮食及制品

（1）试样制备：取混合均匀的样品 80～100g，用粉碎机粉碎，粉碎细度要求 95%以上通过 CQ16 筛［相当于孔径 0.425mm（40 目）］，粉碎后的全部筛分样品充分混合，装入磨口瓶中备用，制备好的样品应立即测定。

（2）测定：称取制备好的试样 15g（精确至 0.01g），置入 250mL 具塞磨口锥形瓶中，加无二氧化碳的蒸馏水 50mL（V_{51}）（先加少量水与试样混成稀糊状，再全部加入），滴入三氯甲烷 5 滴，加塞后摇匀，在室温下放置提取 2h，每隔 15min 摇动 1 次（或置于振荡器上振荡 70min），浸提完毕后静置数分钟，用中速定性滤纸过滤，用移液管吸取滤液 10mL（V_{52}），注入 100mL 锥形瓶中，再加无二氧化碳的蒸馏水 20mL 和酚酞指示剂 3 滴，混匀后用氢氧化钠标准溶液滴定，边滴加边转动锥形瓶，直到颜色与参比溶液的颜色相似，且 5s 内不消退，整个滴定过程应在 45s 内完成。记下所消耗的氢氧化钠标准溶液体积（V_5），代入式（3-24）中进行计算。

（3）空白滴定：用 30mL 无二氧化碳的蒸馏水做空白试验，记录消耗的氢氧化钠标准溶液的体积（V_0）。

5．结果计算

（1）乳粉试样的酸度数值以 °T 表示，按式（3-20）计算：

$$X_1 = \frac{c_1(V_1 - V_0) \times 12}{m_1(1 - w) \times 0.1} \tag{3-20}$$

式中，X_1——试样的酸度，°T（以 100g 干物质为 12%的复原乳所消耗的 0.1mol/L 氢氧化钠毫升数计，mL/100g）；

c_1——氢氧化钠标准溶液的摩尔浓度，mol/L；

V_1——滴定时所消耗氢氧化钠标准溶液的体积，mL；

V_0——空白试验所消耗氢氧化钠标准溶液的体积，mL；

12——12g 乳粉相当于100mL 复原乳（脱脂乳粉应为9，脱脂乳清粉应为7）；

m_1——称取样品的质量，g；

w——试样中水分的质量分数，g/100g；

$1-w$——试样中乳粉的质量分数，g/100g；

0.1——酸度理论定义氢氧化钠的摩尔浓度，mol/L。

（2）巴氏杀菌乳、灭菌乳、生乳、发酵乳、奶油和炼乳试样的酸度数值以°T表示，按式（3-21）计算：

$$X_2=\frac{c_2(V_2-V_0)\times100}{m_2\times0.1} \tag{3-21}$$

式中，X_2——试样的酸度，°T（以 100g 样品所消耗的 0.1mol/L 氢氧化钠毫升数计，mL/100g）；

c_2——氢氧化钠标准溶液的摩尔浓度，mol/L；

V_2——滴定时所消耗氢氧化钠标准溶液的体积，mL；

V_0——空白试验所消耗氢氧化钠标准溶液的体积，mL；

100——单位换算系数；

m_2——试样的质量，g；

0.1——酸度理论定义氢氧化钠的摩尔浓度，mol/L。

（3）干酪素试样的酸度数值以°T表示，按式（3-22）计算：

$$X_3=\frac{c_3(V_3-V_0)\times100\times2}{m_3\times0.1} \tag{3-22}$$

式中，X_3——试样的酸度，°T（以 100g 样品所消耗的 0.1mol/L 氢氧化钠体积数计，mL/100g）；

c_3——氢氧化钠标准溶液的摩尔浓度，mol/L；

V_3——滴定时所消耗氢氧化钠标准溶液的体积，mL；

V_0——空白试验所消耗氢氧化钠标准溶液的体积，mL；

100——单位换算系数；

2——试样的稀释倍数；

m_3——试样的质量，g；

0.1——酸度理论定义氢氧化钠的摩尔浓度，mol/L。

（4）淀粉及其衍生物试样的酸度数值以°T表示，按式（3-23）计算：

$$X_4=\frac{c_4(V_4-V_0)\times10}{m_4\times0.1} \tag{3-23}$$

式中，X_4——试样的酸度，°T（以 10g 试样所消耗的 0.1mol/L 氢氧化钠体积数计，mL/10g）；

c_4——氢氧化钠标准溶液的摩尔浓度，mol/L；

V_4——滴定时所消耗氢氧化钠标准溶液的体积，mL；

　　　V_0——空白试验所消耗氢氧化钠标准溶液的体积，mL；

　　　10——单位换算系数；

　　　m_4——试样的质量，g；

　　　0.1——酸度理论定义氢氧化钠的摩尔浓度，mol/L。

（5）粮食及制品试样的酸度数值以°T 表示，按式（3-24）计算：

$$X_5=(V_5-V_0)\frac{V_{51}}{V_{52}}\frac{c_5}{0.1}\frac{10}{m_5} \tag{3-24}$$

式中：X_5——试样的酸度，°T（以 10g 样品所消耗的 0.1mol/L 氢氧化钠体积数计，mL/10g）；

　　　V_5——试样滤液消耗氢氧化钠标准溶液的体积，mL；

　　　V_0——空白试验消耗氢氧化钠标准溶液的体积，mL；

　　　V_{51}——浸提试样的水体积，mL；

　　　V_{52}——用于滴定的试样滤液体积，mL；

　　　c_5——氢氧化钠标准溶液的摩尔浓度，mol/L；

　　　0.1——酸度理论定义氢氧化钠的摩尔浓度，mol/L；

　　　10——单位换算系数；

　　　m_5——试样的质量，g。

6．说明和注意事项

（1）该方法适用于生乳及乳制品、淀粉及其衍生物、粮食及制品酸度的测定。

（2）酸度测定的滴定过程中，应向锥形瓶中吹氮气，防止溶液吸收空气中的二氧化碳。

（3）样品浸渍、稀释用的蒸馏水中不能含有二氧化碳，因为二氧化碳溶于水中成为酸性的碳酸形式，影响滴定终点时酚酞的颜色变化。

（4）三氯甲烷有毒，操作时应在通风良好的通风橱内进行。

（5）乳粉的酸度也可以用乳酸含量表示，样品的乳酸含量（g/100g）＝T×0.009。T 为样品的滴定酸度（0.009 为乳酸的换算系数，即 1mL 0.1mol/L 的氢氧化钠标准溶液相当于 0.009g 乳酸）。

（6）结果以重复性条件下获得的两次独立测定结果的算术平均值表示，保留 3 位有效数字。在重复性条件下获得的两次独立测定结果的绝对差值不得超过算术平均值的 10%。

（7）对于颜色过深或浑浊的样品，其酸度的测定宜用酸度计法或电位滴定仪法进行测定。

（二）酸度计法

1．原理

记录中和试样溶液至 pH 值为 8.30 所消耗的 0.1mol/L 氢氧化钠溶液的体积，经计算确定其酸度。

2．试剂和材料

（1）氢氧化钠标准滴定溶液：同"酚酞指示剂法"。

（2）氮气：纯度为 98%。

（3）不含二氧化碳的蒸馏水：同"酚酞指示剂法"。

3．仪器和设备

（1）分析天平：感量为 0.01g。

（2）碱式滴定管：分刻度 0.1mL，可精确至 0.05mL。或者满足同样的使用要求的自动滴定管。

（3）酸度计：带玻璃电极和适当的参比电极（或者带复合电极）。

（4）磁力搅拌器。

（5）高速搅拌器，如均质器。

（6）恒温水浴锅。

4．分析步骤

1）试样制备

将样品全部移入约 2 倍于样品体积的洁净干燥容器中（带密封盖），立即盖紧容器，反复旋转振荡，使样品彻底混合。在此操作过程中，应尽量避免样品暴露在空气中。

2）测定

称取 4g 样品（精确至 0.01g）于 250mL 烧杯中。用量筒量取 96mL 约 20℃的不含二氧化碳的蒸馏水，使样品复溶，搅拌，然后静置 20min。

用滴定管向烧杯中滴加氢氧化钠标准溶液（0.1mol/L），直到 pH 值稳定在 8.30±0.01 处 4～5s。滴定过程中，始终用磁力搅拌器进行搅拌，同时向烧杯中吹氮气，防止溶液吸收空气中的二氧化碳。整个滴定过程应在 1min 内完成。记录所用氢氧化钠溶液的体积（V_6），精确至 0.05mL，代入式（3-25）计算。

3）空白滴定

用 100mL 不含二氧化碳的蒸馏水做空白试验，记录所消耗氢氧化钠标准溶液的体积（V_0）。空白试验所消耗的氢氧化钠的体积应不小于零，否则应重新制备和使用符合要求的蒸馏水。

5．结果计算

乳粉试样的酸度数值以°T 表示，按式（3-25）计算：

$$X_6 = \frac{c_6(V_6 - V_0) \times 12}{m_6(1-w) \times 0.1} \tag{3-25}$$

式中，X_6——试样的酸度，°T；

c_6——氢氧化钠标准溶液的摩尔浓度，mol/L；

V_6——滴定时所消耗氢氧化钠标准溶液的体积，mL；

V_0——空白试验所消耗氢氧化钠标准溶液的体积，mL；

12——12g 乳粉相当于 100mL 复原乳（脱脂乳粉应为 9，脱脂乳清粉应为 7）；

m_6——称取样品的质量，g；

w——试样中水分的质量分数，g/100g；

$1-w$——试样中乳粉质量分数，g/100g；

0.1——酸度理论定义氢氧化钠的摩尔浓度，mol/L。

6．说明和注意事项

（1）该方法适用于乳粉酸度的测定。

（2）通过观察 pH 值控制滴定的终点，克服了目测判断滴定终点带来误差的缺陷，提高了测定结果的准确度。

（3）酸度计在使用之前应进行校准。

（4）滴定过程可以进行手工滴定，也可以使用自动电位滴定仪进行滴定。

（5）其他说明和注意事项同"酚酞指示剂法"。

（三）电位滴定仪法

1．原理

记录中和 100g 试样至 pH 值为 8.3 所消耗的 0.1mol/L 氢氧化钠溶液的体积，经计算确定其酸度。

2．试剂和材料

（1）氢氧化钠标准滴定溶液：同"酚酞指示剂法"。

（2）氮气：纯度为 98%。

（3）中性乙醇-乙醚混合液：取等体积的乙醇、乙醚混合后加 3 滴酚酞指示液，以氢氧化钠溶液（0.1mol/L）滴至微红色。

（4）不含二氧化碳的蒸馏水：同"酚酞指示剂法"。

3．仪器和设备

（1）分析天平：感量为 0.001g。

（2）电位滴定仪。

4．分析步骤

1）巴氏杀菌乳、灭菌乳、生乳、发酵乳

称取 10g（精确至 0.001g）已混匀的试样，置于 150mL 锥形瓶中，加 20mL 新煮沸冷却至室温的水，混匀，用氢氧化钠标准溶液电位滴定至 pH 值为 8.3。记录消耗的氢氧化钠标准滴定溶液的体积（V_7），代入式（3-26）中进行计算。用相应体积的不含二氧化碳的蒸馏水做空白试验，记录消耗氢氧化钠标准溶液的体积数（V_0）。

2）奶油

称取 10g（精确至 0.001g）已混匀的试样，置于 250mL 锥形瓶中，加 30mL 中性乙醇-乙醚混合液，混匀，用氢氧化钠标准溶液电位滴定至 pH 值为 8.3。记录消耗的氢氧化钠标准滴定溶液的体积（V_7），代入式（3-26）中进行计算。用 30mL 中性乙醇-乙醚混合液做空白试验，记录消耗氢氧化钠标准溶液的体积数（V_0）。

3）炼乳

称取 10g（精确至 0.001g）已混匀的试样，置于 250mL 锥形瓶中，加 60mL 新煮沸冷却至室温的水溶解，混匀，用氢氧化钠标准溶液电位滴定至 pH 值为 8.3。记录消耗的氢氧化钠标准滴定溶液的体积（V_7），代入式（3-26）中进行计算。用相应体积的不含二氧化碳的蒸馏水做空白试验，记录消耗氢氧化钠标准溶液的体积（V_0）。

4）干酪素

称取 5g（精确至 0.001g）经研磨混匀的试样于锥形瓶中，加入 50mL 不含二氧化碳的蒸馏水，于室温（18～20℃）下放置 4～5h，或在水浴锅中加热到 45℃并在此温度下保持 30min，再加 50mL 不含二氧化碳的蒸馏水，混匀后，通过干燥的滤纸过滤。吸取滤液 50mL 于锥形瓶中，用氢氧化钠标准溶液电位滴定至 pH 值为 8.3。记录消耗的氢氧化钠标准滴定溶液的体积（V_8），代入式（3-27）进行计算。用相应体积的不含二氧化碳的蒸馏水做空白试验，记录消耗氢氧化钠标准溶液的体积（V_0）。

空白试验所消耗的氢氧化钠的体积应不小于零，否则应重新制备和使用符合要求的蒸馏水或中性乙醇-乙醚混合液。

5．结果计算

（1）巴氏杀菌乳、灭菌乳、生乳、发酵乳、奶油和炼乳试样的酸度数值以°T 表示，按式（3-26）计算：

$$X_7 = \frac{c_7(V_7 - V_0) \times 100}{m_7 \times 0.1} \qquad (3\text{-}26)$$

式中，X_7——试样的酸度，°T；

c_7——氢氧化钠标准溶液的摩尔浓度，mol/L；

V_7——滴定时所消耗氢氧化钠标准溶液的体积，mL；

V_0——空白试验所消耗氢氧化钠标准溶液的体积，mL；

100——单位换算系数；

m_7——试样的质量，g；

0.1——酸度理论定义氢氧化钠的摩尔浓度，mol/L。

（2）干酪素试样的酸度数值以°T 表示，按式（3-27）计算：

$$X_8 = \frac{c_8(V_8 - V_0) \times 100 \times 2}{m_8 \times 0.1} \qquad (3\text{-}27)$$

式中，X_8——试样的酸度，°T；

c_8——氢氧化钠标准溶液的摩尔浓度，mol/L；

V_8——滴定时所消耗氢氧化钠标准溶液的体积，mL；

V_0——空白试验所消耗氢氧化钠标准溶液的体积，mL；

100——单位换算系数；

2——试样的稀释倍数；

m_8——试样的质量，g；

0.1——酸度理论定义氢氧化钠的摩尔浓度，mol/L。

6．说明和注意事项

（1）该方法适用于乳及乳制品中酸度的测定。

（2）电位滴定仪长时间不用或更换滴定剂时,应注意检查管路和活塞中是否有气泡。用之前要润洗滴定管，将滴定管接废液杯。

（3）电位滴定仪电极使用之前应进行校正，样品测试完成后应冲洗电极并按要求保存。

（4）其他说明和注意事项同"酚酞指示剂法"。

（5）食品中总酸的测定可以参考标准 GB 12456—2021《食品安全国家标准　食品中总酸的测定》。根据酸碱中和原理，用碱液滴定试液中的酸，以酚酞为指示剂确定滴定终点，按碱液的消耗量计算食品中的总酸含量。移取试样制备溶液 25～100mL 于 250mL 锥形瓶中，加 2～4 滴 1%酚酞指示剂，用 0.1mol/L 氢氧化钠标准滴定溶液（若样品中酸度较低，如白酒等样品，可用 0.01mol/L 或 0.05mol/L 氢氧化钠标准滴定溶液）滴定至微红色 30s 不褪色。记录消耗氢氧化钠标准滴定溶液的体积 V_1。同时用水代替试液做空白试验，记录消耗氢氧化钠标准滴定溶液的体积（V_2）。按式（3-28）计算总酸的含量：

$$X = \frac{c\,(V_1 - V_2)\,KF}{m} \times 1000 \tag{3-28}$$

式中，X——试样中总酸的含量，g/kg 或 g/L。

c——氢氧化钠标准滴定溶液的摩尔浓度，mol/L。

V_1——样品试液滴定消耗氢氧化钠标准溶液的体积，mL。

V_2——空白滴定消耗氢氧化钠标准溶液的体积，mL。

m——样品的质量或体积，g 或 mL。

F——试样的稀释倍数。

K——酸的换算系数。一般分析葡萄及其制品时，用酒石酸表示，其 $K=0.075$；分析柑橘类果实及其制品时，用柠檬酸表示，$K=0.064$；分析苹果、核果类果实及其制品时，用苹果酸表示，$K=0.067$；分析乳品、肉类、水产品及其制品时，用乳酸表示，$K=0.090$；分析酒类、调味品时，用乙酸表示，$K=0.060$。因为食品中含有多种有机酸，所以总酸的测定结果必须注明以何种酸计。

1000——单位换算系数。

（6）上述各方法测得的是试样中酸类物质的总量，若要对食品中各种有机酸进行分离测定，可参考 GB 5009.157—2016《食品安全国家标准　食品中有机酸的测定》。试样直接用水稀释或用水提取后，经强阴离子交换固相萃取柱净化，经反相色谱柱分离，以保留时间定性，外标法定量，可以测定食品中 7 种有机酸的含量。

二、食品 pH 值的测定

有效酸度（pH 值）是指被测液中 H^+ 的活度（近似认为是 H^+ 的浓度）的负对数，其大小不仅取决于酸的数量和性质，而且受食品中缓冲物质的影响。在食品酸度测定中，有效酸度（pH 值）的测定往往比测定总酸度更具有实际意义，更能说明问题。

食品 pH 值的大小不仅取决于原料的品种和成熟度，而且取决于加工方法。例如，对于肉制品，特别是鲜肉，通过测定肉的 pH 值有助于评定肉的新鲜度和品质及动物屠宰前的健康状况。动物在宰前，肌肉的 pH 值为 7.1～7.2，宰后肌肉代谢发生变化，使肉的 pH 值下降，宰后 1h 的鲜肉，pH 值为 6.2～6.3；24h 后 pH 值下降为 5.6～6.0，这种 pH 值可一直维持到肉发生腐败分解之前，此 pH 值称为排酸值。当肉腐败时，肉中蛋白质在细菌酶的作用下，被分解为氨或胺类等碱性化合物，可使肉的 pH 值显著增高。此外，动物在宰前由于过劳患病，肌糖原减少，宰后肌肉中乳酸形成减少，pH 值也增高。

pH 值的测定方法主要有比色法和电位法。比色法是利用不同的酸碱指示剂来显示 pH 值，包括试纸法和标准色比色管法，该方法简便、快速，但结果不甚准确，仅能粗略地测定各类样液的 pH 值。电位法又称酸度计法，其准确度较高，不受试样本身颜色的影响，操作简便，应用广泛。下面主要介绍电位法测定食品的 pH 值。

1．原理

利用玻璃电极作为指示电极，甘汞电极或银-氯化银电极作为参比电极，当试样或试样溶液中氢离子浓度发生变化时，指示电极和参比电极之间的电动势也随着发生变化而产生直流电势（即电位差），通过前置放大器输入 A/D 转换器，以达到测量 pH 值的目的。

2．试剂和材料

除非另有说明，该方法所用试剂均为分析纯，水为 GB/T 6682—2008《分析实验室用水规格和试验方法》规定的三级水。用于配制缓冲溶液的水应新煮沸，或用不含二氧化碳的氮气排除了二氧化碳。

（1）pH 值为 3.57 的缓冲溶液（20℃）：酒石酸氢钾在 25℃配制的饱和水溶液，此溶液的 pH 值在 25℃时为 3.56，而在 30℃时为 3.55；或使用经国家认证并授予标准物质证书的标准溶液。

（2）pH 值为 4.00 的缓冲溶液（20℃）：于 110～130℃将邻苯二甲酸氢钾干燥至恒重，并于干燥器内冷却至室温。称取邻苯二甲酸氢钾 10.211g（精确至 0.001g），加入 800mL 水溶解，用水定容至 1000mL。此溶液的 pH 值在 0～10℃时为 4.00，在 30℃时为 4.01；或使用经国家认证并授予标准物质证书的标准溶液。

（3）pH 值为 5.00 的缓冲溶液（20℃）：将柠檬酸氢二钠配制成 0.1mol/L 的溶液即可；或使用经国家认证并授予标准物质证书的标准溶液。

（4）pH 值为 5.45 的缓冲溶液（20℃）：称取 7.01g（精确至 0.001g）一水柠檬酸，加入 500mL 水溶解，加入 375mL 1.0mol/L 氢氧化钠溶液，用水定容至 1000mL。此溶液的 pH 值在 10℃时为 5.42，在 30℃时为 5.48；或使用经国家认证并授予标准物质证书的标准溶液。

（5）pH 值为 6.88 的缓冲溶液（20℃）：于 110～130℃将无水磷酸二氢钾和无水磷酸氢二钠干燥至恒重，于干燥器内冷却至室温。称取上述磷酸二氢钾 3.402g（精确至 0.001g）

和磷酸氢二钠 3.549g（精确至 0.001g），溶于水中，用水定容至 1000mL。此溶液的 pH 值在 0℃时为 6.98，在 10℃时为 6.92，在 30℃时为 6.85；或使用经国家认证并授予标准物质证书的标准溶液。

以上缓冲液一般可保存 2～3 个月，但发现有浑浊、发霉或沉淀等现象时，不能继续使用。

（6）氢氧化钠溶液（1.0mol/L）：称取 40g 氢氧化钠，溶于水中，用水稀释至 1000mL；或使用经国家认证并授予标准物质证书的标准溶液。

（7）氯化钾溶液（0.1mol/L）：称取 7.5g 氯化钾于 1000mL 容量瓶中，加水溶解，用水稀释至刻度（若待测试样处在僵硬前的状态，需加入已用氢氧化钠溶液调节 pH 值至 7.0 的 925mg/L 碘乙酸溶液，以阻止糖酵解）；或使用经国家认证并授予标准物质证书的标准溶液。

3．仪器和设备

（1）机械设备：用于试样的均质化，包括高速旋转的切割机，或多孔板的孔径不超过 4mm 的绞肉机。

（2）酸度计：精度为 0.01。仪器应有温度补偿系统，若无温度补偿系统，应在 20℃条件下使用，并应能防止外界感应电流的影响。

（3）复合电极：由玻璃指示电极和 Ag/AgCl 或 Hg/Hg$_2$Cl$_2$ 参比电极组装而成。

（4）均质器：转速可达 20 000r/min。

（5）磁力搅拌器。

4．分析步骤

1）试样制备

（1）肉及肉制品。

非均质化的试样：在试样中选取有代表性的点进行 pH 值测试。

均质化的试样：使用机械设备将试样均质。注意避免试样的温度超过 25℃。若使用绞肉机，试样至少通过该机器 2 次，将试样装入密封的容器里，防止变质和成分变化。试样应尽快进行分析，均质化后最迟不超过 24h。

（2）水产品中牡蛎（蚝、海蛎了）：称取 10g（精确至 0.01g）绞碎试样，加新煮沸后冷却的水至 100mL，摇匀，浸渍 30min 后过滤或离心，取约 50mL 滤液于 100mL 烧杯中。

（3）罐头食品：液态制品混匀备用，固相和液相分开的制品则取混匀的液相部分备用。

（4）稠厚或半稠厚制品及难以从中分出汁液的制品［如糖浆、果酱、果（菜）浆类、果冻等］：取一部分样品在混合机或研钵中研磨，如果得到的样品仍太稠厚，加入等量的刚煮沸过的水，混匀备用。

2）测定

（1）酸度计的校正：用 2 种已知精确 pH 值的缓冲溶液（尽可能接近待测溶液的 pH 值），在测定温度下用磁力搅拌器搅拌的同时校正酸度计。若酸度计不带温度补偿系统，应保证缓冲溶液的温度在（20±2）℃。

（2）试样（仅用于肉及肉制品）：在均质化试样中，加入10倍于待测试样质量的氯化钾溶液，用均质器进行均质。

（3）均质化试样的测定：取一定量能够浸没或埋置电极的试样，将电极插入试样中，将酸度计的温度补偿系统调至试样温度。若酸度计不带温度补偿系统，应保证待测试样的温度在（20±2）℃。采用适合于所用酸度计的步骤进行测定，读数显示稳定以后，直接读数，精确至0.01。同一个制备试样至少要进行2次测定。

（4）非均质化试样的测定：用小刀或大头针在试样上打一个孔，以免复合电极破损。将酸度计的温度补偿系统调至试样的温度。若酸度计不带温度补偿系统，应保证待测试样的温度在（20±2）℃。采用适合于所用酸度计的步骤进行测定，读数显示稳定以后，直接读数，精确至0.01。鲜肉通常保存于0～5℃，测定时需要用带温度补偿系统的酸度计。在同一点重复测定。必要时可在试样的不同点重复测定，测定点的数目随试样的性质和大小而定。同一个制备试样至少要进行2次测定。

（5）电极的清洗：用脱脂棉先后蘸乙醚和乙醇擦拭电极，最后用水冲洗并按生产商的要求保存电极。

5．结果计算

（1）非均质化试样的测定。

在同一试样上同一点的测定，取2次测定的算数平均值作为结果。结果精确至0.01。在同一试样不同点的测定，描述所有的测定点及各自的pH值。

（2）均质化试样的测定。

结果精确至0.01。

（3）在重复性条件下获得的2次独立测定pH值的绝对差值不得超过0.1。

6．说明和注意事项

（1）该方法适用于肉及肉制品中均质化产品pH值的测定，以及屠宰后的畜体、胴体和瘦肉的pH的非破坏性测定、水产品中牡蛎（蚝、海蛎子）pH值的测定和罐头食品pH值的测定。

（2）复合电极使用注意事项：

① 使用前检查电极的pH敏感球泡和电极外壳是否完好。

② 取下电极保持瓶，并用去离子水清洗电极球泡部分，然后用吸水纸把水吸干。注意不要摩擦玻璃球泡部分。

③ 打开电极安全锁，保证电极内部的压力和环境压力平衡。

④ 测量前，确认电极敏感球泡内无气泡。如有气泡，应轻轻甩动电极去除。

⑤ 检查电极中参比溶液的量，当参比溶液液面低于加液口2cm时，及时加入3.3mol/L氯化钾溶液。

⑥ 测量完毕，按要求清洗电极，将电极保存于3.3mol/L的氯化钾溶液中。

（3）酸度计使用前需用pH值标准缓冲溶液进行校正，经校正后，"定位"键及"斜率"键不能再按，若触动这两个键，则仪器需要重新校正。

三、挥发酸的测定

挥发酸是食品中含低碳链的直链脂肪酸，主要包括乙酸和痕量的甲酸、丁酸等，不包括可用水蒸气蒸馏的乳酸、琥珀酸、山梨酸及二氧化碳和二氧化硫等。正常生产的食品中，其挥发酸的含量较稳定，若在生产中使用了不合格的原料，或违反正常的工艺操作，则会由于糖的发酵而使挥发酸含量增加，降低食品的品质。因此，挥发酸的含量是某些食品的一项质量控制指标。

挥发酸可用直接法或间接法测定。直接法是通过水蒸气蒸馏或溶剂萃取把挥发酸分离出来，然后用标准碱液滴定；间接法是将挥发酸蒸发除去后，用标准碱液滴定不挥发酸，最后从总酸中减去不挥发酸即为挥发酸含量。前者操作方便，较常用，适用于挥发酸含量较高的样品，若蒸馏液有所损失或被污染，或样品中挥发酸含量较少，宜用后者。下面介绍水蒸气蒸馏法测定食品中挥发酸的含量。

1．原理

样品经处理后，加入适量磷酸使结合态的挥发酸游离出来，用水蒸气蒸馏分离出挥发酸，经冷凝收集后，以酚酞作指示剂，用标准碱液滴定，根据滴定时消耗的碱液的体积，可计算出样品中挥发酸的含量。

2．试剂和材料

（1）0.1mol/L 氢氧化钠标准溶液。
（2）1%酚酞指示液。
（3）10%磷酸溶液。

3．仪器和设备

水蒸气蒸馏装置（图 3-11）。

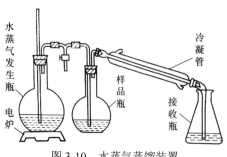

图 3-10　水蒸气蒸馏装置

4．分析步骤

1）蒸馏

准确称取样品 2～3g(精确至 0.001g)，用 50mL 煮沸过的蒸馏水洗入 250mL 蒸馏烧瓶中，加 1mL 10%的磷酸，按图 3-10 连接蒸馏装置。加热蒸馏至馏出液约 300mL 为止。相同条件下做空白试验。

2）测定

将馏出液加热至 60～65℃（不可超出此温度区间），加 3 滴酚酞指示液，用 0.1mol/L 氢氧化钠标准溶液滴定到溶液呈微红色，30s 不褪色即为终点。

5. 结果计算

试样中挥发酸的含量（以乙酸计），按式（3-29）计算：

$$X=\frac{(V_1-V_2)\,c}{m}\times 0.06\times 100 \tag{3-29}$$

式中，X——试样中挥发酸的含量（以乙酸计），g/100g；

　　m——样品质量，g；

　　V_1——试样滴定消耗氢氧化钠标准溶液的体积，mL；

　　V_2——空白滴定消耗氢氧化钠标准溶液的体积，mL；

　　c——氢氧化钠标准溶液的摩尔浓度，mol/L；

　　0.06——换算为乙酸的系数，即 1mmol 氢氧化钠相当于乙酸的克数；

　　100——单位换算系数。

6. 说明和注意事项

（1）该方法适用于各类饮料、果蔬及其制品（如发酵制品、酒等）中挥发酸含量的测定。

（2）在蒸馏前应先将水蒸气发生瓶中的水煮沸 10min，或在其中加 2 滴酚酞指示剂并滴加氢氧化钠溶液使其呈浅红色，以排除其中的二氧化碳并用水蒸气冲洗整个蒸馏装置。

（3）溶液中挥发酸包括游离挥发酸和结合态挥发酸，由于在水蒸气蒸馏时游离挥发酸易蒸馏出，而结合态挥发酸则不易挥发出，给测定带来误差，故测定样液中挥发酸含量时，须加少许磷酸使结合态挥发酸游离出来，便于蒸馏。

（4）在整个蒸馏过程中，蒸馏装置的各个连接处应密封良好，以防泄漏造成挥发酸损失。

（5）滴定前必须将蒸馏液加热到 60～65℃，使其终点明显，加速滴定反应，缩短滴定时间，减少溶液与空气的接触机会，以提高测定结果的准确度。

（6）测定食品中各种挥发酸含量，还可采用气相色谱法。

 思考题

1. 如何使用密度瓶测定试样的相对密度？

2. 用密度瓶法测定酒中乙醇浓度时，样品应如何处理？还有哪些方法可以测定酒样中乙醇的浓度？

3. 密度瓶和比重计使用过程中有哪些注意事项？

4. 如何使用阿贝折光仪测定试样折射率和可溶性固形物含量？阿贝折光仪使用过程中有哪些注意事项？

5. 物质旋光度的大小与哪些因素有关？如何使用旋光仪测定旋光度？旋光仪使用过程中有哪些注意事项？

6. 如何克服变旋光现象给测定结果带来的误差？

7. 有哪些方法可以测定味精中谷氨酸钠的含量？

8. 食品中水分的测定方法主要有哪些？各适用于哪些试样中水分含量的测定？

9. 影响干燥法测定水分含量结果准确度的因素有哪些？如何保证检测结果的准确度？

10. 什么是恒重？如何进行恒重的操作？

11. 为什么将灼烧后的残留物称为粗灰分？粗灰分与无机盐含量之间有什么区别？

12. 对于难灰化的样品可采取哪些措施加速灰化？

13. 样品在灰化之前为什么要经过炭化处理？

14. 食品酸度的测定方法主要有哪些？各适用于哪些试样中酸度的测定？

15. 对于色深或浑浊的试样，如何提高酸度测定结果的准确度？

16. 如何使用酸度计测定不同试样的 pH 值？酸度计使用过程中有哪些注意事项？

 拓展训练

1. 啤酒酒精度的测定（密度瓶法）。

2. 饮料中可溶性固形物含量的测定（折光计法）。

3. 味精中谷氨酸钠含量的测定（旋光法）。

4. 乳粉中水分含量的测定（直接干燥法）。

5. 小麦粉中总灰分含量的测定。

6. 乳粉酸度的测定（酸度计法）。

第四章 食品中常见营养成分的检验

营养成分是指食品中具有的营养素和有益成分。营养素是指食品中具有特定的生理作用，能维持机体生长、发育、活动、繁殖及正常代谢所需的物质。缺少这些物质，将导致机体发生相应的生化或生理学的不良变化。食品中的营养素包括蛋白质、脂肪、碳水化合物、矿物质、维生素等，其中蛋白质、脂肪和碳水化合物属于宏量营养素，矿物质、维生素属于微量营养素。蛋白质、脂肪、碳水化合物和钠是预包装食品营养标签强制标示的核心营养素。本章主要介绍常见营养成分的常规检验方法。

第一节 食品中脂肪的测定

脂肪是人体的重要组成成分，是生命运转的必需品。脂肪中的磷脂和胆固醇是人体细胞的主要成分，脑细胞和神经细胞中含量最多。脂肪是人体热能的主要来源，每克脂肪在体内可提供 37.62kJ 的热能，比碳水化合物和蛋白质高 1 倍以上。脂肪大部分贮存在皮下，用于调节体温，保护对温度敏感的组织，防止热能散失。脂肪与蛋白质结合生成的脂蛋白在调节人体生理机能和完成体内生化反应方面都起着非常重要的作用。脂肪是食品中重要的营养成分之一，人体所需的必需脂肪酸是由脂肪提供的，脂肪也是脂溶性维生素的良好溶剂，可辅助脂溶性维生素的吸收。

食品中脂类的组成复杂，主要包括甘油三酯、甘油二酯、甘油单酯、脂肪酸、磷脂、糖脂、固醇类等，其中甘油三酯是食品中脂肪的主要成分，通常占总脂的 95%～99%。不同食品，脂肪含量不同，其中植物性或动物性油脂中脂肪含量最高，而水果、蔬菜中脂肪含量很低。

食品中脂肪的存在形式有游离态的，如动物性脂肪及植物性油脂；也有结合态的，如天然存在的磷脂、糖脂、脂蛋白及某些加工食品（如焙烤食品及麦乳精等）中的脂肪，它们与蛋白质或碳水化合物等成分形成结合态。对大多数食品来说，游离态脂肪是主要的，结合态脂肪含量较少。

在食品加工过程中，原料、半成品、成品中的脂肪含量对产品的风味、组织结构、品质、外观、口感等都有直接的影响。蔬菜本身的脂肪含量较低，在生产蔬菜罐头时，添加适量的脂肪可以改善产品的风味；对于面包之类的焙烤食品，脂肪特别是卵磷脂等组分的含量，对面包的体积、结构及柔软度都有一定影响。但脂肪摄入过多对健康不利，会导致一些慢性病的发生；含油脂高的食品，如果贮存条件不当会自动氧化，产生自由基和氧化聚合产物，严重危害人体健康；每日膳食中脂肪提供的能量比例不宜超过总能量的30%。

测定食品的脂肪含量可用以评价食品的营养价值，而且对实行工艺监督、生产管理、研究食品的贮藏方式等方面都有重要的意义。食品中脂肪的含量是食品质量安全管理中的一项重要指标。

食品中脂肪的测定方法主要有索氏抽提法、酸水解法、碱水解法、盖勃氏法。

一、索氏抽提法

1. 原理

脂肪易溶于有机溶剂。试样直接用无水乙醚或石油醚等溶剂抽提后，蒸发除去溶剂，干燥，得到游离态脂肪的含量。

2. 试剂和材料

（1）无水乙醚。

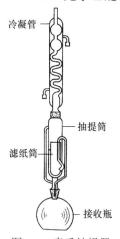

图 4-1　索氏抽提器

（2）石油醚：沸程为30～60℃。

（3）石英砂。

（4）脱脂棉。

3. 仪器和设备

（1）索氏抽提器（图4-1）。

（2）恒温水浴锅。

（3）分析天平：感量为0.001g和0.0001g。

（4）电热恒温干燥箱。

（5）干燥器：内装有效干燥剂，如硅胶。

（6）滤纸筒。

（7）蒸发皿。

4. 分析步骤

1）试样处理

（1）固体试样：称取充分混匀后的试样2～5g，精确至0.001g，全部移入滤纸筒内。

（2）液体或半固体试样：称取混匀后的试样5～10g，精确至0.001g，置于蒸发皿中，加入约20g石英砂，于沸水浴上蒸干后，在电热恒温干燥箱中于（100±5）℃干燥30min

后，取出，研细，全部移入滤纸筒内。蒸发皿及沾有试样的玻璃棒，均用蘸有无水乙醚的脱脂棉擦净，并将棉花放入滤纸筒内。

2）抽提

将滤纸筒放入索氏抽提器的抽提筒内，连接已干燥至恒重的接收瓶，由抽提器冷凝管上端加入无水乙醚或石油醚至瓶内容积的 2/3 处，于水浴上加热，使无水乙醚或石油醚不断回流抽提（6～8 次/h），一般抽提 6～10h。提取结束时，用磨砂玻璃棒接取 1 滴提取液，磨砂玻璃棒上无油斑表明提取完毕。

3）称量

取下接收瓶，回收无水乙醚或石油醚，待接收瓶内溶剂剩余 1～2mL 时在水浴上蒸干，再于（100±5）℃干燥 1h，放干燥器内冷却 0.5h 后称量。重复以上操作直至恒重（即 2 次称量值的差不超过 2mg）。

5．结果计算

试样中脂肪的含量按式（4-1）计算：

$$X=\frac{m_1-m_0}{m_2}\times100 \tag{4-1}$$

式中，X——试样中脂肪的含量，g/100g；

m_1——恒重后接收瓶和脂肪的含量，g；

m_0——接收瓶的质量，g；

m_2——试样的质量，g；

100——单位换算系数。

计算结果精确到小数点后 1 位。在重复性条件下获得的 2 次独立测定结果的绝对差值不得超过算术平均值的 10%。

6．说明和注意事项

（1）该方法适用于水果、蔬菜及其制品、粮食及粮食制品、肉及肉制品、蛋及蛋制品、水产及其制品、焙烤食品、糖果等食品中游离态脂肪含量的测定。

（2）一般食品用有机溶剂抽提，蒸去有机溶剂后所得的主要是游离脂肪。此外，还含有部分磷脂、固醇、色素等物质，所以用索氏抽提法测得的脂肪，也称粗脂肪。

（3）食品中的游离脂肪一般能直接被乙醚、石油醚等有机溶剂抽提，而结合态脂肪不能直接被乙醚、石油醚提取，需在一定条件下进行水解等处理，使之转变为游离态脂肪后方能提取，故索氏抽提法测得的只是游离态脂肪，而结合态脂肪测不出来。

（4）用索氏抽提法测定脂肪含量，样品必须经过干燥并且要研细，样品含水分会影响有机溶剂的提取效果，而且有机溶剂会吸收样品中的水分造成非脂成分溶出。装样品的滤纸筒一定要严密，不能往外漏样品。样品放入滤纸筒时高度不要超过回流弯管，否则超过弯管的样品中的脂肪得不到抽提，造成误差。

（5）乙醚和石油醚的沸点较低，易燃，在操作时应注意防火。切忌直接用明火加热，应使用水浴加热。提取时水浴温度不要过高，控制在每小时抽提 6～8 次为宜。抽提物在使用电热恒温干燥箱干燥前应去除全部残余的乙醚，避免发生爆炸危险。

（6）抽提用的乙醚和石油醚要求无水，同时不含醇类和过氧化物，并要求其中挥发残渣含量低。因水和醇可导致水溶性物质溶解，如水溶性盐类、糖类等，使测定结果偏高。过氧化物会导致脂肪氧化，在烘干时也有引起爆炸的危险。过氧化物的检查方法：取 6mL 乙醚，加 2mL 10%碘化钾溶液，用力振摇，放置 1min 后，若出现黄色，则证明有过氧化物存在，应另选乙醚或处理后再用。

（7）在抽提时，冷凝管上端最好连接一个氯化钙干燥管，或塞一团干燥的脱脂棉球，这样既可防止空气中水分进入，也可避免乙醚挥发。

（8）可凭经验，也可用滤纸或毛玻璃检查抽提是否完全。将抽提筒下口滴下的乙醚滴在滤纸或毛玻璃上，挥发后不留下油迹表明已抽提完全，若留下油迹说明抽提不完全。

（9）反复加热会因脂类氧化而增重。质量增加时，以增重前的质量作为恒重数值。

（10）脂肪测定仪是根据索氏抽提法的原理制成的仪器，可同时测定多个试样，即用有机溶剂无水乙醚或石油醚溶解脂肪，用抽提法使脂肪从溶剂中分离出来，然后烘干、称量、计算出脂肪含量。脂肪测定仪主要由加热浸泡抽提、溶剂回收和冷却三大部分组成。操作时可以根据试剂沸点和环境温度不同而调节加热温度，试样在抽提过程反复浸泡及抽提，从而达到快速测定的目的。脂肪测定仪操作简单，使用安全，可自动实现抽提及回收溶剂。目前该仪器应用普遍。

二、酸水解法

1．原理

食品中脂肪的
测定——酸水解法

食品中的结合态脂肪必须用强酸使其游离出来，游离出的脂肪易溶于有机溶剂。试样经盐酸水解后用无水乙醚或石油醚提取，除去溶剂即得游离态和结合态脂肪的总含量。

2．试剂和材料

（1）盐酸溶液（2mol/L）：量取 50mL 盐酸，加入 250mL 水中，混匀。

（2）碘液（0.05mol/L）：称取 6.5g 碘和 25g 碘化钾于少量水中溶解，稀释至 1L。

（3）无水乙醇。

（4）无水乙醚。

（5）石油醚：沸程为 30～60℃。

（6）蓝色石蕊试纸。

（7）脱脂棉。

3．仪器和设备

（1）恒温水浴锅。

（2）电热板：满足 200℃高温。

（3）分析天平：感量为 0.1g 和 0.001g。

（4）电热恒温干燥箱。

4．分析步骤

1）试样酸水解

（1）肉制品：称取混匀后的试样 3～5g，精确至 0.001g，置于 250mL 锥形瓶中，加入 2mol/L 盐酸溶液 50mL 和数粒玻璃细珠，盖上表面皿，于电热板上加热至微沸，保持 1h，每 10min 旋转摇动 1 次。取下锥形瓶，加入 150mL 热水，混匀，过滤。锥形瓶和表面皿用热水洗净，热水一并过滤。沉淀用热水洗至中性（用蓝色石蕊试纸检验，中性时试纸不变色）。将沉淀和滤纸置于大表面皿上，于（100±5）℃干燥箱内干燥 1h，冷却。

（2）淀粉：根据总脂肪含量的估计值，称取混匀后的试样 25～50g，精确至 0.1g，倒入烧杯并加入 100mL 水。将 100mL 盐酸缓慢加入 200mL 水中，并将该溶液在电热板上煮沸后加入样品液中，加热此混合液至沸腾并维持 5min，停止加热后，取几滴混合液于试管中，待冷却后加入 1 滴碘液。若无蓝色出现，可进行下一步操作；若出现蓝色，应继续煮沸混合液，并用上述方法不断地进行检查，直至确定混合液中不含淀粉为止，再进行下一步操作。将盛有混合液的烧杯置于水浴锅（70～80℃）中 30min，不停地搅拌，以确保温度均匀，使脂肪析出。用滤纸过滤冷却后的混合液，并用干滤纸片取出黏附于烧杯内壁的脂肪。为确保定量的准确性，应将冲洗烧杯的水进行过滤。在室温下用水冲洗沉淀和干滤纸片，直至滤液用蓝色石蕊试纸检验不变色。将含有沉淀的滤纸和干滤纸片折叠后，放置于大表面皿上，在（100±5）℃的电热恒温干燥箱内干燥 1h。

（3）其他食品：

① 固体试样：称取 2～5g，精确至 0.001g，置于 50mL 试管内，加入 8mL 水，混匀后再加 10mL 盐酸。将试管放入 70～80℃水浴中，每隔 5～10min 以玻璃棒搅拌 1 次，至试样消化完全为止，需 40～50min。

② 液体试样：称取约 10g，精确至 0.001g，置于 50mL 试管内，加 10mL 盐酸。将试管放入 70～80℃水浴中，每隔 5～10min 以玻璃棒搅拌 1 次，至试样消化完全为止，需 40～50min。

2）抽提

（1）肉制品、淀粉：将干燥后的试样装入滤纸筒内，其余抽提步骤同"索氏抽提法"。

（2）其他食品：取出试管，加入 10mL 乙醇，混合。冷却后将混合物移入 100mL 具塞量筒中，以 25mL 无水乙醚分数次洗试管，一并倒入量筒中。待无水乙醚全部倒入量筒后，加塞振摇 1min，小心开塞，放出气体，再塞好，静置 12min，小心开塞，并用乙醚冲洗塞及量筒口附着的脂肪。静置 10～20min，待上部液体清澈，吸出上清液于已恒重的锥形瓶内，再加 5mL 无水乙醚于具塞量筒内，振摇，静置后，仍将上层乙醚吸出，放入原锥形瓶内。

3）称量

回收接收瓶（或锥形瓶）中的无水乙醚，待瓶内溶剂剩余 1～2mL 时在水浴上蒸干，再于（100±5）℃干燥 1h，放干燥器内冷却 0.5h 后称量。重复以上操作直至恒重（即 2 次称量值的差不超过 2mg）。

5．结果计算

试样中脂肪的含量按式（4-2）计算：

$$X = \frac{m_1 - m_0}{m_2} \times 100 \qquad\qquad (4\text{-}2)$$

式中，X——试样中脂肪的含量，g/100g；

　　　　m_1——恒重后接收瓶（或锥形瓶）和脂肪的含量，g；

　　　　m_0——接收瓶（或锥形瓶）的质量，g；

　　　　m_2——试样的质量，g；

　　　　100——单位换算系数。

计算结果精确到小数点后 1 位。在重复性条件下获得的 2 次独立测定结果的绝对差值不得超过算术平均值的 10%。

6．说明和注意事项

（1）该方法适用于水果、蔬菜及其制品、粮食及粮食制品、肉及肉制品、蛋及蛋制品、水产及其制品、焙烤食品、糖果等食品中游离态脂肪及结合态脂肪总量的测定。

（2）固体样品须充分磨细，以便加热、加酸水解时脂肪能完全游离出来。

（3）水解时应防止大量水分损失，使酸浓度升高。

（4）水解后加入乙醇可使蛋白质沉淀，降低表面张力，促进脂肪球聚合，同时溶解一些碳水化合物、有机酸等，使能溶于乙醇的物质留在水解液中。

（5）挥干溶剂后，若残留物中有黑色焦油状杂质，是由分解物与水一同混入所致，会使测定值增大，造成误差。可用等量的乙醚及石油醚溶解后过滤，再次进行挥干溶剂的操作，或重新测定。

三、碱水解法

1．原理

用无水乙醚和石油醚抽提样品的碱（氨水）水解液，通过蒸馏或蒸发去除溶剂，测定溶于溶剂中的抽提物的质量。

2．试剂和材料

（1）淀粉酶：酶活力大于等于 1.5U/mg。

（2）氨水：质量分数约 25%，也可使用比此浓度更高的氨水。

（3）乙醇：体积分数至少为 95%。

（4）无水乙醚。

（5）石油醚：沸程为 30～60℃。

（6）混合溶剂：等体积混合乙醚和石油醚，现用现配。

（7）碘溶液（0.1mol/L）：称取碘 12.7g 和碘化钾 25g，于水中溶解并定容至 1L。

（8）刚果红溶液：将 1g 刚果红溶于水中，稀释至 100mL。该溶液可选择性地使用。刚果红溶液可使溶剂和水相界面清晰，也可使用其他能使水相染色而不影响测定结果的溶液。

（9）盐酸溶液（6mol/L）：量取 50mL 盐酸，缓慢倒入 40mL 水中，定容至 100mL，混匀。

3．仪器和设备

（1）分析天平：感量为 0.0001g。

（2）离心机：可用于放置抽脂瓶或管，转速为 500~600r/min，可在抽脂瓶外端产生（80~90）g 的重力场。

（3）电热恒温干燥箱。

（4）恒温水浴锅。

（5）抽脂瓶：如图 4-2 所示，抽脂瓶应带有软木塞或其他不影响溶剂使用的瓶塞(如硅胶或聚四氟乙烯材质的塞子)。软木塞应先浸泡于乙醚中，后放入 60℃ 或 60℃ 以上的水中保持至少 15min，冷却后使用。不用时需浸泡在水中，浸泡用水每天更换 1 次。也可使用带虹吸管或洗瓶的抽脂管（或烧瓶），但操作步骤有所不同。接头的内部长支管下端可呈勺状。

图 4-2　抽脂瓶

4．分析步骤

1）试样碱水解

（1）巴氏杀菌乳、灭菌乳、生乳、发酵乳、调制乳：称取充分混匀试样 10g（精确至 0.0001g）于抽脂瓶中。加入 2.0mL 氨水，充分混合后立即将抽脂瓶放入（65±5）℃的水浴中，加热 15~20min，不时取出振荡。取出后，冷却至室温。静置 30s。

（2）乳粉和婴幼儿食品：称取混匀后的试样，高脂乳粉、全脂乳粉、全脂加糖乳粉和婴幼儿食品约 1g，脱脂乳粉、乳清粉、酪乳粉约 1.5g，精确至 0.0001g，置于抽脂瓶中。

① 不含淀粉样品：加入 10mL、（65±5）℃的水，将试样洗入抽脂瓶的小球，充分混合，直到试样完全分散，放入流水中冷却。加入 2.0mL 氨水，充分混合后立即将抽脂瓶放入（65±5）℃的水浴中，加热 15~20min，不时取出振荡。取出后，冷却至室温。静置 30s。

② 含淀粉样品：将试样放入抽脂瓶中，加入约 0.1g 的淀粉酶，混合均匀后，加入 8~10mL、45℃的水，注意液面不要太高。盖上瓶塞，于搅拌状态下置（65±5）℃水浴中 2h，每隔 10min 摇混 1 次。为检验淀粉是否水解完全，可加入 2 滴约 0.1mol/L 的碘溶液，如无蓝色出现说明水解完全，否则将抽脂瓶重新置于水浴中，直至无蓝色产生。抽脂瓶冷却至室温，加入 2.0mL 氨水，充分混合后立即将抽脂瓶放入（65±5）℃的水浴中，加热 15~20min，不时取出振荡。取出后，冷却至室温。静置 30s。

（3）炼乳：脱脂炼乳称取 3~5g，全脂炼乳和部分脱脂炼乳称取 3~5g，高脂炼乳称取约 1.5g，精确至 0.0001g，用 10mL 水分次洗入抽脂瓶小球中，充分混合均匀。加入 2.0mL 氨水，充分混合后立即将抽脂瓶放入（65±5）℃的水浴中，加热 15~20min，不时取出振荡。取出后，冷却至室温。静置 30s。

（4）奶油、稀奶油：先将奶油试样放入温水浴中溶解并混合均匀后，称取试样约 0.5g，稀奶油称取约 1g，精确至 0.0001g，置于抽脂瓶中，加入 8~10mL 约 45℃的水。再加 2mL 氨水充分混匀后立即将抽脂瓶放入（65±5）℃的水浴中，加热 15~20min，不时取出振荡。取出后，冷却至室温。静置 30s。

（5）干酪：称取约 2g（精确至 0.0001g）研碎的试样于抽脂瓶中，加 10mL 6mol/L 盐酸，混匀，盖上瓶塞，于沸水中加热 20～30min，取出冷却至室温，静置 30s。

2）抽提

（1）加入 10mL 乙醇，缓慢但彻底地进行混合，避免液体太接近瓶颈。如果需要，可加入 2 滴刚果红溶液。

（2）加入 25mL 无水乙醚，塞上瓶塞，将抽脂瓶保持在水平位置，小球的延伸部分朝上夹到摇混器上，按约 100 次/min 振荡 1min，也可采用手动振摇方式。但均应注意避免形成持久乳化液。抽脂瓶冷却后小心地打开塞子，用少量的混合溶剂冲洗塞子和瓶颈，使冲洗液流入抽脂瓶。

（3）加入 25mL 石油醚，塞上重新润湿的塞子，轻轻振荡 30s。

（4）将加塞的抽脂瓶放入离心机中，在 500～600r/min 下离心 5min，否则将抽脂瓶静置至少 30min，直到上层液澄清，并明显与水相分离。

（5）小心地打开瓶塞，用少量的混合溶剂冲洗塞子和瓶颈内壁，使冲洗液流入抽脂瓶。如果两相界面低于小球与瓶身相接处，则沿瓶壁边缘慢慢地加入水，使液面高于小球和瓶身相接处［图 4-3（a）］，以便于倾倒。

（6）将上层液尽可能地倒入已准备好的加入沸石的脂肪收集瓶中，避免倒出水层［图 4-3（b）］。

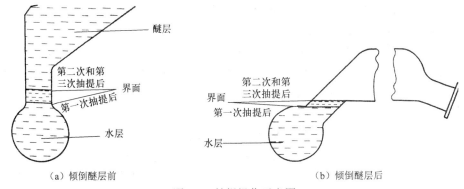

（a）倾倒醚层前　　　　　　　　　　（b）倾倒醚层后

图 4-3　抽提操作示意图

（7）用少量混合溶剂冲洗瓶颈外部，冲洗液收集在脂肪收集瓶中。应防止溶剂溅到抽脂瓶的外面。

（8）向抽脂瓶中加入 5mL 乙醇，用乙醇冲洗瓶颈内壁，缓慢但彻底地进行混合，避免液体太接近瓶颈。如果需要，可加入 2 滴刚果红溶液。用 15mL 无水乙醚和 15mL 石油醚，按上述操作进行第二次抽提。

（9）重复上述操作，用 15mL 无水乙醚和 15mL 石油醚进行第三次抽提。

（10）空白试验与样品检验同时进行，采用 10mL 水代替试样，使用相同步骤和相同试剂。

3）称量

合并所有提取液，既可采用蒸馏的方法除去脂肪收集瓶中的溶剂，也可于沸水浴上蒸发至干来除掉溶剂。蒸馏前用少量混合溶剂冲洗瓶颈内部。将脂肪收集瓶放入

（100±5）℃的电热恒温干燥箱中干燥 1h，取出后置于干燥器内冷却 0.5h 后称量。重复以上操作直至恒重（直至 2 次称量值的差不超过 2mg）。

5．结果计算

试样中脂肪的含量按式（4-3）计算：

$$X=\frac{(m_1-m_2)-(m_3-m_4)}{m}\times100 \tag{4-3}$$

式中，X——试样中脂肪的含量，g/100g；

m_1——恒重后脂肪收集瓶和脂肪的质量，g；

m_2——脂肪收集瓶的质量，g；

m_3——空白试验中，恒重后脂肪收集瓶和抽提物的质量，g；

m_4——空白试验中脂肪收集瓶的质量，g；

m——样品的质量，g；

100——单位换算系数。

结果保留 3 位有效数字。当样品中脂肪含量大于等于 15% 时，2 次独立测定结果之差小于等于 0.3g/100g；当样品中脂肪含量在 5%～15% 时，2 次独立测定结果之差小于等于 0.2g/100g；当样品中脂肪含量小于等于 5% 时，2 次独立测定结果之差小于等于 0.1g/100g。

6．说明和注意事项

（1）该方法适用于乳及乳制品、婴幼儿配方食品中脂肪的测定。

（2）乳类脂肪虽然也属游离脂肪，但因脂肪球被乳中酪蛋白钙盐包裹，又处于高度分散的胶体分散系中，故不能直接被乙醚、石油醚提取，需预先用氨水处理。加氨水后，要充分混匀，否则会影响下一步醚对脂肪的提取。

（3）加入氨水的作用是使乳中酪蛋白钙盐变成可溶解的盐；加入乙醇的作用是沉淀蛋白质以防止乳化，并溶解醇溶性物质，使其留在水中，避免进入醚层而影响测定结果。

（4）加入石油醚的作用是降低乙醚极性，使乙醚与水不混溶，只抽提出脂肪，并可使分层清晰。

（5）若使用带虹吸管或洗瓶的抽脂管，脂肪测定的操作步骤如下所述。

① 试样碱水解。

巴氏杀菌乳、灭菌乳、生乳、发酵乳、调制乳：称取充分混匀样品 10g（精确至 0.001g）于抽脂管底部。加入 2mL 氨水，与管底部已稀释的样品彻底混合。将抽脂管放入（65±5）℃的水浴中，加热 15～20min，偶尔振荡样品管，然后冷却至室温。

乳粉及乳基婴幼儿食品：称取混匀后的样品高脂乳粉、全脂乳粉、全脂加糖乳粉和乳基婴幼儿配方食品约 1g，称取脱脂乳粉、乳清粉、酪乳粉约 1.5g，精确至 0.001g，置于抽脂管底部，加入 10mL、（65±5）℃的水，充分混合，直到样品完全分散，放入流动水中冷却。加入 2mL 氨水，与管底部已稀释的样品彻底混合。将抽脂管放入（65±5）℃的水浴中，加热 15～20min，偶尔振荡样品管，然后冷却至室温。

炼乳：脱脂炼乳称取约 10g，全脂炼乳和部分脱脂炼乳称取 3～5g，高脂炼乳称取约

1.5g，精确至 0.001g，置于抽脂管底部。加入 10mL 水，充分混合均匀。加入 2mL 氨水，与管底部已稀释的样品彻底混合。将抽脂管放入（65±5）℃的水浴中，加热 15～20min，偶尔振荡样品管，然后冷却至室温。

奶油、稀奶油：先将奶油样品放入温水浴中溶解并混合均匀后，奶油称取约 0.5g，稀奶油称取约 1g，精确至 0.001g，置于抽脂管底部。加入 2mL 氨水，与管底部已稀释的样品彻底混合。将抽脂管放入（65±5）℃的水浴中，加热 15～20min，偶尔振荡样品管，然后冷却至室温。

干酪：称取约 2g（精确至 0.001g）研碎的样品于烧杯中，加水 9mL、氨水 2mL，用玻璃棒搅拌均匀后微微加热，使酪蛋白溶解，用盐酸中和后再加盐酸 10mL，加海砂 0.5g，盖好玻璃盖，以文火煮沸 5min，冷却后将烧杯内容物移入抽脂管底部，用 25mL 无水乙醚冲洗烧杯，洗液并入抽脂管中。

② 抽提：加入 10mL 无水乙醇，在管底部轻轻彻底地混合，必要时加入 2 滴刚果红溶液。加入 25mL 无水乙醚，加软木塞（已被水饱和）或用水浸湿的其他瓶塞，上下反转 1min，不要过度（避免形成持久性乳化液）。必要时，将管子放入流动的水中冷却，然后小心地打开软木塞，用少量的混合溶剂冲洗塞子和管颈，使冲洗液流入管中。加入 25mL 石油醚，加塞（塞子重新用水润湿），轻轻振荡 30s。将加塞的管子放入离心机中，在 500～600r/min 下离心 1～5min。或静置至少 30min，直到上层液澄清，并明显地与水相分离，冷却。小心地打开软木塞，用少量混合溶剂洗塞子和管颈，使冲洗液流入管中。将虹吸管或洗瓶接头插入管中，向下压长支管，直到距两相界面的上方 4mm 处，内部长支管应与管轴平行。小心将上层液移入含有沸石的脂肪收集瓶中，也可用金属皿。避免移入任何水相。用少量混合溶剂冲洗长支管的出口，收集冲洗液于脂肪收集瓶中。松开管颈处的接头，用少量的混合溶剂冲洗接头和内部长支管的较低部分，重新插好接头，将冲洗液移入脂肪收集瓶中。用少量的混合溶剂冲洗出口，冲洗液收集于瓶中，必要时，通过蒸馏或蒸发去除部分溶剂。松开管颈处的接头，微微抬高接头，加入 5mL 乙醇，用乙醇冲洗长支管，如上述操作重复进行第二次抽提，但仅用 15mL 无水乙醚和 15mL 石油醚，抽提之后，在移开管接头时，用乙醚冲洗内部长支管。

重复上述步骤，不加乙醇，进行第三次抽提，仅用 15mL 无水乙醚和 15mL 石油醚。如果产品中脂肪的质量分数低于 5%，可省略第三次抽提。

③ 称量：合并所有提取液，既可采用蒸馏的方法除去脂肪收集瓶中的溶剂，也可于沸水浴上蒸发至干来除掉溶剂。蒸馏前用少量混合溶剂冲洗瓶颈内部。将脂肪收集瓶放入（100±5）℃的电热恒温干燥箱中干燥 1h，取出后置于干燥器内冷却 0.5h 后称量。重复以上操作直至恒重（即 2 次称量值的差不超过 2mg）。

四、盖勃氏法

1. 原理

在乳中加入硫酸，破坏牛乳胶质性和覆盖在脂肪球上的蛋白质外膜，离心分离脂肪后测量其体积。

2．试剂和材料

（1）硫酸。
（2）异戊醇。

3．仪器和设备

（1）乳脂离心机。
（2）盖勃氏乳脂计：最小刻度值为 0.1%，如图 4-4 所示。
（3）10.75mL 单标乳吸管。

4．分析步骤

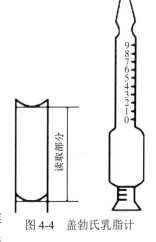

图 4-4　盖勃氏乳脂计

于盖勃氏乳脂计中先加入 10mL 硫酸，再沿着管壁小心准确加入 10.75mL 试样，使试样与硫酸不要混合，然后加 1mL 异戊醇，塞上橡胶塞，使瓶口向下，同时用布包裹以防冲出，用力振摇使呈均匀棕色液体，静置数分钟（瓶口向下），置 65～70℃水浴中 5min，取出后置于乳脂离心机中以 1100r/min 的转速离心 5min，再置于 65～70℃水浴中保温 5min（注意水浴水面应高于盖勃氏乳脂计脂肪层）。

5．结果读取

取出盖勃氏乳脂计，立即读数，即为脂肪的含量。
在重复性条件下获得的 2 次独立测定结果的绝对差值不得大于算术平均值的 5%。

6．说明和注意事项

（1）该方法适用于乳及乳制品、婴幼儿配方食品中脂肪的测定。
（2）硫酸的浓度要严格遵守规定的要求，如过浓会使乳炭化成黑色溶液而影响读数；过稀则不能使酪蛋白完全溶解，会使测定值偏低或使脂肪层浑浊。硫酸除可破坏脂肪球膜，使脂肪游离出来外，还可增加液体相对密度，使脂肪容易浮出。
（3）盖勃法中所用异戊醇的作用是促使脂肪析出，并能降低脂肪球的表面张力，以利于形成连续的脂肪层。1mL 异戊醇应能完全溶于酸中，但如果质量不纯，可能有部分析出掺入油层，而使结果偏高。因此在使用未知规格的异戊醇之前，应先做如下试验：将硫酸、水（代替牛乳）及异戊醇按测定样品时的数量注入盖勃氏乳脂计中，振摇后静置 24h 澄清，如在盖勃氏乳脂计的上部狭长部分无油层析出，认为适用，否则表明异戊醇质量不佳，不能使用。
（4）加热（65～70℃水浴中）和离心的目的是促使脂肪离析。
（5）碱水解法和盖勃法都是测定乳脂肪的标准分析方法。对比研究表明，前者的准确度较后者高。
（6）使用红外光谱法可以快速测定牛乳脂肪、蛋白质、乳糖、总固体的含量：均质牛乳中甘油酯的羰基在 5.7μm 处（脂肪 A）、碳氢基在 3.5μm 处（脂肪 B）红外吸收测定脂肪；肽键的氨基在 6.5μm 处红外吸收测定蛋白质；乳糖的羟基在 9.6μm 处红外吸收测定乳糖。以上 3 个测定值加 0.7%维生素及无机盐在牛乳红外光谱仪内计算总固体含量。使用恒温水浴锅或等同设施，使试样测试前预热至（40±1）℃，且上下颠倒 9 次，水平振摇 6 次。按牛乳红外光谱仪操作说明书的规定进行测定。

第二节　食品中碳水化合物的测定

碳水化合物是由碳、氢、氧 3 种元素组成的一大类化合物，是糖（单糖和双糖）、寡糖和多糖的总称。碳水化合物是人类生存的基本物质，是血糖生成的主要来源，并且有调节细胞活动的重要功能。它是提供能量的重要营养素，人体生命活动所需热能的 60%～70%由碳水化合物提供。

碳水化合物在植物界分布广泛，在不同食物中的存在形式和含量也各不相同。单糖是糖的最基本组成单位，食品中的单糖主要有葡萄糖、果糖、半乳糖、核糖、阿拉伯糖和木糖等。双糖是由 2 分子的单糖缩合而成的糖，主要有蔗糖、乳糖和麦芽糖等。蔗糖由 1 分子葡萄糖和 1 分子果糖缩合而成，普遍存在于具有光合作用的植物中，是食品工业中最重要的甜味物质；乳糖由 1 分子葡萄糖和 1 分子半乳糖缩合而成，存在于哺乳动物的乳汁中。麦芽糖由 2 分子葡萄糖缩合而成，游离的麦芽糖在自然界并不存在，通常由淀粉水解产生。低聚糖（又称寡糖）是由 3～9 个单糖通过糖苷键连接而成的，如低聚果糖、低聚半乳糖、低聚木糖等。多糖是由 10 个以上的单糖缩合而成的高分子化合物，如淀粉、纤维素、果胶等。淀粉广泛存在于谷类、豆类及薯类中；纤维素集中于谷类的谷糠和果蔬的表皮中；果胶存在于各类植物的果实中。在这些碳水化合物中，人体能消化利用的是单糖、双糖和多糖中的淀粉，称为有效碳水化合物；多糖中的纤维素、半纤维素、果胶等由于不能被人体消化利用，称为无效碳水化合物。这些无效碳水化合物能促进肠道蠕动，改善消化系统机能，对维持人体健康有重要作用，是人们膳食中不可缺少的成分。

碳水化合物是一种重要的功能性食品基料，对改变食品的形态、组织结构、理化性质及色、香、味等感官指标起着十分重要的作用。例如，食品加工中常需要控制一定量的糖酸比；糖果中糖的组成及比例直接关系到其风味和质量；糖的焦糖化作用及羰基反应既可使食品获得诱人的色泽与风味，又能引起食品的褐变，必须根据工艺需要加以控制。食品中碳水化合物的含量也反映食品营养价值的高低，是某些食品的主要质量指标。因此，分析检测食品中碳水化合物的含量，在食品工业中具有十分重要的意义。

食品中碳水化合物的测定方法常用的有物理法、化学法、色谱法、酶法、生物传感器法等。物理法只能用于某些特定的样品，如通过测定相对密度、折射率、旋光度等间接测定糖液的浓度、蔗糖含量、淀粉含量等。化学法是应用最广泛的糖类分析法，它包括费林试剂直接滴定法、高锰酸钾滴定法、铁氰化钾法、蒽酮比色法、苯酚硫酸法等，食品中还原糖、蔗糖、总糖、淀粉的测定多采用化学法，但使用化学法测得的多是糖类物质的总量，不能确定糖的种类及每种糖的含量。利用色谱法，如气相色谱法、高效液相色谱法和离子色谱法可以对样品中的糖分进行分离、定性和定量。

GB 28050—2011《食品安全国家标准　预包装食品营养标签通则》中指出，食品营养标签上的"碳水化合物"的量，可按减法或加法计算获得。减法是以食品总质量为100，减去蛋白质、脂肪、水分、灰分和膳食纤维的质量，称为可利用碳水化合物；或以食品总质量为100，减去蛋白质、脂肪、水分、灰分的质量，称为总碳水化合物。在食品标签上，上述两者均以碳水化合物标示。加法是以淀粉和糖的总和为碳水化合物。

本节重点介绍食品中还原糖、蔗糖、总糖、淀粉和膳食纤维的测定方法。

一、还原糖的测定

还原糖是指具有还原性的糖类。葡萄糖、果糖、乳糖和麦芽糖分子中含有游离的醛基或游离的酮基，都是还原糖；其他双糖（如蔗糖）、三糖乃至多糖（如糊精、淀粉等），其本身虽然不具有还原性，但可以通过水解生成相应的还原性单糖，通过测定水解液的还原糖含量就可以求得样品中相应糖类的含量。因此，还原糖的测定是一般糖类定量的基础。

（一）直接滴定法

1．原理

食品中还原糖的
测定——直接滴定法

试样经除去蛋白质后，以亚甲基蓝作指示剂，在加热条件下滴定标定过的碱性酒石酸铜溶液（已用还原糖标准溶液标定），根据样品液消耗体积计算还原糖含量。

以葡萄糖为例，各步反应如下：

（1）$CuSO_4 + 2NaOH \Longrightarrow Cu(OH)_2 \downarrow + Na_2SO_4$

（2） $Cu(OH)_2 + \begin{array}{c} COOK \\ | \\ CHOH \\ | \\ CHOH \\ | \\ COONa \end{array} \Longrightarrow \begin{array}{c} COOK \\ | \\ CHO \\ | \\ CHO \\ | \\ COONa \end{array} Cu + 2H_2O$

（3） $\begin{array}{c} CHO \\ | \\ (CHOH)_4 \\ | \\ CH_2OH \end{array} + 6 \begin{array}{c} COOK \\ | \\ CHO \\ | \\ CHO \\ | \\ COONa \end{array} Cu + 6H_2O \Longrightarrow \begin{array}{c} CHO \\ | \\ (CHOH)_3 \\ | \\ CH_2OH \end{array} + 6 \begin{array}{c} COOK \\ | \\ CHOH \\ | \\ CHOH \\ | \\ COONa \end{array} + 3Cu_2O \downarrow + H_2CO_3$

$+ H_2O \Longrightarrow$

（4） $\begin{array}{c} CHO \\ | \\ (CHOH)_4 \\ | \\ CH_2OH \end{array} + (CH_3)_2N \underset{}{\overset{}{}} N^+(CH_3)_2Cl^-$

$\begin{array}{c} COOH \\ | \\ (CHOH)_4 \\ | \\ CH_2OH \end{array} + (CH_3)_2N \underset{}{\overset{}{}} N^+H(CH_3)_2Cl^-$

从上述反应式可知，1mol 葡萄糖可以将 6mol Cu^{2+} 还原为 Cu^+，实际上两者之间的反应并非那么简单。试验结果表明，1mol 葡萄糖只能还原 5mol 左右的 Cu^{2+}，且随反应条件而变化。因此，不能简单地根据化学反应式直接计算出还原糖含量，而应用已知浓度的葡萄糖标准溶液标定的方法，或利用通过试验编制出的还原糖检索表来计算。

2．试剂和材料

（1）盐酸溶液（1＋1）：量取盐酸 50mL，加水 50mL 混匀。

（2）碱性酒石酸铜甲液：称取硫酸铜 15g 和亚甲基蓝 0.05g，溶于水中，并稀释至 1000mL。

（3）碱性酒石酸铜乙液：称取酒石酸钾钠 50g 和氢氧化钠 75g，溶解于水中，再加入亚铁氰化钾 4g，完全溶解后，用水定容至 1000mL，贮存于橡胶塞玻璃瓶中。

（4）乙酸锌溶液：称取乙酸锌 21.9g，加无水乙酸 3mL，加水溶解并定容至 100mL。

（5）亚铁氰化钾溶液：称取亚铁氰化钾 10.6g，加水溶解并定容至 100mL。

（6）氢氧化钠溶液（40g/L）：称取氢氧化钠 4g，加水溶解后，放冷，并定容至 100mL。

（7）葡萄糖标准溶液（1.0mg/mL）：准确称取经过 98～100℃干燥 2h 后的葡萄糖标准品（纯度大于等于 99%）1g，加水溶解后加入盐酸溶液 5mL，并用水定容至 1000mL。此溶液每毫升相当于 1.0mg 葡萄糖。

（8）果糖标准溶液（1.0mg/mL）：准确称取经过 98～100℃干燥 2h 的果糖标准品（纯度大于等于 99%）1g，加水溶解后加入盐酸溶液 5mL，并用水定容至 1000mL。此溶液每毫升相当于 1.0mg 果糖。

（9）乳糖标准溶液（1.0mg/mL）：准确称取经过 94～98℃干燥 2h 的乳糖（含水）标准品（纯度大于等于 99%）1g，加水溶解后加入盐酸溶液 5mL，并用水定容至 1000mL。此溶液每毫升相当于 1.0mg 乳糖（含水）。

（10）转化糖标准溶液（1.0mg/mL）：准确称取 1.0526g 蔗糖标准品（纯度大于等于 99%），用 100mL 水溶解，置于具塞锥形瓶中，加盐酸溶液 5mL，在 68～70℃水浴中加热 15min，放置至室温，转移至 1000mL 容量瓶中并加水定容至 1000mL。此溶液每毫升相当于 1.0mg 转化糖。

3．仪器和设备

（1）分析天平：感量为 0.0001g、0.001g 和 0.01g。
（2）恒温水浴锅。
（3）可调温电炉。

4．分析步骤

1）试样制备

（1）含淀粉的食品：称取粉碎或混匀后的试样 10～20g（精确至 0.001g），置于 250mL 容量瓶中，加水 200mL，在 45℃水浴中加热 1h，并时时振摇，冷却后加水至刻度，混匀，静置，沉淀。吸取 200.0mL 上清液置于另一 250mL 容量瓶中，缓慢加入乙酸锌溶液 5mL 和亚铁氰化钾溶液 5mL，加水至刻度，混匀，静置 30min，用干燥滤纸过滤，弃去初滤液，取后续滤液备用。

（2）乙醇饮料：称取混匀后的试样 100g（精确至 0.01g），置于蒸发皿中，用氢氧化钠溶液中和至中性，在水浴上蒸发至原体积的 1/4 后，移入 250mL 容量瓶中，缓慢加入乙酸锌溶液 5mL 和亚铁氰化钾溶液 5mL，加水至刻度，混匀，静置 30min，用干燥滤纸过滤，弃去初滤液，取后续滤液备用。

（3）碳酸饮料：称取混匀后的试样 100g（精确至 0.01g）于蒸发皿中，在水浴上微热搅拌除去二氧化碳后，移入 250mL 容量瓶中，用水洗涤蒸发皿，洗液并入容量瓶，加水至刻度，混匀后备用。

（4）其他食品：称取粉碎后的固体试样 2.5～5g（精确至 0.001g）或混匀后的液体试样 5～25g（精确至 0.001g），置 250mL 容量瓶中，加 50mL 水，缓慢加入乙酸锌溶液 5mL 和亚铁氰化钾溶液 5mL，加水至刻度，混匀，静置 30min，用干燥滤纸过滤，弃去初滤液，取后续滤液备用。

2）碱性酒石酸铜溶液的标定

吸取碱性酒石酸铜甲液 5.0mL 和碱性酒石酸铜乙液 5.0mL，置于 150mL 锥形瓶中，加水 10mL，加入玻璃珠 2～4 粒，从滴定管中加葡萄糖标准溶液（或其他还原糖标准溶液）约 9mL，控制在 2min 中内加热至沸，趁热以 1 滴/2s 的速度继续滴加葡萄糖（或其他还原糖）标准溶液，直至溶液蓝色刚好褪去为终点，记录消耗葡萄糖（或其他还原糖）标准溶液的总体积，同时平行操作 3 份，取其平均值，按式（4-4）计算每 10mL（甲液、乙液各 5mL）碱性酒石酸铜溶液相当于葡萄糖（或其他还原糖）的质量（mg）。

$$m_1 = \rho V_1 \qquad (4-4)$$

式中，m_1——碱性酒石酸铜溶液（甲液、乙液各半）相当于某种还原糖的质量，mg；

ρ——葡萄糖标准溶液（或其他还原糖标准溶液）的质量浓度，mg/mL；

V_1——标定时平均消耗葡萄糖（或其他还原糖）标准溶液的体积，mL。

注：也可以按上述方法标定 4～20mL 碱性酒石酸铜溶液（甲液、乙液各半）来适应试样中还原糖的浓度变化。

3）试样溶液预测

吸取碱性酒石酸铜甲液 5.0mL 和碱性酒石酸铜乙液 5.0mL，置于 150mL 锥形瓶中，加水 10mL，加入玻璃珠 2～4 粒，控制在 2min 内加热至沸，保持沸腾，以先快后慢的速度从滴定管中滴加试样溶液，待溶液颜色变浅时，以 1 滴/2s 的速度滴定，直至溶液蓝色刚好褪去，记录样品溶液消耗体积。

当样液中还原糖浓度过高时，应适当稀释后再进行正式测定，使每次滴定消耗样液的体积控制在与标定碱性酒石酸铜溶液时所消耗的还原糖标准溶液的体积相近，约 10mL，结果按式（4-5）计算；当浓度过低时，则采取直接加入 10mL 样品液，免去加水 10mL，再用还原糖标准溶液滴定至终点，记录消耗的体积与标定时消耗的还原糖标准溶液体积之差相当于 10mL 样液中所含还原糖的量，结果按式（4-6）计算。

4）试样溶液测定

吸取碱性酒石酸铜甲液 5.0mL 和碱性酒石酸铜乙液 5.0mL，置于 150mL 锥形瓶中，加水 10mL，加入玻璃珠 2～4 粒，从滴定管滴加比预测体积少 1mL 的试样溶液至锥形瓶中，控制在 2min 内加热至沸，保持沸腾继续以 1 滴/2s 的速度滴定，直至蓝色刚好褪去为终点，记录样液消耗体积，同法平行操作 3 份，得出平均消耗体积（V）。

5．结果计算

试样中还原糖的含量（以某种还原糖计）按式（4-5）计算：

$$X = \frac{m_1}{mF \times \dfrac{V}{250} \times 1000} \times 100 \qquad (4-5)$$

式中，X——试样中还原糖的含量（以某种还原糖计），g/100g；

$\quad m_1$——碱性酒石酸铜溶液（甲液、乙液各半）相当于某种还原糖的质量，mg；

$\quad m$——试样质量，g；

$\quad F$——系数，对含淀粉的食品为 0.80，其余为 1；

$\quad V$——测定时平均消耗试样溶液的体积，mL；

$\quad 250$——定容体积，mL；

$\quad 100、1000$——单位换算系数。

当浓度过低时，试样中还原糖的含量（以某种还原糖计）按式（4-6）计算：

$$X = \frac{m_2}{mF \times \dfrac{10}{250} \times 1000} \times 100 \qquad (4-6)$$

式中，X——试样中还原糖的含量（以某种还原糖计），g/100g；

$\quad m_2$——标定时体积与加入样品后消耗的还原糖标准溶液体积之差相当于某种还原糖的质量，mg；

$\quad m$——试样质量，g；

$\quad F$——系数，对含淀粉的食品为 0.80，其余为 1；

$\quad 10$——样液体积，mL；

$\quad 250$——定容体积，mL；

$\quad 100、1000$——单位换算系数。

还原糖含量大于等于 10g/100g 时，计算结果保留 3 位有效数字；还原糖含量小于 10g/100g 时，计算结果保留 2 位有效数字。在重复性条件下获得的 2 次独立测定结果的绝对差值不得超过算术平均值的 5%。

6．说明和注意事项

（1）该方法所用的氧化剂碱性酒石酸铜的氧化能力较强，醛糖和酮糖都能被氧化，所以测得的是总还原糖量。对于碳水化合物的相互分离及单一成分的定量分析，常采用高效液相色谱法。

（2）还原糖的标准溶液除葡萄糖标准溶液之外，也可以是果糖、乳糖和转化糖的标准溶液。结果要求用哪种还原糖表示，就用相应的还原糖标准溶液标定碱性酒石酸铜溶液。

（3）该方法根据经过标定的一定量的碱性酒石酸铜溶液（Cu^{2+} 量一定）消耗的样品溶液量来计算样品溶液中还原糖的含量，反应体系中 Cu^{2+} 的含量是定量的基础，所以在样品处理时，不能使用铜盐作为澄清剂，以免样品溶液中引入 Cu^{2+}，得到错误的结果。

（4）亚甲蓝本身也是一种氧化剂，其氧化型为蓝色，还原型为无色；但在测定条件下，它的氧化能力比 Cu^{2+} 弱，故还原糖先与 Cu^{2+} 反应，Cu^{2+} 完全反应后，稍微过量一点的还原糖则将亚甲蓝指示剂还原，使之由蓝色变为无色，指示滴定终点。

（5）为消除氧化亚铜沉淀对滴定终点观察的干扰，在碱性酒石酸铜乙液中加入少量亚铁氰化钾，使之与 Cu_2O 生成可溶性的无色配合物，而不再析出红色沉淀，其反应式如下：

$$Cu_2O + K_4Fe(CN)_6 + H_2O \rightleftharpoons K_2Cu_2Fe(CN)_6 + 2KOH$$

（6）碱性酒石酸铜甲液和乙液应分别贮存，用时才混合，否则酒石酸钾钠铜配合物长期在碱性条件下会慢慢分解吸出氧化亚铜沉淀，使试剂有效浓度降低。

（7）滴定时要保持沸腾状态，使上升蒸汽阻止空气侵入滴定反应体系中。一方面，加热可以加快还原糖与 Cu^{2+} 的反应速度；另一方面，亚甲蓝的变色反应是可逆的，还原型亚甲蓝遇到空气中的氧时又会被氧化为其氧化型，再变为蓝色。此外，氧化亚铜也极不稳定，容易被空气中的氧所氧化，从而增加还原糖的消耗量。

（8）样品溶液预测的目的：一是该方法对样品溶液中还原糖浓度有一定要求（0.1%左右），测定时样品溶液的消耗体积应与标定时还原糖标准溶液消耗的体积相近，通过预测可了解样品溶液浓度是否合适，浓度过大或过小均应加以调整，使消耗样品溶液量在10mL 左右；二是通过预测可知样品溶液的大概消耗量，以便在正式测定时，预先加入比实际用量少 1mL 左右的样品溶液，只留下 1mL 左右样品溶液继续滴定时滴入，其目的是使绝大多数样品溶液与碱性酒石酸铜在完全相同的条件下反应，减少因滴定操作带来的误差，提高测定的准确度。

（9）反应液碱度、热源强度、煮沸时间和滴定速度等都直接影响测定结果的准确度和精密度。反应液碱度直接影响 Cu^{2+} 与还原糖的反应速度、反应进行的程度及测定结果，在一定范围内，溶液碱度越高，Cu^{2+} 的还原越快。因此，必须严格控制反应液的体积，标定和测定时消耗的体积应接近，使反应体系碱度一致。热源强度应控制在使反应液在 2min 内达到沸腾状态，所有测定均应保持一致，否则加热至沸腾所需时间不同，引起蒸发量不同，使反应液碱度发生变化，从而引入误差。煮沸时间和滴定速度对结果影响也较大，一般煮沸时间短，消耗还原糖液多，反之，消耗还原糖液少；滴定速度过快，消耗还原糖量多，反之，消耗还原糖量少。因此，测定时应严格控制上述滴定操作条件，标定和滴定过程中尽量保持一致。平行试验样品溶液的消耗量相差应不超过 0.1mL。

（10）该方法适用于食品中还原糖的测定，操作简单快速，准确度较高，但色深的试样可能影响滴定终点的判断。

（二）高锰酸钾滴定法

1．原理

试样经除去蛋白质后，其中还原糖把铜盐还原为氧化亚铜，加硫酸铁后，氧化亚铜被氧化为铜盐，经高锰酸钾溶液滴定氧化作用后生成亚铁盐，根据高锰酸钾消耗量，计算氧化亚铜含量，再查表得还原糖量。反应式如下：

$$Cu^{2+} + 还原糖 \longrightarrow Cu_2O$$
$$Cu_2O + Fe_2(SO_4)_3 + H_2SO_4 == 2CuSO_4 + 2FeSO_4 + H_2O$$
$$10FeSO_4 + 2KMnO_4 + 8H_2SO_4 == 5Fe_2(SO_4)_3 + 2MnSO_4 + K_2SO_4 + 8H_2O$$

2．试剂和材料

（1）盐酸溶液（3mol/L）：量取盐酸 30mL，加水稀释至 120mL。

（2）碱性酒石酸铜甲液：称取硫酸铜 34.639g，加适量水溶解，加硫酸 0.5mL，再加水稀释至 500mL，用精制石棉过滤。

（3）碱性酒石酸铜乙液：称取酒石酸钾钠 173g 与氢氧化钠 50g，加适量水溶解，并稀释至 500mL，用精制石棉过滤，贮存于橡胶塞玻璃瓶内。

（4）氢氧化钠溶液（40g/L）：称取氢氧化钠 4g，加水溶解并稀释至 100mL。

（5）硫酸铁溶液（50g/L）：称取硫酸铁 50g，加水 200mL 溶解后，慢慢加入硫酸 100mL，冷却后加水稀释至 1000mL。

（6）精制石棉：取石棉适量先用盐酸溶液浸泡 2～3d，用水洗净，再加氢氧化钠溶液浸泡 2～3d，倾去溶液，再用热碱性酒石酸铜乙液浸泡数小时，用水洗净。再以盐酸溶液浸泡数小时，以水洗至不呈酸性。然后加水振摇，使成细微的浆状软纤维，用水浸泡并贮存于玻璃瓶中，即可作填充古氏坩埚用。

（7）高锰酸钾标准滴定溶液（$c_{\frac{1}{5}KMnO_4}$ ＝0.1mol/L）：按 GB/T 601—2016《化学试剂　标准滴定溶液的制备》配制与标定。

3．仪器和设备

（1）分析天平：感量为 0.001g 和 0.01g。
（2）恒温水浴锅。
（3）可调温电炉。
（4）25mL 古氏坩埚或 G₄ 垂熔坩埚。
（5）真空泵。

4．分析步骤

1）试样处理

（1）含淀粉的食品：称取粉碎或混匀后的试样 10～20g（精确至 0.001g），置于 250mL 容量瓶中，加水 200mL，在 45℃水浴中加热 1h，并时时振摇。冷却后加水至刻度，混匀，静置。吸取 200.0mL 上清液置另一 250mL 容量瓶中，加碱性酒石酸铜甲液 10mL 及氢氧化钠溶液 4mL，加水至刻度，混匀。静置 30min，用干燥滤纸过滤，弃去初滤液，取后续滤液备用。

（2）乙醇饮料：称取 100g（精确至 0.01g）混匀后的试样，置于蒸发皿中，用氢氧化钠溶液中和至中性，在水浴上蒸发至原体积的 1/4 后，移入 250mL 容量瓶中。加水 50mL，混匀。加碱性酒石酸铜甲液 10mL 及氢氧化钠溶液 4mL，加水至刻度，混匀。静置 30min，用干燥滤纸过滤，弃去初滤液，取后续滤液备用。

（3）碳酸饮料：称取 100g（精确至 0.001g）混匀后的试样，置于蒸发皿中，在水浴上除去二氧化碳后，移入 250mL 容量瓶中，并用水洗涤蒸发皿，洗液并入容量瓶中，再加水至刻度，混匀后，备用。

（4）其他食品：称取粉碎后的固体试样 2.5～5g（精确至 0.001g）或混匀后的液体试样 25～50g（精确至 0.001g），置于 250mL 容量瓶中，加水 50mL，摇匀后加碱性酒石酸铜甲液 10mL 及氢氧化钠溶液 4mL，加水至刻度，混匀。静置 30min，用干燥滤纸过滤，弃去初滤液，取后续滤液备用。

2）试样溶液的测定

吸取处理后的试样溶液 50.0mL，于 500mL 烧杯内，加入碱性酒石酸铜甲液 25mL 及碱性酒石酸铜乙液 25mL，于烧杯上盖一表面皿，加热，控制在 4min 内沸腾，再准确煮沸 2min，趁热用铺好精制石棉的古氏坩埚（或 G_4 垂熔坩埚）抽滤，并用 60℃ 热水洗涤烧杯及沉淀，至洗液不呈碱性为止。将古氏坩埚（或 G_4 垂熔坩埚）放回原 500mL 烧杯中，加硫酸铁溶液 25mL、水 25mL，用玻璃棒搅拌使氧化亚铜完全溶解，以高锰酸钾标准溶液滴定至微红色为终点。

同时吸取水 50mL，加入与测定试样时相同量的碱性酒石酸铜甲液、乙液、硫酸铁溶液及水，按同一方法做空白试验。

5．结果计算

试样中还原糖质量相当于氧化亚铜的质量，按式（4-7）计算：

$$X_0 = (V - V_0) c \times 71.54 \tag{4-7}$$

式中，X_0——试样中还原糖质量相当于氧化亚铜的质量，mg；

V——测定用试样液消耗高锰酸钾标准溶液的体积，mL；

V_0——试剂空白消耗高锰酸钾标准溶液的体积，mL；

c——高锰酸钾标准溶液的摩尔浓度，mol/L；

71.54——1mL 高锰酸钾标准溶液（$c_{\frac{1}{5}KMnO_4}$＝1mol/L）相当于氧化亚铜的质量，mg。

根据式（4-7）中计算所得氧化亚铜质量，查附表 6，再计算试样中还原糖含量，按式（4-8）计算：

$$X = \frac{m_3}{m_4 \dfrac{V}{250} \times 1000} \times 100 \tag{4-8}$$

式中，X——试样中还原糖的含量，g/100g；

  m_3——X_0 查附表 6 得还原糖质量，mg；

  m_4——试样质量或体积，g 或 mL；

  V——测定用试样溶液的体积，mL；

  250——试样处理后的总体积，mL；

  100、1000——单位换算系数。

还原糖含量大于等于 10g/100g 时，计算结果保留 3 位有效数字；还原糖含量小于 10g/100g 时，计算结果保留 2 位有效数字。在重复性条件下获得的 2 次独立测定结果的绝对差值不得超过算术平均值的 10%。

6．说明和注意事项

（1）该方法以高锰酸钾滴定反应过程中产生的定量的硫酸亚铁为结果计算的依据，因此，在样品处理时，不能用乙酸锌和亚铁氰化钾作为样液的澄清剂，以免引入 Fe^{2+}。

（2）测定必须严格按规定的操作条件进行，使加热至沸腾时间及保持沸腾时间严格一致。即必须控制好热源强度，保证在 4min 内加热至沸，并使每次测定的沸腾时间保持一致，否则误差较大。试验时可先取 50mL 水，碱性酒石酸铜甲液、乙液各 25mL，调整热源强度，使其在 4min 内加热至沸，维持热源强度不变，再正式测定。

（3）该方法所用碱性酒石酸铜溶液是过量的，即保证把所有的还原糖全部氧化后，还有过剩的 Cu^{2+} 存在，所以，煮沸后的反应液应呈蓝色。如不呈蓝色，说明样品溶液含糖浓度过高，应调整样品溶液浓度。

（4）该方法适用于食品中还原糖含量的测定，不受试样颜色的影响，结果准确性较好，但操作烦琐费时，并且在过滤及洗涤氧化亚铜沉淀的整个过程中，应使沉淀始终在液面以下，避免氧化亚铜暴露于空气中而被氧化，同时，应严格控制操作条件。

（三）铁氰化钾法

1．原理

试样中加入乙醇、乙酸缓冲溶液、钨酸钠溶液处理之后，将滤液中加入碱性铁氰化钾溶液，其中的还原糖在碱性溶液中将铁氰化钾还原为亚铁氰化钾，还原糖本身被氧化为相应的糖酸。过量的铁氰化钾在乙酸的存在下，与碘化钾作用下析出碘，析出的碘以硫代硫酸钠标准溶液滴定。通过计算氧化还原糖时所用的铁氰化钾的量，查表得试样中还原糖的含量。

2．说明和注意事项

（1）该方法适用于小麦粉中还原糖含量的测定。

（2）根据氧化样液中还原糖所需 0.1mol/L 铁氰化钾溶液的体积查附表 7，即可查得试样中还原糖（以麦芽糖计算）的质量分数。

（四）奥氏试剂滴定法

1. 原理

试样经过匀浆处理后，加入乙酸锌和亚铁氰化钾溶液，过滤。向滤液中加入奥氏试剂，控制在 3min 内加热至沸。在沸腾条件下，还原糖与过量奥氏试剂反应生成相当量的氧化亚铜沉淀，冷却后加入盐酸使溶液呈酸性，并使氧化亚铜沉淀溶解。然后加入过量碘溶液进行氧化，用硫代硫酸钠溶液滴定过量的碘，其反应式如下：

$$C_6H_{12}O_6 + 2C_4H_2O_6KNaCu + 2H_2O = C_6H_{12}O_7 + 2C_4H_4O_6KNa + Cu_2O\downarrow$$

葡萄糖或果糖　　　　　络合物　　　　　　　葡萄糖酸　　酒石酸钾钠　　氧化亚铜

$$Cu_2O\downarrow + 2HCl = 2CuCl + H_2O$$

$$2CuCl + 2KI + I_2 = 2CuI_2 + 2KCl$$

$$I_2（过剩的） + 2Na_2S_2O_3 = Na_2S_4O_6 + 2NaI$$

硫代硫酸钠标准溶液空白试验滴定量减去其样品试验滴定量得到一个差值，由此差值便可计算出还原糖的量。

2. 说明和注意事项

（1）该方法适用于甜菜块根中还原糖含量的测定。

（2）奥氏试剂配制方法：分别称取硫酸铜 5.0g、酒石酸钾钠 300g、无水碳酸钠 10.0g、磷酸氢二钠 50.0g，用蒸馏水溶解并定容至 1000mL，用细孔砂芯玻璃漏斗或硅藻土或活性炭过滤，贮存于棕色试剂瓶中。

（五）葡萄糖氧化酶-比色法

1. 原理

试样处理液中加入酶试剂，置于（36±1）℃恒温水浴中恒温 40min。葡萄糖氧化酶（GOD）在有氧条件下，催化试样中β-D-葡萄糖（葡萄糖水溶液状态）氧化反应，生成 D-葡萄糖酸-δ-内酯和过氧化氢。受过氧化物酶（POD）催化，过氧化氢与 4-氨基安替比林和苯酚生成红色醌亚胺。在波长 505nm 处测定醌亚胺的吸光度，与葡萄糖标准曲线比较，可计算出食品中葡萄糖的含量。反应式如下：

$$C_6H_{12}O_6 + O_2 \xrightarrow{GOD} C_6H_{10}O_6 + H_2O_2$$

$$H_2O_2 + C_6H_5OH + C_{11}H_{13}N_3O \xrightarrow{POD} C_6H_5NO + H_2O$$

2. 说明和注意事项

（1）该方法适用于各类食品中葡萄糖的测定，也适用于食品中其他组分转化为葡萄糖的测定。

（2）该方法利用葡萄糖氧化酶（GOD）具有的专一性，只催化葡萄糖水溶液中的β-D-葡萄糖起反应（被氧化），不受其他还原糖的干扰，所以测定结果更能准确反映试样中葡萄糖的真实含量。

二、蔗糖的测定

蔗糖广泛分布于植物体内，特别是甜菜、甘蔗和水果中含量极高。蔗糖是食品中有营养的甜味剂，它具有甜美的口味和独特的功能，有利于食品的加工和品质的提高，在食品中发挥了重要的作用，特别是在糖果、冰淇淋、果酱、果冻、蜜饯、烹调食品和焙烤中应用广泛。在食品生产过程中，测定蔗糖的含量可以判断食品加工原料的成熟度，鉴别白糖、蜂蜜等食品原料的品质，以及控制糖果、果脯、加糖乳制品等产品的质量指标。

蔗糖是由葡萄糖和果糖组成的双糖，没有还原性，但在一定条件下可水解为具有还原性的葡萄糖和果糖。因此，将试样水解后可以用测定还原糖的方法测定蔗糖含量，也可以采用液相色谱法测定试样中的蔗糖含量。对于浓度较高的蔗糖液，其相对密度、折射率、旋光度等物理常数与蔗糖浓度都有一定的关系，故可以使用相对密度法、折光法、旋光法测定蔗糖的含量。

（一）酸水解-莱茵-埃农氏法

1．原理

试样经除去蛋白质后，其中蔗糖经盐酸水解转化为还原糖，按还原糖测定。水解前后的差值乘以相应的系数即为蔗糖含量。

2．试剂和材料

（1）乙酸锌溶液：称取乙酸锌 21.9g，加无水乙酸 3mL，加水溶解并定容于 100mL。

（2）亚铁氰化钾溶液：称取亚铁氰化钾 10.6g，加水溶解并定容至 100mL。

（3）盐酸溶液（1+1）：量取盐酸 50mL，缓慢加入 50mL 水中，冷却后混匀。

（4）氢氧化钠（40g/L）：称取氢氧化钠 4g，加水溶解后，放冷，加水定容至 100mL。

（5）甲基红指示液（1g/L）：称取甲基红盐酸盐 0.1g，用 95%乙醇溶解并定容至 100mL。

（6）氢氧化钠溶液（200g/L）：称取氢氧化钠 20g，加水溶解后，放冷，加水并定容至 100mL。

（7）碱性酒石酸铜甲液：称取硫酸铜 15g 和亚甲基蓝 0.05g，溶于水中，加水定容至 1000mL。

（8）碱性酒石酸铜乙液：称取酒石酸钾钠 50g 和氢氧化钠 75g，溶解于水中，再加入亚铁氰化钾 4g，完全溶解后，用水定容至 1000mL，贮存于橡胶塞玻璃瓶中。

（9）葡萄糖标准溶液（1.0mg/mL）：称取经过 98～100℃干燥 2h 后的葡萄糖（标准品或经国家认证并授予标准物质证书的标准物质，纯度大于等于 99%）1g（精确至 0.001g），加水溶解后加入盐酸 5mL，并用水定容至 1000mL。此溶液每毫升相当于 1.0mg 葡萄糖。

3．仪器和设备

（1）分析天平：感量为 0.001g 和 0.01g。

（2）恒温水浴锅。

（3）可调温电炉。

4．分析步骤

1）试样的制备和保存

（1）固体样品：取有代表性样品至少 200g，用粉碎机粉碎，混匀，装入洁净容器，密封，标明标记。

（2）半固体和液体样品：取有代表性样品至少 200g（mL），充分混匀，装入洁净容器，密封，标明标记。

（3）保存：蜂蜜等易变质试样于 0～4℃保存。

2）试样处理

（1）含蛋白质的食品：称取粉碎或混匀后的固体试样 2.5～5g（精确至 0.001g）或液体试样 5～25g（精确至 0.001g），置 250mL 容量瓶中，加水 50mL，缓慢加入乙酸锌溶液 5mL 和亚铁氰化钾溶液 5mL，加水至刻度，混匀，静置 30min，用干燥滤纸过滤，弃去初滤液，取后续滤液备用。

（2）含大量淀粉的食品：称取粉碎或混匀后的试样 10～20g（精确至 0.001g），置于 250mL 容量瓶中，加水 200mL，在 45℃水浴中加热 1h，并时时振摇，冷却后加水至刻度，混匀，静置，沉淀。吸取 200mL 上清液于另一 250mL 容量瓶中，缓慢加入乙酸锌溶液 5mL 和亚铁氰化钾溶液 5mL，加水至刻度，混匀，静置 30min，用干燥滤纸过滤，弃去初滤液，取后续滤液备用。

（3）乙醇饮料：称取混匀后的试样 100g（精确至 0.01g），置于蒸发皿中，用 40g/L 氢氧化钠溶液中和至中性，在水浴上蒸发至原体积的 1/4 后，移入 250mL 容量瓶中，缓慢加入乙酸锌溶液 5mL 和亚铁氰化钾溶液 5mL，加水至刻度，混匀，静置 30min，用干燥滤纸过滤，弃去初滤液，取后续滤液备用。

（4）碳酸饮料：称取混匀后的试样 100g（精确至 0.01g）于蒸发皿中，在水浴上微热搅拌除去二氧化碳后，移入 250mL 容量瓶中，用水洗蒸发皿，洗液并入容量瓶，加水至刻度，混匀后备用。

3）酸水解

吸取 2 份试样各 50.0mL，分别置于 100mL 容量瓶中。

（1）转化前：一份用水稀释至 100mL。

（2）转化后：另一份加盐酸溶液（1＋1）5mL，在 68～70℃水浴中加热 15min，冷却后加甲基红指示液 2 滴，用 200g/L 氢氧化钠溶液中和至中性，加水至刻度。

4）标定碱性酒石酸铜溶液

同"直接滴定法"测定还原糖的含量。

5）试样溶液的测定

（1）预测滴定：吸取碱性酒石酸铜甲液 5.0mL 和碱性酒石酸铜乙液 5.0mL 于同一 150mL 锥形瓶中，加入蒸馏水 10mL，放入 2～4 粒玻璃珠，置于电炉上加热，使其在 2min 内沸腾，保持沸腾状态 15s，滴入样液至溶液蓝色完全褪尽为止，读取所用样液的体积。

（2）精确滴定：吸取碱性酒石酸铜甲液 5.0mL 和碱性酒石酸铜乙液 5.0mL 于同一

150mL 锥形瓶中，加入蒸馏水 10mL，放入几粒玻璃珠，从滴定管中加入比预测滴定消耗的体积少 1mL 转化前样液或转化后样液，置于电炉上，使其在 2min 内沸腾，维持沸腾状态 2min，以 1 滴/2s 的速度徐徐滴入样液，溶液蓝色完全褪尽即为终点，分别记录转化前样液和转化后样液消耗的体积（V）。

对于蔗糖含量在 0.x% 水平的样品，可以采用反滴定的方式进行测定。

5. 结果计算

1）转化糖的含量

试样中转化糖的含量（以葡萄糖计）按式（4-9）进行计算：

$$R = \frac{m_1}{m \dfrac{50}{250} \dfrac{V}{100} \times 1000} \times 100 \tag{4-9}$$

式中，R——试样中转化糖的质量分数，g/100g；

m_1——碱性酒石酸铜溶液（甲液、乙液各半）相当于葡萄糖的质量，mg；

m——样品的质量，g；

50——酸水解中吸取样液的体积，mL；

250——试样处理中样品的定容体积，mL；

V——滴定时平均消耗试样溶液的体积，mL；

100——酸水解中的定容体积，mL；

100、1000——单位换算系数。

转化前样液中转化糖的质量分数用 R_1 表示，转化后样液中转化糖的质量分数用 R_2 表示。

2）蔗糖的含量

试样中蔗糖的含量按式（4-10）计算：

$$X = (R_2 - R_1) \times 0.95 \tag{4-10}$$

式中，X——试样中蔗糖的质量分数，g/100g；

R_2——转化后转化糖的质量分数，g/100g；

R_1——转化前转化糖的质量分数，g/100g；

0.95——转化糖（以葡萄糖计）换算为蔗糖的系数。

蔗糖含量大于等于 10g/100g 时，结果保留 3 位有效数字；蔗糖含量小于 10g/100g 时，结果保留 2 位有效数字。在重复性条件下获得的两次独立测定结果的绝对差值不得超过算术平均值的 10%。

6. 说明和注意事项

（1）在该方法规定的水解条件下，蔗糖可完全水解，而其他双糖和淀粉等的水解作用很小，可忽略不计。

（2）该方法适用于各类食品中蔗糖的测定，但必须严格控制水解条件。为防止果糖分解，样品溶液体积、酸的浓度及用量、水解温度和水解时间都不能随意改动，到达规定时间后应迅速冷却。

（3）根据蔗糖的水解反应方程式：

$$C_{12}H_{22}O_{11}+H_2O\xlongequal{\hspace{1em}}C_6H_{12}O_6+C_6H_{12}O_6$$

蔗糖　　　　　　葡萄糖　　果糖
342　　　　　　　180　　　180

蔗糖的分子量为342，水解后生成2分子单糖，其分子量之和为360。

$$\frac{342}{360}=0.95$$

即1g转化糖相当于0.95g蔗糖量，所以转化糖换算为蔗糖的系数为0.95。

（二）高效液相色谱法

1．原理

试样中的果糖、葡萄糖、蔗糖、麦芽糖和乳糖经提取后，利用高效液相色谱柱分离，用示差折光检测器或蒸发光散射检测器检测，外标法进行定量。

2．试剂和材料

（1）乙腈：色谱纯。

（2）石油醚：沸程30~60℃。

（3）乙酸锌溶液：称取乙酸锌21.9g，加无水乙酸3mL，加水溶解并稀释至100mL。

（4）亚铁氰化钾溶液：称取亚铁氰化钾10.6g，加水溶解并稀释至100mL。

（5）糖标准贮备液（20mg/mL）：分别称取经过（96±2）℃干燥2h的果糖、葡萄糖、蔗糖、麦芽糖和乳糖（均为标准品或经国家认证并授予标准物质证书的标准物质）各1g，加水定容至50mL，置于4℃密封可贮藏1个月。

（6）糖标准使用液：分别吸取糖标准贮备液1.00mL、2.00mL、3.00mL、5.00mL于10mL容量瓶中，加水定容，分别相当于2.0mg/mL、4.0mg/mL、6.0mg/mL、10.0mg/mL浓度标准溶液。

3．仪器和设备

（1）分析天平：感量为0.1mg和0.001g。

（2）超声波振荡器。

（3）磁力搅拌器。

（4）离心机：转速大于等于4000r/min。

（5）高效液相色谱仪：带示差折光检测器或蒸发光散射检测器。

（6）液相色谱柱：氨基色谱柱（柱长250mm，内径4.6mm，膜厚5μm），或具有同等性能的色谱柱。

4．分析步骤

1）试样的制备和保存

（1）固体样品：取有代表性样品至少 200g，用粉碎机粉碎，并通过 2.0mm 圆孔筛，混匀，装入洁净容器，密封，标明标记。

（2）半固体和液体样品（除蜂蜜样品外）：取有代表性样品至少 200g（mL），充分混匀，装入洁净容器，密封，标明标记。

（3）蜂蜜样品：未结晶的样品将其用力搅拌均匀；有结晶析出的样品，可将样品瓶盖塞紧后置于不超过 60℃ 的水浴中温热，待样品全部溶化后，搅匀，迅速冷却至室温以备检验用。在溶化时应注意防止水分侵入。

（4）试样的保存：蜂蜜等易变质试样置于 0～4℃ 保存。

2）样品处理

（1）脂肪小于 10% 的食品：称取粉碎或混匀后的试样 0.5～10g（含糖量小于等于 5% 时称取 10g；含糖量为 5%～10% 时称取 5g；含糖量为 10%～40% 时称取 2g；含糖量大于等于 40% 时称取 0.5g）（精确至 0.001g）于 100mL 容量瓶中，加水约 50mL 溶解，缓慢加入乙酸锌溶液和亚铁氰化钾溶液各 5mL，加水定容至刻度，磁力搅拌或超声 30min，用干燥滤纸过滤，弃去初滤液，后续滤液用 0.45μm 微孔滤膜过滤或离心获取上清液过 0.45μm 微孔滤膜至样品瓶，供液相色谱分析用。

（2）糖浆、蜂蜜类：称取混匀后的试样 1～2g（精确至 0.001g）于 50mL 容量瓶，加水定容至 50mL，充分摇匀，用干燥滤纸过滤，弃去初滤液，后续滤液用 0.45μm 微孔滤膜过滤或离心获取上清液过 0.45μm 微孔滤膜至样品瓶，供液相色谱分析用。

（3）碳酸饮料：吸取混匀后的试样于蒸发皿中，在水浴上微热搅拌去除二氧化碳，吸取 50.0mL 移入 100mL 容量瓶中，缓慢加入乙酸锌溶液和亚铁氰化钾溶液各 5mL，用水定容至刻度，摇匀，静置 30min，用干燥滤纸过滤，弃去初滤液，后续滤液用 0.45μm 微孔滤膜过滤或离心获取上清液过 0.45μm 微孔滤膜至样品瓶，供液相色谱分析用。

（4）脂肪大于 10% 的食品：称取粉碎或混匀后的试样 5～10g（精确至 0.001g）置于 100mL 具塞离心管中，加入 50mL 石油醚，混匀，放气，振摇 2min，1800r/min 离心 15min，去除石油醚后重复以上步骤至去除大部分脂肪。蒸发残留的石油醚，用玻璃棒将样品捣碎并转移至 100mL 容量瓶中，用 50mL 水分 2 次冲洗离心管，洗液并入 100mL 容量瓶中，缓慢加入乙酸锌溶液和亚铁氰化钾溶液各 5mL，加水定容至刻度，磁力搅拌或超声 30min，用干燥滤纸过滤，弃去初滤液，后续滤液用 0.45μm 微孔滤膜过滤或离心获取上清液过 0.45μm 微孔滤膜至样品瓶，供液相色谱分析用。

3）色谱参考条件

流动相：乙腈＋水＝70＋30。

流动相流速：1.0mL/min。

柱温：40℃。

进样量：20μL。

示差折光检测器条件：温度 40℃。

蒸发光散射检测器条件：飘移管温度为 80～90℃，氮气压力为 350kPa，撞击器为关。

4）标准曲线的制作

将糖标准系列使用液依次按上述推荐色谱条件上机测定，记录色谱图峰面积或峰高，以峰面积或峰高为纵坐标，以标准工作液的浓度为横坐标，示差折光检测器采用线性方程，蒸发光散射检测器采用幂函数方程绘制标准曲线。

5）样液的测定

将样液注入高效液相色谱仪中，记录峰面积或峰高，从标准曲线中查得试样溶液中糖的浓度。可根据具体试样进行稀释。

6）空白试验

除不加试样外，均按上述步骤进行。

5．结果计算

试样中糖的含量按式（4-11）计算，计算结果需扣除空白值：

$$X = \frac{(\rho - \rho_0)\,Vn}{m \times 1000} \times 100 \qquad (4\text{-}11)$$

式中，X——试样中糖（果糖、葡萄糖、蔗糖、麦芽糖和乳糖）的含量，g/100g；

ρ——样液中糖的质量浓度，mg/mL；

ρ_0——空白试验中糖的质量浓度，mg/mL；

V——样液定容体积，mL；

n——稀释倍数；

m——试样的质量，g；

100、1000——单位换算系数。

糖的含量大于等于 10g/100g 时，结果保留 3 位有效数字；糖的含量小于 10g/100g 时，结果保留 2 位有效数字。在重复条件下获得的 2 次独立测定结果的绝对差值不得超过算术平均值的 10%。

6．说明和注意事项

（1）该方法适用于谷物类、乳制品、果蔬制品、蜂蜜、糖浆、饮料等食品中果糖、葡萄糖、蔗糖、麦芽糖和乳糖的测定，可同时测定上述几种组分的含量，准确性好，灵敏度高。

（2）示差折光检测器是根据样品流路与参比流路之间折射率的变化测定样品浓度的通用检测器，适用于糖类检测，但对温度变化敏感，要求高于室温 5～10℃，该方法要求柱温为 40℃。

（3）蒸发光散射检测器基于样品颗粒对光的散射与质量呈指数关系进行测定，与被测物质的官能团和光学性质无关，且受温度、梯度洗脱等试验条件影响小，适用于无紫外吸收或只有紫外末端吸收、低挥发性物质的检测。

三、总糖的测定

食品中的总糖通常是指具有还原性的糖（葡萄糖、果糖、乳糖、麦芽糖等）和在测定条件下能水解为还原性单糖的蔗糖的总量。作为食品生产中的常规分析项目，总糖反映的是食品中可溶性单糖和低聚糖的总量，其含量对产品的色、香、味、组织形态、营养价值、生产成本等有一定影响。糕点、饮料、葡萄酒、果酒及某些植物性食品中规定了总糖这项指标。食品中总糖测定结果一般以转化糖或葡萄糖计，要根据产品的质量指标要求而定。

1．直接滴定法

GB/T 23780—2009《糕点质量检验方法》及 GB/T 15038—2006《葡萄酒、果酒通用分析方法》中总糖测定方法：将样品处理液中加入盐酸溶液加热水解，以样品水解液滴定煮沸的费林溶液，达到终点时，稍过量的还原糖将蓝色的亚甲基蓝还原为无色，以示终点，根据样液消耗量计算水解后样品中的还原糖总量，即为试样中以还原糖计的总糖含量。

2．3,5-二硝基水杨酸比色法

NY/T 2332—2013《红参中总糖含量的测定　分光光度法》中总糖测定方法：称取粉碎均匀的试样，加入盐酸溶液沸水浴加热水解，试样中的水溶性糖和水不溶性多糖经盐酸水解转化成还原糖，与 3,5-二硝基水杨酸共热后被还原成棕红色的氨基化合物，在波长 520nm 处测定吸光度，吸光度值与还原糖含量成正比，与葡萄糖标准系列比较定量。

3．苯酚-硫酸法

GB/T 15672—2009《食用菌中总糖含量的测定》中总糖测定方法：称取粉碎均匀的试样加入盐酸之后于 100℃水浴中回流水解 3h，食用菌中水溶性糖和水不溶性多糖经盐酸水解后转化成还原糖，水解物在硫酸作用下，迅速脱水生成糠醛衍生物，并与苯酚反应生成橙黄色溶液，反应产物在 490nm 处比色，与葡萄糖标准系列比较定量。

四、淀粉的测定

淀粉广泛存在于植物的根、茎、叶、种子及果实等组织中，它是人类食物的重要组成部分，也是人体热能的主要来源。淀粉是由葡萄糖以不同形式聚合而成的，有直链淀粉和支链淀粉 2 种。不同来源的淀粉，所含直链淀粉和支链淀粉的比例是不同的，因而也具有不同的性质和用途。直链淀粉不溶于冷水，可溶于热水；支链淀粉常压下不溶于水，只有在加热并加压时才能溶解于水。

食品中的淀粉，或来自原料，或是生产过程中为改变食品的物理性状而加入的。例如，在糖果制造中作为填充剂；在雪糕等冷饮食品中作为稳定剂；在午餐肉、香肠等肉类制品中作为增稠剂，以增加制品的黏着性和持水性；在面包、饼干、糕点生产中用来调节面筋浓度和胀润度，使面团具有适合于工艺操作的物理性质等。淀粉含量常常作为某些食品主要的质量指标，是食品工业中常见的分析检验项目之一。

淀粉不溶于30%以上的乙醇溶液，可在酶或酸的作用下水解为葡萄糖，淀粉水溶液具有右旋性，淀粉的检验方法就是依据这些性质而建立的。目前淀粉含量的测定方法主要有酶水解法、酸水解法和碘量法。

（一）酶水解法

1．原理

试样经去除脂肪及可溶性糖后，淀粉用淀粉酶水解成小分子糖，再用盐酸水解成单糖，最后按还原糖测定，并折算成淀粉含量。

2．试剂和材料

（1）石油醚：沸程为60～90℃。

（2）乙醚。

（3）甲基红指示液（2g/L）：称取甲基红0.20g，用少量乙醇溶解后，加水定容至100mL。

（4）盐酸溶液（1＋1）：量取50mL盐酸与50mL水混合。

（5）氢氧化钠溶液（200g/L）：称取20g氢氧化钠，加水溶解并定容至100mL。

（6）碱性酒石酸铜甲液：称取15g硫酸铜及0.050g亚甲基蓝，溶于水中并定容至1000mL。

（7）碱性酒石酸铜乙液：称取50g酒石酸钾钠、75g氢氧化钠，溶于水中，再加入4g亚铁氰化钾，完全溶解后，用水定容至1000mL，贮存于橡胶塞玻璃瓶内。

（8）淀粉酶溶液（5g/L）：称取高峰氏淀粉酶（酶活力大于等于1.6U/mg）0.5g，加100mL水溶解，临用时配制；也可加入数滴甲苯或三氯甲烷防止长霉，置于4℃冰箱中。

（9）碘溶液：称取3.6g碘化钾溶于20mL水中，加入1.3g碘，溶解后加水定容至100mL。

（10）乙醇溶液（85%）：取85mL无水乙醇，加水定容至100mL混匀。也可用95%乙醇配制。

（11）葡萄糖标准溶液：准确称取1g（精确至0.0001g）经过98～100℃干燥2h的D-无水葡萄糖［标准品，纯度大于等于98%］，加水溶解后加入5mL盐酸，并以水定容至1000mL。此溶液每毫升相当于1.0mg葡萄糖。

3．仪器和设备

（1）分析天平：感量为1mg和0.1mg。

（2）恒温水浴锅：可加热至100℃。

（3）组织捣碎机。

4．分析步骤

1）试样制备

（1）易于粉碎的试样：将样品磨碎过0.425mm筛（相当于40目），称取2～5g（精确至 0.001g），置于放有折叠慢速滤纸的漏斗内，先用 50mL 石油醚或乙醚分 5 次洗除脂肪，再用约 100mL 乙醇（85%，体积分数）分次充分洗去可溶性糖类。根据样品的实际情况，可适当增加洗涤液的用量和洗涤次数，以保证干扰检测的可溶性糖类物质洗涤完全。滤干乙醇，将残留物移入 250mL 烧杯内，并用 50mL 水洗净滤纸，洗液并入烧杯内，将烧杯置沸水浴上加热 15min，使淀粉糊化，放冷至 60℃以下，加 20mL 淀粉酶溶液，在 55～60℃保温 1h，并时时搅拌。然后取 1 滴此液加 1 滴碘溶液，应不显蓝色。若显蓝色，再加热糊化并加 20mL 淀粉酶溶液，继续保温，直至加碘溶液不显蓝色为止。加热至沸，冷后移入 250mL 容量瓶中，并加水至刻度，混匀，过滤，并弃去初滤液。取 50.00mL 滤液，置于 250mL 锥形瓶中，加 5mL 盐酸溶液（1+1），装上回流冷凝器，在沸水浴中回流 1h，冷却后加 2 滴甲基红指示液，用氢氧化钠溶液（200g/L）中和至中性，溶液转入 100mL 容量瓶中，洗涤锥形瓶，洗液并入 100mL 容量瓶中，加水至刻度，混匀备用。

（2）其他样品：称取一定量样品，准确加入适量水在组织捣碎机中捣成匀浆（蔬菜、水果需先洗净、晾干取可食部分），称取相当于原样质量 2.5～5g（精确至 0.001g）的匀浆，以下按上述自"置于放有折叠慢速滤纸的漏斗内"起依法操作。

2）测定

（1）按直接滴定法测定还原糖的含量的相关步骤进行碱性酒石酸铜溶液的标定、试样溶液预测、试样溶液测定。

（2）试样中葡萄糖含量按式（4-12）计算，当试样中淀粉浓度过低时，则直接加入 10mL 样品液，免去加水 10mL，再用葡萄糖标准溶液滴定至终点，记录消耗的体积与标定时消耗的葡萄糖标准溶液体积之差相当于 10mL 样液中所含葡萄糖的量（mg），葡萄糖含量按式（4-13）、式（4-14）进行计算。

（3）试剂空白测定：同时量取 20.00mL 水及与试样溶液处理时相同量的淀粉酶溶液，按反滴法做试剂空白试验。即用葡萄糖标准溶液滴定试剂空白溶液至终点，记录消耗的体积与标定时消耗的葡萄糖标准溶液体积之差相当于 10mL 样液中所含葡萄糖的量（mg），按式（4-15）、式（4-16）计算试剂空白试验中葡萄糖的含量。

5．结果计算

（1）试样中葡萄糖含量按式（4-12）计算：

$$X_1 = \frac{m_1}{\frac{50}{250} \times \frac{V_1}{100}} \qquad (4\text{-}12)$$

式中，X_1——所称试样中葡萄糖的含量，mg；

　　　m_1——10mL 碱性酒石酸铜溶液（甲液、乙液各半）相当于葡萄糖的质量，mg；

　　　50——测定用样品溶液的体积，mL；

　　　250——样品定容体积，mL；

　　　V_1——测定时平均消耗试样溶液体积，mL；

　　　100——测定用样品的定容体积，mL。

（2）当试样中淀粉浓度过低时，葡萄糖的量按式（4-13）、式（4-14）进行计算：

$$X_2 = \frac{m_2}{\frac{50}{250} \times \frac{10}{100}} \tag{4-13}$$

$$m_2 = m_1\left(1 - \frac{V_2}{V_s}\right) \tag{4-14}$$

式中，X_2——所称试样中葡萄糖的量，mg；

$\qquad$ m_2——标定 10mL 碱性酒石酸铜溶液（甲液、乙液各半）时消耗的葡萄糖标准溶液的
$\qquad\qquad$ 体积与加入试样后消耗的葡萄糖标准溶液体积之差相当于葡萄糖的质量，mg；

$\qquad$ 50——测定用样品溶液的体积，mL；

$\qquad$ 250——样品定容体积，mL；

$\qquad$ 10——直接加入的试样体积，mL；

$\qquad$ 100——测定用样品的定容体积，mL；

$\qquad$ m_1——10mL 碱性酒石酸铜溶液（甲液、乙液各半）相当于葡萄糖的质量，mg；

$\qquad$ V_2——加入试样后消耗的葡萄糖标准溶液体积，mL；

$\qquad$ V_s——标定 10mL 碱性酒石酸铜溶液（甲液、乙液各半）时消耗的葡萄糖标准溶
$\qquad\qquad$ 液的体积，mL。

（3）试剂空白值按式（4-15）、式（4-16）计算：

$$X_0 = \frac{m_0}{\frac{50}{250} \times \frac{10}{100}} \tag{4-15}$$

$$m_0 = m_1\left(1 - \frac{V_0}{V_s}\right) \tag{4-16}$$

式中，X_0——试剂空白值，mg；

$\qquad$ m_0——标定 10mL 碱性酒石酸铜溶液（甲液、乙液各半）时消耗的葡萄糖标准溶液的
$\qquad\qquad$ 体积与加入空白后消耗的葡萄糖标准溶液体积之差相当于葡萄糖的质量，mg；

$\qquad$ m_1——10mL 碱性酒石酸铜溶液（甲液、乙液各半）相当于葡萄糖的质量，mg；

$\qquad$ 50——测定用样品溶液的体积，mL；

$\qquad$ 250——样品定容体积，mL；

$\qquad$ 10——直接加入的试样体积，mL；

$\qquad$ 100——测定用样品的定容体积，mL；

$\qquad$ V_0——加入空白试样后消耗的葡萄糖标准溶液体积，mL；

$\qquad$ V_s——标定 10mL 碱性酒石酸铜溶液（甲液、乙液各半）时消耗的葡萄糖标准溶
$\qquad\qquad$ 液的体积，mL。

（4）试样中淀粉的含量按式（4-17）计算：

$$X = \frac{(X_1 - X_0) \times 0.9}{m \times 1000} \times 100 \ \text{或} \ X = \frac{(X_2 - X_0) \times 0.9}{m \times 1000} \times 100 \tag{4-17}$$

式中，X——试样中淀粉的含量，g/100g；

$\qquad$ 0.9——还原糖（以葡萄糖计）换算成淀粉的换算系数；

$\qquad$ m——试样质量，g；

100、1000——单位换算系数。

结果小于 1g/100g，保留 2 位有效数字；结果大于等于 1g/100g，保留 3 位有效数字。在重复性条件下获得的 2 次独立测定结果的绝对差值不得超过算术平均值的 10%。

6．说明和注意事项

（1）该方法适用于食品（肉制品除外）中淀粉的测定。

（2）淀粉酶有严格的选择性，测定时不受其他多糖的干扰，适合于其他多糖含量高的样品，结果准确可靠，但操作较复杂费时。

（3）淀粉酶使用前，应先确定其活力及水解时的加入量。

（4）脂肪会妨碍酶对淀粉的作用及可溶性糖的去除，故应用乙醚除掉。若样品脂肪含量少，可省去加乙醚处理。

（5）淀粉的水解反应：

$$(C_6H_{10}O_5)_n + nH_2O == nC_6H_{12}O_6$$
$$162n \qquad\qquad 180n$$

把葡萄糖含量折算为淀粉的换算系数为 $162n/180n = 0.9$。

（二）酸水解法

1．原理

试样经除去脂肪及可溶性糖类后，其中淀粉用酸水解成具有还原性的单糖，然后按还原糖测定，并折算成淀粉含量。

2．试剂和材料

（1）石油醚：沸程为 60～90℃。

（2）乙醚。

（3）甲基红指示液（2g/L）：称取甲基红 0.20g，用少量乙醇溶解后，加水定容至 100mL。

（4）氢氧化钠溶液（400g/L）：称取 40g 氢氧化钠加水溶解后，冷却至室温，稀释至 100mL。

（5）乙酸铅溶液（200g/L）：称取 20g 乙酸铅，加水溶解并稀释至 100mL。

（6）硫酸钠溶液（100g/L）：称取 10g 硫酸钠，加水溶解并稀释至 100mL。

（7）盐酸溶液（1+1）：量取 50mL 盐酸，与 50mL 水混合。

（8）乙醇（85%，体积分数）：取 85mL 无水乙醇，加水定容至 100mL 混匀。也可用 95% 乙醇配制。

（9）葡萄糖标准溶液：准确称取 1g（精确至 0.0001g）经过 98～100℃ 干燥 2h 的 D-无水葡萄糖［标准品，纯度大于等于 98%］，加水溶解后加入 5mL 盐酸，并以水定容至 1000mL。此溶液每毫升相当于 1.0mg 葡萄糖。

3．仪器和设备

（1）分析天平：感量为 1mg 和 0.1mg。

（2）恒温水浴锅：可加热至 100℃。

（3）回流装置：附 250mL 锥形瓶。

（4）组织捣碎机。

4．分析步骤

1）试样制备

（1）易于粉碎的试样：磨碎过 0.425mm 筛（相当于 40 目），称取 2～5g（精确至 0.001g）试样，置于放有慢速滤纸的漏斗中，用 50mL 石油醚或乙醚分 5 次洗去试样中脂肪，弃去石油醚或乙醚。用 150mL 乙醇（85%，体积分数）分数次洗涤残渣，以充分除去可溶性糖类物质。根据样品的实际情况，可适当增加洗涤液的用量和洗涤次数，以保证干扰检测的可溶性糖类物质洗涤完全。滤干乙醇溶液，以 100mL 水洗涤漏斗中残渣并转移至 250mL 锥形瓶中，加入 30mL 盐酸溶液（1＋1），接好冷凝管，置沸水浴中回流 2h。回流完毕后，立即冷却。待试样水解液冷却后，加入 2 滴甲基红指示液，先以氢氧化钠溶液（400g/L）调至黄色，再以盐酸溶液（1＋1）调节至试样水解液刚变成红色。若试样水解液颜色较深，可用精密 pH 试纸测试，使试样水解液的 pH 值约为 7。然后加 20mL 乙酸铅溶液（200g/L），摇匀，放置 10min。再加 20mL 硫酸钠溶液（100g/L），以除去过多的铅。摇匀后将全部溶液及残渣转入 500mL 容量瓶中，用水洗涤锥形瓶，洗液合并入容量瓶中，加水稀释至刻度。过滤，弃去初滤液 20mL，后续滤液供测定用。

（2）其他样品：称取一定量样品，准确加入适量水在组织捣碎机中捣成匀浆（蔬菜、水果需先洗净、晾干，取可食部分）。称取相当于原样质量 2.5～5g（精确至 0.001g）的匀浆于 250mL 锥形瓶中，用 50mL 石油醚或乙醚分 5 次洗去试样中脂肪，弃去石油醚或乙醚。以下按上述自"用 150mL 乙醇（85%，体积分数）分数次洗涤残渣"起依法操作。

2）测定

（1）按直接滴定法测定还原糖的含量的相关步骤进行碱性酒石酸铜溶液的标定、试样溶液预测、试样溶液测定。

（2）试剂空白测定：同时量取 20mL 水及与试样溶液处理时相同量的盐酸溶液，按反滴法做试剂空白试验。

5．结果计算

试样中淀粉的含量按式（4-18）进行计算：

$$X=\frac{(A_1-A_2)\times 0.9}{m\dfrac{V}{500}\times 1000}\times 100 \tag{4-18}$$

式中，X——试样中淀粉的含量，g/100g；

A_1——测定用试样水解液中葡萄糖质量，mg；

A_2——试剂空白试验中葡萄糖质量，mg；

0.9——葡萄糖折算成淀粉的换算系数；

m——称取试样质量，g；

V——测定用试样水解液体积，mL；

500——试样液总体积，mL；

100、1000——单位换算系数。

结果保留 3 位有效数字。在重复性条件下获得的 2 次独立测定结果的绝对差值不得超过算术平均值的 10%。

6．说明和注意事项

（1）该方法适用于食品（肉制品除外）中淀粉的测定。

（2）样品含脂肪时，会妨碍乙醇溶液对可溶性糖类的提取，所以要用乙醚除去。脂肪含量较低时，可省去乙醚脱脂肪步骤。

（3）盐酸水解淀粉的专一性较差，它可同时将样品中的半纤维素、果胶等也水解成还原性物质，使测定结果偏高，该方法的选择性及准确性不如酶水解法。

（4）样品中加入乙醇溶液后，混合液中乙醇的含量应在 80% 以上，以防止糊精随可溶性糖类一起被洗掉。如要求测定结果不包括糊精，则用 10% 乙醇洗涤。

（5）要严格控制水解条件。加热时间要适当，既要保证淀粉水解完全，又要避免加热时间过长。因为加热时间过长，葡萄糖会形成糠醛聚合体，失去还原性，影响测定结果的准确性。因水解时间较长，应采用回流装置，避免水解过程中盐酸浓度发生变化而影响淀粉水解效果。

（三）碘量法

1．原理

试样中加入氢氧化钾-乙醇溶液，在沸水浴上加热后，滤去上清液，用热乙醇洗涤沉淀，除去脂肪和可溶性糖。沉淀经盐酸水解后，用碘量法测定形成的葡萄糖并计算淀粉含量。

2．试剂和材料

（1）氢氧化钾-乙醇溶液：称取氢氧化钾 50g，用 95% 乙醇溶解并稀释至 1000mL。

（2）80% 乙醇溶液：量取 95% 乙醇 842mL，用水稀释至 1000mL。

（3）1.0mol/L 盐酸溶液：量取盐酸 83mL，用水稀释至 1000mL。

（4）30% 氢氧化钠溶液：称取固体氢氧化钠 30g，用水溶解并稀释至 100mL。

（5）蛋白沉淀剂分溶液 A 和溶液 B。

溶液 A：称取铁氰化钾 106g，用水溶解并稀释至 1000mL。

溶液 B：称取乙酸锌 220g，加无水乙酸 30mL，用水稀释至 1000mL。

（6）碱性铜试剂。

溶液 a：称取硫酸铜 25g，溶于 100mL 水中。

溶液 b：称取无水碳酸钠 144g，溶于 300～400mL 50℃ 水中。

溶液 c：称取柠檬酸 50g，溶于 50mL 水中。

将溶液 c 缓慢加入溶液 b 中，边加边搅拌直至气泡停止产生。将溶液 a 加到此混合液中并连续搅拌，冷却至室温后，转移到 1000mL 容量瓶中，定容至刻度，混匀。放置 24h 后使用，若出现沉淀需过滤。取 1 份此溶液加入 49 份煮沸并冷却的蒸馏水，pH 值应为 10.0±0.1。

（7）碘化钾溶液：称取碘化钾 10g，用水溶解并稀释至 100mL。

（8）盐酸溶液：取盐酸 100mL，用水稀释至 160mL。

（9）0.1mol/L 硫代硫酸钠标准溶液：按 GB/T 601—2016《化学试剂　标准滴定溶液的制备》制备。

（10）溴百里酚蓝指示剂：称取溴百里酚蓝 1g，用 95%乙醇溶液稀释到 100mL。

（11）淀粉指示剂：称取可溶性淀粉 0.5g，加少许水，调成糊状，倒入 50mL 沸水中调匀，煮沸，临用时配制。

3．仪器和设备

（1）分析天平：感量为 0.01g。

（2）恒温水浴锅。

（3）绞肉机：孔径不超过 4mm。

4．分析步骤

1）试样制备

取有代表性的试样不少于 200g，用绞肉机绞 2 次并混匀。绞好的试样应尽快分析，若不立即分析，应密封冷藏贮存，防止变质和成分发生变化。贮存的试样，启用时应重新混匀。

2）淀粉分离

称取试样 25g（精确至 0.01g，淀粉含量约 1g）放入 500mL 烧杯中，加入热氢氧化钾-乙醇溶液 300mL，用玻璃棒搅匀，盖上表面皿，在沸水浴上加热 1h，不时搅拌。然后，将沉淀完全转移到漏斗上过滤，用 80%热乙醇溶液洗涤沉淀数次。根据样品的特征，可适当增加洗涤液的用量和洗涤次数，以保证糖洗涤完全。

3）水解

将滤纸钻孔，用 1.0mol/L 盐酸溶液 100mL，将沉淀完全洗入 250mL 烧杯中，盖上表面皿，在沸水浴中水解 2.5h，不时搅拌。溶液冷却到室温，用 30%氢氧化钠溶液中和至 pH 值约为 6（不要超过 6.5）。将溶液移入 200mL 容量瓶中，加入蛋白质沉淀剂溶液 A 3mL，混合后再加入蛋白质沉淀剂溶液 B 3mL，用水定容到刻度。摇匀，经不含淀粉的滤纸过滤。滤液中加入 30%氢氧化钠溶液 1～2 滴，使之对溴百里酚蓝指示剂呈碱性。

4）测定

准确取一定量滤液（V_4）稀释到一定体积（V_5），然后取 25mL（最好含葡萄糖 40～50mg）移入碘量瓶中，加入 25mL 碱性铜试剂，装上冷凝管，在电炉上 2min 内煮沸。随后改用温火继续煮沸 10min，迅速冷却至室温，取下冷凝管，加入碘化钾溶液 30mL，小心加入盐酸溶液 25mL，盖好盖，待滴定。

用硫代硫酸钠标准溶液滴定上述溶液中释放出来的碘。当溶液变成浅黄色时，加入淀粉指示剂 1mL，继续滴定直到蓝色消失，记下消耗的硫代硫酸钠标准溶液体积（V_3）。同一试样进行 2 次测定并做空白试验。

5．结果计算

1）葡萄糖量的计算

消耗硫代硫酸钠的物质的量 X_3 按式（4-19）计算：

$$X_3 = 10（V_空 - V_3）c \tag{4-19}$$

式中，X_3——消耗硫代硫酸钠的物质的量，mmol；

$V_空$——空白试验消耗硫代硫酸钠标准溶液的体积，mL；

V_3——试样液消耗硫代硫酸钠标准溶液的体积，mL；

c——硫代硫酸钠标准溶液的摩尔浓度，mol/L。

根据 X_3 从附表 8 中查出相应的葡萄糖含量（m_3）。

2）淀粉含量的计算

淀粉含量按式（4-20）计算：

$$X = \frac{m_3 \times 0.9}{1000} \frac{V_5}{25} \frac{200}{V_4} \frac{100}{m} = 0.72 \times \frac{V_5}{V_4} \frac{m_3}{m} \tag{4-20}$$

式中，X——淀粉含量，g/100g；

m_3——葡萄糖含量，mg；

0.9——葡萄糖折算成淀粉的换算系数；

V_5——稀释后的体积，mL；

V_4——取原液的体积，mL；

m——试样的质量，g；

200——试样水解处理后的定容体积，mL；

25——稀释后用于测定的体积，mL；

100、1000——单位换算系数。

当平行测定符合精密度所规定的要求时，取平行测定的算术平均值作为结果，精确至 0.1%。在重复性条件下获得的 2 次独立测定结果的绝对差值不得超过 0.2%。

6．说明和注意事项

（1）该方法适用于肉制品中淀粉的测定，但不适用于同时含有经水解也能产生还原糖的其他添加物的淀粉测定。

（2）控制好称样量，使其中的淀粉含量不要超过 1g，避免试样中的淀粉不能完全水解而影响结果的准确度。

（3）试样皂化后，用 80%热乙醇溶液洗涤时要充分，避免糖洗涤不完全而影响到测定结果的准确度，另外也要避免残留的皂化物和碱液消耗掉盐酸而影响水解效果。

（4）要严格控制水解的时间和温度，水解过程中要不时搅拌，保证淀粉水解充分。

五、粗纤维和膳食纤维的测定

19 世纪 60 年代，德国的科学家首次提出了"粗纤维"的概念，用来表示食品中不能被稀酸、稀碱所溶解，不能为人体所消化利用的物质，它仅包括食品中部分纤维素、半纤维素、木质素及少量含氮物质。到了近代，在研究和评价食品的消化率和品质时，人们从营养学的角度提出了"膳食纤维"的概念，它是指食品中不能被人体消化酶所消化的聚合度 DP 大于等于 3 的植物中天然存在的、提取或合成的碳水化合物的聚合物，包括纤维素、半纤维素、果胶、菊粉及其他一些膳食纤维单体成分等。膳食纤维是低能量物质，不能被人体小肠消化吸收，但有助于维持正常的肠道功能，比粗纤维更能客观、准确地反映食物的可利用率。

纤维在维持人体健康、预防疾病方面有着独特的作用，是人类膳食中不可缺少的重要物质之一。膳食纤维作为一种功能性食品原料在食品工业中应用越来越广泛，一些国家强调增加纤维含量高的谷物、果蔬制品的摄食，同时还开发了许多强化纤维的配方食品。纤维素的准确测定在食品资源的开发、食品品质管理和营养价值的评定等方面具有重要意义。

（一）植物类食品中粗纤维的测定

1．原理

在硫酸作用下，试样中的糖、淀粉、果胶质等经水解除去后，再用碱处理，除去蛋白质及脂肪，剩余的残渣为粗纤维。如其中含有不溶于酸碱的杂质，可经灰化后去除。

2．试剂和材料

（1）1.25%硫酸溶液。

（2）1.25%氢氧化钾溶液。

（3）石棉：用 5%的氢氧化钠溶液浸泡，在水浴上回流 8h 以上，再用热水充分洗涤，然后用 20%盐酸在沸水浴上回流 8h 以上，再用热水充分洗涤，干燥。在 600～700℃灼烧后，加水使成悬浮物，贮存于玻璃瓶中。

（4）亚麻布。

3．仪器和设备

（1）分析天平：感量为 0.1mg 和 0.01g。

（2）电热恒温干燥箱。

（3）G_2 垂熔坩埚或同型号的垂熔漏斗。

（4）高温炉。

4．分析步骤

（1）称取 20～30g 捣碎的试样或 5g 干试样（精确至 0.01g），移入 500mL 锥形瓶中，加入 200mL 煮沸的 1.25%硫酸，加热使微沸，保持体积恒定，维持 30min，每隔 5min 摇动锥形瓶一次，以充分混合瓶内的物质。

（2）取下锥形瓶，立即用亚麻布过滤后，用沸水浴洗涤至洗液不呈酸性。

（3）再用 200mL 煮沸的 1.25%氢氧化钾溶液，将亚麻布上的存留物洗入原锥形瓶中，加热至微沸 30min，取下锥形瓶，立即用亚麻布过滤，以沸水洗涤 2～3 次后，移入已干燥称量的 G_2 垂熔坩埚或同型号的垂熔漏斗中，抽滤，用热水充分洗涤后，抽干。再依次用乙醇和乙醚洗涤一次。将坩埚和内容物在 105℃恒温干燥箱中烘干后称量，重复操作，直至恒重。

如试样中含有较多的不溶性杂质，则可将试样移入石棉坩埚，烘干称量后，再移入 550℃高温炉中灰化，使含碳的物质全部灰化，置于干燥器内，冷却至室温后称量，所损失的量即为粗纤维的量。

5．结果计算

粗纤维的含量按式（4-21）进行计算：

$$X=\frac{m_1}{m}\times100 \tag{4-21}$$

式中，X——粗纤维的含量，g/100g；

　　　m_1——残余物的质量（或经高温炉损失的质量），g；

　　　m——试样的质量，g；

　　　100——单位换算系数。

计算结果精确至小数点后 1 位。在重复条件下获得的 2 次独立测定结果的绝对差值不得超过算术平均值的 10%。

6．说明和注意事项

（1）该方法适用于植物类食品中粗纤维含量的测定，是应用最广泛的经典分析法。但由于酸碱处理时纤维成分会发生不同程度的降解，测得值与真实值之间存在一定偏差。

（2）酸、碱处理时，如产生大量泡沫，可加入 2 滴硅油或辛醇消泡。

（3）加热时间、沸腾的状态及过滤时间等因素将对结果产生影响。沸腾不能过于剧烈，以防止样品附于液面以上的瓶壁上。过滤时间不能太长，一般不超过 10min，否则应适量减少称样量。

（二）食品中膳食纤维的测定

膳食纤维根据溶解性可分为可溶性膳食纤维和不溶性膳食纤维。

可溶性膳食纤维是指能溶于水的膳食纤维部分，包括低聚糖和部分不能消化的多糖等。

不溶性膳食纤维是指不能溶于水的膳食纤维部分，包括木质素、纤维素、部分半纤维素等。

总膳食纤维为可溶性膳食纤维与不溶性膳食纤维之和。

1．原理

（1）干燥试样经热稳定α-淀粉酶、蛋白酶和葡萄糖苷酶酶解消化除去蛋白质和淀粉后，经乙醇沉淀、抽滤，残渣用乙醇和丙酮洗涤，干燥称量，即为总膳食纤维残渣。

（2）另取试样同样酶解，直接抽滤并用热水洗涤，残渣干燥称量，即为不溶性膳食纤维残渣。滤液用4倍体积的乙醇沉淀、抽滤、干燥称量，即为可溶性膳食纤维残渣。

（3）扣除各类膳食纤维残渣中相应的蛋白质、灰分和试剂空白，即可计算出试样中总的、不溶性和可溶性膳食纤维含量。

该法测定的总膳食纤维为不能被 α-淀粉酶、蛋白酶和葡萄糖苷酶酶解的碳水化合物聚合物，包括不溶性膳食纤维和能被乙醇沉淀的高分子量可溶性膳食纤维，如纤维素、半纤维素、木质素、果胶、部分回收淀粉，以及其他非淀粉多糖和美拉德反应产物等；不包括低分子量（聚合度 3～12）的可溶性膳食纤维，如低聚果糖、低聚半乳糖、聚葡萄糖、抗性麦芽糊精，以及抗性淀粉等。

2．说明和注意事项

（1）试样需根据含水量、脂肪含量和含糖量进行适当的处理及干燥，并粉碎、混匀过筛。

若试样中含水量小于10%，取试样直接反复粉碎，至完全过筛（筛板孔径0.3～0.5mm）。

若试样中含水量大于等于10%，需要置于（70±1）℃真空干燥箱内干燥至恒重，根据干燥前后试样质量，计算试样质量损失因子。干燥后试样再反复粉碎至完全过筛。

若试样中脂肪含量大于等于10%，需要用石油醚进行脱脂处理，脱脂后进行干燥。记录脱脂、干燥后试样质量损失因子。干燥后反复粉碎至完全过筛。

若试样中脂肪含量未知，按先脱脂再干燥粉碎方法处理。

若试样中糖含量大于等于5%，需要用 85%乙醇冲洗脱糖处理，再进行干燥，记录脱糖、干燥后试样质量损失因子。反复粉碎至完全过筛，置于干燥器中待测。

（2）酶解过程中用磁力搅拌器搅拌均匀，避免试样结成团块，以防止试样酶解过程中不能与酶充分接触。如试样中抗性淀粉含量较高（大于40%），可延长热稳定 α-淀粉酶酶解时间至 90min，必要时也可另加入 10mL 二甲基亚砜帮助淀粉分散。蛋白酶酶解时，应在（60±1）℃时调节 pH 值，因为温度降低会使 pH 值升高，同时保证空白和试样液 pH 值一致。

（3）该方法中淀粉葡萄糖苷酶易受污染，是活性易受干扰的酶，主要污染物为内纤维素酶，能够导致燕麦或大麦中 β 葡聚糖内部混合键解聚。当酶的生产批次改变或最长使用间隔超过 6 个月时，应使用相关标准物质进行校准，以确保所使用的酶达到预期的活性，不受其他酶的干扰。

第三节　食品中蛋白质和氨基酸的测定

一、食品中蛋白质的测定

蛋白质是生命的物质基础，是构成生物体细胞的重要成分，是组织形成和生长的主要营养素。人及动物只能从食物中获得蛋白质及其分解产物来构成自身的蛋白质，所以蛋白质是人体重要的营养物质，也是食品中重要的营养指标。分析和测定食品中的蛋白质含量对于评价食品的营养价值、合理开发利用食品资源、优化产品配方、指导生产、提高产品质量等具有十分重要的意义。

蛋白质是复杂的含氮有机物，由 20 种氨基酸通过酰胺键以一定的方式结合起来，并且具有一定的空间结构，其分子量很大。组成蛋白质的元素主要为 C、H、O、N，在某些蛋白质中还含有微量的 P、Cu、Fe、I 等元素。氮是存在于蛋白质中的特征元素，是蛋白质区别于其他有机化合物的主要标志。不同蛋白质中氨基酸的构成比例及方式不同，所以不同的蛋白质含氮量也不同，一般蛋白质含氮量为 16%，即 1 份氮相当于 6.25 份蛋白质，此数值（6.25）称为蛋白质的换算系数。不同种类食品的蛋白质换算系数有所不同，如玉米、高粱、肉与肉制品、鸡蛋（全蛋）等为 6.25，花生为 5.46，大米及米粉为 5.95，大豆及其粗加工制品为 5.71，大豆蛋白制品为 6.25，普通小麦、面粉为 5.70，纯乳与纯乳制品为 6.38。

测定蛋白质的方法可分为两大类：一类是利用蛋白质的共性，即含氮量、肽键和折射率等测定蛋白质含量；另一类是利用蛋白质中特定氨基酸残基、酸性或碱性基团及芳香基团等测定蛋白质含量。但因食品种类繁多，成分复杂，测定干扰因素多，目前，蛋白质含量测定最常用的方法是凯氏定氮法，它是测定总有机氮比较准确和操作简便的方法之一，在国内外应用普遍。凯氏定氮法经过不断的研究改进，在应用范围、测定结果的准确度、仪器装置及分析操作的速度等方面均取得了一定的进步。该方法通过测出样品中的总氮量再乘以相应的蛋白质换算系数而得到蛋白质的含量。新鲜食品中的含氮化合物大多数以蛋白质为主体，但由于样品中常含有核酸、生物碱、含氮类脂、卟啉、含氮色素等少量非蛋白质含氮化合物，故凯氏定氮法测得的结果为粗蛋白含量。

另外，采用红外分析仪，利用波长在 $0.75 \sim 3\mu m$ 的近红外线具有被食品中蛋白质组分吸收及反射的特性，依据红外线的反射强度与食品中蛋白质含量之间存在的函数关系而建立了近红外光谱快速定量蛋白质的方法。此外，蛋白质含量的测定还有酚试剂法、双缩脲法、染料结合法、水杨酸比色法等方法。

（一）凯氏定氮法

1．原理

食品中的蛋白质在催化加热条件下被分解，产生的氨与硫酸结合生成硫酸铵。碱化蒸馏使氨游离，用硼酸吸收后以硫酸或盐酸标准滴定溶液滴定，根据酸的消耗量计算氮含量，再乘以换算系数，即为蛋白质的含量。

1）样品消化

消化反应方程式为

$$2NH_2(CH_2)_2COOH + 13H_2SO_4 = (NH_4)_2SO_4 + 6CO_2\uparrow + 12SO_2\uparrow + 16H_2O$$

浓硫酸既可使有机物脱水后被炭化为碳、氢、氮，又能将有机物炭化后的碳氧化为二氧化碳，而硫酸则被还原成二氧化硫：

$$2H_2SO_4 + C = CO_2\uparrow + 2SO_2\uparrow + 2H_2O$$

食品中蛋白质的测定——凯氏定氮法

二氧化硫使氮还原为氨，本身则被氧化为三氧化硫，氨随之与硫酸作用生成硫酸铵留在酸性溶液中：

$$H_2SO_4 + 2NH_3 = (NH_4)_2SO_4$$

2）蒸馏

在消化完全的样品溶液中加入氢氧化钠溶液使之呈碱性，加热蒸馏，释放出氨气，反应方程式为

$$(NH_4)_2SO_4 + 2NaOH = 2NH_3\uparrow + Na_2SO_4 + 2H_2O$$

3）吸收与滴定

加热蒸馏所放出的氨，可用硼酸溶液进行吸收，待吸收完全后，再用盐酸标准溶液滴定，因为硼酸呈微弱酸性（$K = 5.8 \times 10^{-10}$），所以用酸滴定不影响指示剂的变色，但它有吸收氨的作用，吸收及滴定反应方程式如下：

$$2NH_3 + 4H_3BO_3 = (NH_4)_2B_4O_7 + 5H_2O$$
$$(NH_4)_2B_4O_7 + 5H_2O + 2HCl = 2NH_4Cl + 4H_3BO_3$$

蒸馏释放出来的氨，也可以采用硫酸或盐酸标准溶液吸收，然后用氢氧化钠标准溶液反滴定吸收液中过剩的硫酸或盐酸，从而计算总氮量。

2．试剂和材料

（1）硼酸溶液（20g/L）：称取 20g 硼酸，加水溶解后并稀释至 1000mL。

（2）氢氧化钠溶液（400g/L）：称取 40g 氢氧化钠加水溶解后，放冷，并稀释至 100mL。

（3）硫酸标准滴定溶液 $c_{\frac{1}{2}H_2SO_4} = 0.05mol/L$ 或盐酸标准滴定溶液（$c_{HCl} = 0.05mol/L$）：按 GB/T 601—2016《化学试剂　标准滴定溶液的制备》配制和标定。

（4）甲基红乙醇溶液（1g/L）：称取 0.1g 甲基红，溶于 95%乙醇，用 95%乙醇稀释至 100mL。

（5）亚甲基蓝乙醇溶液（1g/L）：称取 0.1g 亚甲基蓝，溶于 95%乙醇，用 95%乙醇稀释至 100mL。

（6）溴甲酚绿乙醇溶液（1g/L）：称取 0.1g 溴甲酚绿，溶于 95%乙醇，用 95%乙醇稀释至 100mL。

（7）A 混合指示液：2 份甲基红乙醇溶液与 1 份亚甲基蓝乙醇溶液临用时混合。

（8）B 混合指示液：1 份甲基红乙醇溶液与 5 份溴甲酚绿乙醇溶液临用时混合。

3．仪器和设备

（1）分析天平：感量为 1mg。

（2）定氮蒸馏装置：如图 4-5 所示。

（3）自动凯氏定氮仪。

4．分析步骤

1）凯氏定氮法

（1）试样处理：称取充分混匀的固体试样 0.2～2g、半固体试样 2～5g 或液体试样

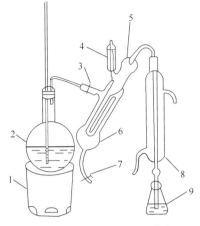

1. 电炉；2. 水蒸气发生器（2L 烧瓶）；
3. 螺旋夹；4. 小玻璃杯及棒状玻璃塞；
5. 反应室；6. 反应室外层；7. 橡胶管及
螺旋夹；8. 冷凝管；9. 蒸馏液接收瓶。

图 4-5　定氮蒸馏装置

10～25g（相当于 30～40mg 氮），精确至 0.001g，移入干燥的 100mL、250mL 或 500mL 定氮瓶中，加入 0.4g 硫酸铜、6g 硫酸钾及 20mL 硫酸，轻摇后于瓶口放一小漏斗，将瓶以 45°角斜支于有小孔的石棉网上。小心加热，待内容物全部炭化，泡沫完全停止后，加强火力，并保持瓶内液体微沸，至液体呈蓝绿色并澄清透明后，再继续加热 0.5～1h。取下放冷，小心加入 20mL 水，放冷后，移入 100mL 容量瓶中，并用少量水洗定氮瓶，洗液并入容量瓶中，再加水至刻度，混匀备用。同时做试剂空白试验。

（2）测定：按图 4-5 装好定氮蒸馏装置，向水蒸气发生器内装水至 2/3 处，加入数粒玻璃珠，加甲基红乙醇溶液数滴及数毫升硫酸溶液，以保持水呈酸性，加热煮沸水蒸气发生器内的水并保持沸腾。

向接收瓶内加入 10mL 硼酸溶液及 1～2 滴 A 混合指示液或 B 混合指示液，并使冷凝管的下端插入液面下，根据试样中氮含量，准确吸取 2～10mL 试样处理液由小玻璃杯注入反应室，以 10mL 水洗涤小玻璃杯并使之流入反应室内，随后塞紧棒状玻璃塞。将 10mL 氢氧化钠溶液倒入小玻璃杯，提起玻璃塞使其缓缓流入反应室，立即将玻璃塞盖紧，并水封。夹紧螺旋夹，开始蒸馏。蒸馏 10min 后移动蒸馏液接收瓶，液面离开冷凝管下端，再蒸馏 1min。然后用少量水冲洗冷凝管下端外部，取下蒸馏液接收瓶。尽快以硫酸或盐酸标准滴定溶液滴定至终点，如用 A 混合指示液，终点颜色为灰蓝色；如用 B 混合指示液，终点颜色为浅灰红色。同时做试剂空白试验。

2）自动凯氏定氮仪法

称取充分混匀的固体试样 0.2～2g、半固体试样 2～5g 或液体试样 10～25g（相当于 30～40mg 氮），精确至 0.001g，至消化管中，再加入 0.4g 硫酸铜、6g 硫酸钾及 20mL 硫酸于消化炉进行消化。当消化炉温度达到 420℃之后，继续消化 1h，此时消化管中的液体呈绿色透明状，取出冷却后加入 50mL 水，于自动凯氏定氮仪（使用前加入氢氧化钠溶液、盐酸或硫酸标准溶液及含有混合指示液 A 或 B 的硼酸溶液）上实现自动加液、蒸馏、滴定和记录滴定数据的过程。

5. 结果计算

试样中蛋白质的含量按式（4-22）计算：

$$X = \frac{(V_1 - V_2)\, c \times 0.0140}{m V_3 / 100} F \times 100 \qquad （4-22）$$

式中，X——试样中蛋白质的含量，g/100g；

V_1——试液消耗硫酸或盐酸标准滴定溶液的体积，mL；

V_2——试剂空白消耗硫酸或盐酸标准滴定溶液的体积，mL；

c——硫酸或盐酸标准滴定溶液的摩尔浓度，mol/L；

0.0140——1.0mL 硫酸（$c_{\frac{1}{2}H_2SO_4}$＝1.000mol/L）或盐酸（c_{HCl}＝1.000mol/L）标准滴定溶液相当的氮的质量，g；

m——试样的质量，g；

V_3——吸取消化液的体积，mL；

F——氮换算为蛋白质的系数，常见食品中的蛋白质的换算系数见表4-1；

100——单位换算系数。

表 4-1　常见食物中的蛋白质换算系数

食品类别		换算系数	食品类别		换算系数
小麦	全小麦粉	5.83	大米及米粉		5.95
	麦糠麸皮	6.31	鸡蛋	全蛋	6.25
	麦胚芽	5.80		蛋黄	6.12
	麦胚粉、黑麦、普通小麦、面粉	5.70		蛋白	6.32
燕麦、大麦、黑麦粉		5.83	肉与肉制品		6.25
小米、裸麦		5.83	动物明胶		5.55
玉米、黑小麦、饲料小麦、高粱		6.25	纯乳及纯乳制品		6.38
油料	芝麻、棉籽、葵花籽、蓖麻、红花籽	5.30	复合配方食品		6.25
	其他油料	6.25	酪蛋白		6.40
	菜籽	5.53			
坚果、种子类	巴西果	5.46	胶原蛋白		5.79
	花生	5.46	豆类	大豆及其粗加工制品	5.71
	杏仁	5.18		大豆蛋白制品	6.25
	核桃、榛子、椰果等	5.30	其他食品		6.25

蛋白质含量大于等于 1g/100g 时，结果保留 3 位有效数字；蛋白质含量小于 1g/100g 时，结果保留 2 位有效数字。在重复条件下获得的 2 次独立测定结果的绝对差值不得超过算术平均值的 10%。

6．说明和注意事项

（1）凯氏定氮法适用于各种食品中蛋白质的测定，不适用于添加无机含氮物质、有机非蛋白质含氮物质的食品的测定。

（2）所用试剂溶液应用无氨蒸馏水配制。

（3）在消化反应中，为加速蛋白质的分解，缩短消化时间，常加入下列物质。

① 硫酸钾：加入硫酸钾可以提高溶液的沸点而加快有机物分解，它与硫酸作用生成硫酸氢钾可提高反应温度，一般纯硫酸的沸点在 340℃左右，而添加硫酸钾后，可使温度提高至 400℃以上，原因主要在于随着消化过程中硫酸不断地被分解，水分不断逸出

而使硫酸钾浓度增大，故沸点升高，其反应式如下：

$$K_2SO_4 + H_2SO_4 = 2KHSO_4$$

$$2KHSO_4 = K_2SO_4 + SO_3\uparrow + H_2O$$

但硫酸钾加入量不能太多，否则消化体系温度过高，又会引起已生成的铵盐发生热分解放出氨而造成损失。

$$(NH_4)_2SO_4 = NH_3\uparrow + NH_4HSO_4$$

$$NH_4HSO_4 = NH_3\uparrow + SO_3\uparrow + H_2O$$

除硫酸钾外，也可以加入硫酸钠、氯化钾等盐类来提高沸点，但效果不如硫酸钾。

② 硫酸铜：硫酸铜起催化剂的作用。凯氏定氮法中可用的催化剂种类很多，除硫酸铜外，还有氧化汞、汞、硒粉、二氧化钛等，但考虑到效果、价格及环境污染等多种因素，应用最广泛的是硫酸铜，使用时常加入少量过氧化氢、次氯酸钾等作为氧化剂以加速有机物氧化，硫酸铜的作用机理如下：

$$C + 2CuSO_4 = Cu_2SO_4 + SO_2\uparrow + CO_2\uparrow$$

$$Cu_2SO_4 + H_2SO_4 = 2CuSO_4 + H_2O + SO_2\uparrow$$

此反应不断进行，待有机物全部被消化完后，不再有硫酸亚铜（褐色）生成，溶液呈现清澈的蓝绿色。故硫酸铜除起催化剂的作用外，还可指示消化终点的到达，以及下一步蒸馏时作为碱性反应的指示剂。

（4）若取样量较大，如试样超过 5g，可按每克试样 5mL 的比例增加硫酸用量。

（5）消化时不要用强火，应保持缓和沸腾，以免黏附在定氮瓶内壁上的含氮化合物在无硫酸存在的情况下未消化完全而造成氮损失。另外，消化过程中应注意不时转动定氮瓶，以便利用冷凝酸液将附在瓶壁上的固体残渣洗下，促进其消化完全。

（6）样品中若含脂肪或糖较多时，消化过程中易产生大量泡沫，为防止泡沫溢出瓶外，在开始消化时应用小火加热，并时时摇动；或者加入少量辛醇或液体石蜡或硅油消泡剂，并同时注意控制热源强度。

（7）当样品消化液不易澄清透明时，可将定氮瓶冷却，加入 30%过氧化氢 2～3mL后继续加热消化。

（8）一般消化至呈透明后，继续消化 30min 即可，但对于含有特别难以氨化的氮化合物的样品，如含赖氨酸、组氨酸、色氨酸、酪氨酸或脯氨酸等，需适当延长消化时间。有机物如分解完全，消化液呈蓝色或浅绿色，但含铁量多时，呈较深绿色。

（9）蒸馏时，蒸馏装置不能漏气，蒸汽发生要均匀充足，蒸馏过程中不得停火断气，否则将发生倒吸。另外，蒸馏前，加碱要足量，操作要迅速；漏斗应采用水封措施，以免氨由此逸出损失。蒸馏前若加碱量不足，消化液呈蓝色不生成氢氧化铜沉淀，此时需再增加氢氧化钠用量。蒸馏完毕后，应先将冷凝管下端提离液面，再蒸 1min 后关掉热源，否则可能造成吸收液倒吸。

（10）硼酸吸收液的温度不应超过 40℃，否则对氨的吸收作用减弱而造成损失，此时可置于冷水浴中。

（11）当只检测样品中氮含量时，不需要乘蛋白质换算系数 F。

（二）分光光度法

1．原理

食品中的蛋白质在催化加热条件下被分解，分解产生的氨与硫酸结合生成硫酸铵，在 pH 值为 4.8 的乙酸钠-乙酸缓冲溶液中与乙酰丙酮和甲醛反应生成黄色的 3,5-二乙酰-2,6-二甲基-1,4-二氢化吡啶化合物。在波长 400nm 下测定吸光度值，与标准系列比较定量，结果乘以换算系数，即为蛋白质含量。

2．试剂和材料

（1）氢氧化钠溶液（300g/L）：称取 30g 氢氧化钠加水溶解后，放冷，并稀释至 100mL。

（2）对硝基苯酚指示剂溶液（1g/L）：称取 0.1g 对硝基苯酚指示剂溶于 20mL 95%乙醇中，加水稀释至 100mL。

（3）乙酸溶液（1mol/L）：量取 5.8mL 乙酸，加水稀释至 100mL。

（4）乙酸钠溶液（1mol/L）：称取 41g 无水乙酸钠或 68g 乙酸钠，加水溶解稀释至 500mL。

（5）乙酸钠-乙酸缓冲溶液：量取 60mL 乙酸钠溶液与 40mL 乙酸溶液混合，该溶液 pH 值为 4.8。

（6）显色剂：15mL 甲醛与 7.8mL 乙酰丙酮混合，加水稀释至 100mL，剧烈振摇混匀（室温下放置稳定 3d）。

（7）氨氮标准贮备溶液（以氮计，1.0g/L）：称取 105℃干燥 2h 的硫酸铵 0.4720g，加水溶解后移于 100mL 容量瓶中，并稀释至刻度，混匀，此溶液每毫升相当于 1.0mg 氮。

（8）氨氮标准使用溶液（0.1g/L）：用移液管吸取 10mL 氨氮标准贮备液于 100mL 容量瓶内，加水定容至刻度，混匀，此溶液每毫升相当于 0.1mg 氮。

3．仪器和设备

（1）分光光度计。

（2）恒温水浴锅。

（3）分析天平：感量为 1mg。

4．分析步骤

1）试样消解

称取充分混匀的固体试样 0.1～0.5g、半固体试样 0.2～1g 或液体试样 1～5g，精确至 0.001g，移入干燥的 100mL 或 250mL 定氮瓶中，加入 0.1g 硫酸铜、1g 硫酸钾及 5mL 硫酸，摇匀后于瓶口放一小漏斗，将定氮瓶以 45°角斜支于有小孔的石棉网上。缓慢加热，待内容物全部炭化，泡沫完全停止后，加强火力，并保持瓶内液体微沸，至液体呈蓝绿色澄清透明后，再继续加热 0.5h。取下放冷，慢慢加入 20mL 水，放冷后移入 50mL 或 100mL 容量瓶中，并用少量水洗定氮瓶，洗液并入容量瓶中，再加水至刻度，混匀备用。按同一方法做试剂空白试验。

2）试样溶液的制备

吸取 2～5mL 试样或试剂空白消化液于 50mL 或 100mL 容量瓶内，加 1～2 滴对硝基苯酚指示剂溶液，摇匀后滴加氢氧化钠溶液中和至黄色，再滴加乙酸溶液至溶液无色，用水稀释至刻度，混匀。

3）标准曲线的绘制

吸取 0.00mL、0.05mL、0.10mL、0.20mL、0.40mL、0.60mL、0.80mL 和 1.00mL 氨氮标准使用溶液（相当于 0.00μg、5.00μg、10.0μg、20.0μg、40.0μg、60.0μg、80.0μg 和 100.0μg 氮），分别置于 10mL 比色管中。加 4.0mL 乙酸钠-乙酸缓冲溶液及 4.0mL 显色剂，加水稀释至刻度，混匀。置于 100℃ 水浴中加热 15min。取出用水冷却至室温后，移入 1cm 比色杯内，以零管为参比，于波长 400nm 处测量吸光度值，根据标准各点吸光度值绘制标准曲线或计算线性回归方程。

4）测定

吸取 0.50～2.00mL（约相当于氮小于 100μg）试样溶液和同量的试剂空白溶液，分别置于 10mL 比色管中，按上述标准系列的测定方法进行测定。试样吸光度值与标准曲线比较定量或代入线性回归方程求出含量。

5．结果计算

试样中蛋白质的含量按式（4-23）计算：

$$X = \frac{(m_1 - m_0)\, V_1 V_3}{m V_2 V_4 \times 1000 \times 1000} \times 100 F \qquad (4\text{-}23)$$

式中，X——试样中蛋白质的含量，g/100g；

$\quad$ m_1——试样测定液中氮的含量，μg；

$\quad$ m_0——试剂空白测定液中氮的含量，μg；

$\quad$ V_1——试样消化液定容体积，mL；

$\quad$ V_3——试样溶液总体积，mL；

$\quad$ m——试样质量，g；

$\quad$ V_2——制备试样溶液的消化液体积，mL；

$\quad$ V_4——测定用试样溶液体积，mL；

$\quad$ F——氮换算为蛋白质的系数；

$\quad$ 100、1000——单位换算系数。

蛋白质含量大于等于 1g/100g 时，结果保留 3 位有效数字；蛋白质含量小于 1g/100g 时，结果保留 2 位有效数字。在重复性条件下获得的 2 次独立测定结果的绝对差值不得超过算术平均值的 10%。

6．说明和注意事项

（1）该方法适用于各种食品中蛋白质的测定，不适用于添加无机含氮物质、有机非蛋白质含氮物质的食品的测定。

（2）所用试剂溶液应为无氨蒸馏水配制。

（3）氨氮标准贮备溶液（1.0g/L）在10℃下冰箱内贮存稳定1年以上，氨氮标准使用溶液（0.1g/L）在10℃下冰箱内贮存稳定1个月。应按要求贮存和使用。

（三）燃烧法

1. 原理

试样在900～1200℃高温下燃烧，燃烧过程中产生混合气体，其中的碳、硫等干扰气体和盐类被吸收管吸收，氮氧化物被全部还原成氮气，形成的氮气气流通过热导检测器进行检测。

2. 试剂和材料

（1）载气：氦气（纯度大于等于99.99%）或二氧化碳（纯度大于等于99.99%）。

（2）燃烧气：高纯氧（纯度大于等于99.99%）。

（3）锡箔。

3. 仪器和设备

（1）氮/蛋白质分析仪。

（2）分析天平：感量为0.1mg。

4. 分析步骤

称取0.1～1.0g充分混匀的试样（精确至0.0001g），用锡箔包裹后置于样品盘上。试样进入燃烧反应炉（900～1200℃）后，在高纯氧（纯度大于等于99.99%）中充分燃烧。燃烧炉中的产物（NO_x）被载气二氧化碳或氦气运送至还原炉（800℃）中，经还原生成氮气后检测其含量。

5. 结果计算

试样中蛋白质的含量按式（4-24）计算：

$$X = \rho F \tag{4-24}$$

式中，X——试样中蛋白质的含量，g/100g；

　　　ρ——试样中氮的含量，g/100g；

　　　F——氮换算为蛋白质的系数。

结果保留3位有效数字。在重复性条件下获得的2次独立测定结果的绝对差值不得超过算术平均值的10%。

6. 说明和注意事项

（1）该方法适用于蛋白质含量在10g/100g以上的粮食、豆类奶粉、米粉、蛋白质粉等固体试样的测定，不适用于添加无机含氮物质、有机非蛋白质含氮物质的食品的测定。

（2）该方法样品处理简单，测定速度快，不对环境产生污染。

（3）测定时注意做空白对照试验。

（4）使用蛋白质分析仪时要严格按照使用方法进行操作，注意设置的温度，避免烫伤。

二、食品中氨基酸的测定

蛋白质可以被酶、酸或碱水解，其水解的中间产物为朊、胨、肽等，最终产物为氨基酸。氨基酸含量一直是某些发酵产品的质量指标，也是许多保健食品的质量指标之一。氨基酸中的氮含量可以直接测定，不同于蛋白质的氮，故称氨基酸态氮。食品中氨基酸态氮，主要是指酱油、酱、黄豆酱等食品中以氨基酸形式存在的氮元素的含量，它是判断发酵产品发酵程度的特征性指标，是衡量酱油、酱、黄豆酱等调味品质量优劣的重要指标，氨基酸态氮的指标值越高，说明酱油等调味品中的游离氨基酸含量越多，鲜味越强，营养越好。氨基酸态氮的测定主要有两种方法：酸度计法和比色法。通过薄层色谱法、气相色谱法、液相色谱法可以对氨基酸进行分离、鉴别和测定，氨基酸自动分析仪可以快速、准确地测定食品中各种氨基酸的含量。

（一）酸度计法

1．原理

利用氨基酸的两性作用，加入甲醛以固定氨基的碱性，使羧基显示出酸性，用氢氧化钠标准溶液滴定后定量，以酸度计测定终点。

食品中氨基酸态氮的
测定——酸度计法

2．试剂和材料

（1）甲醛（36%～38%）：应不含有聚合物（没有沉淀且溶液不分层）。

（2）氢氧化钠标准滴定溶液（$c_{NaOH}=0.05mol/L$）：按 GB/T 601—2016《化学试剂　标准滴定溶液的制备》配制和标定。

3．仪器和设备

（1）分析天平：感量为 0.01g。

（2）酸度计。

（3）磁力搅拌器。

4．分析步骤

1）酱油试样

称量 5.00g（或吸取 5.00mL）试样于 50mL 的烧杯中，用水分数次洗入 100mL 容量瓶中，加水至刻度，混匀后吸取 20.0mL 置于 200mL 烧杯中，加 60mL 水，开动磁力搅拌器，用氢氧化钠标准溶液滴定至 pH 值为 8.2，记下消耗氢氧化钠标准滴定溶液的体积，可计算总酸含量。加入 10.0mL 甲醛溶液，混匀。再用氢氧化钠标准滴定溶液继续滴定至 pH 值为 9.2，记下消耗氢氧化钠标准滴定溶液的体积。同时取 80mL 水，先用氢氧化钠标准溶液调节至 pH 值为 8.2，再加入 10.0mL 甲醛溶液，用氢氧化钠标准滴定溶液滴定至 pH 值为 9.2，做试剂空白试验。

2）酱及黄豆酱样品

将酱或黄豆酱样品搅拌均匀后，放入研钵中，在 10min 内迅速研磨至无肉眼可见颗粒，装入磨口瓶中备用。称取搅拌均匀的样品 5.00g 于 100mL 烧杯中，加入 50mL 80℃左右的蒸馏水，冷却后，转入 100mL 容量瓶中，用少量水分次洗涤烧杯，洗液并入容量瓶中，并加水至刻度，混匀后过滤。吸取滤液 10.0mL，置于 200mL 烧杯中，按酱油试样的测定方法进行测定，同时取 80mL 水做试剂空白试验。

5．结果计算

试样中氨基酸态氮的含量按式（4-25）进行计算：

$$X = \frac{(V_1 - V_2)\,c \times 0.014}{m V_3 / V_4} \times 100 \tag{4-25}$$

式中，X——试样中氨基酸态氮的含量，g/100g 或 g/100mL；

V_1——测定用试样稀释液加入甲醛后消耗氢氧化钠标准滴定溶液的体积，mL；

V_2——试剂空白试验加入甲醛后消耗氢氧化钠标准滴定溶液的体积，mL；

c——氢氧化钠标准滴定溶液的摩尔浓度，mol/L；

0.014——与 1.00mL 氢氧化钠标准滴定溶液（c_{NaOH}＝1.000mol/L）相当的氮的质量，g；

m——试样的质量或体积，g 或 mL；

V_3——试样稀释液的取用量，mL；

V_4——试样稀释液的定容体积，mL；

100——单位换算系数。

计算结果保留 2 位有效数字。在重复性条件下获得的 2 次独立测定结果的绝对差值不得超过算术平均值的 10%。

6．说明和注意事项

（1）该方法适用于以粮食和其副产品豆饼、麸皮等为原料酿造或配制的酱油，以粮食为原料酿造的酱类，以黄豆、小麦粉为原料酿造的豆酱类食品中氨基酸态氮的测定。

（2）酸度计使用前用 pH 标准缓冲溶液进行校正，使用后要及时进行清洁。

（3）该方法准确、快速，可用于各类样品中游离氨基酸总量的测定，对于浑浊和色深的样液可不经处理而直接测定。

（4）试样如含有铵盐会影响氨基酸态氮的测定，导致氨基酸态氮测定结果偏高。因此要同时测定铵盐，将氨基酸态氮的结果减去铵盐的结果比较准确。

（5）36%中性甲醛试剂应避光存放，不含有聚合物。甲醛是有毒易挥发的溶液，一定要在通风橱中使用，实验室应保持通风良好；做试验时最好戴口罩。

（6）注意滴定过程中酸度计电极的放置位置，不要触及磁力搅拌器的搅拌棒，否则会破坏电极。

（二）比色法

1．原理

在 pH 值为 4.8 的乙酸钠-乙酸缓冲液中，氨基酸态氮与乙酰丙酮和甲醛反应生成黄色的 3,5-二乙酰-2,6-二甲基-1,4-二氢化吡啶氨基酸衍生物。在波长 400nm 处测定吸光度，与氨氮标准系列比较定量。

2．说明和注意事项

（1）该方法适用于以粮食和其副产品豆饼、麸皮等为原料酿造或配制的酱油中氨基酸态氮的测定。

（2）氨氮标准溶液应在 10℃下冰箱内贮存，以免影响测定结果。

（3）显色剂的配制方法如下：15mL 37%甲醛与 7.8mL 乙酰丙酮混合，加水稀释至 100mL，剧烈振摇混匀。该显色剂在室温下放置稳定 3d，最好临用时现配。

（4）若样品溶液颜色过深或者含有沉淀等，会对检测结果造成较大的影响。

（三）氨基酸分析仪法

1．原理

食品中的蛋白质经盐酸水解成为游离氨基酸，经离子交换柱分离后，与茚三酮溶液产生颜色反应，再通过氨基酸分析仪（茚三酮柱后衍生离子交换色谱仪）的可见光分光光度检测器测定氨基酸的含量。以外标法通过峰面积计算样品测定液中氨基酸的浓度，进而计算试样中氨基酸的含量。

2．说明和注意事项

（1）该方法适用于食品中酸水解氨基酸的测定，包括天冬氨酸、苏氨酸、丝氨酸、谷氨酸、脯氨酸、甘氨酸、丙氨酸、缬氨酸、蛋氨酸、异亮氨酸、亮氨酸、酪氨酸、苯丙氨酸、组氨酸、赖氨酸和精氨酸共 16 种氨基酸。

（2）脯氨酸和羟脯氨酸与茚三酮反应产生（亮）黄色物质，其他氨基酸及具有游离 α-氨基和 α-羧基的肽与茚三酮反应都产生蓝紫色物质。

（3）试样称量要求。均匀性好的样品，如乳粉等，准确称取一定量试样，使试样中蛋白质含量在 10～20mg；对于蛋白质含量未知的样品，可先测定样品中蛋白质含量，将称量好的样品置于水解管中；对于很难获得高均匀性的试样，如鲜肉等，为减少误差可适当增大称样量，测定前再做稀释；对于蛋白质含量低的样品，如蔬菜、水果、饮料和淀粉类食品等，固体或半固体试样称样量不大于 2g，液体试样称样量不大于 5g。

（4）对于水分含量高、蛋白质含量低的试样，如饮料、水果、蔬菜等，可先加入约相同体积的盐酸混匀后，再用 6mol/L 盐酸溶液进行水解。

第四节　食品中维生素的测定

维生素是一类人体正常生理代谢所必需的且功能各异的微量低分子有机化合物，其作为辅酶参与调节代谢过程，长期缺乏任何一种维生素都会导致相应的疾病。维生素种类很多，目前已确认的有 30 多种，其中被认为对维持人体健康和促进发育至关重要的有 20 余种。它们在人体内一般不能合成，或合成量不能满足机体需要，需经常从食物中摄取。

根据维生素的溶解特性，习惯上将其分为两大类，即脂溶性维生素和水溶性维生素。前者能溶于脂肪或脂溶剂，如维生素 A、维生素 D、维生素 E、维生素 K 等，其共同特点是摄入后存在于脂肪组织中，不能从尿中排出，大剂量摄入时可能引起中毒；后者溶于水，其共同特点是一般只存在于植物性食品中，满足组织需要后都能从机体排出，包括维生素 B_1、维生素 B_2、维生素 B_6、维生素 B_{12}、维生素 C（抗坏血酸）、叶酸、烟酸（烟酰胺）、泛酸等。

食品中各种维生素的含量主要取决于食品的品种。此外，还与食品的工艺及贮存条件等有关，许多维生素对光、热、氧、pH 值敏感，因而加工条件不合理或贮存不当都会造成维生素的损失。测定食品中维生素的含量，在评价食品的营养价值、开发和利用富含维生素的食品资源、指导人们合理调整膳食结构、防止维生素缺乏、研究维生素在食品加工和贮存等过程中的稳定性、指导人们制定合理的工艺条件及贮存条件，以最大限度地保留各种维生素或防止因摄入过多而引起维生素中毒等方面都具有十分重要的意义和作用。

测定维生素含量的方法有微生物法、化学法、仪器法等。微生物法是基于某种微生物生长需要特定的维生素，方法特异性强、灵敏度高、不需要特殊仪器，样品不需经特殊处理，但只能测定水溶性维生素。化学法具有简便、快速、不需要特殊仪器等优点，但对样品处理要求高，干扰因素多。仪器法灵敏、快速，有较好的选择性，特别是高效液相色谱法可用于大多数维生素的测定，并且在某些条件下可同时测定几种维生素，但成本较高。

本节主要介绍人体比较容易缺乏而在营养上比较重要的维生素 A、维生素 D、维生素 E、维生素 B_1、维生素 B_2、维生素 C 的测定方法。

一、食品中脂溶性维生素 A、维生素 D 和维生素 E 的测定

脂溶性维生素 A、维生素 D 和维生素 E 具有以下理化性质。①不溶于水，易溶于脂肪及乙醇、丙酮、氯仿、乙醚、苯等有机溶剂。②维生素 A、维生素 D 对酸不稳定，维生素 E 对酸稳定。维生素 A、维生素 D 对碱稳定；维生素 E 对碱不稳定，但在抗氧化剂存在时或惰性气体保护下，也能经受碱的煮沸。③维生素 A、维生素 D、维生素 E 耐热性好。维生素 A 因分子中有双链，易被氧化，光、热促进其氧化；维生素 D 性质稳定，不易被氧化；维生素 E 在空气中能慢慢被氧化，光、热、碱能促进其氧化作用。

维生素 A 是具有视黄醇生物活性的一类化合物，食品中的维生素 A 包括 β-胡萝卜素

和视黄醇及其衍生物，植物性食品仅含有 β-胡萝卜素和其他类胡萝卜素。维生素 E 是一类具有生育酚活性的化合物，食品中的维生素 E 有多种形式，如 α-生育酚、β-生育酚、γ-生育酚、δ-生育酚和相应的三烯生育酚。维生素 D 是具有胆钙化醇生物活性的一类化合物，有维生素 D_2 和维生素 D_3 两种主要形式。

测定脂溶性维生素时，通常先用皂化法处理样品，水洗去除类脂物。然后用有机溶剂提取脂溶性维生素（不皂化物），浓缩后溶于适当的溶剂后测定。在皂化和浓缩时，为防止维生素的氧化分解，常加入抗氧化剂［如维生素 C、BHT（二丁基羟基甲苯）、焦性没食子酸等］。

（一）食品中维生素 A 和维生素 E 的测定——反相高效液相色谱法

1．原理

试样中的维生素 A 及维生素 E 经皂化（含淀粉先用淀粉酶酶解）、提取、净化、浓缩后，C_{30} 或 PFP 反相液相色谱柱分离，紫外检测器或荧光检测器检测，外标法定量。

食品中维生素 A 和维生素 E 的测定——反相高效液相色谱法

2．试剂和材料

（1）无水乙醇（C_2H_5OH）：经检查不含醛类物质。

无水乙醇中醛类物质检查方法：取 2mL 银氨溶液于试管中，加入少量乙醇，摇匀，再加入 10% 氢氧化钠溶液，加热，放置冷却后，若有银镜反应，则表示乙醇中有醛。

脱醛方法：换用色谱纯的无水乙醇或对现有乙醇进行脱醛处理，即取 2g 硝酸银溶于少量水中，取 4g 氢氧化钠溶于温乙醇中，将两者倾入 1L 乙醇中，振摇后，放置暗处 2d，其间不时振摇，经过滤，置蒸馏瓶中蒸馏，弃去 150mL 初馏液。

（2）乙醚［$(CH_3CH_2)_2O$］：经检查不含过氧化物。

乙醚中过氧化物检查方法：用 5mL 乙醚加 1mL 10% 碘化钾溶液，振摇 1min，如水层呈黄色或加 4 滴 0.5% 淀粉溶液，水层呈蓝色，表明含过氧化物。该乙醚需处理后使用。

去除过氧化物的方法：换用色谱纯的无水乙醚或对现有试剂进行重蒸，重蒸乙醚时需在蒸馏瓶中放入纯铁丝或纯铁粉，弃去 10% 初馏液和 10% 残留液。

（3）石油醚（$C_5H_{12}O_2$）：沸程为 30～60℃。

（4）甲醇（CH_3OH）：色谱纯。

（5）淀粉酶：酶活力大于等于 100U/mg。

（6）有机系滤膜（孔径为 0.22μm）。

（7）氢氧化钾溶液（50g/100g）：称取 50g 氢氧化钾，加入 50mL 水溶解，冷却后，贮存于聚乙烯瓶中。

（8）石油醚-乙醚溶液（1＋1）：量取 200mL 石油醚，加入 200mL 乙醚，混匀。

（9）5% 硝酸银溶液：称取 5g 硝酸银，加入水溶解并稀释至 100mL，贮存于棕色试剂瓶中。

（10）10% 氢氧化钠溶液：称取 10g 氢氧化钠，加入水溶解并稀释至 100mL，贮存于聚乙烯瓶中。

（11）银氨溶液：加氨水至 5%硝酸银溶液中，直至生成的沉淀重新溶解为止，再加 10%氢氧化钠溶液数滴，如发生沉淀，再加氨水直至溶解。

（12）标准品及标准溶液的配制。

① 维生素 A 标准品。

视黄醇（$C_{20}H_{30}O$）：纯度大于等于 95%，或经国家认证并授予标准物质证书的标准物质。

② 维生素 E 标准品。

α-生育酚（$C_{29}H_{50}O_2$）：纯度大于等于 95%，或经国家认证并授予标准物质证书的标准物质。

β-生育酚（$C_{28}H_{48}O_2$）：纯度大于等于 95%，或经国家认证并授予标准物质证书的标准物质。

γ-生育酚（$C_{28}H_{48}O_2$）：纯度大于等于 95%，或经国家认证并授予标准物质证书的标准物质。

δ-生育酚（$C_{27}H_{46}O_2$）：纯度大于等于 95%，或经国家认证并授予标准物质证书的标准物质。

③ 维生素 A 标准贮备溶液（0.500mg/mL）：准确称取 25.0mg 维生素 A 标准品，用无水乙醇溶解后，转移入 50mL 容量瓶中，定容至刻度，此溶液的质量浓度约为 0.500mg/mL。将溶液转移至棕色试剂瓶中，密封后，在－20℃下避光保存，有效期 1 个月。临用前将溶液回温至 20℃，并进行浓度校正。

④ 维生素 E 标准贮备溶液（1.00mg/mL）：分别准确称取 α-生育酚、β-生育酚、γ-生育酚和 δ-生育酚各 50.0mg，用无水乙醇溶解后，转移入 50mL 容量瓶中，定容至刻度，此溶液的质量浓度约为 1.00mg/mL。将溶液转移至棕色试剂瓶中，密封后，在－20℃下避光保存，有效期 6 个月。临用前将溶液回温至 20℃，并进行浓度校正。

（13）维生素 A、维生素 E 标准溶液浓度校正。

维生素 A、维生素 E 标准溶液配制后，在使用前需要对其浓度进行校正，具体方法如下：

① 取视黄醇标准贮备溶液 50μL 于 10mL 的棕色容量瓶中，用无水乙醇定容至刻度，混匀，用 1cm 石英比色杯，以无水乙醇为空白参比，按表 4-2 的测定波长测定其吸光度。

② 分别取 α-生育酚、β-生育酚、γ-生育酚和 δ-生育酚标准贮备溶液 500μL 于各 10mL 棕色容量瓶中，用无水乙醇定容至刻度，混匀，分别用 1cm 石英比色杯，以无水乙醇为空白参比，按表 4-2 的测定波长测定其吸光度。

试液中维生素 A 或维生素 E 的浓度按式（4-26）计算：

$$X = \frac{A \times 10^4}{E} \tag{4-26}$$

式中，X——维生素标准稀释液浓度，μg/mL；

　　　A——维生素稀释液的平均紫外吸光值；

　　　10^4——单位换算系数；

　　　E——维生素 1%比色光系数（各维生素相应的 1%比色光系数见表 4-2）。

表 4-2　测定波长及 1%比色光系数

目标物	波长/nm	E（1%比色光系数）	目标物	波长/nm	E（1%比色光系数）
α-生育酚	292	76	视黄醇	325	1835
β-生育酚	296	89	维生素 D_2	264	485
γ-生育酚	298	91	维生素 D_3	264	462
δ-生育酚	298	87			

（14）维生素 A 和维生素 E 混合标准溶液中间液：准确吸取维生素 A 标准贮备溶液 1.00mL 和维生素 E 标准贮备溶液 5.00mL 于同一 50mL 容量瓶中，用甲醇定容至刻度，此溶液中维生素 A 质量浓度为 10.0μg/mL，维生素 E 各生育酚质量浓度为 100μg/mL。在 −20℃下避光保存，有效期半个月。

（15）维生素 A 和维生素 E 标准系列工作溶液：分别准确吸取维生素 A 和维生素 E 混合标准溶液中间液 0.20mL、0.50mL、1.00mL、2.00mL、4.00mL、6.00mL 于 10mL 棕色容量瓶中，用甲醇定容至刻度，该标准系列中维生素 A 质量浓度为 0.20μg/mL、0.50μg/mL、1.00μg/mL、2.00μg/mL、4.00μg/mL、6.00μg/mL，维生素 E 质量浓度为 2.00μg/mL、5.00μg/mL、10.0μg/mL、20.0μg/mL、40.0μg/mL、60.0μg/mL。临用前配制。

3．仪器和设备

（1）分析天平：感量为 0.01mg 和 0.01g。
（2）恒温水浴振荡器。
（3）旋转蒸发仪。
（4）氮吹仪。
（5）紫外分光光度计。
（6）分液漏斗萃取净化振荡器。
（7）高效液相色谱仪：带紫外检测器或二极管阵列检测器或荧光检测器。

4．分析步骤

1）试样制备
将一定数量的样品按要求经过缩分、粉碎均质后，贮存于样品瓶中，避光冷藏，尽快测定。

2）试样处理流程
皂化→提取→洗涤→浓缩。

（1）皂化。
① 不含淀粉样品：称取 2～5g（精确至 0.01g）经均质处理的固体试样或 50g（精确至 0.01g）液体试样于 150mL 平底烧瓶中，固体试样需加入约 20mL 温水，混匀，再加入 1.0g 抗坏血酸和 0.1g BHT，混匀，加入 30mL 无水乙醇、10～20mL 氢氧化钾溶液，边加边振摇，混匀后于 80℃恒温水浴振荡皂化 30min，皂化后立即用冷水冷却至室温。皂化时间一般为 30min，如皂化液冷却后，液面有浮油，需要加入适量氢氧化钾溶液，并适当延长皂化时间。

② 含淀粉样品：称取 2～5g（精确至 0.01g）经均质处理的固体试样或 50g（精确至

0.01g）液体样品于 150mL 平底烧瓶中，固体试样需用约 20mL 温水混匀，加入 0.5～1g 淀粉酶，放入 60℃水浴避光恒温振荡 30min 后，取出，向酶解液中加入 1.0g 抗坏血酸和 0.1g BHT，混匀，加入 30mL 无水乙醇，10～20mL 氢氧化钾溶液，边加边振摇，混匀后于 80℃恒温水浴振荡皂化 30min，皂化后立即用冷水冷却至室温。

（2）提取。将皂化液用 30mL 水转入 250mL 的分液漏斗中，加入 50mL 石油醚-乙醚混合液，振荡萃取 5min，将下层溶液转移至另一 250mL 的分液漏斗中，加入 50mL 的混合醚液再次萃取，合并醚层。如只测维生素 A 与 α-生育酚，可用石油醚作提取剂。

（3）洗涤。用约 100mL 水洗涤醚层，约需重复 3 次，直至将醚层洗至中性（可用 pH 试纸检测下层溶液 pH 值），去除下层水相。

（4）浓缩。将洗涤后的醚层经无水硫酸钠（约 3g）滤入 250mL 旋转蒸发瓶或氮气浓缩管中，用约 15mL 石油醚冲洗分液漏斗及无水硫酸钠 2 次，并入蒸发瓶内，并将其接在旋转蒸发仪或气体浓缩仪上，于 40℃水浴中减压蒸馏或气流浓缩，待瓶中醚液剩下约 2mL 时，取下蒸发瓶，立即用氮气吹至近干。用甲醇分次将蒸发瓶中残留物溶解并转移至 10mL 容量瓶中，定容至刻度。溶液过 0.22μm 有机系滤膜后供高效液相色谱测定。

3）色谱参考条件

色谱柱：C_{30}柱（柱长 250mm，内径 4.6mm，粒径 3μm），或相当者。

柱温：20℃。

流动相：A 相为水，B 相为甲醇，洗脱梯度见表 4-3。

流速：0.8mL/min。

紫外检测波长：维生素 A 为 325nm，维生素 E 为 294nm。

进样量：10μL。

表 4-3　C_{30}柱反相高效液相色谱法洗脱梯度参考条件

时间/min	流动相 A/%	流动相 B/%	流速/（mL/min）
0.0	4	96	0.8
13.0	4	96	0.8
20.0	0	100	0.8
24.0	0	100	0.8
24.5	4	96	0.8
30.0	4	96	0.8

4）标准曲线的制作

该方法采用外标法定量。将维生素 A 和维生素 E 标准系列工作溶液分别注入高效液相色谱仪中，测定相应的峰面积，以峰面积为纵坐标，以标准测定液浓度为横坐标绘制标准曲线，计算直线回归方程。

5）样品测定

试样液经高效液相色谱仪分析，测得峰面积，采用外标法通过上述标准曲线计算其浓度。在测定过程中，建议每测定 10 个样品用同一份标准溶液或标准物质检查仪器的稳定性。

5．结果计算

试样中维生素 A 或维生素 E 的含量按式（4-27）计算：

$$X=\frac{\rho V f \times 100}{m} \qquad (4\text{-}27)$$

式中，X——试样中维生素 A 或维生素 E 的含量，维生素 A 单位为 μg/100g，维生素 E

单位为 mg/100g；

ρ——根据标准曲线计算得到的试样中维生素 A 或维生素 E 的质量浓度，μg/mL；

V——定容体积，mL；

f——换算系数（对维生素 A，$f=1$；对维生素 E，$f=0.001$）；

100——单位换算系数；

m——试样的称样量，g。

计算结果保留 3 位有效数字。在重复性条件下获得的 2 次独立测定结果的绝对差值不得超过算术平均值的 10%。

6．说明和注意事项

（1）该方法适用于食品中维生素 A 和维生素 E 的测定。

（2）试样处理时使用的所有器皿不得含有氧化性物质；分液漏斗活塞玻璃表面不得涂油；处理过程应避免紫外光照，尽可能避光操作或使用棕色玻璃仪器；提取过程应在通风橱中操作。

（3）维生素 A 和维生素 E 标准贮备液临用前用紫外分光光度法校正其浓度。

（4）维生素 E 标准溶液 C_{30} 柱反相色谱图如图 4-6 所示。

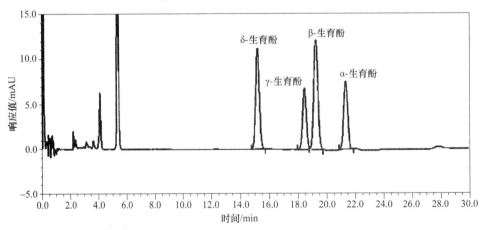

图 4-6 维生素 E 标准溶液 C_{30} 柱反相色谱图

（5）维生素 A 标准溶液 C_{30} 柱反相色谱图（2.5μg/mL）如图 4-7 所示。

（6）如难以将柱温控制在（20±2）℃，可改用 PFP 柱分离异构体，流动相为水和甲醇梯度洗脱。

（7）如样品中只含 α-生育酚，不需分离 β-生育酚和 γ-生育酚，可选用 C_{18} 柱，流动相为甲醇。

（8）如有荧光检测器，可选用荧光检测器检测，其对生育酚的检测有更高的灵敏度和选择性，可按以下检测波长检测：维生素 A 激发波长 328nm，发射波长 440nm；维生素 E 激发波长 294nm，发射波长 328nm。

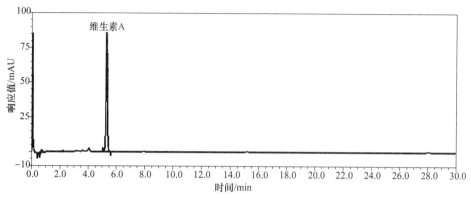

图 4-7　维生素 A 标准溶液 C₃₀ 柱反相色谱图（2.5μg/mL）

（9）如维生素 E 的测定结果要用 α-生育酚当量（α-TE）表示，可按式（4-28）计算：

$$维生素 E（mg\ α\text{-}TE/100g）＝α\text{-}生育酚（mg/100g）＋β\text{-}生育酚（mg/100g）$$
$$×0.5＋γ\text{-}生育酚（mg/100g）×0.1$$
$$＋δ\text{-}生育酚（mg/100g）×0.01 \tag{4-28}$$

（二）食品中维生素 E 的测定——正相高效液相色谱法

1．原理

试样中的维生素 E 经有机溶剂提取、浓缩后，用高效液相色谱酰氨基柱或硅胶柱分离，经荧光检测器检测，外标法定量。

2．试剂和材料

（1）流动相：正己烷＋[叔丁基甲基醚-四氢呋喃-甲醇混合液（20＋1＋0.1）]＝90＋10，临用前配制。

（2）维生素 E 标准溶液中间液：准确吸取维生素 E 标准贮备溶液（1.00mg/mL）各 1.00mL 于同一 100mL 容量瓶中，用氮气吹除乙醇后，用流动相定容至刻度，此溶液中维生素 E 各生育酚浓度为 10.00μg/mL。密封后，在 −20℃ 下避光保存，有效期半个月。

（3）维生素 E 标准系列工作溶液：分别准确吸取维生素 E 混合标准溶液中间液 0.20mL、0.50mL、1.00mL、2.00mL、4.00mL、6.00mL 于 10mL 棕色容量瓶中，用流动相定容至刻度，该标准系列中 4 种生育酚浓度分别为 0.20μg/mL、0.50μg/mL、1.00μg/mL、2.00μg/mL、4.00μg/mL、6.00μg/mL。

其他试剂和材料同"食品中维生素 A 和维生素 E 的测定——反相高效液相色谱法"。

3．仪器和设备

（1）索氏抽提器或加速溶剂萃取仪。

（2）高效液相色谱仪，带荧光检测器或紫外检测器。

其他仪器和设备同"食品中维生素 A 和维生素 E 的测定——反相高效液相色谱法"。

4．分析步骤

1）试样处理

（1）植物油脂。称取 0.5～2g 油样（精确至 0.01g）于 25mL 的棕色容量瓶中，加入 0.1g BHT，加入 10mL 流动相超声或漩涡振荡溶解后，用流动相定容至刻度，摇匀。过孔径为 0.22μm 有机系滤膜于棕色进样瓶中，待进样。

（2）奶油、黄油。称取 2～5g 样品（精确至 0.01g）于 50mL 的离心管中，加入 0.1g BHT，45℃水浴熔化，加入 5g 无水硫酸钠，漩涡振荡 1min，混匀，加入 25mL 流动相超声或漩涡振荡提取，离心，将上清液转移至浓缩瓶中，再用 20mL 流动相重复提取 1 次，合并上清液至浓缩瓶，在旋转蒸发器或气体浓缩仪上，于 45℃水浴中减压蒸馏或气流浓缩，待瓶中醚剩下约 2mL 时，取下蒸发瓶，立即用氮气吹干。用流动相将浓缩瓶中残留物溶解并转移至 10mL 容量瓶中，定容至刻度，摇匀。溶液过 0.22μm 有机系滤膜后供高效液相色谱测定。

（3）坚果、豆类、辣椒粉等干基植物样品。称取 2～5g 样品（精确至 0.01g），用索氏抽提器或加速溶剂萃取仪提取其中的植物油脂，将含油脂的提取溶剂转移至 250mL 蒸发瓶内，于 40℃水浴中减压蒸馏或气流浓缩至干，取下蒸发瓶，用 10mL 流动相将油脂转移至 25mL 容量瓶中，加入 0.1g BHT，超声或漩涡振荡溶解后，用流动相定容至刻度，摇匀。过孔径为 0.22μm 有机系滤膜于棕色进样瓶中，待进样。

2）色谱参考条件

色谱柱：酰氨基柱（柱长 150mm，内径 3.0mm，粒径 1.7μm），或相当者。

柱温：30℃。

流动相：正己烷＋[叔丁基甲基醚-四氢呋喃-甲醇混合液（20＋1＋0.1）]＝90＋10。

流速：0.8mL/min。

荧光检测波长：激发波长 294nm，发射波长 328nm。

进样量：10μL。

注：可用 ^{60}Si 硅胶柱（柱长 250mm，内径 4.6mm，粒径 5μm）分离 4 种生育酚异构体，推荐流动相为正己烷与 1,4-二氧六环按（95＋5）的比例混合。

3）标准曲线的制作

该方法采用外标法定量。将维生素 E 标准系列工作溶液（其中各种生育酚的质量浓度分别为 0.20μg/mL、0.50μg/mL、1.00μg/mL、2.00μg/mL、4.00μg/mL、6.00μg/mL），从低浓度到高浓度分别注入高效液相色谱仪中，测定相应的峰面积。以峰面积为纵坐标，标准溶液质量浓度为横坐标绘制标准曲线，计算直线回归方程。

4）样品测定

试样液经高效液相色谱仪分析，测得峰面积，采用外标法通过上述标准曲线计算其浓度。在测定过程中，建议每测定 10 个样品用同一份标准溶液或标准物质检查仪器的稳定性。

5．结果计算

试样中 α-生育酚、β-生育酚、γ-生育酚或 δ-生育酚的含量按式（4-29）计算：

$$X = \frac{\rho V f \times 100}{m}$$ （4-29）

式中，X——试样中 α-生育酚、β-生育酚、γ-生育酚或 δ-生育酚的含量，mg/100g；

　　　ρ——根据标准曲线计算得到的试样中 α-生育酚、β-生育酚、γ-生育酚或 δ-生育酚的质量浓度，μg/mL；

　　　V——定容体积，mL；

　　　f——换算系数（$f = 0.001$）；

　　　100——单位换算系数；

　　　m——试样的称样量，g。

计算结果保留 3 位有效数字。在重复性条件下获得的 2 次独立测定结果的绝对差值不得超过算术平均值的 10%。

6．说明和注意事项

（1）该方法适用于食用油、坚果、豆类和辣椒粉等食物中维生素 E 的测定。

（2）试验中使用的所有器皿不得含有氧化性物质；分液漏斗活塞玻璃表面不得涂油；维生素 E 极易被光破坏，处理过程应避免紫外光照，尽可能避光操作，或使用棕色玻璃仪器。

（3）如维生素 E 的测定结果如用 α-生育酚当量（α-TE）表示，计算方法同"食品中维生素 A 和维生素 E 的测定——反相高效液相色谱法"。

（三）食品中维生素 D 的测定

1．食品中维生素 D 的测定——液相色谱-串联质谱法

试样中加入维生素 D_2 的同位素内标（维生素 D_2-d_3）和维生素 D_3 的同位素内标（维生素 D_3-d_3）后，经氢氧化钾乙醇溶液皂化（含淀粉试样先用淀粉酶酶解）、提取、硅胶固相萃取柱净化、浓缩后，反相高效液相色谱 C_{18} 柱分离，串联质谱法检测，内标法定量。分别将维生素 D_2 和维生素 D_3 标准系列工作液由低浓度到高浓度依次进样，以维生素 D_2、维生素 D_3 与相应同位素内标的峰面积比值为纵坐标，以维生素 D_2、维生素 D_3 标准系列工作液质量浓度为横坐标分别绘制维生素 D_2、维生素 D_3 标准曲线。将待测样液依次进样，得到待测物与内标物的峰面积比值，根据标准曲线得到测定液中维生素 D_2、维生素 D_3 的浓度，进而计算试样中维生素 D_2（或维生素 D_3）的含量。待测样液中的响应值应在标准曲线线性范围内，超过线性范围则应减少取样量重新进行处理后再进样分析。

2．食品中维生素 D 的测定——高效液相色谱法

试样中的维生素 D_2 或维生素 D_3 经氢氧化钾乙醇溶液皂化（含淀粉试样先用淀粉酶酶解）、提取、净化、浓缩后，用正相高效液相色谱半制备，反相高效液相色谱 C_{18} 柱色谱分离，经紫外或二极管阵列检测器检测，内标法（或外标法）定量。如样品中只含有维生素 D_3，可用维生素 D_2 作内标；如样品中只含有维生素 D_2，可用维生素 D_3 作内标；

否则，用外标法定量，但需要验证回收率能否满足检测要求。

二、食品中水溶性维生素的测定

水溶性维生素一般具有以下理化性质：①都易溶于水，而不溶于苯、乙醚、氯仿等大多数有机溶剂；②在酸性介质中稳定，即使加热也不易被破坏，但在碱性介质中不稳定，易于分解，特别在碱性条件下加热，可大部分或全部被破坏；③易受空气、光、热、酶、金属离子等影响，维生素 B_2 对光，特别是紫外线敏感，维生素 C 对氧、铜离子敏感，易被氧化。根据上述性质，测定水溶性维生素时，一般在酸性溶液中进行预处理。维生素 B_1、维生素 B_2 通常采用酸水解，再经淀粉酶、木瓜蛋白酶等酶解，使结合态维生素游离出来，最后将它们从食物中提取出来。维生素 C 通常采用草酸或偏磷酸溶液直接提取，在一定浓度的酸性介质中，可以提高维生素 C 的稳定性。

（一）食品中维生素 B_1 的测定

1．高效液相色谱法

1）原理

样品在稀盐酸介质中恒温水解、中和，再酶解，水解液用碱性铁氰化钾溶液衍生，正丁醇萃取后，经 C_{18} 反相色谱柱分离，用高效液相色谱-荧光检测器检测，外标法定量。

2）试剂和材料

（1）铁氰化钾溶液（20g/L）：称取 2g 铁氰化钾，用水溶解并定容至 100mL，摇匀。临用前配制。

（2）氢氧化钠溶液（100g/L）：称取 25g 氢氧化钠，用水溶解并定容至 250mL，摇匀。

（3）碱性铁氰化钾溶液：将 5mL 铁氰化钾溶液与 200mL 氢氧化钠溶液混合，摇匀。临用前配制。

（4）盐酸溶液（0.1mol/L）：移取 8.5mL 盐酸，加水稀释至 1000mL，摇匀。

（5）盐酸溶液（0.01mol/L）：量取 0.1mol/L 盐酸溶液 50mL，用水稀释并定容至 500mL，摇匀。

（6）乙酸钠溶液（0.05mol/L）：称取 6.80g 乙酸钠，加 900mL 水溶解，用无水乙酸调 pH 值为 4.0～5.0，加水定容至 1000mL。经 0.45μm 微孔滤膜过滤后使用。

（7）乙酸钠溶液（2.0mol/L）：称取 27.2g 乙酸钠，用水溶解并定容至 100mL，摇匀。

（8）混合酶溶液：称取 1.76g 木瓜蛋白酶（应不含维生素 B_1，酶活力大于等于 800U/mg）、1.27g 淀粉酶（应不含维生素 B_1，酶活力大于等于 3700U/g），加水定容至 50mL，漩涡振荡，制成混悬状液体，冷藏保存。临用前再次摇匀后使用。

（9）维生素 B_1 标准贮备液（500μg/mL）：准确称取经五氧化二磷或者氯化钙干燥 24h 的盐酸硫胺素标准品（纯度大于等于 99.0%）56.1mg（精确至 0.1mg），相当于 50mg 硫胺素，用 0.01mol/L 盐酸溶液溶解并定容至 100mL，摇匀。置于 0～4℃冰箱中，保存期为 3 个月。

（10）维生素 B_1 标准系列工作液：准确移取 2mL 标准贮备液，用水稀释并定容至

100mL，摇匀，得到维生素 B_1 标准中间液（10.0μg/mL），临用前配制。吸取维生素 B_1 标准中间液 0μL、50.0μL、100μL、200μL、400μL、800μL、1000μL，用水定容至 10mL，标准系列工作液中维生素 B_1 的质量浓度分别为 0μg/mL、0.0500μg/mL、0.100μg/mL、0.200μg/mL、0.400μg/mL、0.800μg/mL、1.00μg/mL。临用时配制。

3）仪器和设备

（1）高效液相色谱仪：配置荧光检测器。

（2）分析天平：感量为 0.01g 和 0.1mg。

（3）离心机：转速大于等于 4000r/min。

（4）酸度计：精度为 0.01。

（5）组织捣碎机：最大转速不低于 10 000r/min。

（6）电热恒温干燥箱或高压灭菌锅。

4）分析步骤

（1）试样的制备。

① 液体或固体粉末样品：将样品混合均匀后，立即测定或于冰箱中冷藏。

② 新鲜水果、蔬菜和肉类：取 500g 左右样品（肉类取 250g），用组织匀浆机或者组织捣碎机将样品均质后，制得均匀性一致的匀浆，立即测定或者于冰箱中冷冻保存。

③ 其他水分含量较低的固体样品：如水分含量在 15% 左右的谷物，取 100g 左右样品，用组织捣碎机将样品粉碎后，制得均匀性一致的粉末，立即测定或者于冰箱中冷藏保存。

（2）试样溶液的制备。

① 试液提取：称取 3～5g（精确至 0.01g）固体试样或者 10～20g（精确至 0.01g）液体试样于 100mL 锥形瓶（带有软质塞子）中，加 60mL 0.1mol/L 盐酸溶液，充分摇匀，塞上软质塞子，高压灭菌锅中 121℃保持 30min。水解结束待冷却至 40℃以下取出，轻摇数次；用酸度计指示，用 2.0mol/L 乙酸钠溶液调节 pH 值至 4.0 左右，加入 2.0mL（可根据酶活力不同适当调整用量）混合酶溶液，摇匀后，置于培养箱中 37℃过夜（约 16h）；将酶解液全部转移至 100mL 容量瓶中，用水定容至刻度，摇匀，离心或者过滤，取上清液备用。

② 试液衍生化：准确移取上述上清液或者滤液 2.0mL 于 10mL 试管中，加入 1.0mL 碱性铁氰化钾溶液，漩涡混匀后，准确加入 2.0mL 正丁醇，再次漩涡混匀 1.5min 后静置约 10min 或者离心，待充分分层后，吸取正丁醇相（上层）经 0.45μm 有机微孔滤膜过滤，取滤液于 2mL 棕色进样瓶中，供分析用。若试液中维生素 B_1 浓度超出线性范围的最高浓度值，应取上清液稀释适宜倍数后，重新衍生后进样。另取 2.0mL 标准系列工作液，与试液同步进行衍生化。

（3）仪器参考条件。

色谱柱：C_{18} 反相色谱柱（柱长 250mm，内径 4.6mm，粒径 5μm），或相当者。

流动相：0.05mol/L 乙酸钠溶液-甲醇（65＋35）。

流速：0.8mL/min。

检测波长：激发波长 375nm，发射波长 435nm。

进样量：20μL。

（4）标准曲线的制作。将标准系列工作液衍生物注入高效液相色谱仪中，测定相应的维生素 B_1 峰面积，以标准工作液的质量浓度（μg/mL）为横坐标，以峰面积为纵坐标，绘制标准曲线。

（5）试样溶液的测定。将试样衍生物溶液注入高效液相色谱仪中，得到维生素 B_1 的峰面积，根据标准曲线计算得到待测液中维生素 B_1 的质量浓度。

5）结果计算

试样中维生素 B_1 的含量按式（4-30）计算：

$$X = \frac{\rho Vf}{m \times 1000} \times 100 \qquad (4\text{-}30)$$

式中，X——试样中维生素 B_1（以硫胺素计）的含量，mg/100g；

ρ——由标准曲线计算得到的试液（提取液）中维生素 B_1 的质量浓度，μg/mL；

V——试液（提取液）的定容体积，mL；

f——试液（上清液）衍生前的稀释倍数；

m——试样的质量，g；

100、1000——单位换算系数。

计算结果以重复性条件下获得的 2 次独立测定结果的算术平均值表示，结果保留 3 位有效数字。在重复性条件下获得的 2 次独立测定结果的绝对差值不得超过算术平均值的 10%。

6）说明和注意事项

（1）高效液相色谱法在维生素 B_1 测定中应用日益普遍，带荧光检测器的高效液相色谱法由于操作简便快速、灵敏度高、干扰少而备受青睐。但维生素 B_1 本身无荧光，须经衍生化后才有荧光特性。

（2）一般食品中的硫胺素有游离态的，也有结合态的，即与淀粉、蛋白质等结合在一起的，故需用酸和酶水解，使结合态成为游离态，再进行测定。

（3）样品与铁氰化钾溶液混合后，所呈现的黄色应至少保持 15s，否则应再滴加铁氰化钾溶液 1～2 滴。样品中如含有还原性物质，而铁氰化钾用量不够时，硫胺素氧化不完全，会给结果带来误差。但过多的铁氰化钾也会破坏硫色素，故应恰当控制铁氰化钾的用量。

（4）室温条件下，衍生产物在 4h 内稳定。

（5）试样的提取及衍生化过程应在避免强光照射的环境下进行。

（6）辣椒干等样品，提取液直接衍生后测定时，维生素 B_1 的回收率偏低。提取液经人造沸石净化后，再衍生时维生素 B_1 的回收率满足要求。故对于个别特殊样品，当回收率偏低时，样品提取液应净化后再衍生。

（7）用正丁醇萃取衍生物时，振摇不宜过猛，以免乳化，不易分层。

（8）试样中测定的硫胺素含量乘以换算系数 1.121，即得盐酸硫胺素的含量。

2．荧光分光光度法

硫胺素在碱性铁氰化钾溶液中被氧化成噻嘧色素，在紫外线照射下，噻嘧色素发出荧光。在给定的条件下，以及没有其他荧光物质干扰时，此荧光的强度与噻嘧色素量成正比，即与溶液中硫胺素量成正比。试样经过水解、酶解、净化、氧化等处理之后，测定荧光强度（激发波长为 365nm，发射波长为 435nm，狭缝宽度为 5nm），与标准系列比较定量。该方法适用于各类食物中硫胺素的测定，但不适用于有吸附硫胺素能力的物质和含有其他荧光物质干扰的样品。该方法衍生、萃取的重复性控制较为困难，需配置荧光光度计，复杂基质样品须经过离子交换剂处理，使硫胺素与杂质分离，然后以所得溶液用于测定，操作较复杂。

（二）食品中维生素 B_2 的测定

1. 高效液相色谱法

1）原理

试样在稀盐酸环境中恒温水解，调 pH 值为 6.0～6.5，用木瓜蛋白酶和高峰淀粉酶酶解，定容过滤后，滤液经反相色谱柱分离，高效液相色谱荧光检测器检测，外标法定量。

2）试剂和材料

（1）盐酸溶液（0.1mol/L）：吸取 9mL 盐酸，用水稀释并定容至 1000mL。

（2）盐酸溶液（1＋1）：量取 100mL 盐酸，缓慢倒入 100mL 水中，混匀。

（3）氢氧化钠溶液（1mol/L）：准确称取 4g 氢氧化钠，加 90mL 水溶解，冷却后定容至 100mL。

（4）乙酸钠溶液（0.1mol/L）：准确称取 13.60g 三水乙酸钠，加 900mL 水溶解，用水定容至 1000mL。

（5）乙酸钠溶液（0.05mol/L）：准确称取 6.80g 三水乙酸钠，加 900mL 水溶解，用无水乙酸调 pH 值为 4.0～5.0，用水定容至 1000mL。

（6）混合酶溶液：准确称取 2.345g 木瓜蛋白酶（酶活力大于等于 10U/mg）和 1.175g 高峰淀粉酶（酶活力大于等于 100U/mg），或性能相当者，加水溶解后定容至 50mL。临用前配制。

（7）盐酸溶液（0.12mol/L）：吸取 1mL 盐酸，用水稀释并定容至 100mL。

（8）维生素 B_2 标准贮备液（100μg/mL）：将维生素 B_2 标准品（纯度大于等于 98%）置于真空干燥器或装有五氧化二磷的干燥器中干燥处理 24h 后，准确称取 10mg（精确至 0.1mg）维生素 B_2 标准品，加入 2mL 盐酸溶液（1＋1）超声溶解后，立即用水转移并定容至 100mL。混匀后转移入棕色玻璃容器中，在 4℃冰箱中贮存，保存期 2 个月。标准贮备液在使用前按下述方法进行浓度校正：

标准校正溶液的配制：准确吸取 1.00mL 维生素 B_2 标准贮备液，加 1.30mL 0.1mol/L 的乙酸钠溶液，用水定容到 10mL，作为标准测试液。

对照溶液的配制：准确吸取 1.00mL 0.12mol/L 的盐酸溶液，加 1.30mL 0.1mol/L 的乙酸钠溶液，用水定容到 10mL，作为对照溶液。

吸收值的测定：用 1cm 比色杯于 444nm 波长下，以对照溶液为空白对照，测定标准校正溶液的吸收值。

维生素 B_2 标准贮备液的质量浓度按式（4-31）计算：

$$\rho = \frac{A_{444} \times 10^4 \times 10}{328} \tag{4-31}$$

式中，ρ——维生素 B_2 标准贮备液的质量浓度，$\mu g/mL$；

$\quad\quad A_{444}$——标准测试液在 444nm 波长下的吸光度值；

$\quad\quad 10^4$——将 1%的标准溶液浓度单位换算为测定溶液浓度单位（$\mu g/mL$）的换算系数；

$\quad\quad 10$——标准贮备液的稀释因子；

$\quad\quad 328$——维生素 B_2 在 444nm 波长下的 1%比色光系数 $E_{1cm}^{1\%}$，即在 444nm 波长下，液层厚度为 1cm 时，浓度为 1%的维生素 B_2 溶液（盐酸-乙酸钠溶液，pH 值为 3.8）的吸光度。

（9）维生素 B_2 标准中间液（2.00μg/mL）：准确吸取 2.00mL 维生素 B_2 标准贮备液，用水稀释并定容至 100mL。临用前配制。

（10）维生素 B_2 标准系列工作液：分别吸取维生素 B_2 标准中间液 0.25mL、0.50mL、1.00mL、2.50mL、5.00mL，用水定容至 10mL，该标准系列质量浓度分别为 0.05μg/mL、0.10μg/mL、0.20μg/mL、0.50μg/mL、1.00μg/mL。临用前配制。

3）仪器和设备

（1）高效液相色谱仪：带荧光检测器。

（2）分析天平：感量为 0.01g 和 0.1mg。

（3）高压灭菌锅。

（4）酸度计：精度 0.01。

（5）组织捣碎机。

（6）恒温水浴锅。

（7）分光光度计。

4）分析步骤

（1）试样制备。取样品约 500g，用组织捣碎机充分打匀均质，分装入洁净棕色磨口瓶中，密封，并做好标记，避光存放备用。称取 2～10g（精确至 0.01g）均质后的试样（试样中维生素 B_2 的含量大于 5μg）于 100mL 具塞锥形瓶中，加入 60mL 的 0.1mol/L 盐酸溶液，充分摇匀，塞好瓶塞。将锥形瓶放入高压灭菌锅内，在 121℃下保持 30min，冷却至室温后取出。用 1mol/L 氢氧化钠溶液调 pH 值为 6.0～6.5，加入 2mL 混合酶溶液，摇匀后，置于 37℃培养箱或恒温水浴锅中过夜酶解。将酶解液转移至 100mL 容量瓶中，加水定容至刻度，用滤纸过滤或离心，取滤液或上清液，过 0.45μm 水相滤膜作为待测液。不加试样，按同一操作方法做空白试验。

（2）仪器参考条件。

色谱柱：C_{18} 柱（柱长 150mm，内径 4.6mm，粒径 5μm），或相当者。

流动相：乙酸钠溶液（0.05mol/L）＋甲醇（65＋35）。

流速：1mL/min。

柱温：30℃。

检测波长：激发波长 462nm，发射波长 522nm。

进样体积：20μL。

（3）标准曲线的制作。将标准系列工作液分别注入高效液相色谱仪中，测定相应的峰面积，以标准工作液的浓度为横坐标，以峰面积为纵坐标，绘制标准曲线。

（4）试样溶液的测定。将试样溶液注入高效液相色谱仪中，得到相应的峰面积，根据标准曲线得到待测液中维生素 B_2 的浓度。

5）结果计算

试样中维生素 B_2（以核黄素计）的含量按式（4-32）计算：

$$X = \frac{\rho V}{m} \times \frac{100}{1000} \qquad (4\text{-}32)$$

式中，X——试样中维生素 B_2 的含量，mg/100g；

  ρ——根据标准曲线计算得到的试样中维生素 B_2 的质量浓度，μg/mL；

  V——试样溶液的最终定容体积，mL；

  m——试样质量，g；

  100、1000——单位换算系数。

结果保留 3 位有效数字。在重复性条件下获得的 2 次独立测定结果的绝对差值不得超过算术平均值的 10%。

6）说明和注意事项

（1）维生素 B_2 标准贮备液在使用前需要进行浓度校正。

（2）试样制备过程中应避免强光照射。

（3）空白试验溶液色谱图中应不含待测组分峰或其他干扰峰。

2．荧光分光光度法

维生素 B_2 在 440～500nm 波长光照射下产生黄绿色荧光。在稀溶液中其荧光强度与维生素 B_2 的浓度成正比。试样经过水解、酶解、氧化去杂质、吸附和洗脱处理后在波长 525nm 下测定其荧光强度。试液再加入连二亚硫酸钠，将维生素 B_2 还原为无荧光的物质，然后测定试液中残余荧光杂质的荧光强度，两者之差即为试样中维生素 B_2 所产生的荧光强度，与维生素 B_2 标准曲线比较定量。

（三）食品中抗坏血酸（维生素 C）的测定

抗坏血酸是一种具有抗氧化性质的有机化合物，又称为维生素 C，是一种己糖醛基酸，广泛存在于新鲜果蔬中，是人体重要的必需维生素，在氧化还原代谢反应中起调节作用，人体不能自身合成，必须靠摄取获得，严重缺乏时可引起坏血病。抗坏血酸有以下几种不同构型：

L（＋）-抗坏血酸，为左式右旋光抗坏血酸，具有强还原性，对人体具有生物活性。

D（－）-抗坏血酸，又称异抗坏血酸，具有强还原性，但对人体基本无生物活性。

L（＋）-脱氢抗坏血酸，通常称为脱氢抗坏血酸 L（＋）-抗坏血酸极易被氧化为 L（＋）-脱氢抗坏血酸，L（＋）-脱氢抗坏血酸也可被还原为 L（＋）-抗坏血酸。

将试样中 L（＋）-脱氢抗坏血酸还原成 L（＋）-抗坏血酸或将试样中 L（＋）-抗坏血酸氧化成 L（＋）-脱氢抗坏血酸后测得的是 L（＋）-抗坏血酸总量。

测定维生素 C 常用的方法有高效液相色谱法、荧光法和 2,6-二氯靛酚滴定法，不同的方法有不同的适用范围，应根据试样性质和检测要求选择合适的方法。

1．高效液相色谱法

1）原理

试样中的抗坏血酸用偏磷酸溶解超声提取后，以离子对试剂为流动相，经反相色谱柱分离，其中 L（＋）-抗坏血酸和 D（－）-抗坏血酸直接用配有紫外检测器的液相色谱仪（波长 245nm）测定；试样中的 L（＋）-脱氢抗坏血酸经 L-半胱氨酸溶液进行还原后，用紫外检测器（波长 245nm）测定 L（＋）-抗坏血酸总量，或减去原样品中测得的 L（＋）-抗坏血酸含量而获得 L（＋）-脱氢抗坏血酸的含量。以色谱峰的保留时间定性，外标法定量。

2）试剂和材料

（1）偏磷酸溶液（200g/L）：称取 200g（精确至 0.1g）偏磷酸，溶于水并稀释至 1L，此溶液在 4℃的环境中可保存 1 个月。

（2）偏磷酸溶液（20g/L）：量取 50mL 200g/L 偏磷酸溶液，用水稀释至 500mL。

（3）磷酸三钠溶液（100g/L）：称取 100g（精确至 0.1g）磷酸三钠，溶于水并稀释至 1L。

（4）L-半胱氨酸溶液（40g/L）：称取 4g L-半胱氨酸，溶于水并稀释至 100mL。临用时配制。

（5）L（＋）-抗坏血酸标准贮备溶液（1.000mg/mL）：准确称取 L（＋）-抗坏血酸标准品 0.01g（纯度大于等于 99%，精确至 0.01mg），用 20g/L 的偏磷酸溶液定容至 10mL。该贮备液在 2～8℃避光条件下可保存 1 周。

（6）D（－）-抗坏血酸标准贮备溶液（1.000mg/mL）：准确称取 D（－）-抗坏血酸标准品 0.01g（精确至 0.01mg），用 20g/L 的偏磷酸溶液定容至 10mL。该贮备液在 2～8℃避光条件下可保存 1 周。

（7）抗坏血酸混合标准系列工作液：分别吸取 L（＋）-抗坏血酸和 D（－）-抗坏血酸标准贮备液 0mL、0.05mL、0.50mL、1.0mL、2.5mL、5.0mL，用 20g/L 的偏磷酸溶液定容至 100mL。标准系列工作液中 L（＋）-抗坏血酸和 D（－）-抗坏血酸的质量浓度分别为 0μg/mL、0.5μg/mL、5.0μg/mL、10.0μg/mL、25.0μg/mL、50.0μg/mL。临用时配制。

3）仪器和设备

（1）液相色谱仪：配有二极管阵列检测器或紫外检测器。

（2）酸度计：精度为 0.01。

（3）分析天平：感量为 0.1g、1mg、0.01mg。

（4）超声波清洗器。

（5）离心机：转速大于等于 4000r/min。

（6）均质机。

（7）振荡器。

4）分析步骤

整个检测过程尽可能在避光条件下进行。

（1）试样制备。

① 液体或固体粉末样品：混合均匀后，应立即用于检测。

② 水果、蔬菜及其制品或其他固体样品：取 100g 左右样品加入等质量 20g/L 的偏磷酸溶液，经均质机均质并混合均匀后，应立即测定。

（2）试样溶液的制备。称取 0.5～2g（精确至 0.001g）混合均匀的固体试样或匀浆试样，或吸取 2～10mL 液体试样 ［使所取试样含 L（＋）-抗坏血酸 0.03～6mg］于 50mL 烧杯中，用 20g/L 的偏磷酸溶液将试样转移至 50mL 容量瓶中，振摇溶解并定容。摇匀，全部转移至 50mL 离心管中，超声提取 5min 后，于 4000r/min 离心 5min，取上清液过 0.45μm 水相滤膜，滤液待测 ［由此试液可同时分别测定试样中 L（＋）-抗坏血酸和 D（－）-抗坏血酸的含量］。

（3）试样溶液的还原。准确吸取 20mL 上述离心后的上清液于 50mL 离心管中，加入 10mL 40g/L 的 L-半胱氨酸溶液，用 100g/L 磷酸三钠溶液调 pH 值为 7.0～7.2，以 200 次/min 振荡 5min。再用磷酸调 pH 值为 2.5～2.8，用水将试液全部转移至 50mL 容量瓶中，并定容至刻度。混匀后取此试液过 0.45μm 水相滤膜后待测 ［由此试液可测定试样中包括脱氢型的 L（＋）-抗坏血酸总量］。若试样含有增稠剂，可准确吸取 4mL 经 L-半胱氨酸溶液还原的试液，再准确加入 1mL 甲醇，混匀后过 0.45μm 滤膜后待测。

（4）仪器参考条件。

色谱柱：C_{18}柱（柱长 250mm，内径 4.6mm，粒径 5μm），或同等性能的色谱柱。

检测器：二极管阵列检测器或紫外检测器。

流动相：A 为 6.8g 磷酸二氢钾和 0.91g 十六烷基三甲基溴化铵，用水溶解并定容至 1L（用磷酸调 pH 值为 2.5～2.8）；B 为 100%甲醇。按 A＋B＝98＋2 混合，过 0.45μm 滤膜，超声脱气。

流速：0.7mL/min。

检测波长：245nm。

柱温：25℃。

进样量：20μL。

（5）标准曲线制作。分别对抗坏血酸混合标准系列工作溶液进行测定，以 L（＋）-抗坏血酸 ［或 D（－）-抗坏血酸］标准溶液的质量浓度（μg/mL）为横坐标，L（＋）-抗坏血酸 ［或 D（－）-抗坏血酸］的峰高或峰面积为纵坐标，绘制标准曲线或计算回归方程。

（6）试样溶液的测定。对试样溶液进行测定，根据标准曲线得到测定液中 L（＋）-抗坏血酸 ［或 D（－）-抗坏血酸］的质量浓度（μg/mL）。

（7）空白试验。空白试验是指除不加试样外，采用完全相同的分析步骤、试剂和用量，进行平行操作。

5）结果计算

试样中 L（＋）-抗坏血酸 ［或 D（－）-抗坏血酸、L（＋）-抗坏血酸总量］的含量以毫克每百克表示，按式（4-33）计算：

$$X=\frac{(\rho_1-\rho_0)\,V}{m\times1000}FK\times100 \qquad (4\text{-}33)$$

式中，X——试样中 L（＋）-抗坏血酸［或 D（－）-抗坏血酸、L（＋）-抗坏血酸总量］
　　　　　　的含量，mg/100g；

　　　　ρ_1——样液中 L（＋）-抗坏血酸［或 D（－）-抗坏血酸］的质量浓度，μg/mL；

　　　　ρ_0——样品空白液中 L（＋）-抗坏血酸［或 D（－）-抗坏血酸］的质量浓度，μg/mL；

　　　　V——试样的最后定容体积，mL；

　　　　m——实际检测试样质量，g；

　　　　F——稀释倍数（若使用上述还原步骤，为 2.5）；

　　　　K——若使用上述甲醇沉淀步骤，为 1.25；

　　　　100、1000——单位换算系数。

　　计算结果以重复性条件下获得的 2 次独立测定结果的算术平均值表示，结果保留 3
位有效数字。在重复性条件下获得的 2 次独立测定结果的绝对差值不得超过算术平均值
的 10%。

　　6）说明和注意事项

　　（1）该方法简单、快速、准确，适用于乳粉、谷物、蔬菜、水果及其制品、肉制品、
维生素类补充剂、果冻、胶基糖果、八宝粥、葡萄酒中 L（＋）-抗坏血酸、D（－）-抗坏
血酸和 L（＋）-抗坏血酸总量的测定。

　　（2）抗坏血酸的化学性质不稳定，易被氧化，但在酸性条件下较稳定。试样制备过
程中加入偏磷酸的目的是防止抗坏血酸的氧化损失。

　　2．荧光法

　　1）原理

　　试样中 L（＋）-抗坏血酸经活性炭氧化为 L（＋）-脱氢抗坏血酸后，与邻苯二胺反
应生成有荧光的喹唔啉，其荧光强度与 L（＋）-抗坏血酸的浓度在一定条件下成正比，
以此测定试样中 L（＋）-抗坏血酸总量。

　　2）试剂和材料

　　（1）偏磷酸-乙酸溶液：取 15g 偏磷酸，加入 4mL 无水乙酸及 250mL 水，加温，搅
拌至溶解，冷却后加水稀释成 500mL，于 4℃冰箱可保存 7～10d。

　　（2）硫酸溶液（0.15mol/L）：将 8.3mL 硫酸，小心加入水中，再加水稀释成 1000mL。

　　（3）偏磷酸-乙酸-硫酸溶液：称取 15g 偏磷酸，加入 40mL 无水乙酸，滴加 0.15mol/L
硫酸溶液至溶解，并稀释至 500mL。

　　（4）乙酸钠溶液（500g/L）：称取 500g 乙酸钠，加水至 1000mL。

　　（5）硼酸-乙酸钠溶液：称取 3g 硼酸，用 500g/L 乙酸钠溶液溶解并稀释至 100mL。
临用时配制。

　　（6）邻苯二胺溶液：称取 20mg 邻苯二胺，用水稀释至 100mL，临用时配制。

　　（7）酸性活性炭：称取约 200g 活性炭粉（75～177μm），加入 1L 盐酸（1＋9），加
热回流 1～2h，过滤，用水洗至滤液中无铁离子为止，于 110～120℃干燥 10h，备用。

检验铁离子方法：利用普鲁士蓝反应。将 20g/L 亚铁氰化钾与 1%盐酸等量混合，将上述洗出滤液滴入，如有铁离子则产生蓝色沉淀。

（8）百里酚蓝指示剂溶液（0.4g/L）：称取 0.1g 百里酚蓝，加入 0.02mol/L 氢氧化钠溶液约 10.75mL，在玻璃研钵内研磨至溶解，用水稀释成 250mL（变色范围：pH 值为 1.2 时呈红色；pH 值为 2.8 时呈黄色；pH 值大于 4 时呈蓝色）。

（9）L（＋）-抗坏血酸标准溶液（1.000mg/mL）：称取 L（＋）-抗坏血酸 0.05g（纯度大于等于 99%，精确至 0.01mg），用偏磷酸-乙酸溶液溶解并稀释至 50mL，该贮备液在 2~8℃避光条件下可保存 1 周。

（10）L（＋）-抗坏血酸标准工作液（100.0μg/mL）：准确吸取 L（＋）-抗坏血酸标准液 10mL，用偏磷酸-乙酸溶液稀释至 100mL。临用时配制。

3）仪器和设备

（1）荧光分光光度计：具有激发波长 338nm 及发射波长 420nm。配有 1cm 比色皿。

（2）组织捣碎机。

（3）分析天平：感量为 0.1g、0.01g、0.01mg。

4）分析步骤

（1）试液的制备。称取约 100g（精确至 0.1g）试样，加 100g 偏磷酸-乙酸溶液，倒入组织捣碎机内打成匀浆，用百里酚蓝指示剂测试匀浆的酸碱度。若呈红色，则称取适量匀浆用偏磷酸-乙酸溶液稀释；若呈黄色或蓝色，则称取适量匀浆用偏磷酸-乙酸-硫酸溶液稀释，使其 pH 值为 1.2。匀浆的取用量根据试样中抗坏血酸的含量而定。当试样液中抗坏血酸含量为 40~100μg/mL 时，一般称取 20g（精确至 0.01g）匀浆，用相应溶液稀释至 100mL，过滤，滤液备用。

（2）测定。

氧化处理：分别准确吸取 50mL 试样滤液及抗坏血酸标准工作液于 200mL 具塞锥形瓶中，加入 2g 活性炭，用力振摇 1min，过滤，弃去最初数毫升滤液，分别收集其余全部滤液，即为试样氧化液和标准氧化液，待测定。

分别准确吸取 10mL 试样氧化液于 2 个 100mL 容量瓶中，作为"试样液"和"试样空白液"。

分别准确吸取 10mL 标准氧化液于 2 个 100mL 容量瓶中，作为"标准液"和"标准空白液"。

于"试样空白液"和"标准空白液"中各加 5mL 硼酸-乙酸钠溶液，混合摇动 15min，用水稀释至 100mL，在 4℃冰箱中放置 2~3h，取出待测。

于"试样液"和"标准液"中各加 5mL 的 500g/L 乙酸钠溶液，用水稀释至 100mL，待测。

（3）绘制标准曲线。准确吸取上述"标准液"［L（＋）-抗坏血酸含量 10μg/mL］0.5mL、1.0mL、1.5mL、2.0mL，分别置于 10mL 具塞刻度试管中，用水补充至 2.0mL。另准确吸取"标准空白液"2mL 于 10mL 带盖刻度试管中。在暗室迅速向各管中加入 5mL 邻苯二胺溶液，振摇混合，在室温下反应 35min，于激发波长 338nm、发射波长 420nm 处测定荧光强度。以"标准液"系列荧光强度分别减去"标准空白液"荧光强度的差值为纵坐标，对应的 L（＋）-抗坏血酸含量为横坐标，绘制标准曲线或计算直线回归方程。

（4）试样测定。分别准确吸取 2mL"试样液"和"空白液"于 10mL 具塞刻度试管中，在暗室迅速向各管中加入 5mL 邻苯二胺溶液，振摇混合，在室温下反应 35min，于激发波长 338nm、发射波长 420nm 处测定荧光强度。以"试样液"荧光强度减去试样"空白液"的荧光强度的差值于标准曲线上查得或回归方程计算测定试样溶液中 L（＋）-抗坏血酸总量。

5）结果计算

试样中 L（＋）-抗坏血酸总量，按式（4-34）计算：

$$X = \frac{\rho V}{m} \times F \times \frac{100}{1000} \tag{4-34}$$

式中，X——试样中 L（＋）-抗坏血酸的总量，mg/100g；

ρ——由标准曲线查得或回归方程计算的进样液中 L（＋）-抗坏血酸的质量浓度，μg/mL；

V——荧光反应所用试样体积，mL；

m——实际检测试样质量，g；

F——试样溶液的稀释倍数；

100、1000——单位换算系数。

计算结果以重复性条件下获得的 2 次独立测定结果的算术平均值表示，结果保留 3 位有效数字。在重复性条件下获得的 2 次独立测定结果的绝对差值不得超过算术平均值的 10%。

6）说明和注意事项

（1）该方法适用于乳粉、蔬菜、水果及其制品中 L（＋）-抗坏血酸总量的测定。

（2）L（＋）-脱氢抗坏血酸与硼酸可形成复合物而不与邻苯二胺反应，以此排除试样中荧光杂质产生的干扰。当食物中含有丙酮酸时，也与邻苯二胺反应生成一种荧光物质，干扰测定。这时可加入硼酸，硼酸与脱氢抗坏血酸结合生成硼酸脱氢抗坏血酸螯合物，此螯合物不能与邻苯二胺反应生成荧光物质；而硼酸不与丙酮酸反应，丙酮酸仍可发生上述反应。因此，加入硼酸后测出的荧光值即为空白的荧光值。

（3）整个检测过程应在避光条件下进行。

（4）影响荧光强度的因素很多，各次测定条件很难完全再现，因此，标准曲线最好与样品同时做。

（5）活性炭的氧化机理是基于表面吸附的氧进行界面反应，加入量不足氧化不充分，加入量过高则对抗坏血酸有吸附作用，所以其用量应准确。

食品中抗坏血酸的测定——2,6-二氯靛酚滴定法

3．2,6-二氯靛酚滴定法

1）原理

用蓝色的碱性染料 2,6-二氯靛酚标准溶液对含 L（＋）-抗坏血酸的试样酸性浸出液进行氧化还原滴定，2,6-二氯靛酚被还原为无色，当到达滴定终点时，多余

的 2,6-二氯靛酚在酸性介质中显浅红色，由 2,6-二氯靛酚的消耗量计算样品中 L（＋）-抗坏血酸的含量。

2）试剂和材料

（1）偏磷酸溶液（20g/L）：称取 20g 偏磷酸，用水溶解并定容至 1L。

（2）草酸溶液（20g/L）：称取 20g 草酸，用水溶解并定容至 1L。

（3）2,6-二氯靛酚（2,6-二氯靛酚钠盐）溶液：称取碳酸氢钠 52mg 溶解在 200mL 热蒸馏水中，然后称取 2,6-二氯靛酚 50mg 溶解在上述碳酸氢钠溶液中。冷却并用水定容至 250mL，过滤至棕色瓶内，于 4~8℃环境中保存。每次使用前，用标准抗坏血酸溶液标定其滴定度。标定方法如下：

准确吸取 1mL 抗坏血酸标准溶液于 50mL 锥形瓶中，加入 10mL 偏磷酸溶液或草酸溶液，摇匀，用 2,6-二氯靛酚溶液滴定至粉红色，保持 15s 不褪色为止。同时另取 10mL 偏磷酸溶液或草酸溶液做空白试验。2,6-二氯靛酚溶液的滴定度按式（4-35）计算：

$$T=\frac{\rho V}{V_1-V_0} \tag{4-35}$$

式中，T——2,6-二氯靛酚溶液的滴定度，即每毫升 2,6-二氯靛酚溶液相当于抗坏血酸的毫克数，mg/mL；

　　　ρ——抗坏血酸标准溶液的质量浓度，mg/mL；

　　　V——吸取抗坏血酸标准溶液的体积，mL；

　　　V_1——滴定抗坏血酸标准溶液所消耗 2,6-二氯靛酚溶液的体积，mL；

　　　V_0——滴定空白所消耗 2,6-二氯靛酚溶液的体积，mL。

（4）L（＋）-抗坏血酸标准溶液（1.000mg/mL）：称取 100mg（精确至 0.1mg）L（＋）-抗坏血酸标准品（纯度大于等于 99%），溶于偏磷酸溶液或草酸溶液并定容至 100mL。该贮备液在 2~8℃避光条件下可保存 1 周。

3）仪器和设备

（1）组织捣碎机。

（2）分析天平：感量为 0.1g、0.01g、0.1mg。

4）分析步骤

（1）试液制备：称取具有代表性样品的可食部分 100g，放入组织捣碎机中，加入 100g 偏磷酸溶液或草酸溶液，迅速捣成匀浆。准确称取 10~40g 匀浆样品（精确至 0.01g）于烧杯中，用偏磷酸溶液或草酸溶液将样品转移至 100mL 容量瓶，并稀释至刻度，摇匀后过滤。若滤液有颜色，可按每克样品加 0.4g 白陶土脱色后再过滤。

（2）滴定：准确吸取 10mL 滤液于 50mL 锥形瓶中，用标定过的 2,6-二氯靛酚溶液滴定，直至溶液呈粉红色 15s 不褪色为止。同时做空白试验。

5）结果计算

试样中 L（＋）-抗坏血酸含量按式（4-36）计算：

$$X=\frac{(V-V_0)TA}{m}\times100 \tag{4-36}$$

式中，X——试样中 L（＋）-抗坏血酸含量，mg/100g；

V——滴定试样所消耗 2,6-二氯靛酚溶液的体积，mL；

V_0——滴定空白所消耗 2,6-二氯靛酚溶液的体积，mL；

T——2,6-二氯靛酚溶液的滴定度，即每毫升 2,6-二氯靛酚溶液相当于抗坏血酸的毫克数，mg/mL；

A——稀释倍数；

m——试样质量，g；

100——单位换算系数。

计算结果以重复性条件下获得的 2 次独立测定结果的算术平均值表示，结果保留 3 位有效数字。在重复性条件下获得的 2 次独立测定结果的绝对差值，在 L（＋）-抗坏血酸含量大于 20mg/100g 时不得超过算术平均值的 2%，在 L（＋）-抗坏血酸含量小于等于 20mg/100g 时不得超过算术平均值的 5%。

6）说明和注意事项

（1）该方法适用于水果、蔬菜及其制品中 L（＋）-抗坏血酸的测定。

（2）整个检测过程应在避光条件下进行。

（3）样品采取后，应浸泡在已知量的 2%草酸溶液中，以防止维生素 C 氧化损失。测定时整个操作过程要迅速，防止抗坏血酸被氧化。

（4）若测动物性样品，须用 10%三氯乙酸代替 2%草酸溶液提取。

（5）若样品滤液颜色较深，影响滴定终点观察，可加入适量白陶土再过滤。

（6）若样品中含有 Fe^{2+}、Cu^{2+}、Sn^{2+}、亚硫酸盐、硫代硫酸盐等还原性杂质，会使结果偏高。

有无这些干扰离子可用以下方法检验：取样品提取液、偏磷酸-乙酸溶液各 5mL 混合均匀，加入 0.05%亚甲基蓝水溶液 2 滴。如亚甲基蓝颜色在 5～10s 内消失，即证明有干扰物存在；此检验对 Sn^{2+}无反应，可在另一份 10mL 的样品溶液中加入（1＋3）盐酸溶液 10mL，加 0.05%靛胭脂红水溶液 5 滴，若颜色在 5～10s 内消失，证明有亚锡或其他干扰性物质存在。

为消除上述杂质带来的误差，可采取以下测定方法：取 10mL 提取液 2 份，各加入 0.1mL 10%硫酸铜溶液，在 110℃加热 10min，冷却后用染料滴定。有铜存在时，抗坏血酸完全被破坏，从样品滴定值中扣除校正值，即得抗坏血酸含量。

第五节　食品中矿物质的测定

矿物质是指维持人体正常生理功能所必需的无机化学元素，包括钙、磷、钠、氯、镁、钾、硫、铁、硒、锌、铜、碘等，其中铁、硒、锌、铜、碘等在人体内总含量小于体重的万分之一或每日摄入量在 100mg 以下，属于微量元素。矿物质元素在人体内起着重要的生理作用，是不可缺少的。例如，铁是血红细胞形成的必需元素，对血红蛋白的产生是必需的，在氧的转运和细胞呼吸中起重要作用；锌存在于至少 25 个食物消化营养代谢的酶中，对于保证机体免疫系统的完整性起着重要作用，锌有助于改善食欲，是儿童生长发育的必需元素；钙可促进体内某些酶的活性，许多生理功能也需要钙的参与，钙也是骨骼和牙齿的主要成分，并维持骨密度；镁是能量代谢、组织形成和骨骼发育的重要成分；碘是甲状腺发挥正常功能所必需的元素；钠能调节机体水分，维持酸碱平衡，成人每日食盐的摄入量不超过 6g，钠（食盐）的摄入较高，是引发高血压等慢性病的主要因素。

食品中的矿物质有些是由自然条件所决定，食物本身天然存在的，有些是为营养强化而添加到食品中的。准确测定矿物质含量有助于评价食品的营养价值，有利于食品加工工艺的改进和食品质量的提高，对开发和生产强化食品具有指导意义。

在矿物质的分析检验过程中，关键在于如何将其从其他可干扰其测定的物质中分离出来。目前通常采用湿法消化、干法灰化、微波消解等手段，将食品中的有机物质破坏除去后，使样品中的矿物质留在消解液或灰化后的残渣中，然后根据待测物质在食品中的大概含量和实验室条件，选择适当的测定方法。

由于食品中矿物质含量低，在测定过程中尤其应该注意以下几点：①样品处理过程中所用酸为优级纯；②样品制备过程中防止污染；③所用试剂为优级纯，水为去离子水或同等纯度的水；④所有玻璃器皿及聚四氟乙烯消解内罐均需用硝酸溶液浸泡，用自来水反复冲洗，最后用去离子水冲洗干净；⑤标准贮备液和标准使用液应使用聚乙烯瓶贮存，4℃保存。

矿物质的测定方法很多，有比色法、原子吸收光谱法、电感耦合等离子体发射光谱法等。本节以我国现有的矿物质测定方法的国家标准为主要依据，并结合目前实际工作中常用的检测手段，介绍食品中钾、钠、钙、锌、磷含量的测定方法，着重讲述有机物质的破坏方法，以及比色法和原子吸收光谱法在矿物质检测中的应用。

一、食品中钾、钠的测定——火焰原子吸收光谱法

1．原理

试样经消解处理后，注入原子吸收光谱仪中，火焰原子化后，钾、钠分别吸收766.5nm、589.0nm 共振线，在一定浓度范围内，其吸收值与钾、钠含量成正比，与标准系列比较定量。

2．试剂和材料

（1）混合酸［高氯酸＋硝酸（1＋9）］：取 100mL 高氯酸，缓慢加入 900mL 硝酸中，混匀。

（2）硝酸溶液（1＋99）：取 10mL 硝酸，缓慢加入 990mL 水中，混匀。

（3）氯化铯溶液（50g/L）：将 5.0g 氯化铯溶于水，用水稀释至 100mL。

（4）钾、钠标准贮备液（1000mg/L）：将氯化钾标准品（纯度大于 99.99%）或氯化钠标准品（纯度大于 99.99%）于恒温干燥箱中 110～120℃干燥 2h。精确称取 1.9068g 氯化钾或 2.5421g 氯化钠，分别溶于水中，并移入 1000mL 容量瓶中，稀释至刻度，混匀，贮存于聚乙烯瓶内，4℃保存，或使用经国家认证并授予标准物质证书的标准溶液。

（5）钾、钠标准工作液（100mg/L）：准确吸取 10.0mL 钾或钠标准贮备溶液于 100mL 容量瓶中，用水稀释至刻度，贮存于聚乙烯瓶中，4℃保存。

（6）钾、钠标准系列工作液：准确吸取 0mL、0.10mL、0.50mL、1.00mL、2.00mL、

4.00mL 钾标准工作液于 100mL 容量瓶中，加氯化铯溶液 4mL，用水定容至刻度，混匀。此标准系列工作液中钾的质量浓度分别为 0mg/L、0.10mg/L、0.50mg/L、1.00mg/L、2.00mg/L、4.00mg/L，也可依据实际样品溶液中钾的浓度，适当调整标准溶液浓度范围。准确吸取 0mL、0.50mL、1.00mL、2.00mL、3.00mL、4.00mL 钠标准工作液于 100mL 容量瓶中，加氯化铯溶液 4mL，用水定容至刻度，混匀。此标准系列工作液中钠的质量浓度分别为 0mg/L、0.50mg/L、1.00mg/L、2.00mg/L、3.00mg/L、4.00mg/L，也可依据实际样品溶液中钠的浓度，适当调整标准溶液浓度范围。

3．仪器和设备

（1）原子吸收光谱仪：配有火焰原子化器及钾、钠空心阴极灯。

（2）分析天平：感量为 0.1mg 和 1.0mg。

（3）分析用钢瓶乙炔气和空气压缩机。

（4）样品粉碎设备：组织匀浆机、高速粉碎机。

（5）高温炉。

（6）可调式控温电热板。

（7）可调式控温电热炉。

（8）微波消解仪：配有聚四氟乙烯消解内罐。

（9）电热恒温干燥箱。

（10）压力消解罐：配有聚四氟乙烯消解内罐。

4．分析步骤

1）样品制备

（1）固态样品：对于豆类、谷物、菌类、茶叶、干制水果、焙烤食品等低水分含量样品，取可食部分，必要时经高速粉碎机粉碎均匀；对于固体乳制品、蛋白粉、面粉等呈均匀状的粉状样品，摇匀。对于蔬菜、水果、水产品等高水分含量样品，必要时洗净、晾干，取可食部分匀浆均匀；对于肉类、蛋类等样品，取可食部分匀浆均匀。对于速冻及罐头食品，取解冻的速冻食品及罐头样品，取可食部分匀浆均匀。

（2）液态样品：软饮料、调味品等样品摇匀。

（3）半固态样品：搅拌均匀。

2）试样消解

（1）微波消解：称取 0.2～0.5g（精确至 0.001g）试样于微波消解仪内罐中，含乙醇或二氧化碳的样品先在可调式控温电热板上低温加热除去乙醇或二氧化碳，加入 5～10mL 硝酸，加盖放置 1h 或过夜，旋紧外罐，置于微波消解仪中进行消解，消解条件见表 4-4。冷却后取出内罐，置于可调式控温电热炉上，于 120～140℃赶酸至近干，用水定容至 25mL 或 50mL，混匀备用。同时做空白试验。

（2）压力罐消解：称取 0.3～1g（精确至 0.001g）试样于聚四氟乙烯压力消解罐中，含乙醇或二氧化碳的样品先在电热板上低温加热除去乙醇或二氧化碳，加入 5mL 硝酸，加盖放置 1h 或过夜，旋紧外罐，置于电热恒温干燥箱中进行消解，消解条件见表 4-4。

冷却后取出内罐，置于可调式控温电热板上，于 120～140℃赶酸至近干，用水定容至 25mL 或 50mL，混匀备用。同时做空白试验。

表 4-4　微波消解和压力罐消解参考条件

消解方式	步骤	控制温度/℃	升温时间/min	恒温时间/min
微波消解	1	140	10	5
	2	170	5	10
	3	190	5	20
压力罐消解	1	80	—	120
	2	120	—	120
	3	160	—	240

（3）湿法消解：称取 0.5～5g（精确至 0.001g）试样于玻璃或聚四氟乙烯消解器皿中，含乙醇或二氧化碳的样品先在可调式控温电热板上低温加热除去乙醇或二氧化碳，加入 10mL 混合酸，加盖放置 1h 或过夜，置于可调式控温电热板或电热炉上消解，若变棕黑色，冷却后再加混合酸，直至冒白烟，消化液呈无色透明或略带黄色，冷却，用水定容至 25mL 或 50mL，混匀备用。同时做空白试验。

（4）干法灰化：称取 0.5～5g（精确至 0.001g）试样于坩埚中，在可调式控温电热炉上微火炭化至无烟，置于（525±25）℃高温炉中灰化 5～8h，冷却。若灰化不彻底，有黑色炭粒，则冷却后滴加少许硝酸湿润，在可调式控温电热板上干燥后，移入高温炉中继续灰化成白色灰烬，冷却至室温取出，用硝酸溶液溶解，并用水定容至 25mL 或 50mL，混匀备用。同时做空白试验。

3）仪器参考条件

优化仪器至最佳状态，仪器的主要条件参见表 4-5。

表 4-5　钾、钠火焰原子吸收光谱仪操作参考条件

元素	波长/nm	狭缝/nm	灯电流/mA	燃气流量/（L/min）	测定方式
钾	766.5	0.5	8	1.2	吸收
钠	589.0	0.5	8	1.1	吸收

4）标准曲线的制作

分别将钾、钠标准系列工作液注入原子吸收光谱仪中，测定吸光度值，以标准工作液的质量浓度为横坐标，吸光度值为纵坐标，绘制标准曲线。

5）试样溶液的测定

根据试样溶液中被测元素的含量，需要时将试样溶液用水稀释至适当浓度，并在空白溶液和试样最终测定液中加入一定量的氯化铯溶液，使氯化铯浓度达到 0.2%。于测定标准曲线工作液相同的试验条件下，将空白溶液和测定液注入原子吸收光谱仪中，分别测定钾或钠的吸光值，根据标准曲线得到待测液中钾或钠的浓度。

5．结果计算

试样中钾、钠含量按式（4-37）计算：

$$X = \frac{(\rho - \rho_0)\ Vf \times 100}{m \times 1000} \qquad (4\text{-}37)$$

式中，X——试样中钾、钠含量，mg/100g 或 mg/100mL；

      ρ——测定液中钾、钠的质量浓度，mg/L；

      ρ_0——测定空白试液中钾、钠的质量浓度，mg/L；

      V——样液体积，mL；

      f——样液稀释倍数；

      m——试样的质量或体积，g 或 mL；

      100、1000——单位换算系数。

计算结果保留 3 位有效数字。在重复性条件下获得的 2 次独立测定结果的绝对差值不得超过算术平均值的 10%。

6．说明和注意事项

（1）该方法适用于所有食品中钾和钠含量的测定。

（2）原子吸收光谱法选择性好，灵敏度高，操作简便快速，可同时测定多种元素，是矿物质测定中最常用的方法，但要连续测定不同的元素需要换不同的阴极灯。

（3）钠在自然界里含量是较高的，测定的时候要注意污染，要使用塑料或聚四氟乙烯材质的容器和量具，注意扣除背景和空白。

（4）经过消解处理后，食品中钾和钠的测定可以采用火焰原子发射光谱法、电感耦合等离子体发射光谱法和电感耦合等离子体质谱法测定。火焰原子发射光谱法的操作要点如下：试样经消解处理后，注入火焰光度计或原子吸收光谱仪（配发射功能）中，火焰原子化后分别测定钾、钠的发射强度。钾发射波长为 766.5nm，钠发射波长为 589.0nm，在一定浓度范围内，其发射值与钾、钠含量成正比，与标准系列比较定量。

二、食品中钙的测定

（一）乙二胺四乙酸二钠（EDTA）滴定法

1．原理

在适当的 pH 值范围内，钙与乙二胺四乙酸二钠（EDTA）形成金属络合物。以 EDTA 滴定，在达到当量点时，溶液呈现游离指示剂的颜色。根据 EDTA 用量，计算钙的含量。

2．试剂和材料

（1）氢氧化钾溶液（1.25mol/L）：称取 71.13g 氢氧化钾，用水稀释至 1000mL，混匀。

（2）硫化钠溶液（10g/L）：称取 1g 硫化钠，用水稀释至 100mL，混匀。

（3）柠檬酸钠溶液（0.05mol/L）：称取 14.7g 柠檬酸钠（$Na_3C_6H_5O_7 \cdot 2H_2O$），用水稀释至 1000mL，混匀。

（4）EDTA 溶液：精确称取 4.5g EDTA，用水稀释至 1000mL，混匀，贮存于聚乙烯瓶中，4℃保存。使用时稀释 10 倍即可。

（5）钙红指示剂：称取 0.1g 钙红指示剂（$C_{21}O_7N_2SH_{14}$），用去离子水稀释至 100mL，溶解后即可使用。贮存于冰箱中可保持 1.5 个月以上。

（6）盐酸溶液（1＋1）：量取 500mL 盐酸，与 500mL 水混合均匀。

（7）钙标准贮备液（100.0mg/L）：准确称取 0.2496g（精确至 0.0001g）碳酸钙（纯度大于 99.99%），加盐酸溶液（1＋1）溶解，移入 1000mL 容量瓶中，加水定容至刻度，混匀；或购买经国家认证并授予标准物质证书的一定浓度的钙标准溶液。

3．仪器和设备

（1）分析天平：感量为 1mg 和 0.1mg。
（2）可调式控温电热炉。
（3）可调式控温电热板。
（4）高温炉。

4．分析步骤

1）样品制备
（1）粮食、豆类样品：样品去除杂物后，粉碎，贮于塑料瓶中。
（2）蔬菜、水果、鱼类、肉类等样品：样品用水洗净、晾干，取可食部分，制成匀浆，贮于塑料瓶中。
（3）饮料、酒、醋、酱油、食用植物油、液态乳等液体样品：将样品摇匀。

2）试样消解
（1）湿法消解：准确称取固体试样 0.2～3g（精确至 0.001g）或准确移取液体试样 0.50～5.00mL 于带刻度消化管中，加入 10mL 硝酸、0.5mL 高氯酸，在可调式控温电热炉上消解（参考条件：120℃，0.5～1h；升至 180℃，2～4h；升至 200～220℃）。若消化液呈棕褐色，再加硝酸，消解至冒白烟，消化液呈无色透明或略带黄色。取出消化管，冷却后用水定容至 25mL，再根据实际测定需要稀释；同时做试剂空白试验。也可采用锥形瓶，于可调式控温电热板上，按上述操作方法进行湿法消解。

（2）干法灰化：准确称取固体试样 0.5～5g（精确至 0.001g）或准确移取液体试样 0.50～10.00mL 于坩埚中，小火加热，炭化至无烟，转移至高温炉中，于 550℃灰化 3～4h。冷却，取出。对于灰化不彻底的试样，加数滴硝酸，小火加热，小心蒸干，再转入 550℃高温炉中，继续灰化 1～2h，至试样呈白灰状，冷却，取出，用适量硝酸溶液（1＋1）溶解转移至容量瓶中，用水定容至 25mL，再根据实际测定需要稀释；同时做试剂空白试验。

3）滴定度（T）的测定
吸取 0.50mL 钙标准贮备液于试管中，加 1 滴硫化钠溶液和 0.1mL 柠檬酸钠溶液，加 1.5mL 氢氧化钾溶液，加 3 滴钙红指示剂，立即以稀释 10 倍的 EDTA 溶液滴定，至指示剂由紫红色变蓝色为止，记录所消耗的稀释 10 倍的 EDTA 溶液的体积。根据滴定结果计算出每毫升稀释 10 倍的 EDTA 溶液相当于钙的毫克数，即滴定度（T）。

　　4）试样及空白滴定

　　分别吸取 0.10～1.00mL（根据钙的含量而定）试样消化液及空白液于试管中，加 1 滴硫化钠溶液和 0.1mL 柠檬酸钠溶液，加 1.5mL 氢氧化钾溶液，加 3 滴钙红指示剂，立即以稀释 10 倍的 EDTA 溶液滴定，至指示剂由紫红色变蓝色为止，记录所消耗的稀释 10 倍的 EDTA 溶液的体积。

　　5．结果计算

　　试样中的钙含量按式（4-38）计算：

$$X = \frac{T(V_1 - V_0)\, V_2 \times 1000}{m V_3} \tag{4-38}$$

式中，X——试样中的钙含量，mg/kg 或 mg/L；

　　　　T——EDTA 滴定度，mg/mL；

　　　　V_1——滴定试样溶液时所消耗的稀释 10 倍的 EDTA 溶液的体积，mL；

　　　　V_0——滴定空白溶液时所消耗的稀释 10 倍的 EDTA 溶液的体积，mL；

　　　　V_2——试样消化液的定容体积，mL；

　　　　1000——单位换算系数；

　　　　m——试样质量或移取体积，g 或 mL；

　　　　V_3——滴定用试样待测液的体积，mL。

　　计算结果保留 3 位有效数字。在重复性条件下获得的 2 次独立测定结果的绝对差值不得超过算术平均值的 10%。

　　6．说明和注意事项

　　（1）在采样和试样制备过程中，应避免试样污染。所用器皿均应使用塑料或玻璃制品，使用的试管等玻璃器皿均需在使用前用硝酸溶液（1+5）浸泡过夜，并用去离子水冲洗干净，干燥后使用。

　　（2）样品消化时，注意酸不要烧干，以免发生危险。

　　（3）加指示剂后，应立即滴定。

　　（4）加硫化钠和柠檬酸钠的目的是除去其他离子的干扰。

　　（5）滴定时的 pH 值为 12～14。

　　（6）经过消解处理后，食品中钙的测定可以采用火焰原子吸收光谱法、电感耦合等离子体发射光谱法和电感耦合等离子体质谱法测定。火焰原子吸收光谱法的操作要点如下：试样经消解处理后，加入镧溶液作为释放剂，经原子吸收火焰原子化，在 422.7nm 处测定的吸光度值在一定浓度范围内与钙含量成正比，与标准系列比较定量。

　　（二）高锰酸钾法

　　1．原理

　　样品经灰化后，用盐酸溶解，在酸性溶液中，钙与草酸生成草酸钙沉淀。沉淀经洗涤后，加入硫酸溶解，把草酸游离出来，再用高锰酸钾标准溶液滴定与钙等物质的量结合的草酸。稍过量的高锰酸钾使溶液呈现微红色，即为滴定终点。根据消耗高锰酸钾的量，计算出食品中钙的含量。反应式如下：

$$CaCl_2 + (NH_4)_2C_2O_4 \!\!=\!\! CaC_2O_4\downarrow + 2NH_4Cl$$

$$CaC_2O_4 + H_2SO_4 \!\!=\!\! CaSO_4\downarrow + H_2C_2O_4$$

$$5H_2C_2O_4 + 2KMnO_4 + 3H_2SO_4 \!\!=\!\! K_2SO_4 + 2MnSO_4 + 10CO_2\uparrow + 8H_2O$$

2．试剂和材料

（1）盐酸（1+1）：量取 500mL 盐酸，与 500mL 水混合均匀。

（2）甲基红指示剂（0.1%）：称取 0.1g 甲基红溶于 100mL 95%乙醇中。

（3）乙酸溶液（1+4）：量取 100mL 乙酸，与 400mL 水混合均匀。

（4）氨水溶液（1+4）：量取 100mL 氨水，与 400mL 水混合均匀。

（5）氨水溶液（1+50）：量取 2mL 氨水，与 100mL 水混合均匀。

（6）硫酸溶液（$c_{\frac{1}{2}H_2SO_4}$＝2mol/L）：量取硫酸 60mL，缓缓注入 1000mL 水中，冷却，摇匀。

（7）草酸铵溶液（4%）：称取 4g 草酸铵溶于水，用水定容至 100mL。

（8）高锰酸钾标准滴定溶液（$c_{\frac{1}{5}KMnO_4}$＝0.02mol/L）：按 GB/T 601—2016《化学试剂 标准滴定溶液的制备》配制和标定。

3．仪器和设备

（1）高温炉。

（2）分析天平。

（3）离心机：转速为 4000r/min。

（4）G_3 或 G_4 砂芯漏斗。

（5）电热板。

4．分析步骤

1）样品处理

准确称取 3～10g（精确至 0.0001g）样品于坩埚中，在电热板上炭化至无烟后移入高温炉中，在 550℃下灰化至不含炭粒为止，取出冷却后，加入 5mL 盐酸溶液，置于水浴上蒸干，再加入 5mL 盐酸溶液溶解，转移至 25mL 容量瓶中，用热的去离子水多次洗涤，洗液也一并入容量瓶中，冷却后用去离子水定容至刻度。

2）测定

准确吸取 5mL 样品处理液（含钙量在 1～10mg）于 50mL 离心管中，加入甲基红指示剂 1 滴、2mL 草酸铵溶液、0.5mL 乙酸溶液，振摇均匀，用氨水溶液（1+4）调整样液至微黄色，再用乙酸溶液调至微红色，放置 1h，使沉淀完全析出，离心 15min，小心倾去上层清液，倾斜离心管并用滤纸吸干管口溶液，向离心管中加入少量氨水溶液（1+50），用手指弹动离心管，使沉淀松动，再加入约 10mL 氨水溶液，离心 20min，用胶头滴管吸去上清液。向沉淀中加入 2mL 硫酸溶液，摇匀，置于 70～80℃ 水浴中加热，使沉淀全部溶解，以高锰酸钾标准溶液滴定至微红色，并保持 30s 不褪色，即为滴定终点，记录消耗的高锰酸钾标准溶液的体积，用试剂空白试验校正结果。

5．结果计算

试样中钙的含量按式（4-39）计算：

$$X = \frac{c_{\frac{1}{5}KMnO_4}(V-V_0) \times 20.04}{m\dfrac{V_1}{V_2}} \times 1000 \qquad (4\text{-}39)$$

式中，X——样品中钙的含量，mg/kg；

$c_{\frac{1}{5}KMnO_4}$——KMnO$_4$ 的摩尔浓度，mol/L；

V——样品滴定消耗高锰酸钾标准溶液的体积，mL；

V_0——试剂空白试验消耗高锰酸钾标准溶液的体积，mL；

V_1——测定用样品稀释液的体积，mL；

V_2——样液定容总体积，mL；

m——样品的质量，g；

20.04——与 1mL 高锰酸钾标准溶液（$c_{\frac{1}{5}KMnO_4}$＝1.000mol/L）相当的钙质量，mg；

1000——单位换算系数。

6．说明和注意事项

（1）草酸铵应在溶液酸性时加入，然后加入氨水，若先加氨水再加草酸铵，样液中的钙会与样品中的磷酸结合成磷酸钙沉淀，使结果不准确。

（2）滴定过程要不断摇动，并保持在 70～80℃ 进行。

（3）硫酸钙在冷水中溶解度为 2g/L，溶于酸。

（4）甲基红指示剂的变色范围为（酸性红）4.4～橙色～6.2（碱性黄）。

三、食品中锌的测定——火焰原子吸收光谱法

1．原理

试样消解处理后，经火焰原子化，在 213.9nm 处测定吸光度。在一定浓度范围内锌的吸光度值与锌含量成正比，与标准系列比较定量。

2．试剂和材料

（1）硝酸溶液（5＋95）：量取 50mL 硝酸，缓慢加入 950mL 水中，混匀。

（2）硝酸溶液（1＋1）：量取 250mL 硝酸，缓慢加入 250mL 水中，混匀。

（3）锌标准贮备液（1000mg/L）：准确称取 1.2447g（精确至 0.0001g）氧化锌（纯度大于 99.99%），加少量硝酸溶液（1＋1），加热溶解，冷却后移入 1000mL 容量瓶，加

水至刻度，混匀；或购买经国家认证并授予标准物质证书的一定浓度的锌标准溶液。

（4）锌标准中间液（10.0mg/L）：准确吸取锌标准贮备液（1000mg/L）1.00mL 于 100mL 容量瓶中，加硝酸溶液（5＋95）至刻度，混匀。

（5）锌标准系列溶液：分别准确吸取锌标准中间液 0mL、1.00mL、2.00mL、4.00mL、8.00mL 和 10.0mL 于 100mL 容量瓶中，加硝酸溶液（5＋95）至刻度，混匀。此锌标准系列溶液的质量浓度分别为 0mg/L、0.10mg/L、0.20mg/L、0.40mg/L、0.80mg/L 和 1.00mg/L。

注：可根据仪器的灵敏度及样品中锌的实际含量确定标准系列溶液中锌元素的质量浓度。

3．仪器和设备

（1）原子吸收光谱仪：配火焰原子化器，附锌空心阴极灯。

（2）分析天平：感量为 0.1mg 和 1mg。

（3）可调式控温电热炉。

（4）可调式控温电热板。

（5）微波消解仪：配有聚四氟乙烯消解内罐。

（6）压力消解罐：配有聚四氟乙烯消解内罐。

（7）电热恒温干燥箱。

（8）高温炉。

4．分析步骤

1）试样制备

（1）粮食、豆类样品：样品去除杂物后，粉碎，贮于塑料瓶中。

（2）蔬菜、水果、鱼类、肉类等样品：样品用水洗净、晾干，取可食部分，制成匀浆，贮于塑料瓶中。

（3）饮料、酒、醋、酱油、食用植物油、液态乳等液体样品：将样品摇匀。

2）试样预处理

（1）湿法消解：准确称取固体试样 0.2～3g（精确至 0.001g）或准确移取液体试样 0.50～5.00mL 于带刻度消化管中，加入 10mL 硝酸、0.5mL 高氯酸，在可调式控温电热炉上消解（参考条件：120℃，0.5～1h；升至 180℃，2～4h；升至 200～220℃）。若消化液呈棕褐色，再加少量硝酸，消解至冒白烟，消化液呈无色透明或略带黄色，取出消化管，冷却后用水定容至 25mL 或 50mL，混匀备用；同时做试剂空白试验。也可采用锥形瓶，于可调式控温电热板上，按上述操作方法进行湿法消解。

（2）微波消解：准确称取固体试样 0.2～0.8g（精确至 0.001g）或准确移取液体试样 0.50～3.00mL 于微波消解内罐中，加入 5mL 硝酸，按照微波消解的操作步骤消解试样，消解条件参考表 4-6。冷却后取出消解内罐，在可调式控温电热板上于 140～160℃赶酸至 1mL 左右。消解内罐放冷后，将消化液转移至 25mL 或 50mL 容量瓶中，用少量水洗涤消解内罐 2～3 次，合并洗涤液于容量瓶中，用水定容至刻度，混匀备用；同时做试剂空白试验。

表 4-6 微波消解升温程序

步骤	设定温度/℃	升温时间/min	恒温时间/min
1	120	5	5
2	160	5	10
3	180	5	10

（3）压力罐消解：准确称取固体试样 0.2～1g（精确至 0.001g）或准确移取液体试样 0.50～5.00mL 于消解内罐中，加入 5mL 硝酸。盖好内盖，旋紧不锈钢外套，放入电热恒温干燥箱，于 140～160℃下保持 4～5h。冷却后缓慢旋松外罐，取出消解内罐，放在可调式控温电热板上于 140～160℃赶酸至 1mL 左右。冷却后将消化液转移至 25mL 或 50mL 容量瓶中，用少量水洗涤内罐和内盖 2～3 次，合并洗涤液于容量瓶中并用水定容至刻度，混匀备用；同时做试剂空白试验。

（4）干法灰化：准确称取固体试样 0.5～5g（精确至 0.001g）或准确移取液体试样 0.50～10.00mL 于坩埚中，小火加热，炭化至无烟，转移至高温炉中，于 550℃灰化 3～4h。冷却，取出，对于灰化不彻底的试样，加数滴硝酸，小火加热，小心蒸干，再转入 550℃高温炉中，继续灰化 1～2h，至试样呈白灰状，冷却，取出，用适量硝酸溶液（1+1）溶解并用水定容至 25mL 或 50mL；同时做试剂空白试验。

3）测定

（1）仪器参考条件。将各仪器性能调至最佳状态，参考条件见表 4-7。

表 4-7 火焰原子吸收光谱法仪器参考条件

元素	波长/nm	狭缝/nm	灯电流/mA	燃烧头高度/mm	空气流量/（L/min）	乙炔流量/（L/min）
锌	213.9	0.2	3～5	3	9	2

（2）标准曲线的制作。将锌标准系列溶液按质量浓度由低到高的顺序分别导入火焰原子化器，原子化后测其吸光度值，以质量浓度为横坐标，吸光度值为纵坐标，制作标准曲线。

（3）试样测定。在与测定标准溶液相同的试验条件下，将空白溶液和试样溶液分别导入火焰原子化器，原子化后测其吸光度值，与标准系列比较定量。

5．结果计算

试样中锌的含量按式（4-40）计算：

$$X = \frac{(\rho - \rho_0)\, V}{m} \qquad (4\text{-}40)$$

式中，X——试样中锌的含量，mg/kg 或 mg/L；

ρ——试样溶液中锌的质量浓度，mg/L；

ρ_0——空白溶液中锌的质量浓度，mg/L；

V——试样消化液的定容体积，mL；

m——试样称样量或移取体积，g 或 mL。

当锌含量大于等于 10.0mg/kg（或 mg/L）时，计算结果保留 3 位有效数字；当锌含量小于 10.0mg/kg（或 mg/L）时，计算结果保留 2 位有效数字。在重复性条件下获得的 2 次独立测定结果的绝对差值不得超过算术平均值的 10%。

　　6．说明和注意事项

　　（1）在采样和试样制备过程中，应避免试样污染。

　　（2）试样经过消解处理后，食品中的锌含量可以采用电感耦合等离子体发射光谱法、电感耦合等离子体质谱法和双硫腙比色法测定。

四、食品中磷的测定——钼蓝分光光度法

食品中磷的测定——
钼蓝分光光度法

　　1．原理

　　试样经消解，磷在酸性条件下与钼酸铵结合生成磷钼酸铵，此化合物被对苯二酚、亚硫酸钠或氯化锡、硫酸肼还原成蓝色化合物钼蓝。钼蓝在 660nm 处的吸光度值与磷的浓度成正比。用分光光度计测定试样溶液的吸光度，与标准系列比较定量。

　　2．试剂和材料

　　（1）硫酸溶液（15%）：量取 15mL 硫酸，缓慢加入 80mL 水中，冷却后用水稀释至 100mL，混匀。

　　（2）硫酸溶液（5%）：量取 5mL 硫酸，缓慢加入 90mL 水中，冷却后用水稀释至 100mL，混匀。

　　（3）硫酸溶液（3%）：量取 3mL 硫酸，缓慢加入 90mL 水中，冷却后用水稀释至 100mL，混匀。

　　（4）盐酸溶液（1＋1）：量取 500mL 盐酸，加入 500mL 水，混匀。

　　（5）钼酸铵溶液（50g/L）：称取 5g 钼酸铵，加硫酸溶液（15%）溶解，并稀释至 100mL，混匀。

　　（6）对苯二酚溶液（5g/L）：称取 0.5g 对苯二酚于 100mL 水中，使其溶解，并加入 1 滴硫酸，混匀。

　　（7）亚硫酸钠溶液（200g/L）：称取 20g 无水亚硫酸钠溶解于 100mL 水中，混匀。临用时配制。

　　（8）氯化亚锡-硫酸肼溶液：称取 0.1g 氯化亚锡、0.2g 硫酸肼，加硫酸溶液（3%）并用其稀释至 100mL。此溶液置于棕色瓶中，贮于 4℃可保存 1 个月。

　　（9）磷标准贮备液（100.0mg/L）：准确称取在 105℃下干燥至恒重的磷酸二氢钾（纯度大于 99.99%）0.4394g（精确至 0.0001g）置于烧杯中，加入适量水溶解并转移至 1000mL 容量瓶中，加水定容至刻度，混匀；或购买经国家认证并授予标准物质证书的一定浓度的磷标准溶液。

　　（10）磷标准使用液（10.0mg/L）：准确吸取 10mL 磷标准贮备液（100.0mg/L），置

于 100mL 容量瓶中，加水稀释至刻度，混匀。

3．仪器和设备

（1）分光光度计。
（2）可调式控温电热板或可调式控温电热炉。
（3）高温炉。
（4）分析天平：感量为 0.1mg 和 1mg。

4．分析步骤

1）试样制备
在采样和试样制备过程中，应避免试样污染。
（1）粮食、豆类样品：样品去除杂物后，粉碎，贮于塑料瓶中。
（2）蔬菜、水果、鱼类、肉类等样品：样品用水洗净、晾干，取可食部分，制成匀浆，贮于塑料瓶中。
（3）碳酸饮料、酒、醋、酱油、食用植物油、液态乳等液体样品：将样品摇匀。
2）试样预处理
（1）湿法消解：称取固体试样 0.2～3g（精确至 0.001g）或准确移取液体试样 0.50～5.00mL 于消化管中，加入 10mL 硝酸、1mL 高氯酸、2mL 硫酸，在可调式控温电热炉上消解（参考条件：120℃，0.5～1h；升至 180℃，2～4h；升至 200～220℃）。若消化液呈棕褐色，再加少量硝酸，消解至冒白烟，消化液呈无色透明或略带黄色，消化液放冷，加 20mL 水，赶酸。放冷后转移至 100mL 容量瓶中，用水多次洗涤消化管，合并洗液于容量瓶中，加水至刻度，混匀，作为试样测定溶液；同时做试剂空白试验。也可采用锥形瓶，于可调式控温电热板上，按上述操作方法进行湿法消解。
（2）干法灰化：称取固体试样 0.5～5g（精确至 0.001g）或准确移取液体试样 0.50～10.00mL 于坩埚中，在电热板上炭化至无烟后，转移至高温炉中，于 550℃下成灰分，直至灰分呈白色为止（必要时，可在加入浓硝酸润湿蒸干后再灰化），加 10mL 盐酸溶液（1+1），在水浴上蒸干。再加 2mL 盐酸溶液（1+1），用水分数次将残渣完全洗入 100mL 容量瓶中，并用水稀释至刻度，摇匀；同时做试剂空白试验。
3）测定
可任选对苯二酚、亚硫酸钠还原法或氯化亚锡、硫酸肼还原法。
（1）对苯二酚、亚硫酸钠还原法。
① 标准曲线的制作：准确吸取磷标准使用液 0mL、0.50mL、1.00mL、2.00mL、3.00mL、4.00mL、5.00mL，相当于含磷量 0μg、5.0μg、10.0μg、20.0μg、30.0μg、40.0μg、50.0μg，分别置于 25mL 具塞试管中，依次加入 2mL 钼酸铵溶液摇匀，静置。加入 1mL 亚硫酸钠溶液、1mL 对苯二酚溶液，摇匀。加水至刻度，混匀。静置 0.5h 后，用 1cm 比色杯，在 660nm 波长处，以零管作参比，测定吸光度，以测出的吸光度对磷含量绘制标准曲线。
② 试样溶液的测定：准确吸取试样溶液 2.00mL 及等量的空白溶液，分别置于 25mL 具塞试管中，加入 2mL 钼酸铵溶液摇匀，静置。加入 1mL 亚硫酸钠溶液、1mL 对苯二

酚溶液，摇匀。加水至刻度，混匀。静置 0.5h 后，用 1cm 比色杯，在 660nm 波长处，测定其吸光度，与标准系列比较定量。

（2）氯化亚锡、硫酸肼还原法。

① 标准曲线的制作：准确吸取磷标准使用液 0mL、0.50mL、1.00mL、2.00mL、3.00mL、4.00mL、5.00mL，相当于含磷量 0μg、5.0μg、10.0μg、20.0μg、30.0μg、40.0μg、50.0μg，分别置于 25mL 具塞试管中，各加约 15mL 水、2.5mL 硫酸溶液（5%）、2mL 钼酸铵溶液、0.5mL 氯化亚锡-硫酸肼溶液，各管均补加水至 25mL，混匀。在室温放置 20min 后，用 1cm 比色杯，在 660nm 波长处，以零管作参比，测定其吸光度，以吸光度对磷含量绘制标准曲线。

② 试样溶液的测定：准确吸取试样溶液 2.00mL 及等量的空白溶液，分别置于 25mL 比色管中，各加约 15mL 水、2.5mL 硫酸溶液（5%）、2mL 钼酸铵溶液、0.5mL 氯化亚锡-硫酸肼溶液。各管均补加水至 25mL，混匀。在室温放置 20min 后，用 1cm 比色杯，在 660nm 波长处，分别测定其吸光度，与标准系列比较定量。

5．结果计算

试样中磷的含量按式（4-41）计算：

$$X = \frac{(m_1 - m_0)\, V_1}{m V_2} \times \frac{100}{1000} \tag{4-41}$$

式中，X——试样中磷的含量，mg/100g 或 mg/100mL；

　　　m_1——测定用试样溶液中磷的质量，μg；

　　　m_0——测定用空白溶液中磷的质量，μg；

　　　V_1——试样消化液定容体积，mL；

　　　m——试样称样量或移取体积，g 或 mL；

　　　V_2——测定用试样消化液的体积，mL；

　　　100、1000——单位换算系数。

计算结果保留 3 位有效数字。在重复性条件下获得的 2 次独立测定结果的绝对差值不得超过算术平均值的 5%。

6．说明和注意事项

（1）在配制对苯二酚溶液时加入浓硫酸的目的是减缓氧化。

（2）亚硫酸钠溶液应于试验前临时配制，否则可使钼蓝溶液发生混浊。

（3）该方法适用于各类食品中磷的测定。钒钼黄分光光度法适用于婴幼儿食品和乳品中磷的测定，测定的原理为：试样经消解，磷在酸性条件下与钒钼酸铵生成黄色络合物钒钼黄，钒钼黄的吸光度值与磷的浓度成正比。于 440nm 测定试样溶液中钒钼黄的吸光度值，与标准系列比较定量。

 思考题

1．为什么采用索氏抽提法测得的脂肪称为粗脂肪？

2．用索氏抽提法测定脂肪含量时，样品为什么要经过干燥处理？

3．索氏抽提法适用于哪些试样中脂肪含量的测定？测定过程中有哪些注意事项？

4．酸水解法适用于哪些试样中脂肪含量的测定？测定过程中有哪些注意事项？

5．酸水解法测定脂肪含量时，加入盐酸、乙醇、乙醚的作用是什么？

6．碱水解法适用于哪些试样中脂肪含量的测定？测定过程中有哪些注意事项？

7．碱水解法测定脂肪含量时，加入氨水、乙醇、乙醚、石油醚的作用是什么？

8．简述直接滴定法测定还原糖含量的原理。测定过程中有哪些注意事项？如何提高结果的精密度和准确度？

9．直接滴定法测定还原糖含量时，为什么滴定必须在沸腾条件下进行？

10．直接滴定法测定还原糖含量时，为什么要进行预滴定？

11．酸水解-莱茵-埃农氏法测定蔗糖含量时，为什么要严格控制水解条件？

12．酶水解法和酸水解法测定淀粉含量各有什么优缺点？

13．淀粉含量的测定结果为什么要乘以系数 0.9？

14．如何测定肉制品中的淀粉含量？

15．解释膳食纤维、可溶性膳食纤维、不溶性膳食纤维、总膳食纤维的概念。

16．简述膳食纤维测定的原理。

17．食品中蛋白质的测定方法主要有哪些？各适用于哪些试样中蛋白质含量的测定？

18．凯氏定氮法测定蛋白质含量的原理是什么？影响凯氏定氮法测定蛋白质含量结果准确度的因素有哪些？

19．凯氏定氮法测定蛋白质含量过程中用到哪些试剂？各有什么作用？

20．为什么用凯氏定氮法测得的食品中的蛋白质的含量称为粗蛋白含量？

21．什么是蛋白质换算系数？凯氏定氮法测定蛋白质的结果为什么要乘以蛋白质换算系数？

22．食品中氨基酸的测定方法主要有哪些？测定范围有何不同？

23．酸度计法测定氨基酸态氮有何优点？测定时，加入甲醛的作用是什么？

24．说明反相高效液相色谱法测定维生素 A 和维生素 E 的原理，测定时样品为什么要经过皂化处理？皂化过程中加入抗坏血酸和 BHT 的作用是什么？

25．如何进行维生素 A、维生素 D、维生素 E 标准溶液浓度的校正？

26．食品中维生素 C 的测定方法主要有哪些？各适用于哪些试样中维生素 C 的测定？试比较国家标准中 3 种测定维生素 C 的方法的优缺点。

27．测定维生素 A 和维生素 C 的含量时，样品处理和提取有何不同？为什么？

28．食品中矿物质元素的测定方法有哪些？各有什么优缺点？测定过程中有哪些注意事项？

29．常用的有机物破坏方法有哪些？各处理方法的操作要点及注意的问题是什么？

30．试述原子吸收光谱法测定矿物质的基本原理。利用原子吸收光谱法测定食品中矿物质含量时，如何提高检测结果的精密度和准确度？

拓展训练

1．饼干中脂肪含量的测定（索氏抽提法）。

2．火腿肠中脂肪含量的测定（酸水解法）。

3．乳粉中脂肪含量的测定（碱水解法）。

4．糖果中还原糖含量的测定（直接滴定法）。

5．炼乳中蔗糖含量的测定（酸水解-莱茵-埃农氏法）。

6．粉条中淀粉含量的测定（酸水解法）。

7．火腿肠中淀粉含量的测定（碘量法）。

8．乳粉中蛋白质含量的测定（凯氏定氮法）。

9．酱油中氨基酸态氮含量的测定（酸度计法）。

10．乳粉中维生素 A 含量的测定（反相高效液相色谱法）。

11．新鲜果蔬中抗坏血酸含量的测定（2,6-二氯靛酚滴定法）。

12．乳粉中钙含量的测定［乙二胺四乙酸二钠（EDTA）滴定法］。

13．乳粉中磷含量的测定（分光光度法）。

第五章　食品中污染物的检验

食品污染物主要是指食品在生产（包括农作物种植、动物饲养和兽医用药）、加工、包装、贮存、运输、销售，直至烹调食用等过程中，由于生物、化学、物理等因素产生的或由环境污染带入的、非有意加入的化学性危害物质。例如，来自生产、生活和环境中的污染物，如农药残留、兽药残留、有毒金属、多环芳烃化合物、N-亚硝基化合物、杂环胺、二噁英、三氯丙醇等。食品中的污染物不同程度威胁消费者的身体健康和生命安全，影响企业正常的生产经营。对食品中污染物进行分析检验，有利于查找污染源，以采取控制措施，使食品中污染物含量达到最低水平。

GB 2762—2017《食品安全国家标准　食品中污染物限量》中规定了食品中铅、镉、汞、砷、锡、镍、铬、亚硝酸盐、硝酸盐、苯并[a]芘、N-二甲基亚硝胺、多氯联苯、3-氯-1,2-丙二醇等除农药残留、兽药残留、生物毒素和放射性物质以外的污染物的限量指标。

食品中污染物限量是指污染物在食品原料和（或）食品成品可食用部分中允许的最大含量水平，以食品通常的可食用部分计算，有特别规定的除外。可食用部分是指食品原料经过机械手段（如谷物碾磨、水果去皮、坚果去壳、肉去骨、鱼去刺、贝去壳等）去除非食用部分后，所得到的用于食用的部分。非食用部分的去除不可采用任何非机械手段（如粗制植物油精炼过程）。另外，用相同的食品原料生产不同产品时，可食用部分的量依生产工艺不同而异。例如，用麦类加工麦片和全麦粉时，可食用部分按 100%计算；加工小麦粉时，可食用部分按出粉率折算。另外，污染物限量指标对制品有要求的情况下，其中干制品中污染物限量以相应新鲜食品中污染物限量结合其脱水率或浓缩率折算。脱水率或浓缩率可通过对食品的分析、生产者提供的信息及其他可获得的数据信息等确定，有特别规定的除外。

食品中污染物的测定方法有很多，主要有石墨炉原子吸收光谱法、氢化物发生原子荧光光谱法、电感耦合等离子体质谱法、高效液相色谱法、气相色谱-质谱法、比色法等。本章以我国现有的食品中污染物测定方法的国家标准为主要依据，并结合目前先进的检测方法及手段，主要介绍食品中铅、镉、汞、砷、锡、苯并[a]芘、N-亚硝胺类化合物含量的测定方法。需要特别提醒的是，测定食品中的污染物时，可能会接触到剧毒试剂，测定时应特别注意安全防护。

第一节　食品中铅的测定

铅和其化合物对人体各组织均有毒性，可由呼吸道吸入其蒸气或粉尘，然后呼吸道中吞噬细胞将其迅速带至血液；或经消化道吸收，进入血循环而发生中毒。食品中铅含量的测定主要有石墨炉原子吸收光谱法、双硫腙比色法、电感耦合等离子体质谱法和火焰原子吸收光谱法。

一、石墨炉原子吸收光谱法

1．原理

试样消解处理后，经石墨炉原子化，在283.3nm处测定吸光度，在一定浓度范围内，其吸光度值与铅的含量成正比，与标准系列比较定量。

2．试剂和材料

（1）硝酸溶液（5＋95）：量取50mL硝酸，缓慢加入950mL水中，混匀。

（2）硝酸溶液（1＋9）：量取50mL硝酸，缓慢加入450mL水中，混匀。

（3）磷酸二氢铵-硝酸钯溶液：称取0.02g硝酸钯，加少量硝酸溶液（1＋9）溶解后，再加入2g磷酸二氢铵，溶解后用硝酸溶液（5＋95）定容至100mL，混匀。

（4）铅标准贮备液（1000mg/L）：准确称取1.5985g（精确至0.0001g）硝酸铅（纯度大于99.99%），用少量硝酸溶液（1＋9）溶解，移入1000mL容量瓶，加水至刻度，混匀；或购买经国家认证并授予标准物质证书的一定浓度的铅标准溶液。

（5）铅标准中间液（1.00mg/L）：准确吸取铅标准贮备液（1000mg/L）1.00mL于1000mL容量瓶中，加硝酸溶液（5＋95）至刻度，混匀。

（6）铅标准系列溶液：分别吸取铅标准中间液（1.00mg/L）0mL、0.50mL、1.00mL、2.00mL、3.00mL和4.00mL于100mL容量瓶中，加硝酸溶液（5＋95）至刻度，混匀。此铅标准系列溶液的质量浓度分别为0μg/L、5.0μg/L、10.0μg/L、20.0μg/L、30.0μg/L和40.0μg/L。

3．仪器和设备

（1）原子吸收光谱仪：配石墨炉原子化器，附铅空心阴极灯。

（2）分析天平：感量为0.1mg和1mg。

（3）可调式控温电热炉。

（4）可调式控温电热板。

（5）微波消解仪：配聚四氟乙烯消解内罐。

（6）电热恒温干燥箱。

（7）压力消解罐：配聚四氟乙烯消解内罐。

4．分析步骤

1）试样制备

（1）粮食、豆类：去壳去杂物后，粉碎，贮于塑料瓶中保存备用。

（2）蔬菜、水果、鱼类、肉类及蛋类：洗净、晾干，取可食部分，制成匀浆，贮于塑料瓶中保存备用。

2）试样预处理（根据实验室条件可任选一种方法）

（1）湿法消解：称取固体试样 0.2～3g（精确至 0.001g）或准确移取液体试样 0.50～5.00mL 于带刻度消化管中，加入 10mL 硝酸和 0.5mL 高氯酸，在可调式控温电热炉上消解（参考条件：120℃，0.5～1h；升至 180℃，2～4h；升至 200～220℃）。若消化液呈棕褐色，再加少量硝酸，消解至冒白烟，消化液呈无色透明或略带黄色，取出消化管，冷却后用水定容至 10mL，混匀备用；同时做试剂空白试验。也可采用锥形瓶，于可调式控温电热板上，按上述操作方法进行湿法消解。

（2）微波消解：称取固体试样 0.2～0.8g（精确至 0.001g）或准确移取液体试样 0.50～3.00mL 于微波消解内罐中，加入 5mL 硝酸，按照微波消解的操作步骤消解试样，消解条件参考表 4-6。冷却后取出消解内罐，在可调式控温电热板上于 140～160℃ 赶酸至 1mL 左右。消解内罐放冷后，将消化液转移至 10mL 容量瓶中，用少量水洗涤消解罐 2～3 次，合并洗涤液于容量瓶中并用水定容至刻度，混匀备用；同时做试剂空白试验。

（3）压力罐消解：称取固体试样 0.2～1g（精确至 0.001g）或准确移取液体试样 0.50～5.00mL 于消解内罐中，加入 5mL 硝酸。盖好内盖，旋紧不锈钢外套，放入电热恒温干燥箱，于 140～160℃下保持 4～5h。冷却后缓慢旋松外罐，取出消解内罐，放在可调式控温电热板上于 140～160℃赶酸至 1mL 左右。冷却后将消化液转移至 10mL 容量瓶中，用少量水洗涤内罐和内盖 2～3 次，合并洗涤液于容量瓶中并用水定容至刻度，混匀备用；同时做试剂空白试验。

3）测定

（1）仪器参考条件。将仪器性能调至最佳状态，参考条件见表 5-1。

表 5-1　石墨炉原子吸收光谱法仪器参考条件

元素	波长/nm	狭缝/nm	灯电流/mA	干燥	灰化	原子化
铅	283.3	0.5	8～12	85～120℃，40～50s	750℃，20～30s	2300℃，4～5s

（2）标准曲线的制作。按质量浓度由低到高的顺序分别将 10μL 铅标准系列溶液和 5μL 磷酸二氢铵-硝酸钯溶液（可根据所使用的仪器确定最佳进样量）同时注入石墨炉，原子化后测其吸光度值，以质量浓度为横坐标，吸光度值为纵坐标，制作标准曲线。

（3）试样溶液的测定。在与测定标准溶液相同的试验条件下，将 10μL 空白溶液或试样溶液与 5μL 磷酸二氢铵-硝酸钯溶液（可根据所使用的仪器确定最佳进样量）同时注入石墨炉，原子化后测其吸光度值，与标准系列比较定量。

5．结果计算

试样中铅的含量按式（5-1）计算：

$$X=\frac{(\rho-\rho_0)V}{m\times1000}\qquad(5\text{-}1)$$

式中，X——试样中铅的含量，mg/kg 或 mg/L；

ρ——试样溶液中铅的质量浓度，μg/L；

ρ_0——空白溶液中铅的质量浓度，μg/L；

V——试样消化液的定容体积，mL；

m——试样称样量或移取体积，g 或 mL；

1000——单位换算系数。

当铅含量大于等于 1.00mg/kg（或 mg/L）时，计算结果保留 3 位有效数字；当铅含量小于 1.00mg/kg（或 mg/L）时，计算结果保留 2 位有效数字。在重复性条件下获得的 2 次独立测定结果的绝对差值不得超过算术平均值的 20%。

6．说明和注意事项

（1）所用玻璃器皿及聚四氟乙烯消解内罐均需以硝酸溶液（1＋5）浸泡过夜，用水反复冲洗，最后用去离子水冲洗干净。

（2）在采样和制备过程中，应避免试样污染。

（3）可根据仪器的灵敏度及试样中铅的实际含量确定标准系列溶液中铅的质量浓度。

二、双硫腙比色法

1．原理

试样经消化后，在 pH 值为 8.5～9.0 的碱性条件下，铅离子与双硫腙生成红色络合物，可溶于三氯甲烷中。此红色络合物的深浅与铅离子的浓度成正比，于波长 510nm 处测定吸光度值，与标准系列比较定量。加入柠檬酸铵、氰化钾和盐酸羟胺等，防止铁、铜、锌等离子干扰。主要反应式如下：

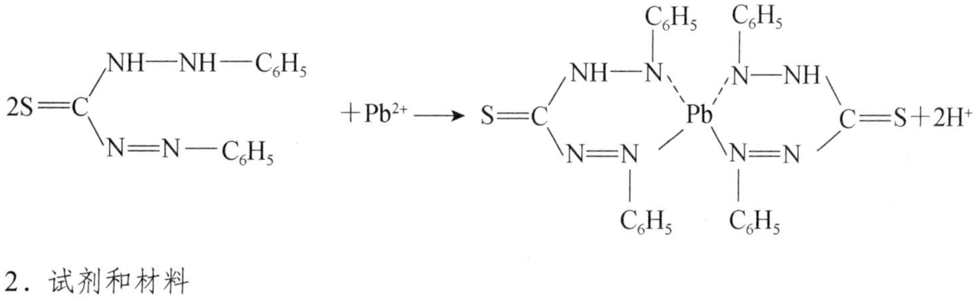

2．试剂和材料

（1）硝酸（1＋9）：量取 50mL 硝酸，加入 450mL 水中，混匀。

（2）硝酸（5＋95）：量取 50mL 硝酸，缓慢加入 950mL 水中，混匀。

（3）氨水（1＋1）：量取 100mL 氨水，加入 100mL 水，混匀。

（4）氨水（1＋99）：量取 10mL 氨水，加入 990mL 水，混匀。

（5）盐酸（1＋1）：量取 100mL 盐酸，加入 100mL 水，混匀。

（6）酚红指示液（1g/L）：称取 0.1g 酚红，用少量多次乙醇溶解后移入 100mL 容量瓶中并定容至刻度。

（7）盐酸羟胺溶液（200g/L）：称取 20g 盐酸羟胺，加水溶解至 50mL，加 2 滴酚红指示液，加氨水（1＋1），调 pH 值至 8.5～9.0（由黄变红，再多加 2 滴），用双硫腙-三氯甲烷溶液提取至三氯甲烷层绿色不变为止，再用三氯甲烷洗 2 次，弃去三氯甲烷层，水层加盐酸（1＋1）呈酸性，加水至 100mL。

（8）柠檬酸铵溶液（200g/L）：称取 50g 柠檬酸铵，溶于 100mL 水中，加 2 滴酚红指示液，加氨水（1＋1），调 pH 值至 8.5～9.0，用双硫腙-三氯甲烷溶液提取数次，每次 10～20mL，至三氯甲烷层绿色不变为止，弃去三氯甲烷层，再用三氯甲烷洗 2 次，每次 5mL，弃去三氯甲烷层，加水稀释至 250mL。

（9）氰化钾溶液（100g/L）：称取 10g 氰化钾，用水溶解后稀释至 100mL。

（10）双硫腙-三氯甲烷溶液（0.5g/L）：保存于 0～5℃冰箱中，必要时用下述方法纯化。

称取 0.5g 研细的双硫腙，溶于 50mL 三氯甲烷中，如不全溶，可用滤纸过滤于 250mL 分液漏斗中，用氨水（1＋99）提取 3 次，每次 100mL，将提取液用棉花过滤至 500mL 分液漏斗中，用盐酸（1＋1）调至酸性，将沉淀出的双硫腙用三氯甲烷提取 2～3 次，每次 20mL，合并三氯甲烷层，用等量水洗涤 2 次，弃去洗涤液，在 50℃水浴上蒸去三氯甲烷。精制的双硫腙置于硫酸干燥器中，干燥备用；或将沉淀出的双硫腙用 200mL、200mL、100mL 三氯甲烷提取 3 次，合并三氯甲烷层为双硫腙溶液。

（11）双硫腙使用液：吸取 1.0mL 双硫腙-三氯甲烷溶液（0.5g/L），加三氯甲烷至 10mL 混匀。用 1cm 比色杯，以三氯甲烷调节零点，于波长 510nm 处测吸光度（A），用式（5-2）算出配制 100mL 双硫腙使用液（70%透光率）所需双硫腙溶液的体积（V）。

$$V = \frac{10 \times (2 - \lg 70)}{A} = \frac{1.55}{A} \tag{5-2}$$

（12）铅标准溶液：准确称取 0.1598g 硝酸铅（纯度大于 99.99%），加 10mL 硝酸（1＋9），全部溶解后，移入 100mL 容量瓶中，加水稀释至刻度。此溶液每毫升相当于 1.0mg 铅。

（13）铅标准使用液：吸取 1.0mL 铅标准溶液，置于 100mL 容量瓶中，加水稀释至刻度。此溶液每毫升相当于 10.0μg 铅。

3．仪器和设备

（1）分光光度计。

（2）分析天平：感量为 0.1mg 和 1mg。

（3）可调式控温电热炉。

（4）可调式控温电热板。

4．分析步骤

（1）试样制备：同"石墨炉原子吸收光谱法"测定铅含量中的试样制备方法。

（2）试样预处理：消法消解，同"石墨炉原子吸收光谱法"测定铅含量中的试样预处理。

（3）铅标准曲线的绘制：分别吸取 0mL、0.10mL、0.20mL、0.30mL、0.40mL、0.50mL 铅标准使用液（相当于 0μg、1.00μg、2.00μg、3.00μg、4.00μg、5.00μg 铅），置于 125mL 分液漏斗中，各加硝酸溶液（5＋95）至 20mL。再各加 2mL 柠檬酸铵溶液（200g/L）、1mL 盐酸羟胺溶液（200g/L）和 2 滴酚红指示液（1g/L），用氨水（1＋1）调至红色，再各加 2mL 氰化钾溶液（100g/L），混匀。各加 5mL 双硫腙使用液，剧烈振摇 1min，静置分层后，三氯甲烷层经脱脂棉滤入 1cm 比色杯中，以三氯甲烷调节零点，于波长 510nm 处测吸光度，以铅的质量为横坐标，吸光度为纵坐标，绘制标准曲线。

（4）试样溶液的测定：将试样溶液和试剂空白液，分别置于 125mL 分液漏斗中，各加硝酸溶液（5＋95）至 20mL。依"铅标准曲线的绘制"操作顺序进行，最后于波长 510nm 处测得吸光度值，并与铅标准曲线比较定量。

5．结果计算

试样中铅的含量按式（5-3）计算：

$$X=\frac{m_1-m_0}{m} \tag{5-3}$$

式中，X——试样中铅的含量，mg/kg 或 mg/L；

$\quad\quad m_1$——试样溶液中铅的质量，μg；

$\quad\quad m_0$——空白溶液中铅的质量，μg；

$\quad\quad m$——试样称样量或移取体积，g 或 mL。

当铅含量大于等于 10.0mg/kg（或 mg/L）时，计算结果保留 3 位有效数字；当铅含量小于 10.0mg/kg（或 mg/L）时，计算结果保留 2 位有效数字。

6．说明和注意事项

（1）双硫腙能与许多金属离子形成络合物，这些络合物能溶于氯仿或四氯化碳而呈色。控制一定的反应条件，如控制溶液的 pH 值或加入适当的掩蔽剂，可以提高双硫腙对金属离子的选择性，使显色反应具有特异性，从而可用双硫腙比色法对食品中的重金属含量进行测定。

（2）市售的双硫腙常含有氧化生成的二苯硫卡巴二腙，此化合物不与金属元素反应，也不溶于酸性或碱性水溶液，但能溶于氯仿或四氯化碳中呈黄色或棕色，会干扰测定，所以常常需进行纯化处理。

（3）双硫腙易被氧化，生成黄色的化合物不溶于酸及碱，能溶于氯仿中，因此氯仿中不得含有氧化物。操作时不宜敞开暴露于空气中过久，避免直射光操作。

（4）在 pH 值为 8.5～9.0 时，加入氰化钾可以掩蔽铜、汞、锌等离子的干扰；加入盐酸羟胺可排除铁离子的干扰；加入柠檬酸铵可防止生成氢氧化物沉淀使铅被吸附而受损失。

（5）双硫腙比色法测定金属元素的含量具有较高的灵敏度和选择性，设备简单，但操作烦琐，试剂、溶剂用量多。

（6）试样经过消解处理后，其中的铅还可以用电感耦合等离子体质谱法和火焰原子吸收光谱法测定。火焰原子吸收光谱法测定铅的操作要点如下：试样经湿法消化后，铅离子在一定 pH 值条件下与二乙基二硫代氨基甲酸钠（DDTC）形成络合物，经 4-甲基-2-戊酮（MIBK）萃取分离，导入原子吸收光谱仪中，经火焰原子化，在 283.3nm 处测定吸光度。在一定浓度范围内铅的吸光度值与铅含量成正比，与标准系列比较定量。

第二节　食品中镉的测定

镉的毒性较大，被镉污染的空气和食物对人体危害严重，且在人体内代谢较慢。我国食品安全国家标准中采用石墨炉原子吸收光谱法测定食品中的镉含量。

1．原理

试样经灰化或酸消解后，试样消化液注入原子吸收分光光度计石墨炉中，经电热原子化后吸收 228.8nm 共振线，在一定浓度范围，其吸光度值与镉含量成正比，与标准系列比较定量。

2．试剂和材料

（1）硝酸溶液（1%）：取 10.0mL 硝酸加入 100mL 水中，稀释至 1000mL。

（2）盐酸溶液（1＋1）：取 50mL 盐酸慢慢加入 50mL 水中。

（3）硝酸-高氯酸混合溶液（9＋1）：取 9 份硝酸与 1 份高氯酸混合。

（4）磷酸二氢铵溶液（10g/L）：称取 10.0g 磷酸二氢铵，用 100mL 硝酸溶液（1%）溶解后定量移入 1000mL 容量瓶，用硝酸溶液（1%）定容至刻度。

（5）镉标准贮备液（1000mg/L）：准确称取金属镉标准品（纯度为 99.99%或经国家认证并授予标准物质证书的标准物质）1g（精确至 0.0001g）于小烧杯中，分次加 20mL 盐酸溶液（1＋1）溶解，加 2 滴硝酸，移入 1000mL 容量瓶中，用水定容至刻度，混匀；或购买经国家认证并授予标准物质证书的一定浓度的镉标准溶液。

（6）镉标准使用液（100ng/mL）：吸取镉标准贮备液 10.0mL 于 100mL 容量瓶中，用硝酸溶液（1%）定容至刻度，如此经多次稀释成每毫升含 100ng 镉的标准使用液。

（7）镉标准曲线工作液：准确吸取镉标准使用液 0mL、0.50mL、1.00mL、1.50mL、2.00mL、3.00mL 于 100mL 容量瓶中，用硝酸溶液（1%）定容至刻度，即得到含镉量分别为 0ng/mL、0.50ng/mL、1.00ng/mL、1.50ng/mL、2.00ng/mL、3.00ng/mL 的标准系列溶液。

3．仪器和设备

（1）原子吸收分光光度计：附石墨炉、镉空心阴极灯。

（2）分析天平：感量为 0.1mg 和 1mg。

（3）可调式控温电热板、可调式控温电热炉。

（4）高温炉。

（5）电热恒温干燥箱。

（6）压力消解罐：配有聚四氟乙烯消解内罐。

（7）微波消解仪：配有聚四氟乙烯或其他合适的消解内罐。

4．分析步骤

1）试样制备

（1）干试样：粮食、豆类，去除杂质；坚果类，去杂质、去壳；磨碎成均匀的试样，颗粒度不大于 0.425mm。贮于洁净的塑料瓶中，并标明标记，于室温下或按试样保存条件保存备用。

（2）鲜（湿）试样：蔬菜、水果、肉类、鱼类及蛋类等，用食品加工机打成匀浆或碾磨成匀浆，贮于洁净的塑料瓶中，并标明标记，于-18～-16℃冰箱中保存备用。

（3）液态试样：按试样保存条件保存备用。含气试样使用前应除气。

2）试样消解

可根据实验室条件选用以下任何一种方法消解，称量时应保证试样的均匀性。

（1）压力罐消解：称取干试样 0.3～0.5g（精确至 0.0001g）、鲜（湿）试样 1～2g（精确至 0.001g）于聚四氟乙烯内罐，加硝酸 5mL 浸泡过夜。再加过氧化氢溶液（30%）2～3mL（总量不能超过罐容积的 1/3）。盖好内盖，旋紧不锈钢外套，放入电热恒温干燥箱，120～160℃保持 4～6h，在箱内自然冷却至室温，打开后加热赶酸至近干，将消化液洗入 10mL 或 25mL 容量瓶中，用少量硝酸溶液洗涤内罐和内盖 3 次，洗液合并于容量瓶中并用硝酸溶液定容至刻度，混匀备用；同时做试剂空白试验。

（2）微波消解：称取干试样 0.3～0.5g（精确至 0.0001g）、鲜（湿）试样 1～2g（精确至 0.001g）置于微波消解罐中，加 5mL 硝酸和 2mL 过氧化氢。微波消化程序可以根据仪器型号调至最佳条件。消解完毕，待消解罐冷却后打开，消化液呈无色或淡黄色，加热赶酸至近干，用少量硝酸溶液冲洗消解罐 3 次，将溶液转移至 10mL 或 25mL 容量瓶中，并用硝酸溶液定容至刻度，混匀备用；同时做试剂空白试验。

（3）湿法消解：称取干试样 0.3～0.5g（精确至 0.0001g）、鲜（湿）试样 1～2g（精确至 0.001g）于锥形瓶中，放数粒玻璃珠，加 10mL 硝酸-高氯酸混合溶液（9+1），加盖浸泡过夜，加一小漏斗在可调式控温电热板上消化，若变棕黑色，再加硝酸，直至冒白烟，消化液呈无色透明或略带微黄色，放冷后将消化液洗入 10mL 或 25mL 容量瓶中，用少量硝酸溶液洗涤锥形瓶 3 次，洗液合并于容量瓶中并用硝酸溶液定容至刻度，混匀备用；同时做试剂空白试验。

（4）干法灰化：称取 0.3～0.5g 干试样（精确至 0.0001g）、鲜（湿）试样 1～2g（精确至 0.001g）、液态试样 1～2g（精确至 0.001g）于瓷坩埚中，先小火在可调式电炉上炭化至无烟，移入高温炉 500℃灰化 6～8h，冷却。若个别试样灰化不彻底，加 1mL 混合酸在可调式控温电热炉上小火加热，将混合酸蒸干后，再转入高温炉中 500℃继续灰化 1～2h，直至试样消化完全，呈灰白色或浅灰色。放冷，用硝酸溶液将灰分溶解，将试样消化液移入 10mL 或 25mL 容量瓶中，用少量硝酸溶液洗涤瓷坩埚 3 次，洗涤液合并于容量瓶中并用硝酸溶液定容至刻度，混匀备用；同时做试剂空白试验。

3）试样测定

（1）仪器参考条件。将仪器性能调至最佳状态。

原子吸收分光光度计（附石墨炉及镉空心阴极灯）测定参考条件如下：波长 228.8nm，狭缝 0.2～1.0nm，灯电流 2～10mA，干燥温度 105℃，干燥时间 20s；灰化温度 400～700℃，灰化时间 20～40s；原子化温度 1300～2300℃，原子化时间 3～5s；背景校正为氘灯或塞曼效应。

（2）镉标准曲线的制作。将标准曲线工作液按质量浓度由低到高的顺序各取 20μL 注入石墨炉，测其吸光度值，以标准曲线工作液的质量浓度为横坐标，相应的吸光度值为纵坐标，绘制标准曲线并求出吸光度值与浓度关系的一元线性回归方程。

标准系列溶液应不少于 5 个点的不同浓度的镉标准溶液，相关系数不应小于 0.995。如果有自动进样装置，也可用程序稀释来配制标准系列。

（3）试样溶液测定。于测定标准曲线工作液相同的试验条件下，吸取试样消化液 20μL（可根据使用仪器选择最佳进样量），注入石墨炉，测其吸光度值。代入标准系列的一元线性回归方程中求试样消化液中镉的含量，平行测定次数不少于 2 次。若测定结果超出标准曲线范围，用硝酸溶液稀释后再行测定。

（4）基体改进剂的使用。对于有干扰的试样，则可注入适量的基体改进剂磷酸二氢铵溶液，一般少于 5μL，可消除干扰。制定镉标准曲线时也要加入与试样测定时等量的基体改进剂溶液。

5．结果计算

试样中镉含量按式（5-4）进行计算：

$$X=\frac{(\rho_1-\rho_0)\ V}{m\times 1000} \tag{5-4}$$

式中，X——试样中镉含量，mg/kg 或 mg/L；

ρ_1——试样消化液中镉含量，ng/mL；

ρ_0——空白液中镉含量，ng/mL；

V——试样消化液定容总体积，mL；

m——试样质量或体积，g 或 mL；

1000——单位换算系数。

以重复性条件下获得的 2 次独立测定结果的算术平均值表示，结果保留 2 位有效数字。在重复性条件下获得的 2 次独立测定结果的绝对差值不得超过算术平均值的 20%。

6．说明和注意事项

（1）所用玻璃仪器均需以硝酸溶液（1+4）浸泡 24h 以上，用水反复冲洗，最后用去离子水冲洗干净。

（2）试验要在通风良好的通风橱内进行。对含油脂的试样，尽量避免用湿法消解，最好采用干法灰化。如果必须采用湿法消解，试样的取样量最大不能超过 1g。

第三节　食品中总汞的测定

常见的汞的化合物有氯化高汞（升汞）、氧化汞、硝酸汞、碘化汞等，均属于剧毒物质。汞的化合物在工农业和医药方面应用广泛，很容易对环境造成污染。工厂排放含汞的废水导致水体被污染，江河、湖泊、沼泽等的水生植物、水产品易积蓄大量的汞，环境中的微生物能使无机汞转化为有机汞，如甲基汞、二甲基汞等，毒性更大。汞的化合物残留在生物体内，从而导致食品污染，通过食物链的传递，汞在人体内积蓄，可引起汞中毒，导致骨骼、关节疼痛等症状。食品中总汞的测定有原子荧光光谱分析法和冷原子吸收光谱法。

一、原子荧光光谱分析法

1．原理

试样经酸加热消解后，在酸性介质中，试样中的汞被硼氢化钾或硼氢化钠还原成原子态汞，由载气（氩气）载入原子化器中，在汞空心阴极灯照射下，基态汞原子被激发至高能态，在由高能态回到基态时，发射出特征波长的荧光，其荧光强度与汞的含量成正比，与标准系列比较定量。

2．试剂和材料

（1）硝酸-高氯酸混合溶液（5＋1）：量取 500mL 硝酸，100mL 高氯酸，混匀。

（2）硝酸溶液（1＋9）：量取 50mL 硝酸，缓缓倒入 450mL 水中，混匀。

（3）硝酸溶液（5＋95）：量取 5mL 硝酸，缓缓倒入 95mL 水中，混匀。

（4）氢氧化钾溶液（5g/L）：称取 5.0g 氢氧化钾，溶于水中，稀释至 1000mL，混匀。

（5）硼氢化钾溶液（5g/L）：称取 5.0g 硼氢化钾，溶于 5g/L 的氢氧化钾溶液中，并稀释至 1000mL，混匀，现用现配。

（6）重铬酸钾的硝酸溶液（0.5g/L）：称取 0.05g 重铬酸钾溶于 100mL 硝酸溶液（5＋95）中。

（7）汞标准贮备溶液（1.00mg/mL）：准确称取 0.1354g 干燥过的氯化汞（纯度大于等于 99%），加重铬酸钾的硝酸溶液（0.5g/L）溶解后移入 100mL 容量瓶中，并稀释至刻度，混匀。于 4℃冰箱中避光保存，可保存 2 年；或购买经国家认证并授予标准物质证书的标准物质溶液。

（8）汞标准中间液（10μg/mL）：吸取汞标准贮备液 1.00mL 于 100mL 容量瓶中，用重铬酸钾的硝酸溶液（0.5g/L）稀释至刻度，混匀。于 4℃冰箱中避光保存，可保存 2 年。

（9）汞标准使用液（50ng/mL）：吸取 0.50mL 汞标准中间液（10μg/mL）于 100mL 容量瓶中，用重铬酸钾的硝酸溶液（0.5g/L）稀释至刻度，混匀。此溶液需现配现用。

3．仪器和设备

（1）原子荧光光谱仪。

（2）分析天平：感量为 0.1mg 和 1mg。

（3）可调式控温电热板（50～200℃）。

（4）电热恒温干燥箱（50～300℃）。

（5）压力消解罐：配有聚四氟乙烯消解内罐。

（6）微波消解仪：配有聚四氟乙烯消解内罐。

（7）超声水浴箱。

4．分析步骤

1）试样预处理

（1）粮食等试样，去除杂物后粉碎均匀，装入洁净聚乙烯瓶中，密封保存备用。

（2）蔬菜、水果、肉类、鱼类及蛋类等新鲜试样，洗净、晾干，取可食部分匀浆，装入洁净聚乙烯瓶中，密封，于4℃冰箱中冷藏备用。

2）试样消解

（1）压力罐消解：称取固体试样 0.2～1g（精确至 0.001g），新鲜试样 0.5～2.0g（精确到 0.001g）；液体试样吸取 1.00～5.00mL，置于消解内罐中，加 5mL 硝酸浸泡过夜。盖上内盖放入不锈钢外套中，旋紧密封，放入电热恒温干燥箱中加热，140～160℃保持4～5h，在箱内自然冷却至室温，然后缓慢旋松不锈钢外套，将消解液内罐取出，用少量水冲洗内盖，将消解罐放在可调式控温电热板上或超声水浴箱中，于80℃或超声脱气2～5min，赶去棕色气体。取出消解内罐，将消化液转移至 25mL 容量瓶中，用少量水分 3 次洗涤内罐，洗涤液并于容量瓶中并定容至刻度，混匀备用；同时做空白试验。

（2）微波消解：称取固体试样 0.2～0.5g（精确至 0.001g），新鲜试样 0.2～0.8g（精确至 0.001g）；液体试样吸取 1.00～3.00mL，置于消解内罐中，加 5～8mL 硝酸，加盖放置过夜。旋紧罐盖，消解参考条件见表5-2。冷却后取出，缓慢打开罐盖排气，用少量水冲洗内盖，将消解内罐放在可调式控温电热板上或超声水浴箱中，于80℃或超声脱气 2～5min，赶去棕色气体。取出消解内罐，将消化液转移至 25mL 容量瓶中，用少量水分 3 次洗涤消解内罐，洗涤液并于容量瓶中并定容至刻度，混匀备用；同时做空白试验。

表5-2　粮食、蔬菜、鱼肉类试样微波消解参考条件

步骤	功率（1600W）变化/%	设定温度/℃	升温时间/min	恒温时间/min
1	50	80	30	5
2	80	120	30	7
3	100	160	30	5

（3）回流消解：称取粮食 1～4g（精确至 0.001g），置于消化装置锥形瓶中，加玻璃珠数粒，加 45mL 硝酸、10mL 硫酸，转动锥形瓶防止局部炭化；肉、蛋类称取 0.5～

2g（精确至 0.001g），加 30mL 硝酸、5mL 硫酸；乳及乳制品称取 1～4g（精确至 0.001g），加 30mL 硝酸，乳加 10mL 硫酸，乳制品加 5mL 硫酸。装上冷凝管后，小心加热，待开始发泡即停止加热，发泡停止后，加热回流 2h。如加热过程中溶液变棕色，再加 5mL 硝酸，继续回流 2h，消解到试样完全溶解，一般呈淡黄色或无色，放冷后从冷凝管上端小心加 20mL 水，继续加热回流 10min，放冷，用适量水冲洗冷凝管，冲洗液并入消化液中，将消化液经玻璃棉过滤于 100mL 容量瓶内，用少量水洗涤锥形瓶、滤器，洗涤液并入容量瓶内，加水至刻度，混匀；同时做空白试验。

3）测定

（1）标准曲线制作：分别吸取 50ng/mL 汞标准使用液 0mL、0.20mL、0.50mL、1.00mL、2.00mL、2.50mL 于 50mL 容量瓶中，用硝酸溶液（1＋9）稀释至刻度，混匀。各自相当于汞质量浓度为 0ng/mL、0.20ng/mL、0.50ng/mL、1.00ng/mL、1.50ng/mL、2.00ng/mL、2.50ng/mL。

（2）仪器参考条件的选择：光电倍增管负高压，240V；汞空心阴极灯电流，30mA；原子化器，温度 300℃；载气流速 500mL/min；屏蔽气流速 1000mL/min。

（3）试样溶液的测定：设定好仪器最佳条件后，连续用硝酸溶液（1＋9）进样，待读数稳定后，转入标准系列测定，绘制标准曲线。然后转入试样测量，先用硝酸溶液（1＋9）进样，使读数基本回零，再分别测定空白和试样消化液，每次测定不同的试样前都应清洗进样器。

5．结果计算

试样中汞含量按式（5-5）计算：

$$X=\frac{(\rho-\rho_0)\ V\times1000}{m\times1000\times1000} \tag{5-5}$$

式中，X——试样中汞含量，mg/kg 或 mg/L；

　　　ρ——测定样液中汞含量，ng/mL；

　　　ρ_0——试剂空白液中汞含量，ng/mL；

　　　m——试样的质量或体积，g 或 mL；

　　　V——试样消化液定容总体积，mL；

　　　1000——单位换算系数。

计算结果保留 2 位有效数字。在重复性条件下获得的 2 次独立测定结果的绝对差值不得超过算术平均值的 20%。

6．说明和注意事项

（1）总汞是指样品经剧烈消解后测得的汞浓度，它包含无机的、有机结合的、可溶的以及悬浮的全部汞。

（2）重铬酸钾、汞及其化合物毒性很强，操作时应按规定要求佩戴防护器具，避免接触皮肤和衣服，检测后的残渣液应做妥善的安全处理。

（3）玻璃器皿及聚四氟乙烯消解内罐均需以硝酸溶液（1＋4）浸泡 24h，用水反复冲洗，最后用去离子水冲洗干净。

二、冷原子吸收光谱法

汞原子蒸气对波长 253.7nm 的共振线具有强烈的吸收作用。试样经过酸消解（压力罐消解法、微波消解法或回流消解法）后使汞转为离子状态，在强酸性介质中以氯化亚锡还原成元素汞，然后以氮气或干燥空气作为载气，将元素汞带入汞测定仪，进行冷原子吸收测定，在一定浓度范围内，其吸收值与汞的含量成正比，外标法定量。根据式（5-6）计算试样中汞含量：

$$X = \frac{(m_1 - m_0)\ V_1 \times 1000}{m V_2 \times 1000 \times 1000} \tag{5-6}$$

式中，X——试样中汞含量，mg/kg 或 mg/L；

m_1——测定样液中汞质量，ng；

m_0——试剂空白液中汞含量，ng；

m——试样的质量或体积，g 或 mL；

V_1——试样消化液定容总体积，mL；

V_2——测定样液体积，mL；

1000——单位换算系数。

计算结果保留 2 位有效数字。在重复性条件下获得的 2 次独立测定结果的绝对差值不得超过算术平均值的 20%。

第四节　食品中总砷的测定

砷和它的化合物是常见的环境污染物，砷是致癌物质，过量摄入会引发皮肤、心血管、呼吸系统和神经系统癌变。人们熟知的砒霜，即是砷化合物的一种。食品中总砷的测定可以采用电感耦合等离子体质谱法、银盐法和氢化物发生原子荧光光谱法。下面介绍前两种方法。

一、电感耦合等离子体质谱法

1. 原理

样品经酸消解处理为样品溶液，样品溶液经雾化由载气送入电感耦合等离子体光谱发生仪（ICP）的炬管中，经过蒸发、解离、原子化和离子化等过程，转化为带电荷的离子，经离子采集系统进入质谱仪，质谱仪根据质荷比进行分离。对于一定的质荷比，质谱的信号强度与进入质谱仪的离子数成正比，即样品浓度与质谱信号强度成正比。通过测量质谱的信号强度对样品溶液中的砷元素进行测定。

2. 试剂和材料

（1）硝酸（HNO_3）：MOS 级（电子工业专用高纯化学品）或 BV（Ⅲ）级。

（2）质谱调谐液：Li、Y、Ce、Ti、Co，推荐使用浓度为 10ng/mL。

（3）内标贮备液：Ge 浓度为 100μg/mL。

（4）硝酸溶液（2+98）：量取 20mL 硝酸，缓缓倒入 980mL 水中，混匀。

（5）内标溶液 Ge（1.0μg/mL）：取 1.0mL 内标贮备液，用硝酸溶液（2+98）稀释并定容至 100mL。

（6）氢氧化钠溶液（100g/L）：称取 10.0g 氢氧化钠，用水溶解和定容至 100mL。

（7）砷标准贮备液（100mg/L，按 As 计）：准确称取于 100℃干燥 2h 的三氧化二砷 0.0132g，加 1mL 氢氧化钠溶液（100g/L）和少量水溶解，转入 100mL 容量瓶中，加入适量盐酸调整其酸度近中性，用水稀释至刻度。4℃避光保存，保存期 1 年；或购买经国家认证并授予标准物质证书的标准物质溶液。

（8）砷标准使用液（1.00mg/L，按 As 计）：准确吸取 1.00mL 砷标准贮备液（100mg/L）于 100mL 容量瓶中，用硝酸溶液（2+98）稀释定容至刻度。现用现配。

3．仪器和设备

（1）电感耦合等离子体质谱仪（ICP-MS）。

（2）微波消解系统。

（3）压力消解器。

（4）电热恒温干燥箱（50～300℃）。

（5）可调式控温电热板（50～200℃）。

（6）超声水浴箱。

（7）分析天平：感量为 0.1mg 和 1mg。

4．分析步骤

1）试样制备

在采样和制备过程中，应注意不使试样污染。

粮食、豆类等样品去杂物后粉碎均匀，装入洁净聚乙烯瓶中，密封保存备用。

蔬菜、水果、鱼类、肉类及蛋类等新鲜样品，洗净、晾干，取可食部分匀浆，装入洁净聚乙烯瓶中，密封，于 4℃冰箱冷藏备用。

2）试样消解

（1）微波消解法：蔬菜、水果等含水分高的样品，称取 2～4g（精确至 0.001g）试样于消解内罐中，加入 5mL 硝酸，放置 30min；粮食、肉类、鱼类等样品，称取 0.2～0.5g（精确至 0.001g）样品于消解内罐中，加入 5mL 硝酸，放置 30min，盖好安全阀，将消解内罐放入微波消解系统中，根据不同类型的样品，设置适宜的微波消解程序，按相关步骤进行消解，消解完全后赶酸，将消化液转移至 25mL 容量瓶或比色管中，用少量水洗涤消解内罐 3 次，合并洗涤液并定容至刻度，混匀；同时做空白试验。

（2）高压密闭消解法：称取固体试样 0.2～1g（精确至 0.001g），湿样 1～5g（精确至 0.001g）或取液体试样 2.00～5.00mL 于消解内罐中，加入 5mL 硝酸浸泡过。盖好内盖，旋紧不锈钢外套，放入电热恒温干燥箱，140～160℃保持 3～4h，自然冷却至室温，然后缓慢旋松不锈钢外套，将消解内罐取出，用少量水冲洗内盖，放在可调式控温电热板上于 120℃赶去棕色气体。取出消解内罐，将消化液转移至 25mL 容量瓶或比色管中，用少量水洗涤消解内罐 3 次，合并洗涤液并定容至刻度，混匀；同时做空白试验。

　　3）仪器参考条件

　　射频功率 1550W；载气流速 1.14L/min；采样深度 7mm；雾化室温度 2℃；Ni 采样锥，Ni 截取锥。

　　4）标准曲线的制作

　　吸取适量砷标准用液（1.00mg/L），用硝酸溶液（2＋98）配制砷质量浓度分别为 0ng/mL、1.0ng/mL、5.0ng/mL、10.0ng/mL、50.0ng/mL 和 100.0ng/mL 的标准系列溶液。当仪器真空度达到要求时，用调谐液调整仪器灵敏度、氧化物、双电荷、分辨率等各项指标，当仪器各项指标达到测定要求时，编辑测定方法、选择相关消除干扰方法、引入内标，观测内标灵敏度、脉冲与模拟模式的线性拟合，符合要求后，将标准系列引入仪器。进行相关数据处理，绘制标准曲线、计算回归方程。

　　5）试样溶液的测定

　　相同条件下，将试剂空白、试样溶液分别引入仪器进行测定。根据回归方程计算出试样中砷元素的浓度。

　　5．结果计算

　　试样中砷的含量按式（5-7）计算：

$$X = \frac{(\rho - \rho_0)\ V \times 1000}{m \times 1000 \times 1000} \tag{5-7}$$

式中，X——试样中砷的含量，mg/kg 或 mg/L；

　　　　ρ——试样消化液中砷的质量浓度，ng/mL；

　　　　ρ_0——试剂空白液中砷的质量浓度，ng/mL；

　　　　m——试样的质量或体积，g 或 mL；

　　　　V——试样消化液定容总体积，mL；

　　　　1000——单位换算系数。

　　计算结果保留 2 位有效数字。在重复性条件下获得的 2 次独立测定结果的绝对差值不得超过算术平均值的 20%。

　　6．说明和注意事项

　　（1）食品样品采用微波消解法、压力罐消解法或湿法消解法进行消解处理后，消解液用电感耦合等离子体质谱仪进行测定，标准曲线法定量，可同时测定铅、砷、汞、镉、铬、锡、镍等多种元素。本方法快速、准确，具有较高的灵敏度。

　　（2）质谱干扰主要来源于同量异位素、多原子、双电荷离子等，可采用最优化仪器条件、干扰校正方程校正或采用碰撞池、动态反应池技术方法消除干扰。砷的干扰校正方程为 ^{75}As＝^{75}As－^{77}M（3.127）＋^{82}M（2.733）－^{83}M（2.757）；采用内标校正、稀释试样等方法校正非质谱干扰。砷的 m/z 为 75，选 ^{72}Ge 为内标元素。推荐使用碰撞/反应池技术，在没有碰撞/反应池技术的情况下使用干扰方程消除干扰的影响。

二、银盐法

1. 原理

试样经消化后，以碘化钾、氯化亚锡将高价砷还原为三价砷，然后与锌粒和酸产生的新生态氢，生成砷化氢，经银盐溶液吸收后，形成棕红色胶态物，与标准系列比较定量。主要反应式如下：

$$2As + 3H_2SO_4 \Longrightarrow As_2O_3 + 3SO_2 + 3H_2O$$

$$3As_2O_3 + 4HNO_3 + 7H_2O \Longrightarrow 4NO + 6H_3AsO_4$$

$$3As + 5HNO_3 + 2H_2O \Longrightarrow 3H_3AsO_4（砷酸）+ 5NO$$

将含砷食品经湿法消化后，其中砷全部转变为五价砷。

此消化液中的砷酸由碘化钾和氯化亚锡还原成亚砷酸，亚砷酸又由锌与盐酸作用产生的氢还原为砷化氢，砷化氢与二乙基二硫氨基甲酸银［Ag(DDC)或(DDC-Ag)］作用，游离出银，此胶状的银呈现红色，可做比色测定，主要反应式如下：

$$H_3AsO_4 + 2KI + 2HCl \Longrightarrow H_3AsO_3 + I_2 + 2KCl + H_2O$$

$$H_3AsO_4 + SnCl_2 + 2HCl \Longrightarrow H_3AsO_3 + SnCl_4 + H_2O$$

$$H_3AsO_3 + 3Zn + 6HCl \Longrightarrow AsH_3 + 3ZnCl_2 + 3H_2O$$

$$AsH_3 + 6Ag(DDC) \Longrightarrow 6Ag + 3HDDC + Ag(DDC)_3$$

此反应生成的 HDDC 可用碱性物质如吡啶或三乙醇胺等（以 NR$_3$ 代表）吸收，使反应向右进行。

$$HDDC + NR_3 \Longrightarrow (NR_3H)(DDC)$$

2. 试剂和材料

（1）硝酸-高氯酸混合液（4+1）：量取 80mL 硝酸，加入 20mL 高氯酸，混匀。

（2）碘化钾溶液（150g/mL）：称取 15g 碘化钾，用蒸馏水溶解，最后稀释成 100mL，保存于棕色瓶中。

（3）酸性氯化亚锡溶液（400g/L）：称取 40g 氯化亚锡，加盐酸溶解，稀释至 100mL，加入数颗金属锡粒。

（4）盐酸溶液（1+1）：量取 100mL 盐酸，缓缓倒入 100mL 水中，混匀。

（5）乙酸铅溶液（100g/L）：称取 11.8g 乙酸铅，用水溶解，并加入 1～2 滴乙酸，用水稀释并定容至 100mL。

（6）乙酸铅棉花的制备：用乙酸铅溶液（100g/L）浸透脱脂棉后，压除多余溶液，并使之疏松。于 100℃以下干燥后，贮于玻璃瓶中。

（7）氢氧化钠溶液（200g/L）：称取 20g 氢氧化钠，溶于水并稀释至 100mL。

（8）硫酸溶液（6+94）：量取 6.0mL 硫酸，慢慢加入 94mL 水中，混匀。

（9）二乙基二硫代氨基甲酸银的三乙醇胺-三氯甲烷溶液（银盐溶液）：称取 0.25g 二乙基二硫代氨基甲酸银置于乳钵中，加入少量三氯甲烷研磨，移入 100mL 量筒中，加入

1.8mL 三乙醇胺，再用三氯甲烷分数次洗涤乳钵，洗液一并移入量筒中，再用三氯甲烷稀释至 100mL，静置过夜，过滤于棕色瓶中贮存。

（10）砷的标准贮备液（100mg/L，按砷计）：准确称取于 100℃下干燥 2h 的三氧化二砷（标准品，纯度大于等于 99.5%）0.1320g，加入 5mL 氢氧化钠溶液（200g/L），溶解后，加入 25mL 硫酸溶液（6＋94），移入 1000mL 容量瓶中，用新煮沸并冷却的蒸馏水定容，贮于棕色瓶中。4℃避光保存，保存期 1 年；或购买经国家认证并授予标准物质证书的标准溶液。

（11）砷的标准溶液使用液（1.00mg/L）：吸取 1.00mL 砷的标准贮备液于 100mL 容量瓶中，加入 1mL 硫酸（6＋94），加水定容至刻度。现用现配。

3．仪器和设备

（1）可见分光光度计。

（2）测砷装置（图 5-1）。

4．分析步骤

1)试样溶液的制备(硝酸-高氯酸-硫酸法)

（1）粮食、糕点、粉丝（条）、豆干制品、茶叶及其他水分含量少的固体食品：取粉碎的干燥试样 5～10g（精确至 0.001g）置于 250～500mL 定氮瓶中，加入少量水使之湿

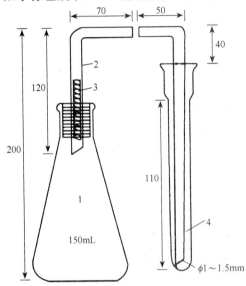

1. 150mL 锥形瓶；2. 导气管；
3. 乙酸铅棉花；4. 10mL 刻度离心管。

图 5-1　测砷装置（尺寸单位：mm）

润，加入玻璃珠数粒、10～15mL 硝酸-高氯酸混合液，放置片刻后，小火缓慢加热，待作用缓和，放冷。沿瓶壁加入 5mL 或 10mL 硫酸，再加热。当溶液开始变成棕色时，不断沿瓶壁小心补加硝酸-高氯酸混合液，至有机质分解完全。加大火力，使之产生白烟，待瓶口白烟冒净，瓶内液体再产生浓白烟为消化完全，放冷。消化后此时的溶液应澄清无色或微带黄色，放冷（在操作过程中应注意防止爆沸或爆炸）。

加入 20mL 水煮沸，去除残留的硝酸至产生白烟为止，如此处理 2 次，放冷。将冷却后的溶液移入 50mL 或 100mL 容量瓶中，用水洗涤定氮瓶，洗涤液也并入容量瓶中，放冷，加水定容至刻度、混匀。定容后的溶液每 10mL 相当于 1g 试样，相当于加入的硫酸量 1mL。取与消化试样同量的硝酸-高氯酸混合液和硫酸溶液，按同样操作方法做试剂空白试验。

（2）水果、蔬菜：称取 25～50g（精确至 0.001g）洗净后打成匀浆的试样，置于 250～500mL 定氮瓶中，加入玻璃珠数粒，10～15mL 硝酸-高氯酸混合液，以下按粮食、糕点等试样消化处理自"放置片刻"起依法操作。但定容后的溶液每 10mL 相当于 5g 试样，相当于加入的硫酸量 1mL；按同一方法做空白试验。

（3）酱、酱油、醋、冷饮、豆腐、腐乳、酱腌菜等：称取 10～20g 固体试样（精确至 0.001g）或吸取 10.0～20.0mL 液体试样，置于 250～500mL 定氮瓶中，加入玻璃珠数

粒、5～15mL 硝酸-高氯酸混合液，按粮食、糕点等试样消化处理自"放置片刻"起依法操作。但定容后的溶液每 10mL 相当于 2g 或 2mL 试样；按同一方法做空白试验。

（4）含乙醇饮料或含二氧化碳饮料：吸取 10.0～20.0mL 试样，置于 250～500mL 定氮瓶中，加入玻璃珠数粒，先用小火加热以除去乙醇或二氧化碳，再加入 5～15mL 硝酸-高氯酸混合液，混匀后，按粮食、糕点等试样消化处理自"放置片刻"起依法操作。定容后的溶液每 10mL 相当于 2mL 试样；按同一方法做空白试验。

（5）含糖量高的食品：称取 5～10g 试样（精确至 0.001g），置于 250～500mL 定氮瓶中，先加少量水使之湿润，加入玻璃珠数粒，加入 5～10mL 硝酸-高氯酸混合液，摇匀。沿瓶壁缓慢加入 5mL 或 10mL 硫酸，待作用缓和停止起泡沫后，先用小火缓慢加热（糖分易炭化），并不断沿瓶壁补加硝酸-高氯酸混合液，待泡沫全部消失后，再用大火加热至有机质分解完全，产生白烟后溶液应澄清无色或微带黄色，放冷。以下按粮食、糕点等试样消化处理自"加 20mL 水煮沸"起依法操作；按同一方法做空白试验。

（6）水产品：称取 5～10g（精确至 0.001g）（海产藻类、贝类可适当减少取样量），置于 250～500mL 定氮瓶中，加入玻璃珠数粒、5～10mL 硝酸-高氯酸混合液，混匀后，以下按粮食、糕点等试样消化处理自"沿瓶壁加入 5mL 或 10mL 硫酸"起依法操作；按同一方法做空白试验。

2）测定

（1）取相当于 5g 试样的消化液和同量的试剂空白液，分别置于 150mL 锥形瓶中，补加硫酸至总量为 5mL，然后加水至 50～55mL。

（2）吸取砷标准使用溶液 0mL、2.00mL、4.00mL、6.00mL、8.00mL、10.00mL（相当于 0µg、2.00µg、4.00µg、6.00µg、8.00µg、10.00µg 砷），分别置于锥形瓶中，各加水至 40mL，再加入 10mL 盐酸溶液（1＋1）。

（3）于试样消化液、试剂空白液及砷标准溶液中各加 3mL 碘化钾溶液及 0.5mL 酸性氯化亚锡溶液，混匀，静置 15min。各加入 3g 锌粒，立即分别将装有乙酸铅棉花的导气管塞子严密地塞紧在锥形瓶上，并使导气管的尖端插入盛有 4mL 吸收液（银盐溶液）的离心管的液面之下。在常温下反应 45min 后，取下离心管，加三氯甲烷补足体积至 4mL。以零管调节零点，用 1cm 比色杯于 520nm 处测定其吸光度，并绘制标准曲线。

5．结果计算

试样中砷的含量按式（5-8）计算：

$$X = \frac{(m_1 - m_0) V_1 \times 1000}{m V_2 \times 1000 \times 1000}$$
（5-8）

式中，X——试样中砷的含量，mg/kg 或 mg/L；

　　　m_1——测定用试样消化液中砷的质量，ng；

　　　m_0——试剂空白液中砷的质量，ng；

　　　m——试样的质量或体积，g 或 mL；

　　　V_1——试样消化液的总体积，mL；

V_2——测定用试样消化液的体积，mL；

1000——单位换算系数。

计算结果保留 2 位有效数字。在重复性条件下获得的 2 次独立测定结果的绝对差值不得超过算术平均值的 20%。

6. 说明和注意事项

（1）试样也可以采用硝酸-硫酸法进行消解处理，用硝酸代替硝酸-高氯酸混合液进行操作。另外，也可以用灰化法处理试样。

（2）试样消化过程中应注意防止爆沸或爆炸。

（3）砷化氢气体有毒，操作时要严防气体逸出，并要求保持良好的通风。

（4）酸的用量对结果有影响，还受锌粒的规格、大小的影响。注意：锌粒不宜太细，否则反应过于激烈。

（5）反应温度最好在 25℃为宜，以防反应过激或过缓。

（6）氯化亚锡除起还原作用，可将 As^{5+} 还原为 As^{3+}，并还原反应中生成的碘外，还可在锌粒表面沉积锡层，抑制氢气的生成速度，以及抑制某些元素的干扰，如锑的干扰等。

（7）乙酸铅棉花的作用是吸收可能产生的硫化氢气体。

第五节　食品中锡的测定

锡可用作金属的保护涂面，如用于包装罐头食品的包装材料马口铁的内层。食入或者吸入过多的锡，就有可能出现头晕、腹泻、恶心、胸闷、呼吸急促、口干等不良症状，并且导致血清中钙含量降低，严重时还有可能引发肠胃炎。

罐装固体食品、罐装饮料、罐装果酱、罐装婴幼儿配方及辅助食品中锡的测定可以采用苯芴酮比色法和氢化物原子荧光光谱法。

一、苯芴酮比色法

1. 原理

试样经消化后，在弱酸性溶液中，四价锡离子与苯芴酮形成微溶性橙红色络合物，在保护性胶体存在下与标准系列比较定量。

2. 试剂和材料

（1）酒石酸溶液（100g/L）：称取 100g 酒石酸溶于水并定容至 1L。

（2）抗坏血酸溶液（10.0g/L）：称取 10.0g 抗坏血酸溶于水并定容至 1L，临用时配制。

（3）动物胶溶液（5.0g/L）：称取 5.0g 动物胶溶于水并定容至 1L，临用时配制。

（4）氨水溶液（1+1）：量取 100mL 氨水加入 100mL 水中，混匀。

（5）硫酸溶液（1+9）：量取 10mL 硫酸，搅拌下缓缓倒入 90mL 水中，混匀。

（6）苯芴酮溶液（0.1g/L）：称取 0.01g（精确至 0.001g）苯芴酮，加少量甲醇及硫酸数滴溶解，以甲醇稀释至 100mL。

（7）酚酞指示液（10.0g/L）：称取 1.0g 酚酞，用乙醇溶解至 100mL。

（8）锡标准贮备液（1.0mg/mL）：准确称取 0.1g（精确至 0.0001g）金属锡（标准品，纯度为 99.99%），置于小烧杯中，加 10mL 硫酸，盖以表面皿，加热至锡完全溶解，移去表面皿，继续加热至发生浓白烟，冷却，慢慢加 50mL 水，移入 100mL 容量瓶中，用硫酸（1+9）多次洗涤烧杯，洗液并入容量瓶中，并稀释至刻度，混匀。

（9）锡标准使用液：吸取 10.00mL 锡标准贮备液，置于 100mL 容量瓶中，以硫酸（1+9）稀释至刻度，混匀。如此再次稀释至每毫升相当于 10.0μg 锡。

3．仪器和设备

（1）分光光度计。

（2）分析天平：感量为 0.1mg 和 1mg。

4．分析步骤

1）试样消化

称取试样 1~5g（精确至 0.001g）于锥形瓶中，加入 20.0mL 硝酸-高氯酸混合溶液（4+1），加 1.0mL 硫酸、3 粒玻璃珠，放置过夜。次日置可调式控温电热板上加热消化，如酸液过少，可适当补加硝酸，继续消化至冒白烟，待液体体积近 1mL 时取下冷却。用水将消化试样转入 50mL 容量瓶中，加水定容至刻度，摇匀备用；同时做空白试验（如试样液中锡含量超出标准曲线范围，则用水进行稀释，并补加硫酸，使最终定容后的硫酸浓度与标准系列溶液相同）。

2）测定

（1）标准曲线的制作：吸取 0mL、0.20mL、0.40mL、0.60mL、0.80mL、1.00mL 锡标准使用液（相当于 0μg、2.00μg、4.00μg、6.00μg、8.00μg、10.00μg 锡），分别置于 25mL 比色管中。各加入 0.5mL 酒石酸溶液及 1 滴酚酞指示液，混匀，再各加入氨水溶液（1+1）中和至淡红色，加 3.0mL 硫酸溶液（1+9）、1.0mL 动物胶溶液及 2.5mL 抗坏血酸溶液（10g/L），再加水至 25mL，混匀，再各加 2.0mL 苯芴酮溶液，混匀，1h 后，用 2cm 比色杯以零管调零点；于波长 490nm 处测吸光度，以标准系列溶液中锡的质量为横坐标，以吸光度为纵坐标，绘制标准曲线或计算直线回归方程。

（2）试样及试剂空白测定：吸取 1.00~5.00mL 试样消化液和同量的试剂空白溶液，分别置于 25mL 比色管中。按上述标准曲线制作中"各加入 0.5mL 酒石酸溶液"起依法操作，以零管调零点于 490nm 处测定试样消化液和试剂空白溶液的吸光度，所得吸光值与标准曲线比较或代入回归方程求出含量。

5．结果计算

试样中锡的含量按式（5-9）进行计算：

$$X = \frac{(m_1 - m_2)\, V_1}{m V_2} \qquad (5\text{-}9)$$

式中，X——试样中锡的含量，mg/kg 或 mg/L；

　　　m_1——测定用试样消化液中锡的质量，μg；

　　　m_2——试剂空白液中锡的质量，μg；

　　　m——试样质量，g；

　　　V_1——试样消化液的定容体积，mL；

　　　V_2——测定用试样消化液的体积，mL。

计算结果保留 2 位有效数字。在重复性条件下获得的 2 次独立测定结果的绝对差值不得超过算术平均值的 10%。

6．说明和注意事项

（1）该方法显色反应的速度受温度影响，温度低时反应缓慢，可将加显色剂后的各管放入 37℃恒温箱中，30min 后比色，色调随锡含量的增加由黄色变为橙色。

（2）抗坏血酸用于掩蔽铁离子的干扰，其溶液不稳定，临用时现配。

二、氢化物原子荧光光谱法

试样经硝酸-高氯酸-硫酸湿法消化后，在硼氢化钠的作用下生成锡的氢化物（SnH_4），并由载气带入原子化器中进行原子化，在锡空心阴极灯的照射下，基态锡原子被激发至高能态，在去活化回到基态时，发射出特征波长的荧光，其荧光强度与锡含量成正比，与锡标准系列溶液比较定量。

第六节　食品中苯并[a]芘的测定

苯并[a]芘又称 3,4-苯并芘，是一种日常生活或工业生产过程中产生的副产物，属于多环芳烃中毒性最大的一种强烈致癌物。谷类食物、蔬菜、脂肪和油类是摄入苯并[a]芘的主要膳食来源；食物加工如烧烤、烟熏肉类或鱼类的含量也较高。食用受其污染的食品，虽然不一定表现出明显的急性毒性，却具有公认的致畸、致癌的慢性毒性。

谷物及其制品（稻谷、糙米、大米、小麦、小麦粉、玉米、玉米面、玉米渣、玉米片）、肉及肉制品（熏、烧、烤肉类）、水产动物及其制品（熏、烤水产品）、油脂及其制品中苯并[a]芘通常采用高效液相色谱法测定。

1．原理

试样经过有机溶剂提取，中性氧化铝或分子印迹小柱净化，浓缩至干，乙腈溶解，反相液相色谱分离，荧光检测器检测，根据色谱峰的保留时间定性，外标法定量。

2．试剂和材料

（1）甲苯（C_7H_8）：色谱纯。

（2）乙腈（CH₃CN）：色谱纯。

（3）正己烷（C₆H₁₄）：色谱纯。

（4）二氯甲烷（CH₂Cl₂）：色谱纯。

（5）中性氧化铝柱：填料粒径 75～150μm，22g，60mL。

（6）苯并[a]芘分子印迹柱：500mg，6mL。

（7）微孔滤膜：0.45μm。

（8）苯并[a]芘标准贮备液（100μg/mL）：准确称取苯并[a]芘（标准品，纯度大于等于 99.0%，或经国家认证并授予标准物质证书的标准物质）1mg（精确至 0.01mg）于 10mL 容量瓶中，用甲苯溶解，定容。避光保存在 0～5℃的冰箱中，保存期 1 年。

（9）苯并[a]芘标准中间液（1.0μg/mL）：吸取 0.10mL 苯并[a]芘标准贮备液（100μg/mL），用乙腈定容到 10mL。避光保存在 0～5℃的冰箱中，保存期 1 个月。

（10）苯并[a]芘标准工作液：把苯并[a]芘标准中间液（1.0μg/mL）用乙腈稀释得到 0.5ng/mL、1.0ng/mL、5.0ng/mL、10.0ng/mL、20.0ng/mL 的标准曲线溶液，临用现配。

3．仪器和设备

（1）液相色谱仪：配有荧光检测器。

（2）分析天平：感量为 0.01mg 和 1mg。

（3）粉碎机。

（4）组织匀浆机。

（5）离心机：转速大于等于 4000r/min。

（6）漩涡混合器。

（7）超声波振荡器。

（8）旋转蒸发器或氮气吹干装置。

（9）固相萃取装置。

4．分析步骤

1）试样制备、提取及净化

（1）谷物及其制品。

预处理：去除杂质，磨碎成均匀的试样，贮于洁净的试样瓶中，并标明标记，于室温下或按产品包装要求的保存条件保存备用。

提取：称取 1g（精确至 0.001g）试样，加入 5mL 正己烷，漩涡混合 0.5min，40℃下超声提取 10min，4000r/min 离心 5min，转移出上清液。再加入 5mL 正己烷重复提取一次。合并上清液，用下列 2 种净化方法之一进行净化。

净化方法一：采用中性氧化铝柱，用 30mL 正己烷活化柱子，待液面降至柱床时，关闭底部旋塞。将待净化液转移进柱子，打开旋塞，以 1mL/min 的速度收集净化液到茄形瓶，再转入 50mL 正己烷洗脱，继续收集净化液。将净化液在 40℃下旋转蒸至约 1mL，转移至色谱仪进样瓶，在 40℃氮气流下浓缩至近干。用 1mL 正己烷清洗茄形瓶，将洗涤液再次转移至色谱仪进样小瓶并浓缩至干。准确吸取 1mL 乙腈到色谱仪进样瓶，漩涡复溶 0.5min，过微孔滤膜后供液相色谱测定。

净化方法二：采用苯并[a]芘分子印迹柱，依次用 5mL 二氯甲烷及 5mL 正己烷活化柱子。将待净化液转移进柱子，待液面降至柱床时，用 6mL 正己烷淋洗柱子，弃去流出液。用 6mL 二氯甲烷洗脱并收集净化液到试管中。将净化液在 40℃下氮气吹干，准确吸取 1mL 乙腈漩涡复溶 0.5min，过微孔滤膜后供液相色谱测定。

（2）熏、烧、烤肉类及熏、烤水产品。

预处理：肉去骨、鱼去刺、贝去壳，把可食部分绞碎均匀，贮于洁净的试样瓶中，并标明标记，于－18～－16℃冰箱中保存备用。

提取：同"谷物及其制品"中提取部分。

净化方法一：除了正己烷洗脱液体积为 70mL 外，其余操作同谷物及其制品中净化方法一。

净化方法二：操作同"谷物及其制品"中净化方法二。

（3）油脂及其制品。

提取：称取 0.4g（精确至 0.001g）试样，加入 5mL 正己烷，漩涡混合 0.5min，待净化。

若试样为人造黄油等含水油脂制品，则会出现乳化现象，需要 4000r/min 离心 5min，转移出正己烷层待净化。

净化方法一：除了最后用 0.4mL 乙腈漩涡复溶试样外，其余操作同"谷物及其制品"中的净化方法一。

净化方法二：除了最后用 0.4mL 乙腈漩涡复溶试样外，其余操作同"谷物及其制品"中的净化方法二。

试样制备时，不同试样的预处理需要同时做试样空白试验。

2）仪器参考条件

色谱柱：C_{18} 柱（柱长 250mm，内径 4.6mm，粒径 5μm），或性能相当者。

流动相：乙腈＋水＝88＋12。

流速：1.0mL/min。

荧光检测器：激发波长 384nm，发射波长 406nm。

柱温：35℃。

进样量：20μL。

3）标准曲线的制作

将标准系列工作液分别注入液相色谱中，测定相应的色谱峰，以标准系列工作液的质量浓度为横坐标，以峰面积为纵坐标，得到标准曲线回归方程。

4）试样溶液的测定

将待测液进样测定，得到苯并[a]芘色谱峰面积。根据标准曲线回归方程计算试样溶液中苯并[a]芘的浓度。

5．结果计算

试样中苯并[a]芘的含量按式（5-10）计算：

$$X=\frac{\rho V \times 1000}{m \times 1000} \tag{5-10}$$

式中，X——试样中苯并[a]芘的含量，μg/kg；

ρ——由标准曲线得到的试样净化溶液中苯并[a]芘的质量浓度，ng/mL；

V——试样最终定容体积，mL；

m——试样质量，g；

1000——单位换算系数。

结果保留到小数点后 1 位。在重复性条件下获得的 2 次独立测定结果的绝对差值不得超过算术平均值的 20%。

6．说明和注意事项

（1）苯并[a]芘是一种已知的致癌物，测定时应特别注意安全防护。测定应在通风橱中进行并戴手套，尽量减少暴露。如已污染了皮肤，应采用 10%次氯酸钠水溶液浸泡和洗刷，在紫外光下观察皮肤上有无蓝紫色斑点，一直洗到蓝色斑点消失为止。

（2）由于不同品牌分子印迹柱质量存在差异，建议对质控试样进行测试，或做加标回收试验，以验证是否满足要求。

（3）由于不同品牌的氧化铝活性存在差异，建议对质控试样进行测试，或做加标回收试验，以验证是否满足要求。

（4）空气中水分对中性氧化铝柱性能影响很大，打开柱子包装后应立即使用或密闭避光保存。

第七节　食品中 N-亚硝胺类化合物的测定

亚硝胺是强致癌物，食品、化妆品、香烟中都可能存在亚硝胺。熏腊食品中含有大量的亚硝胺类物质，某些消化系统肿瘤，如食管癌的发病率与膳食中摄入的亚硝胺的量相关。当熏腊食品与酒共同摄入时，亚硝胺对人体健康的危害就会成倍增加。

肉及肉制品、水产动物及其制品中 N-二甲基亚硝胺含量的测定通常采用气相色谱-质谱法。

1．原理

试样中的 N-亚硝胺类化合物经水蒸气蒸馏和有机溶剂萃取后，浓缩至一定体积，采用气相色谱-质谱联用仪进行确认和定量。

2．试剂和材料

（1）二氯甲烷（CH_2Cl_2）：色谱纯。

（2）无水硫酸钠（Na_2SO_4）。

（3）氯化钠（NaCl）：优级纯。

（4）无水乙醇（C_2H_5OH）。

（5）硫酸溶液（1+3）：量取 30mL 硫酸，缓缓倒入 90mL 冷水中，一边搅拌使充分散热，冷却后小心混匀。

（6）N-二甲基亚硝胺（C₂H₆N₂O）标准贮备液：用二氯甲烷配制成 1mg/mL 的溶液。

（7）N-二甲基亚硝胺（C₂H₆N₂O）标准中间液：用二氯甲烷配制成 1μg/mL 的标准中间液。

3. 仪器和设备

（1）气相色谱-质谱联用仪。

（2）旋转蒸发仪。

（3）全玻璃水蒸气蒸馏装置或等效的全自动水蒸气蒸馏装置。

（4）氮吹仪。

（5）制冰机。

（6）分析天平：感量为 0.01g 和 0.1mg。

4. 分析步骤

1）试样制备

（1）提取。水蒸气蒸馏装置（图 5-2）蒸馏：准确称取 200g（精确至 0.01g）试样，加入 100mL 水和 50g 氯化钠于蒸馏管中，充分混匀，检查气密性。在 500mL 平底烧瓶中加入 100mL 二氯甲烷及少量冰块用以接收冷凝液，冷凝管出口伸入二氯甲烷液面下，并将平底烧瓶置于冰浴中，开启蒸馏装置加热蒸馏，收集 400mL 冷凝液后关闭加热装置，停止蒸馏。

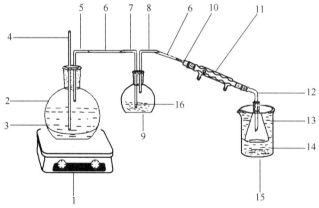

1. 红外线加热炉；2. 蒸汽发生瓶（2000mL）；3. 蒸馏水；4. 玻璃安全管（高 80cm）；5, 7, 8. 尖头玻璃管；
6. 硅胶管；9. 试样瓶（500mL）；10. 玻璃磨口接口；11. 冷凝管；12. 蒸馏液收集管；13. 蒸馏液收集瓶（500mL）；
14. 冷冻氯化钠溶液；15. 冰浴杯；16. 试样。

图 5-2 水蒸气蒸馏装置

（2）萃取净化。在盛有蒸馏液的平底烧瓶中加入 20g 氯化钠和 3mL 硫酸（1＋3），搅拌使氯化钠完全溶解。然后将溶液转移至 500mL 分液漏斗中，振荡 5min，必要时放气，静置分层后，将二氯甲烷层转移至另一平底烧瓶中，再用 150mL 二氯甲烷分 3 次提取水层，合并 4 次二氯甲烷萃取液，总体积约为 250mL。

（3）浓缩。将二氯甲烷萃取液用 10g 无水硫酸钠脱水后，进行旋转蒸发，于 40℃水浴上浓缩至 5～10mL 改氮吹，并准确定容至 1.0mL，摇匀后待测定。

2）气相色谱-质谱测定条件

（1）气相色谱条件。毛细管气相色谱柱为 INNOWAX 石英毛细管柱（柱长 30m，内径 0.25mm，膜厚 0.25μm）；进样口温度为 220℃；程序升温条件为初始柱温 40℃，以 10℃/min 的速度升至 80℃，以 1℃/min 的速度升至 100℃，再以 20℃/min 的速度升至 240℃，保持 2min；载气为氦气；流速为 1.0mL/min；进样方式为不分流进样；进样体积为 1.0μL。

（2）质谱条件。选择离子检测。9.9min 开始扫描 N-二甲基亚硝胺，选择离子为 15.0、42.0、43.0、44.0、74.0；电子轰击离子化源（EI），电压为 70eV；离子化电流为 300μA；离子源温度为 230℃；接口温度为 230℃；离子源真空度为 1.33×10^{-4}Pa。

3）标准曲线的制作

分别准确吸取 N-二甲基亚硝胺的标准中间液（1μg/mL）配制标准系列的质量浓度为 0.01μg/mL、0.02μg/mL、0.05μg/mL、0.10μg/mL、0.20μg/mL、0.50μg/mL 的标准系列溶液，进样分析。用峰面积对质量浓度进行线性回归，表明在给定的质量浓度范围内 N-二甲基亚硝胺呈线性，回归方程中 y 为峰面积，x 为质量浓度（μg/mL）。

4）试样溶液的测定

将试样溶液注入气相色谱-质谱联用仪中，得到某一特定监测离子的峰面积，根据标准曲线计算得到试样溶液中 N-二甲基亚硝胺的质量浓度（μg/mL）。

5．结果计算

试样中 N-二甲基亚硝胺含量按式（5-11）计算：

$$X=\frac{\rho V}{m}\times1000 \tag{5-11}$$

式中，X——试样中 N-二甲基亚硝胺含量，μg/kg 或 μg/L；

ρ——由标准曲线得到的试液中 N-二甲基亚硝胺的质量浓度，μg/mL；

V——试液（浓缩液）的体积，mL；

m——试样的质量或体积，g 或 mL；

1000——单位换算系数。

结果保留 3 位有效数字。在重复性条件下获得的 2 次独立测定结果的绝对差值不得超过算术平均值的 15%。

6．说明和注意事项

（1）二氯甲烷（CH_2Cl_2）试剂使用色谱纯，每批应取 100mL，在 40℃水浴上用旋转蒸发仪浓缩至 1mL，在气相色谱-质谱联用仪上应无阳性响应，若有阳性响应，则需经全玻璃装置重蒸后再试，直至阴性。

（2）蒸馏过程中应注意整套装置的气密性，避免造成待测组分的损失。

 思考题

1．食品中主要的污染物有哪些？
2．食品中主要污染物的测定方法有哪些？
3．银盐法测定砷含量时应注意哪些问题？
4．测定汞含量时，试样可以使用哪几种消解方法？为什么？
5．说明原子荧光光谱法测定食品中总汞的基本原理及注意事项。
6．利用高效液相色谱法测定食品中的苯并[a]芘是如何进行定性及定量的？食物中的苯并[a]芘是怎样产生的？
7．食品中的亚硝胺类化合物是怎样产生的？气相色谱-质谱法测定食品中的 N-二甲基亚硝胺类物质含量时有哪些注意事项？

 拓展训练

1．茶叶中铅的测定。
2．饮料中锡的测定。

 拓展学习

查阅了解以下标准。
GB 5009.138—2017《食品安全国家标准　食品中镍的测定》
GB 5009.123—2014《食品安全国家标准　食品中铬的测定》
GB 5009.190—2014《食品安全国家标准　食品中指示性多氯联苯含量的测定》
GB 5009.191—2016《食品安全国家标准　食品中氯丙醇及其脂肪酸酯含量的测定》

第六章　食品添加剂的检验

食品添加剂是指为改善食品品质和色、香、味，以及为防腐、保鲜和加工工艺的需要而加入食品中的人工合成或者天然物质。营养强化剂、食品用香料、胶基糖果中基础剂物质、食品工业用加工助剂也包括在内。

按来源不同，国际上通常将食品添加剂分为三大类：一是天然提取物，如甜菜红、姜黄素、辣椒红素等；二是用发酵等方法制取的物质，如柠檬酸、红曲米和红曲色素等；三是纯化学合成物，如苯甲酸钠、山梨酸钾、苋菜红和胭脂红等。

GB 2760—2014《食品安全国家标准　食品添加剂使用标准》中规定我国许可使用的食品添加剂品种已达 22 个类别：酸度调节剂、抗结剂、消泡剂、抗氧化剂、漂白剂、膨松剂、胶基糖果中基础剂物质、着色剂、护色剂、乳化剂、酶制剂、增味剂、面粉处理剂、被膜剂、水分保持剂、防腐剂、稳定剂和凝固剂、甜味剂、增稠剂、食品用香料、食品工业用加工助剂和其他类添加剂，包括 2325 个食品添加剂品种，食品用香料和等同香料 1870 种，不限用量的加工助剂 38 种，限定使用条件的助剂、酶制剂及其他共计 417 种。

食品添加剂是食品工业重要的基础原料，对食品的生产工艺、产品质量、安全卫生都起到至关重要的作用。食品添加剂在食品安全中备受公众关注，在国内外都受到严格的法律法规的管理，其使用时必须按照标准规定的品种、使用范围和使用量要求，并应符合相应品种的质量标准。食品添加剂不应对人体造成任何健康危害，不应掩盖食品腐败变质，不应掩盖食品本身或者加工过程中的质量缺陷或以掺杂、掺假、伪造为目的而使用食品添加剂，不应降低食品本身的营养价值，在达到预期效果的前提下尽可能降低在食品中的使用量。尽管食品添加剂本身被证明是安全的，但是一些不法分子滥用食品添加剂、超范围超量使用添加剂，就会给消费者带来不安全的因素，因此需要对食品中添加剂的含量进行测定，确保食品添加剂按要求规范、合理、安全地使用，保证食品质量安全，保证人们身体健康。

食品添加剂的测定方法主要有高效液相色谱法、液相色谱串联质谱法、气相色谱法、气相色谱-质谱法、比色法等。本章主要以我国现有的食品添加剂测定方法的国家标准为主要依据，着重介绍常用的防腐剂、护色剂、漂白剂、甜味剂、抗氧化剂和合成着色剂等食品添加剂的测定方法。

第一节　食品中防腐剂的测定

防腐剂是指能防止食品腐败、变质，抑制食品中微生物繁殖，延长食品保存期的一类食品添加剂，它是人类使用最悠久、最广泛的食品添加剂。目前，我国允许使用的品种主要有苯甲酸及其钠盐、山梨酸及其钾盐、对羟基苯甲酸乙酯和丙酯、丙酸钠、丙酸钙、脱氢乙酸等。

苯甲酸及苯甲酸钠是目前我国使用的主要防腐剂，它属于酸型防腐剂，在酸性条件下防腐效果较好，特别适用于偏酸性食品（pH 值为 4.5～5）。山梨酸是一种直链不饱和脂肪酸，可参与人体内的正常代谢，并被同化而产生二氧化碳和水，所以几乎对人体没有毒性。山梨酸与山梨酸钾是目前国际上公认的安全防腐剂，已被很多国家和地区广泛使用。本节主要介绍苯甲酸和山梨酸的测定方法。

一、高效液相色谱法

1．原理

样品经水提取，高脂肪样品经正己烷脱脂、高蛋白样品经蛋白沉淀剂沉淀蛋白，采用液相色谱分离、紫外检测器检测，外标法定量。

2．试剂和材料

（1）氨水溶液（1＋99）：取氨水 1mL，加到 99mL 水中，混匀。

（2）亚铁氰化钾溶液：称取 106g 亚铁氰化钾，加入适量水溶解，用水定容至 1000mL。

（3）乙酸锌溶液：称取 220g 乙酸锌溶于少量水中，加入 30mL 无水乙酸，用水定容至 1000mL。

（4）乙酸铵溶液（20mmol/L）：称取 1.54g 乙酸铵，加入适量水溶解，用水定容至 1000mL，经 0.22μm 水相微孔滤膜过滤后备用。

（5）甲酸-乙酸铵溶液（2mmol/L 甲酸＋20mmol/L 乙酸铵）：称取 1.54g 乙酸铵，加入适量水溶解，再加入 75.2μL 甲酸，用水定容至 1000mL，经 0.22μm 水相微孔滤膜过滤后备用。

（6）苯甲酸、山梨酸标准贮备溶液（1000mg/L）：分别准确称取苯甲酸钠（标准品，纯度大于等于 99.0%）、山梨酸钾（标准品，纯度大于等于 99.0%）0.118g、0.134g（精确至 0.0001g），用水溶解并分别定容至 100mL。于 4℃贮存，保存期为 6 个月。当使用苯甲酸和山梨酸标准品时，需要用甲醇溶解并定容；或购买经国家认证并授予标准物质证书的标准物质溶液。

（7）苯甲酸、山梨酸混合标准中间溶液（200mg/L）：分别准确吸取苯甲酸、山梨酸标准贮备溶液各 10.0mL 于 50mL 容量瓶中，用水定容。于 4℃贮存，保存期为 3 个月。

（8）苯甲酸、山梨酸混合标准系列工作溶液：分别准确吸取苯甲酸、山梨酸混合标准中间溶液 0mL、0.05mL、0.25mL、0.50mL、1.00mL、2.50mL、5.00mL 和 10.00mL，用水定容至 10mL，配制成质量浓度分别为 0mg/L、1.00mg/L、5.00mg/L、10.0mg/L、20.0mg/L、50.0mg/L、100mg/L 和 200mg/L 的混合标准系列工作溶液。临用现配。

3．仪器和设备

（1）高效液相色谱仪：配紫外检测器。
（2）分析天平：感量为 0.001g 和 0.0001g。
（3）漩涡混合器。
（4）离心机：转速大于 8000r/min。
（5）组织匀浆机。
（6）恒温水浴锅。
（7）超声水浴箱。

4．分析步骤

1）试样制备
取多个预包装的饮料、液态乳等均匀样品直接混合；非均匀的液态、半固态样品用组织匀浆机匀浆；固体样品用研磨机充分粉碎并搅拌均匀；奶酪、黄油、巧克力等采用 50～60℃加热熔融，并趁热充分搅拌均匀。取其中的 200g 装入玻璃容器中，密封，液体试样于 4℃保存，其他试样于 −18℃保存。

2）试样提取
（1）一般性试样：准确称取约 2g（精确至 0.001g）试样于 50mL 具塞离心管中，加水约 25mL，漩涡混匀，于 50℃水浴超声 20min，冷却至室温后加亚铁氰化钾溶液 2mL 和乙酸锌溶液 2mL，混匀，于 8000r/min 离心 5min，将水相转移至 50mL 容量瓶中，于残渣中加水 20mL，漩涡混匀后超声 5min，于 8000r/min 离心 5min，将水相转移到同一 50mL 容量瓶中，并用水定容至刻度，混匀。取适量上清液过 0.22μm 滤膜，待液相色谱测定。

（2）含胶基的果冻、糖果等试样：准确称取约 2g（精确至 0.001g）试样于 50mL 具塞离心管中，加水约 25mL，漩涡混匀，于 70℃水浴加热溶解试样，于 50℃水浴超声 20min，之后的操作同"一般性试样"。

（3）油脂、巧克力、奶油、油炸食品等高油脂试样：准确称取约 2g（精确至 0.001g）试样于 50mL 具塞离心管中，加正己烷 10mL，于 60℃水浴加热约 5min，并不时轻摇以溶解脂肪，然后加氨水溶液（1＋99）25mL、乙醇 1mL，漩涡混匀，于 50℃水浴超声 20min，之后的操作同"一般性试样"。

3）仪器参考条件
（1）色谱柱：C_{18} 柱（柱长 250mm，内径 4.6mm，粒径 5μm），或等效色谱柱。
（2）流动相：甲醇＋乙酸铵溶液＝5＋95。

（3）流速：1mL/min。

（4）检测波长：230nm。

（5）进样量：10μL。

4）标准曲线的制作

将混合标准系列工作溶液分别注入液相色谱仪中，测定相应的峰面积，以混合标准系列工作溶液的质量浓度为横坐标，以峰面积为纵坐标，绘制标准曲线。

5）试样溶液的测定

将试样溶液注入液相色谱仪中，得到峰面积，根据标准曲线得到待测液中苯甲酸、山梨酸的质量浓度。

5．结果计算

试样中苯甲酸、山梨酸的含量按式（6-1）计算：

$$X = \frac{\rho V}{m \times 1000} \tag{6-1}$$

式中，X——试样中苯甲酸、山梨酸含量，g/kg；

ρ——由标准曲线得到的试样液中待测物的质量浓度，mg/L；

V——试样定容体积，mL；

m——试样质量，g；

1000——单位换算系数。

结果保留 3 位有效数字。在重复性条件下获得的 2 次独立测定结果的绝对差值不得超过算术平均值的 10%。

6．说明和注意事项

（1）该方法适用于食品中山梨酸、苯甲酸含量的测定，该方法可同时测定糖精钠的含量，标准溶液的液相色谱图如图 6-1 所示。

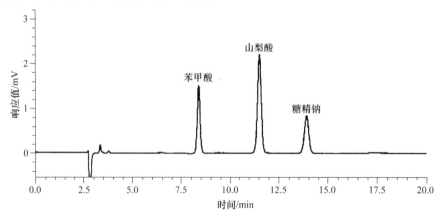

图 6-1　1mg/L 苯甲酸、山梨酸和糖精钠标准溶液的液相色谱图

（流动相：甲醇＋乙酸铵溶液＝5＋95）

（2）碳酸饮料、果酒、果汁、蒸馏酒等测定时可以不加蛋白沉淀剂亚铁氰化钾溶液和乙酸锌溶液。

（3）被测溶液的 pH 值对测定准确性和色谱柱使用寿命均有影响，pH 值大于 8 或 pH 值小于 2 时影响被测组分的保留时间，对仪器有腐蚀作用，山梨酸和苯甲酸的测定以中性为宜。

（4）当存在干扰峰或需要辅助定性时，可以采用加入甲酸的流动相来测定，如流动相为甲醇＋甲酸-乙酸铵溶液＝8＋92。

二、气相色谱法

1. 原理

样品经酸化后，用乙醚提取山梨酸和苯甲酸，采用气相色谱-氢火焰离子化检测器进行分离测定，外标法定量。

2. 试剂和材料

（1）盐酸溶液（1＋1）：取 50mL 盐酸，边搅拌边慢慢加入 50mL 水中，混匀。

（2）正己烷-乙酸乙酯混合溶液（1＋1）：取 100mL 正己烷和 100mL 乙酸乙酯（色谱纯），混匀。

（3）苯甲酸、山梨酸标准贮备溶液（1000mg/L）：分别准确称取苯甲酸、山梨酸标准品各 0.1g（精确至 0.0001g），用甲醇溶解并分别定容至 100mL。转移至密闭容器中，于－18℃贮存，保存期为 6 个月。

（4）苯甲酸、山梨酸混合标准中间溶液（200mg/L）：分别准确吸取苯甲酸、山梨酸标准贮备溶液各 10.0mL 于 50mL 容量瓶中，用乙酸乙酯定容。将其转移至密闭容器中，于－18℃贮存，保存期为 3 个月。

（5）苯甲酸、山梨酸混合标准系列工作溶液：分别准确吸取苯甲酸、山梨酸混合标准中间溶液 0mL、0.05mL、0.25mL、0.50mL、1.00mL、2.50mL、5.00mL 和 10.00mL，用正己烷-乙酸乙酯混合溶剂（1＋1）定容 10mL，配制成质量浓度分别为 0mg/L、1.00mg/L、5.00mg/L、10.0mg/L、20.0mg/L、50.0mg/L、100mg/L 和 200mg/L 的混合标准系列工作溶液。临用现配。

3. 仪器和设备

（1）气相色谱仪：带氢火焰离子化检测器（FID）。

（2）分析天平：感量为 0.001g 和 0.0001g。

（3）漩涡混合器。

（4）离心机：转速大于 8000r/min。

（5）组织匀浆机。

（6）氮吹仪。

4．分析步骤

1）试样制备

取多个预包装的样品，其中均匀样品直接混合，非均匀样品用组织匀浆机充分搅拌均匀，取其中的 200g 装入洁净的玻璃容器中，密封，水溶液于 4℃保存，其他试样于−18℃保存。

2）试样提取

准确称取约 2.5g（精确至 0.001g）试样于 50mL 离心管中，加 0.5g 氯化钠、0.5mL 盐酸溶液（1＋1）和 0.5mL 乙醇，用 15mL 和 10mL 乙醚提取 2 次，每次振摇 1min，于 8000r/min 离心 3min。每次均将上层乙醚提取液通过无水硫酸钠滤入 25mL 容量瓶中。加乙醚清洗无水硫酸钠层并收集至约 25mL，最后用乙醚定容，混匀。准确吸取 5mL 乙醚提取液于 5mL 具塞刻度试管中，于 35℃氮吹至干，加入 2mL 正己烷-乙酸乙酯（1＋1）混合溶液溶解残渣，待气相色谱测定。

3）仪器参考条件

（1）色谱柱：聚乙二醇毛细管气相色谱柱（柱长 30m，内径 320μm，膜厚 0.25μm），或等效色谱柱。

（2）载气：氮气，流速 3mL/min。

（3）空气：400mL/min。

（4）氢气：40mL/min。

（5）进样口温度：250℃。

（6）检测器温度：250℃。

（7）柱温程序：初始温度 80℃，保持 2min，以 15℃/min 的速度升温至 250℃，保持 5min。

（8）进样量：2μL。

（9）分流比：10∶1。

4）标准曲线的制作

将混合标准系列工作溶液分别注入气相色谱仪中，以质量浓度为横坐标，以峰面积为纵坐标，绘制标准曲线。

5）试样溶液的测定

将试样溶液注入气相色谱仪中，得到峰面积，根据标准曲线得到待测液中苯甲酸、山梨酸的质量浓度。

5．结果计算

试样中待测组分（苯甲酸、山梨酸）含量按式（6-2）计算：

$$X=\frac{\rho V \times 25}{m \times 5 \times 1000} \qquad (6\text{-}2)$$

式中，X——试样中待测组分含量，g/kg；

ρ——由标准曲线得出的样液中待测物的质量浓度，mg/L；

V——加入正己烷-乙酸乙酯（1+1）混合溶剂的体积，mL；

25——试样乙醚提取液的总体积，mL；

m——试样的质量，g；

5——测定时吸取乙醚提取液的体积，mL；

1000——单位换算系数。

结果保留 3 位有效数字。在重复性条件下获得的 2 次独立测定结果的绝对差值不得超过算术平均值的 10%。

6．说明和注意事项

（1）该方法适用于酱油、果汁、果酱中山梨酸、苯甲酸含量的测定。

（2）乙醚提取液应用无水硫酸钠充分脱水，挥干乙醚后如仍有水分残留，必须将水挥干，否则会影响测定结果。

（3）样品中加酸酸化的目的是使山梨酸盐、苯甲酸盐转变为山梨酸、苯甲酸，便于乙醚的提取。

（4）由测得的苯甲酸的量乘以 1.18，即为样品中苯甲酸钠的含量；由测得的山梨酸的量乘以 1.34，即为样品中山梨酸钾的含量。

第二节 食品中护色剂的测定

护色剂又称发色剂或呈色剂，是能与肉及肉制品中呈色物质作用，使之在食品加工、保藏等过程中不被分解、破坏，而使肉及肉制品呈现良好色泽的一类食品添加剂。

硝酸盐和亚硝酸盐是肉制品生产中经常使用的护色剂。在微生物作用下，硝酸盐还原为亚硝酸盐，亚硝酸盐在肌肉中乳酸的作用下生成亚硝酸，而亚硝酸极不稳定，可分解为亚硝基，并与肌肉组织中的肌红蛋白结合，生成鲜红色的亚硝基肌红蛋白，使肉及肉制品呈现良好的色泽。亚硝酸盐还可增进肉的风味和防止肉毒梭状杆菌的生长，延长肉制品的货架期。但如果体内过量摄入，亚硝酸盐将使血液中的二价铁氧化为三价铁，产生大量高铁血红蛋白，从而失去携氧和释氧能力，导致组织缺氧，严重威胁生命。另外，亚硝酸盐是致癌物——亚硝胺的前体，因此在加工过程中常以抗坏血酸钠或异构抗坏血酸钠、烟酰胺等辅助发色，以降低肉制品中亚硝酸盐的使用量。

食品中亚硝酸盐与硝酸盐的测定方法主要有离子色谱法和分光光度法。

一、离子色谱法

1．原理

试样经沉淀蛋白质、除去脂肪后，采用相应的方法提取和净化，以氢氧化钾溶液为淋洗液，阴离子交换柱分离，电导检测器或紫外检测器检测。以保留时间定性，外标法定量。

2．试剂和材料

（1）乙酸溶液（3%）：量取乙酸 3mL 于 100mL 容量瓶中，以水稀释至刻度，混匀。

（2）氢氧化钾溶液（1mol/L）：称取 6g 氢氧化钾，加入新煮沸过的冷水溶解，并稀释至 100mL，混匀。

（3）亚硝酸盐标准贮备液（100mg/L，以 NO_2^- 计，下同）：准确称取 0.1500g 于 110～120℃干燥至恒重的亚硝酸钠（基准试剂），用水溶解并转移至 1000mL 容量瓶中，加水稀释至刻度，混匀；或购买经国家认证并授予标准物质证书的亚硝酸盐标准溶液。

（4）硝酸盐标准贮备液（1000mg/L，以 NO_3^- 计，下同）：准确称取 1.3710g 于 110～120℃干燥至恒重的硝酸钠（基准试剂），用水溶解并转移至 1000mL 容量瓶中，加水稀释至刻度，混匀；或购买经国家认证并授予标准物质证书的硝酸盐标准溶液。

（5）亚硝酸盐和硝酸盐混合标准中间液：准确移取亚硝酸根离子（NO_2^-）和硝酸根离子（NO_3^-）的标准贮备液各 1.0mL 于 100mL 容量瓶中，用水稀释至刻度，此溶液每升含亚硝酸根离子 1.0mg 和硝酸根离子 10.0mg。

（6）亚硝酸盐和硝酸盐混合标准使用液：移取亚硝酸盐和硝酸盐混合标准中间液，加水逐级稀释，制成系列混合标准使用液，亚硝酸根离子质量浓度分别为 0.02mg/L、0.04mg/L、0.06mg/L、0.08mg/L、0.10mg/L、0.15mg/L、0.20mg/L，硝酸根离子质量浓度分别为 0.2mg/L、0.4mg/L、0.6mg/L、0.8mg/L、1.0mg/L、1.5mg/L、2.0mg/L。

3．仪器和设备

（1）离子色谱仪：配电导检测器及抑制器或紫外检测器，高容量阴离子交换柱，50μL 定量环。

（2）组织捣碎机。

（3）超声水浴箱。

（4）分析天平：感量为 0.1mg 和 1mg。

（5）离心机：转速大于等于 10 000r/min，配 50mL 离心管。

（6）0.22μm 水性滤膜针头滤器。

（7）净化柱：包括 C_{18} 柱、银柱和钠柱或等效柱。

4．分析步骤

1）试样预处理

（1）蔬菜、水果：将新鲜蔬菜、水果试样用自来水洗净后，用水冲洗，晾干后，取可食部切碎混匀。将切碎的样品用四分法取适量，用组织捣碎机制成匀浆，备用。如需加水，应记录加水量。

（2）粮食及其他植物样品：除去可见杂质后，取有代表性试样 50～100g，粉碎后，过 0.30mm 孔筛，混匀，备用。

（3）肉类、蛋、水产及其制品：用四分法取适量或取全部，用组织捣碎机制成匀浆，备用。

（4）乳粉、豆奶粉、婴儿配方粉等固态乳制品（不包括干酪）：将试样装入能够容纳 2 倍试样体积的带盖容器中，通过反复摇晃和颠倒容器使样品充分混匀直到使试样均一化。

（5）发酵乳、乳、炼乳及其他液体乳制品：通过搅拌或反复摇晃和颠倒容器使试样充分混匀。

（6）干酪：取适量的样品研磨，呈均匀的泥浆状。为避免水分损失，研磨过程中应避免产生过多的热量。

2）提取

（1）蔬菜、水果等植物性试样：称取试样 5g（精确至 0.001g，可适当调整试样的取样量，以下相同），置于 150mL 具塞锥形瓶中，加入 80mL 水、1mL 1mol/L 氢氧化钾溶液，超声提取 30min，每隔 5min 振摇 1 次，保持固相完全分散。于 75℃水浴中放置 5min，取出放置至室温，定量转移至 100mL 容量瓶中，加水稀释至刻度，混匀。溶液经滤纸过滤后，取部分溶液于 10 000r/min 离心 15min，上清液备用。

（2）肉类、蛋类、鱼类及其制品等：称取试样匀浆 5g（精确至 0.001g），置于 150mL 具塞锥形瓶中，加入 80mL 水，超声提取 30min，每隔 5min 振摇 1 次，保持固相完全分散。于 75℃水浴中放置 5min，取出放置至室温，定量转移至 100mL 容量瓶中，加水稀释至刻度，混匀。溶液经滤纸过滤后，取部分溶液于 10 000r/min 离心 15min，上清液备用。

（3）腌鱼类、腌肉类及其他腌制品：称取试样匀浆 2g（精确至 0.001g），置于 150mL 具塞锥形瓶中，加入 80mL 水，超声提取 30min，每隔 5min 振摇 1 次，保持固相完全分散。于 75℃水浴中放置 5min，取出放置至室温，定量转移至 100mL 容量瓶中，加水稀释至刻度，混匀。溶液经滤纸过滤后，取部分溶液于 10 000r/min 离心 15min，上清液备用。

（4）乳：称取试样 10g（精确至 0.01g），置于 100mL 具塞锥形瓶中，加水 80mL，摇匀，超声 30min，加入 3%乙酸溶液 2mL，于 4℃放置 20min，取出放置至室温，加水稀释至刻度。溶液经滤纸过滤，滤液备用。

（5）乳粉及干酪：称取试样 2.5g（精确至 0.01g），置于 100mL 具塞锥形瓶中，加水 80mL，摇匀，超声 30min，取出放置至室温，定量转移至 100mL 容量瓶中，加入 3%乙酸溶液 2mL，加水稀释至刻度，混匀。于 4℃放置 20min，取出放置至室温，溶液经滤纸过滤，滤液备用。

（6）取上述备用溶液约 15mL，通过 0.22μm 水性滤膜针头滤器、C_{18} 柱，弃去前面 3mL（如果氯离子质量浓度大于 100mg/L，则需要依次通过针头滤器、C_{18} 柱、银柱和钠柱，弃去前面 7mL），收集后面洗脱液待测。

固相萃取柱使用前需进行活化，C_{18} 柱（1.0mL）、银柱、（1.0mL）和钠柱（1.0mL），其活化过程为：C_{18} 柱（1.0mL）使用前依次用 10mL 甲醇、15mL 水通过，静置活化 30min；银柱（1.0mL）和钠柱（1.0mL）用 10mL 水通过，静置活化 30min。

3）仪器参考条件

（1）色谱柱：氢氧化物选择性，可兼容梯度洗脱的二乙烯基苯-乙基苯乙烯共聚物基质，烷醇基季铵盐功能团的高容量阴离子交换柱，柱长 250mm，内径 4mm（带保护柱，柱长 250mm，内径 4mm），或性能相当的离子色谱柱。

（2）淋洗液。

一般试样：氢氧化钾溶液，摩尔浓度为 6～70mmol/L；洗脱梯度为 6mmol/L、30min，70mmol/L、5min，6mmol/L、5min；流速 1.0mL/min。

粉状婴幼儿配方食品：氢氧化钾溶液，摩尔浓度为 5～50mmol/L；洗脱梯度为 5mmol/L、33min，50mmol/L、5min，5mmol/L、5min；流速 1.3mL/min。

（3）抑制器。

（4）检测器：电导检测器，检测池温度为 35℃；或紫外检测器，检测波长为 226nm。

（5）进样体积：50μL（可根据试样中被测离子含量进行调整）。

4）测定

（1）标准曲线的制作。将标准系列工作液分别注入离子色谱仪中，得到各浓度标准工作液色谱图，测定相应的峰高（μs）或峰面积，以标准工作液的质量浓度为横坐标，以峰高（μs）或峰面积为纵坐标，绘制标准曲线。亚硝酸盐和硝酸盐混合标准溶液的色谱图如图 6-2 所示。

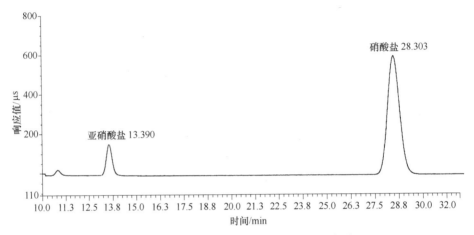

图 6-2 亚硝酸盐和硝酸盐混合标准溶液的色谱图

（2）试样溶液的测定。将空白和试样溶液注入离子色谱仪中，得到空白和试样溶液的峰高（μs）或峰面积，根据标准曲线得到待测液中亚硝酸根离子或硝酸根离子的质量浓度。

5．结果计算

试样中亚硝酸离子或硝酸根离子的含量按式（6-3）计算：

$$X = \frac{(\rho - \rho_0)\,Vf \times 1000}{m \times 1000} \tag{6-3}$$

式中，X——试样中亚硝酸根离子或硝酸根离子的含量，mg/kg；

ρ——测定用试样液中亚硝酸根离子或硝酸根离子的质量浓度，mg/L；

ρ_0——试剂空白液中亚硝酸根离子或硝酸根离子的质量浓度，mg/L；

V——试样溶液体积，mL；

f——试样溶液稀释倍数；

m——试样取样量，g；

1000——单位换算系数。

结果保留 2 位有效数字。在重复性条件下获得的 2 次独立测定结果的绝对差值不得超过算术平均值的 10%。

6．说明和注意事项

（1）该方法准确、灵敏，可以同时测得亚硝酸盐或硝酸盐的含量。

（2）试样中测得的亚硝酸根离子含量乘以换算系数1.5，即得亚硝酸盐（按亚硝酸钠计）含量；试样中测得的硝酸根离子含量乘以换算系数1.37，即得硝酸盐（按硝酸钠计）含量。

（3）所有玻璃器皿使用前均需依次用2mol/L氢氧化钾和水分别浸泡4h，然后用水冲洗3～5次，晾干备用。

二、分光光度法

1．原理

亚硝酸盐采用盐酸萘乙二胺法测定，硝酸盐采用镉柱还原法测定。

试样经沉淀蛋白质、除去脂肪后，在弱酸条件下，亚硝酸盐与对氨基苯磺酸重氮化后，再与盐酸萘乙二胺偶合形成紫红色染料，外标法测得亚硝酸盐含量。采用镉柱将硝酸盐还原成亚硝酸盐，测得亚硝酸盐总量，由测得的亚硝酸盐总量减去试样中亚硝酸盐含量，即得试样中硝酸盐含量。

食品中亚硝酸盐的测定——分光光度法

2．试剂和材料

（1）亚铁氰化钾溶液：称取106.0g亚铁氰化钾，用水溶解，并稀释至1000mL。

（2）乙酸锌溶液：称取220.0g乙酸锌，先加30mL无水乙酸溶解，再用水稀释至1000mL。

（3）饱和硼砂溶液（50g/L）：称取5.0g硼酸钠，溶于100mL热水中，冷却后备用。

（4）氨缓冲溶液（pH值为9.6～9.7）：量取30mL盐酸，先加100mL水，混匀后加65mL氨水，再加水稀释至1000mL，混匀。调节pH值为9.6～9.7。

（5）氨缓冲液的稀释液：量取50mL pH值为9.6～9.7氨缓冲溶液，加水稀释至500mL，混匀。

（6）盐酸（0.1mol/L）：量取8.3mL盐酸，用水稀释至1000mL。

（7）盐酸（2mol/L）：量取167mL盐酸，用水稀释至1000mL。

（8）盐酸（20%）：量取20mL盐酸，用水稀释至100mL。

（9）对氨基苯磺酸溶液（4g/L）：称取0.4g对氨基苯磺酸，溶于100mL 20%盐酸中，混匀，置于棕色瓶中，避光保存。

（10）盐酸萘乙二胺溶液（2g/L）：称取0.2g盐酸萘乙二胺，溶于100mL水中，混匀，置于棕色瓶中，避光保存。

（11）硫酸铜溶液（20g/L）：称取20g硫酸铜，加水溶解，并稀释至1000mL。

（12）硫酸镉溶液（40g/L）：称取40g硫酸镉，加水溶解，并稀释至1000mL。

（13）乙酸溶液（3%）：量取无水乙酸3mL于100mL容量瓶中，以水稀释至刻度，混匀。

（14）亚硝酸钠标准溶液（200μg/mL，以亚硝酸钠计）：准确称取0.1000g于110～120℃干燥恒重的亚硝酸钠（基准试剂），加水溶解，移入500mL容量瓶中，加水稀释至刻度，混匀。

（15）硝酸钠标准溶液（200μg/mL，以亚硝酸钠计）：准确称取 0.1232g 于 110～120℃ 干燥恒重的硝酸钠（基准试剂），加水溶解，移入 500mL 容量瓶中，并稀释至刻度。

（16）亚硝酸钠标准使用液（5.0μg/mL）：临用前，吸取 2.50mL 亚硝酸钠标准溶液，置于 100mL 容量瓶中，加水稀释至刻度。

（17）硝酸钠标准使用液（5.0μg/mL，以亚硝酸钠计）：临用前，吸取 2.50mL 硝酸钠标准溶液，置于 100mL 容量瓶中，加水稀释至刻度。

3．仪器和设备

（1）分析天平：感量为 0.1mg 和 1mg。

（2）组织捣碎机。

（3）超声水浴箱。

（4）恒温水浴锅。

（5）分光光度计。

（6）镉柱或镀铜镉柱。

① 海绵状镉的制备：镉粒直径 0.3～0.8mm。将适量的锌棒放入烧杯中，用 40g/L 硫酸镉溶液浸没锌棒。在 24h 之内，不断将锌棒上的海绵状镉轻轻刮下。取出残余锌棒，使镉沉底，倾去上层溶液。用水冲洗海绵状镉 2～3 次后，将镉转移至搅拌器中，加 400mL 盐酸（0.1mol/L），搅拌数秒，以得到所需粒径的镉颗粒。将制得的海绵状镉倒回烧杯中，静置 3～4h，其间搅拌数次，以除去气泡。倾去海绵状镉中的溶液，并可按下述方法进行镉粒镀铜。

② 镉粒镀铜：将制得的镉粒置于锥形瓶中（所用镉粒的量以达到要求的镉柱高度为准），加足量的盐酸（2mol/L）浸没镉粒，振荡 5min，静置分层，倾去上层溶液，用水多次冲洗镉粒。在镉粒中加入 20g/L 硫酸铜溶液（每克镉粒约需 2.5mL），振荡 1min，静置分层，倾去上层溶液后，立即用水冲洗镀铜镉粒（注意镉粒要始终用水浸没），直至冲洗的水中不再有铜沉淀。

③ 镉柱的装填：如图 6-3 所示，用水装满镉柱玻璃柱，并装入约 2cm 高的玻璃棉作垫，将玻璃棉压向柱底时，应将其中所包含的空气全部排出，在轻轻敲击下，加入海绵状镉至 8～10cm ［图 6-3（a）］或 15～20cm ［图 6-3（b）］，上面用 1cm 高的玻璃棉覆盖。若使用图 6-3（b）所示装置，则上置一贮液漏斗，末端要穿过橡胶塞与镉柱玻璃管紧密连接。如无上述镉柱玻璃管，可以 25mL 酸式滴定管代用，但过柱时要注意始终保持液面在镉层之上。当镉柱填装好后，先用 25mL 盐酸（0.1mol/L）洗涤，再以水洗 2 次，每次 25mL，镉柱不用时用水封盖，随时都要保持水平面在镉层之上，不得使镉层夹有气泡。

④ 镉柱每次使用完毕后，应先以 25mL 盐酸（0.1mol/L）洗涤，再以水洗 2 次，每次 25mL，最后用水覆盖镉柱。

⑤ 镉柱还原效率的测定：吸取 20mL 硝酸钠标准使用液，加入 5mL 氨缓冲液的稀释液，混匀后注入贮液漏斗，使其流经镉柱还原，用一个 100mL 的容量瓶收集洗提液。洗提液的流量不应超过 6mL/min，在贮液杯将要排空时，用约 15mL 水冲洗杯壁。冲洗水流尽后，再用 15mL 水重复冲洗，第二次冲洗水也流尽后，将贮液杯灌满水，并使其

以最大流量流过柱子。当容量瓶中的洗提液接近 100mL 时，从柱子下取出容量瓶，用水定容至刻度，混匀。取 10.0mL 还原后的溶液（相当于 10μg 亚硝酸钠）于 50mL 比色管中，吸取 0.00mL、0.20mL、0.40mL、0.60mL、0.80mL、1.00mL、1.50mL、2.00mL、2.50mL 亚硝酸钠标准使用液（相当于 0.0μg、1.0μg、2.0μg、3.0μg、4.0μg、5.0μg、7.5μg、10.0μg、12.5μg 亚硝酸钠），分别置于 50mL 带塞比色管中。于标准管与试样管中分别加入 2mL 对氨基苯磺酸溶液，混匀，静置 3～5min 后各加入 1mL 盐酸萘乙二胺溶液，加水至刻度，混匀，静置 15min，用 1cm 比色皿，以零管调节零点，于波长 538nm 处测吸光度，绘制标准曲线比较，同时做试剂空白试验。根据标准曲线计算测得结果，与加入量一致，还原效率应大于 95%为符合要求。

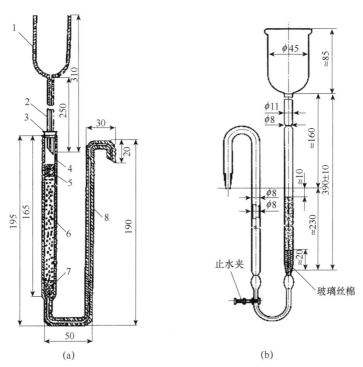

1. 贮液漏斗，内径 35mm，外径 37mm；2. 进液毛细管，内径 0.4mm，外径 6mm；
3. 橡胶塞；4. 镉柱玻璃管，内径 12mm，外径 16mm；5，7. 玻璃棉；
6. 海绵状镉；8. 出液毛细管，内径 2mm，外径 8mm。

图 6-3　镉柱示意图（单位：mm）

⑥ 还原效率计算按式（6-4）计算：

$$X=\frac{m_1}{10}\times100\% \tag{6-4}$$

式中，X——还原效率；

　　　m_1——测得亚硝酸钠的含量，μg；

　　　10——测定用溶液相当于亚硝酸钠的含量，μg。

如果还原效率小于 95%,将镉柱中的镉粒倒入锥形瓶中，加入足量的盐酸（2moL/L），振荡数分钟，再用水反复冲洗。

4．分析步骤

1）试样的预处理

同"离子色谱法"中的试样预处理步骤。

2）提取

（1）干酪：称取试样 2.5g（精确至 0.001g），置于 150mL 具塞锥形瓶中，加水 80mL，摇匀，超声 30min，取出放置至室温，定量转移至 100mL 容量瓶中，加入 3%乙酸溶液 2mL，加水稀释至刻度，混匀。于 4℃放置 20min，取出放置至室温，溶液经滤纸过滤，滤液备用。

（2）液体乳样品：称取试样 90g（精确至 0.001g），置于 250mL 具塞锥形瓶中，加 12.5mL 饱和硼砂溶液，加入 70℃左右的水约 60mL，混匀，于沸水浴中加热 15min，取出置冷水浴中冷却，并放置至室温。定量转移上述提取液至 200mL 容量瓶中，加入 5mL 亚铁氰化钾溶液，摇匀，再加入 5mL 乙酸锌溶液，以沉淀蛋白质。加水至刻度，摇匀，放置 30min，除去上层脂肪，上清液用滤纸过滤，滤液备用。

（3）乳粉：称取试样 10g（精确至 0.001g），置于 150mL 具塞锥形瓶中，加 12.5mL 饱和硼砂溶液，加入 70℃左右的水约 150mL，混匀，于沸水浴中加热 15min，取出置冷水浴中冷却，并放置至室温。定量转移上述提取液至 200mL 容量瓶中，加入 5mL 亚铁氰化钾溶液，摇匀，再加入 5mL 乙酸锌溶液，以沉淀蛋白质。加水至刻度，摇匀，放置 30min，除去上层脂肪，上清液用滤纸过滤，弃去初滤液 30mL，滤液备用。

（4）其他样品：称取 5g（精确至 0.001g）匀浆试样（如制备过程中加水，应按加水量折算），置于 250mL 具塞锥形瓶中，加 12.5mL 饱和硼砂溶液，加入 70℃左右的水约 150mL，混匀，于沸水浴中加热 15min，取出置冷水浴中冷却，并放置至室温。定量转移上述提取液至 200mL 容量瓶中，加入 5mL 亚铁氰化钾溶液，摇匀，再加入 5mL 乙酸锌溶液，以沉淀蛋白质。加水至刻度，摇匀，放置 30min，除去上层脂肪，上清液用滤纸过滤，弃去初滤液 30mL，滤液备用。

3）亚硝酸盐的测定

吸取 40.0mL 上述滤液于 50mL 带塞比色管中，另吸取 0.00mL、0.20mL、0.40mL、0.60mL、0.80mL、1.00mL、1.50mL、2.00mL、2.50mL 亚硝酸钠标准使用液（相当于 0.0μg、1.0μg、2.0μg、3.0μg、4.0μg、5.0μg、7.5μg、10.0μg、12.5μg 亚硝酸钠），分别置于 50mL 带塞比色管中。于标准管与试样管中分别加入 2mL 对氨基苯磺酸溶液，混匀，静置 3～5min 后各加入 1mL 盐酸萘乙二胺溶液，加水至刻度，混匀，静置 15min，用 1cm 比色杯，以零管调节零点，于波长 538nm 处测吸光度，绘制标准曲线比较，同时做试剂空白试验。

4）硝酸盐的测定

（1）镉柱还原：先以 25mL 氨缓冲液的稀释液冲洗镉柱，流速控制在 3～5mL/min（以滴定管代替的可控制在 2～3mL/min）。吸取 20mL 滤液于 50mL 烧杯中，加 5mL pH 值为 9.6～9.7 的氨缓冲溶液，混合后注入贮液漏斗，使流经镉柱还原，当贮液杯中的样液流尽后，加 15mL 水冲洗烧杯，再倒入贮液杯中。冲洗水流完后，再用 15mL 水重复 1 次。当第二次冲洗水快流尽时，将贮液杯装满水，以最大流速过柱。当容量瓶中的洗提液接近 100mL 时，取出容量瓶，用水定容刻度，混匀。

（2）亚硝酸钠总量的测定：吸取 10～20mL 还原后的样液于 50mL 比色管中。以下按亚硝酸盐的测定方法进行。

5．结果计算

1）亚硝酸盐含量的计算

亚硝酸盐（以亚硝酸钠计）的含量按式（6-5）计算：

$$X_1 = \frac{m_2 \times 1000}{m_3 \dfrac{V_1}{V_0} \times 1000} \tag{6-5}$$

式中，X_1——试样中亚硝酸钠的含量，mg/kg；

m_2——测定用样液中亚硝酸钠的质量，μg；

1000——单位换算系数；

m_3——试样质量，g；

V_1——测定用样液体积，mL；

V_0——试样处理液总体积，mL。

2）硝酸盐含量的计算

硝酸盐（以硝酸钠计）的含量按式（6-6）计算：

$$X_2 = \left(\frac{m_4 \times 1000}{m_5 \dfrac{V_3}{V_2} \dfrac{V_5}{V_4} \times 1000} - X_1 \right) \times 1.232 \tag{6-6}$$

式中，X_2——试样中硝酸钠的含量，mg/kg；

m_4——经镉粉还原后测得总亚硝酸钠的质量，μg；

1000——单位换算系数；

m_5——试样的质量，g；

V_3——测总亚硝酸钠的测定用样液体积，mL；

V_2——试样处理液总体积，mL；

V_5——经镉柱还原后样液的测定用体积，mL；

V_4——经镉柱还原后样液总体积，mL；

X_1——由式（6-5）计算出的试样中亚硝酸钠的含量，mg/kg；

1.232——亚硝酸钠换算成硝酸钠的系数。

结果保留 2 位有效数字。在重复性条件下获得的 2 次独立测定结果的绝对差值不得超过算术平均值的 10%。

6．说明和注意事项

（1）亚硝酸盐容易氧化为硝酸盐，样品处理时，加热的温度和时间均要控制。配制标准溶液的固体亚硝酸钠可长期保存在硅胶干燥器中，若有必要，可在 110～120℃干燥除去水分后称量。配制的亚硝酸钠标准溶液不宜久放。

（2）饱和硼砂的作用：一是亚硝酸盐的提取剂，二是蛋白质沉淀剂。

（3）如无上述镉柱玻璃管，可用 25mL 酸式滴定管代替。

（4）镉柱装填好及每次使用完毕后，应先用 25mL 盐酸（0.1mol/L）洗涤，再以水洗 2 次，镉柱不用时用水封盖，镉层不得混有气泡。

（5）上样前，应先以 25mL 稀氨缓冲液冲洗镉柱，流速控制在 3～5mL/min。

（6）为保证硝酸盐测定的准确性，应常检验镉柱的还原效率。

（7）镉是有毒元素之一，操作时不要接触到皮肤，一旦接触，应立即用水冲洗。

三、蔬菜、水果中硝酸盐的测定——紫外分光光度法

1．原理

用 pH 值为 9.6～9.7 的氨缓冲液提取样品中硝酸根离子，同时加活性炭去除色素类，加沉淀剂去除蛋白质及其他干扰物质，利用硝酸根离子和亚硝酸根离子在紫外区 219nm 处具有等吸收波长的特性，测定提取液的吸光度，其测得结果为硝酸盐和亚硝酸盐吸光度的总和，鉴于新鲜蔬菜、水果中亚硝酸盐含量甚微，可忽略不计。测定结果为硝酸盐的吸光度，可从工作曲线上查得相应的质量浓度，计算样品中硝酸盐的含量。

2．试剂和材料

（1）氨缓冲溶液（pH 值为 9.6～9.7）：量取 20mL 盐酸，加入 500mL 水中，混合后加入 50mL 氨水，用水定容至 1000mL。调 pH 值为 9.6～9.7。

（2）亚铁氰化钾溶液：称取 150g 亚铁氰化钾溶于水，定容至 1000mL。

（3）硫酸锌溶液：称取 300g 硫酸锌溶于水，定容至 1000mL。

（4）硝酸盐标准贮备液（500mg/L，以硝酸根计）：称取 0.2039g 于 110～120℃干燥至恒重的硝酸钾（基准试剂），用水溶解并转移至 250mL 容量瓶中，加水稀释至刻度，混匀。此溶液硝酸根质量浓度为 500mg/L，于冰箱内保存。

（5）硝酸盐标准曲线工作液：分别吸取 0mL、0.20mL、0.40mL、0.60mL、0.80mL、1.00mL 和 1.20mL 硝酸盐标准贮备液于 50mL 容量瓶中，加水定容至刻度，混匀。此标准系列溶液硝酸根质量浓度分别为 0mg/L、2.0mg/L、4.0mg/L、6.0mg/L、8.0mg/L、10.0mg/L 和 12.0mg/L。

3．仪器和设备

（1）紫外分光光度计。

（2）分析天平：感量为 0.01g 和 0.0001g。

（3）组织捣碎机。

（4）可调式往返振荡机。

（5）酸度计：精度为 0.01。

4．分析步骤

1）试样制备

选取一定数量有代表性的样品，先用自来水冲洗，再用水清洗干净，晾干表面水分，

用四分法取样，切碎，充分混匀，于组织捣碎机中匀浆（部分少汁样品可按一定质量比例加入等量水）。

2）提取

称取 10g（精确至 0.01g）匀浆试样于 250mL 锥形瓶中，加水 100mL，加入 5mL 氨缓冲溶液（pH 值为 9.6～9.7）、2g 粉末状活性炭。振荡（往复速度为 200 次/min）30min。定量转移至 250mL 容量瓶中，加入 2mL 亚铁氰化钾溶液和 2mL 硫酸锌溶液，充分混匀，加水定容至刻度，摇匀，放置 5min，上清液用定量滤纸过滤，滤液备用；同时做空白试验。

3）测定

根据试样中硝酸盐含量的高低，吸取上述滤液 2～10mL 于 50mL 容量瓶中，加水定容至刻度，混匀。用 1cm 石英比色皿，于 219nm 处测定吸光度。

4）标准曲线的制作

将标准曲线工作液用 1cm 石英比色皿，于 219nm 处测定吸光度。以标准溶液质量浓度为横坐标，吸光度为纵坐标绘制工作曲线。

5．结果计算

硝酸盐（以硝酸根计）的含量按式（6-7）计算：

$$X_3 = \frac{\rho V_6 V_8}{m_6 V_7} \tag{6-7}$$

式中，X_3——试样中硝酸盐的含量，mg/kg；

ρ——由工作曲线获得的试样溶液中硝酸盐的质量浓度，mg/L；

V_6——提取液定容体积，mL；

V_8——待测液定容体积，mL；

m_6——试样的质量，g；

V_7——吸取的滤液体积，mL。

结果保留 2 位有效数字。在重复性条件下获得的 2 次独立测定结果的绝对差值不得超过算术平均值的 10%。

6．说明和注意事项

（1）该方法适用于新鲜蔬菜及水果中硝酸盐含量的测定。

（2）试样在匀浆过程中可加入 1 滴正辛醇消除泡沫。

（3）若样品在制备过程中加水，测定结果应按加水量折算。

第三节 食品中漂白剂的测定

漂白剂是指可使食品中的有色物质经化学作用分解转变为无色物质，或使其褪色的一类食品添加剂，可分为还原型和氧化型两类。目前，我国使用的大都是以亚硫酸盐类化合物为主的还原型漂白剂，通过产生的二氧化硫的还原作用而使食品漂白。同时，其还原作用还可阻断微生物的正常生理氧化过程，抑制微生物繁殖，从而起到防腐作用。

食品中残留的二氧化硫会使食品带有臭味，影响质量。二氧化硫可诱发过敏性疾病和哮喘，破坏维生素 B_1，长期食用二氧化硫超标的食品，可导致胃肠功能紊乱，血液酸碱平衡失调，严重危害身体健康。为保证消费者健康，我国在食品添加剂使用标准中规定了二氧化硫类物质在食品中的使用范围、使用量及允许最大残留量。

一、滴定法

1．原理

在密闭容器中对样品进行酸化、蒸馏，蒸馏物用乙酸铅溶液吸收。吸收后的溶液用浓盐酸酸化，碘标准溶液滴定，根据所消耗的碘标准溶液量计算出样品中的二氧化硫含量。

食品中二氧化硫的测定——滴定法

2．试剂和材料

（1）盐酸溶液（1＋1）：量取 50mL 盐酸，缓缓倾入 50mL 水中，边加边搅拌。

（2）淀粉指示液（10g/L）：称取 1g 可溶性淀粉，用少许水调成糊状，缓缓倾入 100mL 沸水中，边加边搅拌，煮沸 2min，放冷备用，临用现配。

（3）乙酸铅溶液（20g/L）：称取 2g 乙酸铅，溶于少量水中并稀释至 100mL。

（4）硫代硫酸钠标准溶液（0.1mol/L）：称取 25g 含结晶水的硫代硫酸钠或 16g 无水硫代硫酸钠溶于 1000mL 新煮沸放冷的水中，加入 0.4g 氢氧化钠或 0.2g 碳酸钠，摇匀，贮存于棕色瓶内，放置两周后过滤，按 GB/T 601—2016《化学试剂　标准滴定溶液的制备》标定其准确浓度。

（5）碘标准溶液（$c_{\frac{1}{2}I_2}$＝0.1mol/L）：称取 13g 碘和 35g 碘化钾，加水约 100mL，溶解后加入 3 滴盐酸，用水稀释至 1000mL，过滤后转入棕色瓶。使用前用硫代硫酸钠标准溶液标定。

标定方法如下：量取 35.00～40.00mL 配制好的碘溶液，置于碘量瓶中，加 150mL 水，用硫代硫酸钠标准滴定溶液（$c_{Na_2S_2O_3}$＝0.1mol/L）滴定，近终点时加 2mL 淀粉指示液（10g/L），继续滴定至溶液蓝色消失。

同时做水所消耗碘的空白试验：取 250mL 水，加 0.05～0.20mL 配制好的碘溶液及 2mL 淀粉指示液（10g/L），用硫代硫酸钠标准滴定溶液（$c_{Na_2S_2O_3}$＝0.1mol/L）滴定至溶液蓝色消失。碘标准滴定溶液的浓度按式（6-8）计算：

$$c_{\frac{1}{2}I_2}=\frac{(V_1-V_2)\,c_1}{V_3-V_4} \tag{6-8}$$

式中，V_1——滴定消耗的硫代硫酸钠标准滴定溶液的体积，mL；

V_2——空白试验消耗的硫代硫酸钠标准滴定溶液的体积，mL；

c_1——硫代硫酸钠标准滴定溶液的摩尔浓度，mol/L；

V_3——移取碘溶液的体积的准确数值，mL；

V_4——空白试验中加入的碘溶液的体积的准确数值，mL。

（6）碘标准溶液（$c_{\frac{1}{2}I_2}=0.01\text{mol/L}$）：将 0.1mol/L 碘标准溶液用水稀释 10 倍。

3．仪器和设备

（1）全玻璃蒸馏器：500mL，或等效的蒸馏设备。
（2）剪切式粉碎机。
（3）分析天平：感量为 0.001g。

4．分析步骤

1）样品制备
果脯、干菜、米粉类、粉条和食用菌适当剪成小块，再用剪切式粉碎机剪碎，搅均匀，备用。

2）样品蒸馏
称取 5g 均匀样品（精确至 0.001g，取样量可视含量高低而定），液体样品可直接吸取 5.00～10.00mL 样品，置于蒸馏烧瓶中。加入 250mL 水，装上冷凝装置，冷凝管下端插入预先备有 25mL 乙酸铅吸收液的碘量瓶的液面下，然后在蒸馏瓶中加入 10mL 盐酸溶液，立即盖塞，加热蒸馏。当蒸馏液约 200mL 时，使冷凝管下端离开液面，再蒸馏 1min。用少量蒸馏水冲洗插入乙酸铅溶液的装置部分；同时做空白试验。

3）滴定
向取下的碘量瓶中依次加入 10mL 盐酸、1mL 淀粉指示液，摇匀之后用碘标准溶液（$c_{\frac{1}{2}I_2}=0.01\text{mol/L}$）滴定至溶液颜色变蓝且 30s 内不褪色为止，记录消耗的碘标准滴定溶液体积。

5．结果计算
试样中二氧化硫的含量按式（6-9）计算：

$$X=\frac{(V-V_0)\,c\times0.032\times1000}{m} \tag{6-9}$$

式中，X——试样中二氧化硫的含量（以二氧化硫计），g/kg 或 g/L；

　　　V——滴定样品所用的碘标准溶液体积，mL；

　　　V_0——空白试验所用的碘标准溶液体积，mL；

　　　0.032——1mL 碘标准溶液（$c_{\frac{1}{2}I_2}=1.000\text{mol/L}$）相当于二氧化硫的质量，g；

　　　c——碘标准溶液的摩尔浓度，mol/L；

　　　m——试样质量或体积，g 或 mL；

　　　1000——单位换算系数。

计算结果以重复性条件下获得的 2 次独立测定结果的算术平均值表示，当二氧化硫含量大于等于 1g/kg（或 g/L）时，结果保留 3 位有效数字；当二氧化硫含量小于 1g/kg（或 g/L）时，结果保留 2 位有效数字。在重复性条件下获得的 2 次独立测定结果的绝对差值不得超过算术平均值的 10%。

6．说明和注意事项

（1）该方法适用于果脯、干菜、米粉类、粉条、砂糖、食用菌和葡萄酒等食品中二氧化硫的测定，测得结果为总二氧化硫的含量。

（2）蒸馏过程中，整套装置要密封，确保冷凝管下端进入乙酸铅液面以下，避免二氧化硫损失，使测定结果偏低。

二、直接碘量法

1．原理

在碱性条件下，结合态二氧化硫被解离出来，然后用碘标准滴定溶液滴定，得到样品中总二氧化硫的含量。

2．试剂和材料

（1）氢氧化钠溶液（100g/L）：称取 100g 氢氧化钠，用水溶解并定容至 1000mL。

（2）硫酸溶液（1＋3）：量取 1 份硫酸与 3 份水混合。

（3）淀粉指示剂（10g/L）：按"滴定法"中的方法配制。

（4）碘标准滴定溶液（$c_{\frac{1}{2}I_2}$＝0.02mol/L）：称取 13g 碘及 35g 碘化钾，溶于 100mL 水中，稀释至 1000mL，摇匀，贮存于棕色瓶中。标定后，再稀释 5 倍使用。

3．仪器和设备

（1）碘量瓶：250mL。

（2）移液管：25mL。

4．分析步骤

吸取 25.00mL 氢氧化钠溶液于 250mL 碘量瓶中，再准确吸取 25.00mL 样品（液温 20℃），并以吸管尖端插入氢氧化钠溶液的方式，加入碘量瓶中，摇匀，盖塞。静置 15min 后，再加入少量碎冰块、1mL 淀粉指示剂、10mL 硫酸溶液，摇匀，用碘标准滴定溶液迅速滴定至淡蓝色，30s 内不变色即为终点，记下消耗碘标准滴定溶液的体积 V。以水代替样品做空白试验，操作同上。

5．结果计算

试样中二氧化硫的含量按式（6-10）计算：

$$X = \frac{c(V - V_0) \times 32}{25} \times 1000 \qquad (6\text{-}10)$$

式中，X——试样中二氧化硫的含量，mg/L；

V——测定样品消耗碘标准滴定溶液的体积，mL；

V_0——空白试样消耗碘标准滴定溶液的体积，mL；

c——碘标准滴定溶液的摩尔浓度，mol/L；

25——吸取样品的体积，mL；

32——二氧化硫的摩尔质量，g/mol；

1000——单位换算系数。

计算结果保留 3 位有效数字。在重复性条件下获得的 2 次独立测定结果的绝对差值不得超过算术平均值的 10%。

6．说明和注意事项

（1）该方法适用于发酵酒及其配制酒中总二氧化硫的测定。

（2）操作过程中应避免二氧化硫的损失。

（3）浓硫酸具有强腐蚀性，使用时应加强防护，注意安全。

（4）样液颜色较深时影响滴定终点的判断，导致测定结果不准确。

第四节　食品中甜味剂的测定

甜味剂是指能够赋予食品甜味的一类食品添加剂，按其来源可分为天然甜味剂和人工合成甜味剂，按其营养价值可分为营养型甜味剂与非营养型甜味剂。通常所讲的甜味剂是指人工合成的非营养型甜味剂，如糖精钠、环己基氨基磺酸钠（甜蜜素）、乙酰磺胺酸钾（安赛蜜）、天冬酰苯丙氨酸甲酯（甜味素、阿斯巴甜）、三氯蔗糖等。

一、糖精钠的测定

利用高效液相色谱法可以同时测定试样中糖精钠、山梨酸和苯甲酸的含量，具体操作方法见本章第一节。

二、环己基氨基磺酸钠（甜蜜素）的测定

（一）气相色谱法

1．原理

食品中的环己基氨基磺酸钠用水提取，在硫酸介质中环己基氨基磺酸钠与亚硝酸反应，生成环己醇亚硝酸酯，利用气相色谱氢火焰离子化检测器检测，保留时间定性，外标法定量。

2．试剂和材料

（1）氢氧化钠溶液（40g/L）：称取 20g 氢氧化钠，溶于水并稀释至 500mL，混匀。

（2）硫酸溶液（200g/L）：量取 54mL 硫酸小心缓缓加入 400mL 水中，后加水至 500mL，混匀。

（3）亚铁氰化钾溶液（150g/L）：称取折合 15g 亚铁氰化钾，溶于水稀释至 100mL，混匀。

（4）硫酸锌溶液（300g/L）：称取折合 30g 硫酸锌的试剂，溶于水并稀释至 100mL，混匀。

（5）亚硝酸钠溶液（50g/L）：称取 25g 亚硝酸钠，溶于水并稀释至 500mL，混匀。

（6）环己基氨基磺酸标准贮备液（5.00mg/mL）：精确称取 0.5612g 环己基氨基磺酸

钠标准品（纯度大于等于 99%），用水溶解并定容至 100mL，混匀，此溶液 1.00mL 相当于环己基氨基磺酸 5.00mg（环己基氨基磺酸钠与环己基氨基磺酸的换算系数为 0.8909）。置于 1～4℃冰箱保存，可保存 12 个月。

（7）环己基氨基磺酸标准使用液（1.00mg/mL）：准确移取 20.0mL 环己基氨基磺酸标准贮备液用水稀释并定容至 100mL，混匀。置于 1～4℃冰箱保存，可保存 6 个月。

3．仪器和设备

（1）气相色谱仪：配有氢火焰离子化检测器（FID）。

（2）漩涡振荡器。

（3）离心机：转速大于等于 4000r/min。

（4）超声水浴箱。

（5）组织捣碎机。

（6）10μL 微量注射器。

（7）恒温水浴锅。

（8）分析天平：感量为 0.1mg 和 0.01g。

4．分析步骤

1）试样溶液的制备

（1）液体试样处理。

普通液体试样摇匀后称取 25.0g 试样（如需要可过滤），用水定容至 50mL 备用。

含二氧化碳的试样：称取 25.0g 试样于烧杯中，60℃水浴加热 30min 以除二氧化碳，放冷，用水定容至 50mL 备用。

含酒精的试样：称取 25.0g 试样于烧杯中，用氢氧化钠溶液调至弱碱性（pH 值为 7～8），60℃水浴加热 30min 以除酒精，放冷，用水定容至 50mL 备用。

（2）固体、半固体试样处理。

低脂、低蛋白样品（果酱、果冻、水果罐头、果丹类、蜜饯凉果、浓缩果汁、面包、糕点、饼干、复合调味料、带壳熟制坚果和籽类、腌渍的蔬菜等）：称取打碎、混匀的样品 3.00～5.00g 于 50mL 离心管中，加 30mL 水，振摇，超声提取 20min，混匀，离心（3000r/min）10min，过滤，用水分次洗涤残渣，收集滤液并定容至 50mL，混匀备用。

高蛋白样品（酸乳、雪糕、冰淇淋等乳制品及豆制品、腐乳等）：冰棒、雪糕、冰淇淋等分别放置于 250mL 烧杯中，待融化后搅匀称取；称取样品 3.00～5.00g 于 50mL 离心管中，加 30mL 水，超声提取 20min，加 2mL 亚铁氰化钾溶液，混匀，再加入 2mL 硫酸锌溶液，混匀，离心（3000r/min）10min，过滤，用水分次洗涤残渣，收集滤液并定容至 50mL，混匀备用。

高脂样品（奶油制品、海鱼罐头、熟肉制品等）：称取打碎、混匀的样品 3.00～5.00g 于 50mL 离心管中，加入 25mL 石油醚，振摇，超声提取 3min，再混匀，离心（1000r/min 以上）10min，弃石油醚，再用 25mL 石油醚提取一次，弃去石油醚，60℃水浴挥发去除石油醚，残渣加 30mL 水，混匀，超声提取 20min，加 2mL 亚铁氰化钾溶液，混匀，再加入 2mL 硫酸锌溶液，混匀，离心（3000r/min）10min，过滤，用水洗涤残渣，收集滤液并定容至 50mL，混匀备用。

（3）衍生化。

准确移取上述液体试样溶液、固体、半固体试样溶液 10.0mL 于 50mL 带盖离心管中。离心管置试管架上冰浴中 5min 后，准确加入 5.00mL 正庚烷，加入 2.5mL 亚硝酸钠溶液、2.5mL 硫酸溶液，盖紧离心管盖，摇匀，在冰浴中放置 30min，其间振摇 3～5 次；加入 2.5g 氯化钠，盖上盖后置漩涡振荡器上振动 1min（或振摇 60～80 次），低温离心（3000r/min）10min 分层或低温静置 20min 至澄清分层后取上清液放置 1～4℃冰箱冷藏保存以备进样用。

2）标准溶液系列的制备及衍生化

准确移取 1.00mg/mL 环己基氨基磺酸标准溶液 0.50mL、1.00mL、2.50mL、5.00mL、10.00mL、25.00mL 于 50mL 容量瓶中，加水定容。配成标准溶液系列浓度为 0.01mg/mL、0.02mg/mL、0.05mg/mL、0.10mg/mL、0.20mg/mL、0.50mg/mL。临用时配制以备衍生化用。准确移取标准系列溶液 10.0mL 于 50mL 带盖离心管中按上述"衍生化"方法进行衍生化。

3）测定

（1）色谱参考条件。

色谱柱：弱极性石英毛细管柱（内涂 5%苯基甲基聚硅氧烷，柱长 30m，内径 0.53mm，膜厚 1.0μm）或等效柱。

柱温升温程序：初温 55℃保持 3min，10℃/min 升温至 90℃保持 0.5min，20℃/min 升温至 200℃保持 3min。

进样口：温度 230℃；进样量 1μL，不分流/分流进样，分流比 1：5（分流比及方式可根据色谱仪器条件调整）。

检测器：氢火焰离子化检测器（FID），温度 260℃。

载气：高纯氮气，流量 12.0mL/min，尾吹 20mL/min。

氢气，30mL/min；空气，330mL/min（载气、氢气、空气流量大小可根据仪器条件进行调整）。

（2）色谱分析。

分别吸取 1μL 经衍生化处理的标准系列各浓度溶液上清液，注入气相色谱仪中，可测得不同浓度被测物的响应值峰面积，以质量浓度为横坐标，以环己醇亚硝酸酯和环己醇两峰面积之和为纵坐标，绘制标准曲线。

在完全相同的条件下进样 1μL 经衍生化处理的试样待测液上清液，保留时间定性，测得峰面积，根据标准曲线得到样液中的组分浓度；试样上清液响应值若超出线性范围，应用正庚烷稀释后再进样分析。平行测定次数不少于 2 次。

5．结果计算

试样中环己基氨基磺酸的含量按式（6-11）计算：

$$X_1 = \frac{\rho}{m}V \qquad\qquad (6\text{-}11)$$

式中，X_1——试样中环己基氨基磺酸的含量，g/kg；

ρ——由标准曲线计算出定容样液中环己基氨基磺酸的质量浓度，mg/mL；

m——试样质量，g；

V——试样的最后定容体积，mL。

计算结果以重复性条件下获得的 2 次独立测定结果的算术平均值表示，结果保留 3 位有效数字。在重复性条件下获得的 2 次独立测定结果的绝对差值不得超过算术平均值的 10%。

6．说明和注意事项

气相色谱法适用于饮料类、蜜饯凉果、果丹类、话化类、带壳及脱壳熟制坚果与籽类、水果罐头、果酱、糕点、面包、饼干、冷冻饮品、果冻、复合调味料、腌渍的蔬菜、腐乳食品中环己基氨基磺酸钠的测定，不适用于白酒中该化合物的测定。

（二）高效液相色谱法

1．原理

食品中的环己基氨基磺酸钠用水提取后，在强酸性溶液中与次氯酸钠反应，生成 N,N-二氯环己胺，用正庚烷萃取后，利用高效液相色谱法检测，保留时间定性，外标法定量。

2．试剂和材料

（1）硫酸溶液（1+1）：50mL 硫酸小心缓缓加入 50mL 水中，混匀。

（2）次氯酸钠溶液：用次氯酸钠稀释，保存于棕色瓶中，保持有效氯含量 50g/L 以上，混匀，市售产品需及时标定，临用时配制。

（3）碳酸氢钠溶液（50g/L）：称取 5g 碳酸氢钠，用水溶解并稀释至 100mL，混匀。

（4）环己基氨基磺酸标准贮备液（5.00mg/mL）、环己基氨基磺酸标准使用液（1.00mg/mL）的配制方法同"气相色谱法"。

（5）环己基氨基磺酸标准曲线系列工作液：分别吸取标准使用液 0.50mL、1.00mL、2.50mL、5.00mL、10.00mL 至 50mL 容量瓶中，用水定容。该标准系列浓度分别为 10.0μg/mL、20.0μg/mL、50.0μg/mL、100μg/mL、200μg/mL。临用现配。

3．仪器和设备

（1）液相色谱仪：配有紫外检测器或二极管阵列检测器。
（2）超声水浴箱。
（3）离心机：转速大于等于 4000r/min。
（4）组织捣碎机。
（5）恒温水浴锅。
（6）分析天平：感量为 0.1mg 和 0.01g。

4．分析步骤

1）试样溶液的制备

（1）固体类和半固体类试样处理：称取均质后试样 5.00g 于 50mL 离心管中，加入

30mL 水，混匀，超声提取 20min，离心（3000r/min）20min，将上清液转出，用水洗涤残渣并定容至 50mL 备用。含高蛋白类样品可在超声提取时加入 2.0mL 硫酸锌溶液和 2.0mL 亚铁氰化钾溶液。含高脂质类样品可在提取前先加入 25mL 石油醚振摇后弃去石油醚层除脂。

（2）液体类试样处理。

普通液体试样：摇匀后可直接称取样品 25.0g，用水定容至 50mL 备用（如需要可过滤）。

含二氧化碳的试样：称取 25.0g 试样于烧杯中，60℃水浴加热 30min 以除二氧化碳，放冷，用水定容至 50mL 备用。

含乙醇的试样：称取 25.0g 试样于烧杯中，用氢氧化钠溶液调至弱碱性（pH 值为 7～8），60℃水浴加热 30min 以除乙醇，放冷，用水定容至 50mL 备用。

含乳类饮料：称取试样 25.0g 于 50mL 离心管中，加入 3.0mL 硫酸锌溶液和 3.0mL 亚铁氰化钾溶液，混匀，离心分层后，将上清液转出，用水洗涤残渣并定容至 50mL 备用。

（3）衍生化：准确移取 10.00mL 已制备好的试样溶液，加入 2.0mL 硫酸溶液、5.0mL 正庚烷和 1.0mL 次氯酸钠溶液，剧烈振荡 1min，静置分层，除去水层后在正庚烷层中加入 25mL 碳酸氢钠溶液，振荡 1min。静置取上层有机相经 0.45μm 微孔有机相滤膜过滤，滤液备进样用。

2）仪器参考条件

（1）色谱柱：C_{18}柱，柱长 150mm，内径 3.9mm，粒径 5μm，或同等性能的色谱柱。

（2）流动相：乙腈＋水（70＋30）。

（3）流速：0.8mL/min。

（4）进样量：10μL。

（5）柱温：40℃。

（6）检测器：紫外检测器或二极管阵列检测器。

（7）检测波长：314nm。

3）标准曲线的制作

移取 10.00mL 环己基氨基磺酸标准系列工作液衍生化。取过 0.45μm 微孔有机相滤膜后的溶液 10μL 分别注入液相色谱仪中，测定相应的峰面积，以标准工作溶液的质量浓度为横坐标，以环己基氨基磺酸钠衍生化产物 N,N-二氯环己胺峰面积为纵坐标，绘制标准曲线。

4）样品的测定

将衍生后试样溶液 10μL 注入液相色谱仪中，保留时间定性，测得峰面积，根据标准曲线得到试样定容溶液中环己基氨基磺酸的质量浓度，平行测定次数不少于 2 次。

5．结果计算

试样中环己基氨基磺酸的含量按式（6-12）计算：

$$X=\frac{\rho V}{m \times 1000} \tag{6-12}$$

式中，X——试样中环己基氨基磺酸的含量，g/kg；

    ρ——由标准曲线计算出试样定容溶液中环己基氨基磺酸的质量浓度，μg/mL；

    V——试样的最后定容体积，mL；

    m——试样的质量，g；

    1000——单位换算系数。

计算结果以重复性条件下获得的 2 次独立测定结果的算术平均值表示，结果保留 3 位有效数字。在重复性条件下获得的 2 次独立测定结果的绝对差值不得超过算术平均值的 10%。

6．说明和注意事项

（1）该方法适用于饮料类、蜜饯凉果、果丹类、话化类、带壳及脱壳熟制坚果与籽类、配制酒、水果罐头、果酱、糕点、面包、饼干、冷冻饮品、果冻、复合调味料、腌渍的蔬菜、腐乳食品中环己基氨基磺酸钠的测定。

（2）白酒、葡萄酒、黄酒、料酒中环己基氨基磺酸钠的测定可以采用液相色谱-质谱/质谱法：酒样经水浴加热除去乙醇后以水定容，用液相色谱-质谱/质谱仪测定其中的环己基氨基磺酸钠，外标法定量。

三、乙酰磺胺酸钾（安赛蜜）的测定

1．原理

根据乙酰磺胺酸钾易溶于水的特点，试样经适当前处理，用水定容后经微孔滤膜过滤后，高效液相色谱分离，紫外检测器或二极管阵列检测器检测，根据保留时间定性，外标法定量。

2．试剂和材料

（1）亚铁氰化钾溶液：称取亚铁氰化钾 106g，加水溶解至 1000mL。

（2）乙酸锌溶液：称取乙酸锌 219g，量取无水乙酸 32mL，加水溶解至 1000mL。

（3）盐酸溶液（0.25mol/L）：量取盐酸 22.5mL，溶于 1000mL 水中。

（4）氢氧化钠溶液（2.5mol/L）：称取氢氧化钠 100g，加水溶解至 1000mL。

（5）硫酸溶液（10%）：量取硫酸 10mL，缓慢加至 90mL 水中，混匀。

（6）硫酸铵溶液（0.02mol/L）：称取硫酸铵 2.64g，溶解于 1000mL 水中，用硫酸溶液调节溶液 pH 值为 3.50±0.05。

（7）甲醇-乙腈-硫酸铵溶液（5＋10＋85）：将甲醇、乙腈和硫酸铵溶液（0.02mol/L）按 5＋10＋85 的体积比混合均匀。

（8）乙酰磺胺酸钾标准贮备液（1000mg/L）：准确称取 0.1g（精确至 0.0001g）乙酰磺胺酸钾标准品于 100mL 容量瓶中，用水溶解并定容至刻度，混匀。置于 0~4℃保存，有效期为 2 个月。

（9）乙酰磺胺酸钾标准中间液（100mg/L）：吸取乙酰磺胺酸钾标准贮备液 10mL 于

100mL 容量瓶中，用水稀释并定容至刻度，混匀。置于 0~4℃保存，有效期为 2 个月。

（10）乙酰磺胺酸钾标准工作液（1.00mg/L）：吸取乙酰磺胺酸钾标准中间液 1mL 于 100mL 容量瓶中，用水稀释并定容至刻度，混匀。置于 0~4℃保存，有效期为 2 个月。

（11）乙酰磺胺酸钾标准系列工作液：分别吸取乙酰磺胺酸钾标准工作液（1.00mg/L）2mL，乙酰磺胺酸钾标准中间液（100mg/L）0.10mL、0.50mL、1.00mL、2.50mL、5.00mL 和 10.00mL 于 10mL 容量瓶中，用水稀释并定容，配制成乙酰磺胺酸钾质量浓度分别为 0.2mg/L、1.0mg/L、5.0mg/L、10.0mg/L、25.0mg/L、50.0mg/L 和 100.0mg/L 的标准系列工作液，临用时配制。

3．仪器和设备

（1）高效液相色谱仪：具紫外检测器或二极管阵列检测器。

（2）分析天平：感量为 0.1mg 和 1mg。

（3）离心机：转速 10 000r/min。

（4）组织捣碎机。

（5）漩涡混合器。

（6）恒温水浴锅。

（7）超声水浴箱：700W。

（8）酸度计。

（9）标准筛：筛孔尺寸为 1.40mm。

（10）氧化铝层析柱：在 10mL 注射器筒内下铺一层脱脂棉，装填中性氧化铝粒径（0.075~0.125mm）至 5mL 刻度线。氧化铝层析柱可采用商品化的中性氧化铝固相萃取柱（10mL，500mg）代替。

（11）水相微孔滤膜：0.45μm。

4．分析步骤

1）试样制备

（1）糖果、调味品、胶基糖果、餐桌调味料、熟制坚果与籽类：糖果、调味品和熟制坚果与籽类等磨碎，颗粒度不大于 0.425mm；胶基糖果用刀切碎后过标准筛；试样处理后贮于洁净的塑料瓶中，并标明标记，于室温下或按样品标示的保存条件下保存备用。

（2）果冻、冷冻饮品、八宝粥罐头：果冻、冷冻饮品等用组织捣碎机制成匀浆，贮于洁净的塑料瓶中，并标明标记，于 -18~-16℃保存备用。

（3）饮料、白酒、风味发酵乳、乳基甜品罐头、酱油：按样品保存条件保存备用，使用前摇匀。含气试样使用前将带有包装的试样于 50℃水浴微温除气。

2）试样提取

（1）饮料。

① 碳酸饮料：称取约 10g（精确至 1mg）试样于 50mL 离心管中，将试样加至中性

氧化铝层析柱中，用 50mL 容量瓶收集流出液，待液体流至接近柱表面时，用 5mL 甲醇-乙腈-硫酸铵溶液（5＋10＋85）分 2 次洗涤离心管，将洗涤液加至层析柱中，收集流出液，继续用甲醇-乙腈-硫酸铵溶液（5＋10＋85）洗脱，收集洗脱液至 50mL 刻度，混匀后经 0.45μm 的水相微孔滤膜过滤，滤液作为试样溶液，待进行液相色谱测定。

② 不含蛋白质的饮料。

澄清的饮料试样：称取 5～10g（精确至 1mg）试样于 50mL 离心管中，按上述碳酸饮料中"将试样加至中性氧化铝层析柱中"的步骤开始操作。

浑浊饮料试样：称取 5～10g（精确至 1mg）试样于 50mL 离心管中，于 10 000r/min 离心 5min 后，取上清液加至中性氧化铝层析柱中，沉淀用 5mL 水漩涡振荡 1min，10 000r/min 离心 5min 后，取上清液加至中性氧化铝层析柱中，按碳酸饮料中的步骤开始操作。

③ 固体饮料试样：称取 5～10g（精确至 1mg）试样，用水溶解，定容至 50mL，准确移取冲调后的饮料 10mL 加至中性氧化铝层析柱中，按碳酸饮料中的步骤开始操作。餐桌甜味料也按该方法进行提取处理。

④ 含蛋白质的饮料：称取 5g（精确至 1mg）试样于 50mL 离心管，加水至 18mL，加亚铁氰化钾溶液 1mL，漩涡混匀 0.5min，再加入乙酸锌溶液 1mL，漩涡混匀 0.5min，5000r/min 离心 5min 后，上清液转移至 50mL 容量瓶，沉淀加入 10mL 水漩涡振荡 1min 后，于 5000r/min 离心 5min，上清液转移至同一容量瓶中，将沉淀洗涤 3 次，合并上清液，用水定容至刻度，混匀，经 0.45μm 的水相微孔滤膜过滤，滤液作为试样溶液，待进行液相色谱测定。风味发酵乳、乳基甜品罐头、冷冻饮品、糖果、调味品和酱油按该方法进行提取处理。

（2）果冻。称取 2.5g（精确至 1mg）试样于 50mL 离心管，加入盐酸溶液（0.25mol/L）20mL，漩涡振荡 2min 后 10 000r/min 离心 5min，上清液转移至 100mL 烧杯中，沉淀用 20mL 盐酸溶液漩涡振荡 2min 后 10 000r/min 离心 5min，合并 2 次上清液，用氢氧化钠溶液（2.5mol/L）调节 pH 值至中性，移入 50mL 容量瓶中，用水定容至刻度，混匀，经 0.45μm 的水相微孔滤膜过滤，滤液作为试样溶液，待进行液相色谱测定。

（3）胶基糖果。称取 3g（精确至 1mg）试样于 100mL 烧杯中，加水 50mL 加热至微沸后，边加热边用玻璃棒搅拌 5min，冷却后将上清液移入 200mL 容量瓶中，重复提取 3 次，合并提取液，用水定容至刻度，混匀，经 0.45μm 的水相微孔滤膜过滤，滤液作为试样溶液，待进行液相色谱测定。

（4）白酒。称取 10g（精确至 1mg）试样于 50mL 离心管中，于沸水浴上蒸干，加入 15mL 水，超声 5min，溶液转移至 50mL 容量瓶中，分别用 15mL 水再重复提取 2 次，合并提取液，用水定容至刻度，经 0.45μm 的微孔滤膜过滤，滤液作为试样溶液，待进行液相色谱测定。

（5）熟制坚果与籽类、八宝粥罐头。称取 5g（精确至 1mg）试样于 50mL 离心管中，加入 50mL 水，超声 30min，于 5000r/min 离心 5min，上清液转移至 100mL 容量瓶，沉淀加入 15mL 水，漩涡振荡 1min，超声 10min，于 5000r/min 离心 5min，上清液转移至同一容量瓶中，将沉淀超声离心 3 次，合并上清液，用水定容至刻度，混匀，经 0.45μm 的水相微孔滤膜过滤，滤液作为试样溶液，待进行液相色谱测定。

3）测定

（1）液相色谱参考条件。

色谱柱：C$_{18}$柱（柱长 250mm，内径 4.6mm，粒径 5μm），或性能相当的色谱柱。

流动相：A 相为甲醇，B 相为乙腈，C 相为硫酸铵溶液（0.02mol/L）。梯度洗脱，梯度洗脱程序见表 6-1。

表 6-1　流动相梯度洗脱程序

时间/min	A 相体积分数/%	B 相体积分数/%	C 相体积分数/%
0	5	10	85
6	5	10	85
10	15	15	70
21	15	15	70
25	5	10	85
30	5	10	85

流速：1.0mL/min。

柱温：35℃。

检测波长：227nm。

进样量：10μL。

（2）标准曲线的制作。将 10μL 标准系列工作液按质量浓度由低到高依次注入高效液相色谱仪中，测定相应的峰面积，以标准工作液的质量浓度为横坐标，以峰面积为纵坐标，绘制标准曲线。

（3）试样溶液的测定。将 10μL 试样溶液注入高效液相色谱仪中，以保留时间定性，测得峰面积，根据标准曲线得到试样溶液中乙酰磺胺酸钾的质量浓度。

5．结果计算

试样中乙酰磺胺酸钾的含量按式（6-13）计算：

$$X = \frac{\rho V}{m} \qquad (6-13)$$

式中，X——试样中乙酰磺胺酸钾的含量，g/kg；

　　　ρ——试样溶液中乙酰磺胺酸钾的质量浓度，mg/L；

　　　V——试样提取液的定容体积，L；

　　　m——试样的取样量，g。

计算结果保留 3 位有效数字。在重复性条件下获得的两次独立测定结果的绝对差值不得超过算术平均值的 10%。

6．说明和注意事项

（1）该方法适用于饮料、果冻、胶基糖果、白酒、风味发酵乳、乳基甜品罐头、冷冻饮品、糖果、调味品、酱油和餐桌调味料等食品中乙酰磺胺酸钾的测定。

（2）该方法简单快速、特异性强、重现性好，食品中常见的防腐剂、甜味剂等均不影响乙酰磺胺酸钾的测定。

四、三氯蔗糖（蔗糖素）的测定

试样中三氯蔗糖用甲醇水溶液提取，除去蛋白、脂肪，经固相萃取柱净化、富集后，用高效液相色谱仪反相 C_{18} 色谱柱分离，蒸发光散射检测器或示差检测器检测，根据保留时间定性，以峰面积定量。

净化用固相萃取柱（200mg，类型为 N-乙烯基吡咯烷酮和二乙烯基苯亲水亲脂平衡型填料）使用前依次用 4mL 甲醇、4mL 水活化。

不同性质的试样应选择合适的样品预处理方法，以除去蛋白、脂肪、乙醇及其他杂质的干扰。不同试样的前处理需要同时做试样空白试验。果冻类样品经提取后的上清液需 50℃ 水浴加热后趁热过柱，否则易堵塞萃取柱。

色谱柱为 C_{18} 柱（柱长 150mm，内径 4.6mm，粒径 5μm）或性能相当者，流动相为水＋乙腈＝89＋11，当使用蒸发光散射检测器检测时，如果样品基质复杂，强保留物质影响后续检测时，可采用梯度洗脱程序。

第五节 食品中抗氧化剂的测定

抗氧化剂是指能阻止或推迟食品氧化变质，提高食品稳定性和延长贮存期的一类食品添加剂。按其来源可分为天然抗氧化剂和人工合成抗氧化剂。按其溶解性则可分为油溶性抗氧化剂和水溶性抗氧化剂。常用的抗氧化剂有叔丁基羟基茴香醚（BHA）、2,6-二叔丁基对甲基苯酚（BHT）、没食子酸丙酯（PG）、叔丁基对苯二酚（TBHQ）、茶多酚（TP）等，主要用于油脂及含油脂食品中，以延缓食品的氧化变质。本节主要介绍食品中没食子酸丙酯（PG）等 9 种抗氧化剂的测定——高效液相色谱法。

1．原理

油脂样品经有机溶剂溶解后，使用凝胶渗透色谱（GPC）净化；固体类食品样品用正己烷溶解，用乙腈提取，固相萃取柱净化。高效液相色谱法测定，外标法定量。

2．试剂和材料

（1）乙腈饱和的正己烷溶液：正己烷中加入乙腈至饱和。

（2）正己烷饱和的乙腈溶液：乙腈中加入正己烷至饱和。

（3）乙酸乙酯和环己烷混合溶液（1＋1）：取 50mL 乙酸乙酯和 50mL 环己烷混匀。

（4）乙腈和甲醇混合溶液（2＋1）：取 100mL 乙腈和 50mL 甲醇混合。

（5）饱和氯化钠溶液：水中加入氯化钠至饱和。

（6）甲酸溶液（0.1＋99.9）：取 0.1mL 甲酸移入 100mL 容量瓶，定容至刻度。

（7）抗氧化剂标准物质混合贮备液：准确称取 0.1g（精确至 0.1mg）叔丁基羟基茴

香醚、2,6-二叔丁基对甲基苯酚等固体抗氧化剂标准物质,用乙腈溶于 100mL 棕色容量瓶中,定容至刻度,配制成质量浓度为 1000mg/L 的标准混合贮备液,0～4℃避光保存。

（8）抗氧化剂混合标准使用液:移取适量体积的质量浓度为 1000mg/L 的抗氧化剂标准物质混合贮备液分别稀释至质量浓度为 20mg/L、50mg/L、100mg/L、200mg/L、400mg/L 的混合标准使用液。

（9）C_{18} 固相萃取柱:2000mg/12mL。

（10）有机系滤膜:孔径 0.22μm。

3．仪器和设备

（1）离心机:转速大于等于 3000r/min。
（2）旋转蒸发仪。
（3）高效液相色谱仪。
（4）凝胶渗透色谱仪。
（5）分析天平:感量为 0.01g 和 0.1mg。
（6）漩涡混合器。

4．分析步骤

1）试样制备

固体或半固体样品粉碎混匀,然后用对角线法取 2/4 或 2/6,或根据试样情况取有代表性试样,密封保存;液体样品混合均匀,取有代表性试样,密封保存。

2）测定

（1）提取。

① 固体类样品:称取 1g（精确至 0.01g）试样于 50mL 离心管中,加入 5mL 乙腈饱和的正己烷溶液,漩涡振荡 1min 充分混匀,浸泡 10min。加入 5mL 饱和氯化钠溶液,用 5mL 正己烷饱和的乙腈溶液漩涡振荡 2min,3000r/min 离心 5min,收集乙腈层于试管中,再重复使用 5mL 正己烷饱和的乙腈溶液提取 2 次,合并 3 次提取液,加 0.1%甲酸溶液调节 pH 值为 4,待净化。同时做空白试验。

② 油类:称取 1g（精确至 0.01g）试样于 50mL 离心管中,加入 5mL 乙腈饱和的正己烷溶液溶解样品,漩涡振荡 1min,静置 10min,用 5mL 正己烷饱和的乙腈溶液漩涡提取 2min,3000r/min 离心 5min,收集乙腈层于试管中,再重复使用 5mL 正己烷饱和的乙腈溶液提取 2 次,合并 3 次提取液,待净化。同时做空白试验。

（2）净化。在 C_{18} 固相萃取柱中装入约 2g 的无水硫酸钠,用 5mL 甲醇活化萃取柱,再以 5mL 乙腈平衡萃取柱,弃去流出液。将所有提取液倾入柱中,弃去流出液,再以 5mL 乙腈和甲醇的混合溶液洗脱,收集所有洗脱液于试管中,40℃下旋转蒸发至干,加 2mL 乙腈定容,过 0.22μm 有机系滤膜,供液相色谱测定。

3）液相色谱条件

（1）色谱柱:C_{18} 柱（柱长 250mm,内径 4.6mm,粒径 5μm）,或等效色谱柱。
（2）流动相 A 为 0.5%甲酸水溶液,流动相 B 为甲醇。

（3）洗脱梯度：0～5min，流动相（A）50%；5～15min，流动相（A）从 50%降至 20%；15～20min，流动相（A）20%；20～25min，流动相（A）从 20%降至 10%；25～27min，流动相（A）从 10%增至 50%；27～30min，流动相（A）50%。

（4）柱温：35℃。

（5）进样量：5μL。

（6）检测波长：280nm。

4）标准曲线的制作

将系列浓度的标准工作液分别注入液相色谱仪中，测定相应的抗氧化剂，以标准工作液的质量浓度为横坐标，以响应值（如峰面积、峰高、吸收值等）为纵坐标，绘制标准曲线。食品中 9 种抗氧化剂标准溶液（50mg/L）的液相色谱图如图 6-4 所示。

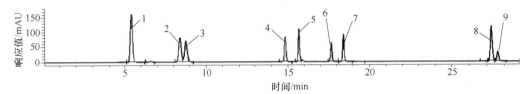

1. 没食子酸丙酯（PG）；2. 2,4,5-三羟基苯丁酮（THBP）；3. 叔丁基对苯二酚（TBHQ）；
4. 去甲二氢愈创木酸（NDGA）；5. 叔丁基羟基茴香醚（BHA）；6. 2,6-二叔丁基-4-羟甲基苯酚（Ionox-100）；
7. 没食子酸辛酯（OG）；8. 2,6-二叔丁基对甲基苯酚（BHT）；9. 没食子酸十二酯（DG）。

图 6-4 食品中 9 种抗氧化剂标准溶液（50mg/L）的液相色谱图

5）试样溶液的测定

将试样溶液注入高效液相色谱仪中，得到相应色谱峰的响应值，根据标准曲线得到待测液中抗氧化剂的质量浓度。

5．结果计算

试样中抗氧化剂的含量按式（6-14）计算：

$$X_i = \rho_i \frac{V}{m} \tag{6-14}$$

式中，X_i——试样中抗氧化剂的含量，mg/kg；

ρ_i——从标准曲线上得到的抗氧化剂的质量浓度，μg/mL；

V——样液最终定容体积，mL；

m——称取的试样质量，g。

结果保留 3 位有效数字（或保留到小数点后 2 位）。在重复性条件下获得的 2 次独立测定结果的绝对差值不得超过算术平均值的 10%。

6．说明和注意事项

（1）该方法为 GB 5009.32—2016《食品安全国家标准 食品中 9 种抗氧化剂的测定》中第一法，适用于 PG、THBP、TBHQ、NDGA、BHA、Ionox-100、OG、BHT、DG 9 种抗氧化剂的测定。

（2）纯油类样品可选凝胶渗透色谱法净化，具体步骤为：称取 10g（精确至 0.01g）样品于 100mL 容量瓶中，以乙酸乙酯和环己烷混合溶液定容至刻度，作为母液；取 5mL 母液于 10mL 容量瓶中，以乙酸乙酯和环己烷混合溶液定容至刻度，待净化。取 10mL 待测液加入凝胶渗透色谱（GPC）进样管中，使用 GPC 净化，收集流出液，40℃下旋转蒸发至干，加 2mL 乙腈定容，过 0.22μm 有机系滤膜，供液相色谱测定。同时做空白试验。

凝胶渗透色谱净化参考条件如下：

① 凝胶渗透色谱柱：玻璃柱，内装 BioBeads（S-X3）填料，柱长 300mm，内径 20mm，粒径 40～75μm。

② 柱分离度：玉米油与抗氧化剂（PG、THBP、TBHQ、OG、BHA、Ionox-100、BHT、DG、NDGA）的分离度大于 85%。

③ 流动相：乙酸乙酯：环己烷＝1∶1（体积比）。

④ 流速：5mL/min。

⑤ 进样量：2mL。

⑥ 流出液收集时间：7～17.5min。

⑦ 紫外检测器波长：280nm。

（3）GB 5009.32—2016《食品安全国家标准　食品中 9 种抗氧化剂的测定》中第二法为液相色谱串联质谱法测定食品中 THBP、PG、OG、NDGA、DG 的含量：油脂样品经有机溶剂溶解后，使用凝胶渗透色谱（GPC）净化；固体类食品样品用正己烷溶解，用乙腈提取，固相萃取柱净化。液相色谱串联质谱联用仪测定，外标法定量。

（4）GB 5009.32—2016《食品安全国家标准　食品中 9 种抗氧化剂的测定》中第三法为气相色谱-质谱法测定食品中 BHA、BHT、TBHQ、Ionox-100 的含量：油脂样品经有机溶剂溶解后，使用凝胶渗透色谱（GPC）净化，固体类食品样品用正己烷溶解，用乙腈提取，固相萃取柱净化。气相色谱-质谱联用仪测定，外标法定量。

（5）GB 5009.32—2016《食品安全国家标准　食品中 9 种抗氧化剂的测定》中第四法为气相色谱法测定食品中 BHA、BHT、TBHQ 的含量：样品中的抗氧化剂用有机溶剂提取、凝胶渗透色谱（GPC）净化后，用气相色谱氢火焰离子化检测器检测，采用保留时间定性，外标法定量。

（6）GB 5009.32—2016《食品安全国家标准　食品中 9 种抗氧化剂的测定》中第五法为比色法测定油脂中 PG 的含量：样品经石油醚溶解，用乙酸铵水溶液提取后，没食子酸丙酯（PG）与亚铁酒石酸盐起颜色反应，在波长 540nm 处测定吸光度，与标准比较定量。

第六节　食品中合成着色剂的测定

着色剂（又称"色素"）是以食品着色、改善食品色泽为目的的一类食品添加剂，按来源分为两大类：天然色素和合成色素。天然色素主要来源于植物，也有部分来源于动物和微生物，其安全性高，但着色能力差，稳定性也不好。在添加色的食品中，天然色素的使用量不足 20%，其余均为合成色素。合成色素主要是以人工方法进行化学合成的有机色素类，按其化学结构不同可分为偶氮类色素和非偶氮类色素，偶氮类色素按溶解性不同又可分为油溶性和水溶性两类。合成色素具有色泽鲜艳、性能稳定、着色力强、可任意调配各种色泽等优点，在食品工业中应用广泛。但合成色素是引起安全性争议较多的一类物质，其自身或代谢产物有一定的毒性、致泻性和致癌性，因此，应严格控制合成色素的使用量和使用范围。

食品中合成着色剂的种类很多，国际上允许使用的有 30 余种，我国允许使用的主要有苋菜红、胭脂红、赤藓红、诱惑红、新红、柠檬黄、日落黄、亮蓝、靛蓝等。

本节主要介绍食品中合成着色剂的测定——高效液相色谱法。

1. 原理

食品中的合成着色剂经聚酰胺吸附法或液-液分配法提取后，制成水溶液，注入高效液相色谱仪，经反相色谱分离，根据保留时间定性和与峰面积比较进行定量。

2. 试剂和材料

（1）乙酸铵溶液（0.02mol/L）：称取 1.54g 乙酸铵，加水至 1000mL，溶解，经微孔滤膜（0.45μm）过滤。

（2）氨水溶液：量取氨水 2mL，加水至 100mL，混匀。

（3）甲醇-甲酸（6＋4）溶液：量取甲醇 60mL，甲酸 40mL，混匀。

（4）柠檬酸溶液：称取 20g 柠檬酸，加水至 100mL，溶解混匀。

（5）无水乙醇-氨水-水（7＋2＋1）：量取无水乙醇 70mL、氨水溶液 20mL、水 10mL，混匀。

（6）三正辛胺-正丁醇溶液（5%）：量取三正辛胺 5mL，加正丁醇至 100mL，混匀。

（7）饱和硫酸钠溶液。

（8）pH 值为 6 的水：水加柠檬酸溶液调 pH 值到 6。

（9）pH 值为 4 的水：水加柠檬酸溶液调 pH 值到 4。

（10）合成着色剂标准贮备溶液：准确称取按其纯度折算为 100%质量的柠檬黄、日落黄、苋菜红、胭脂红、新红、赤藓红、亮蓝、靛蓝标准品各 0.1g（精确至 0.0001g），置 100mL 容量瓶中，加 pH 值为 6 的水到刻度。配成浓度为 1.00mg/mL 的水溶液。

（11）合成着色剂标准使用液（50μg/mL）：临用时合成着色剂标准贮备液用水稀释20 倍，经微孔滤膜（0.45μm）过滤。

（12）聚酰胺粉（尼龙 6）：过 200μm（目）筛。

3. 仪器和设备

（1）高效液相色谱仪：带二极管阵列检测器或紫外检测器。

（2）分析天平：感量为 0.001g 和 0.0001g。

（3）恒温水浴锅。

（4）G₃ 垂熔漏斗。

4. 分析步骤

1）试样制备

（1）果汁饮料及果汁、果味碳酸饮料等：称取 20～40g（精确至 0.001g），放入 100mL

烧杯中。含二氧化碳样品需要加热以驱除二氧化碳。

（2）配制酒类：称取 20～40g（精确至 0.001g），放入 100mL 烧杯中，加小碎瓷片数片，加热驱除乙醇。

（3）硬糖、蜜饯类、淀粉软糖等：称取 5～10g（精确至 0.001g）粉碎样品，放入 100mL 小烧杯中，加水 30mL，温热溶解，若样品溶液 pH 值较高，用柠檬酸溶液调 pH 值到 6 左右。

（4）巧克力豆及着色糖衣制品：称取 5～10g（精确至 0.001g），放入 100mL 小烧杯中，用水反复洗涤色素，到巧克力豆无色素为止，合并色素漂洗液为样品溶液。

2）色素提取

（1）聚酰胺吸附法：样品溶液加柠檬酸溶液调 pH 值至 6，加热至 60℃，将 1g 聚酰胺粉加少许水调成粥状，倒入样品溶液中，搅拌片刻，以 G₃ 垂熔漏斗抽滤，用 60℃ pH 值为 4 的水洗涤 3～5 次，然后用甲醇-甲酸混合溶液洗涤 3～5 次（含赤藓红的样品用液-液分配法处理），再用水洗至中性，用乙醇-氨水-水混合溶液解吸 3～5 次，直至色素完全解吸，收集解吸液，加乙酸中和，蒸发至近干，加水溶解，定容至 5mL。经滤膜（0.45μm）过滤，进高效液相色谱仪分析。

（2）液-液分配法（适用于含赤藓红的样品）：将制备好的样品溶液放入分液漏斗中，加 2mL 盐酸、三正辛胺正丁醇溶液（5%）10～20mL，振摇提取，分取有机相，重复提取直至有机相无色，合并有机相，用饱和硫酸钠溶液洗 2 次，每次 10mL，分取有机相，放于蒸发皿中，水浴加热浓缩至 10mL，转移至分液漏斗中，加 10mL 正己烷，混匀，加氨水溶液提取 2～3 次，每次 5mL，合并氨水溶液层（含水溶性酸性色素），用正己烷洗 2 次，氨水层加乙酸调成中性，水浴加热蒸发至近干，加水定容至 5mL。经滤膜（0.45μm）过滤，进高效液相色谱仪分析。

3）高效液相色谱分析参考条件

（1）色谱柱：C₁₈柱（柱长 250mm，内径 4.6mm，粒径 5μm）。

（2）进样量：10μL。

（3）柱温：35℃。

（4）二极管阵列检测器波长范围：400～800nm，紫外检测器检测波长：254nm。

（5）梯度洗脱见表 6-2。

表 6-2　梯度洗脱表

时间/min	流速/（mL/min）	0.02mol/L 乙酸铵溶液体积分数/%	甲醇体积分数/%
0	1.0	95	5
3	1.0	65	35
7	1.0	0	100
10	1.0	0	100
10.1	1.0	95	5
21	1.0	95	5

4）测定

将样品提取液和合成着色剂标准使用液分别注入高效液相色谱仪，根据保留时间定性，外标峰面积法定量。

5．结果计算

试样中合成着色剂的含量按式（6-15）计算：

$$X = \frac{\rho V \times 1000}{m \times 1000 \times 1000} \tag{6-15}$$

式中，X——试样中合成着色剂的含量，g/kg；

ρ——进样液中合成着色剂的质量浓度，μg/mL；

V——试样处理液总体积，mL；

m——试样质量，g；

1000——单位换算系数。

计算结果以重复性条件下获得的 2 次独立测定结果的算术平均值表示，结果保留 2 位有效数字。在重复性条件下获得的 2 次独立测定结果的绝对差值不得超过算术平均值的 10%。

6．说明和注意事项

（1）该方法适用于饮料、配制酒、硬糖、蜜饯、淀粉软糖、巧克力豆及着色糖衣制品中合成着色剂（不含铝色锭）的测定。

（2）样品在加入聚酰胺粉吸附色素之前，要用 20%柠檬酸调节 pH 值至 6 左右，因为聚酰胺粉在偏酸性（pH 值为 4～6）条件下对色素吸附力较强，吸附较完全。

（3）如样品色素浓度太高，要用水适当稀释，因为在浓溶液中，色素钠盐的钠离子不容易解离，不利于聚酰胺粉吸附。

（4）样液中的色素被聚酰胺粉吸附后，当用热水洗涤聚酰胺粉以便除去可溶性杂质时，要求用 pH 值为 4 的水洗涤，防止吸附的色素被洗脱下来。

（5）在水浴加热、蒸发、浓缩色素提取液时，控制水浴温度为 70～80℃，使其缓慢蒸发，勿溅出皿外。另外，要经常摇动蒸发皿，防止色素干结在蒸发皿的壁上。

（6）汽水、硬糖、糕点、冰淇淋中诱惑红的测定采用纸色谱法：诱惑红在酸性条件下被聚酰胺粉吸附，而在碱性条件下解吸附，再用纸色谱法进行分离后，与标准比较定性、定量。

思考题

1．食品中常用的防腐剂有哪些？食品中山梨酸、苯甲酸的测定方法有哪些？

2．利用高效液相色谱法测定山梨酸和苯甲酸时，是如何处理试样的？

3．利用气相色谱法测定苯甲酸和山梨酸时，为什么要进行样品的酸化处理？

4．食品中常用的护色剂有哪些？简述其护色机理。

5．亚硝酸盐和硝酸盐的测定方法有哪些？测定原理分别是什么？

6．与其他方法比较，离子色谱法测定亚硝酸盐和硝酸盐有什么优势？

7．测定硝酸盐用到镉柱，使用过程中有哪些注意事项？

8．食品中常用的漂白剂有哪些？

9．说明测定食品中二氧化硫的原理及操作过程中的注意事项。

10．食品中常用的甜味剂有哪些？测定方法主要有哪些？

11．利用气相色谱法测定环己基氨基磺酸钠（甜蜜素）含量时，如何进行样品的处理？操作过程中有哪些注意事项？

12．食品中常用的抗氧化剂有哪些？说明高效液相色谱法测定抗氧化剂的原理及注意事项。

13．食品中常使用的合成着色剂主要有哪些？简述高效液相色谱法测定合成着色剂的原理。

14．样品在加入聚酰胺粉吸附色素之前，为什么要用 20%柠檬酸调至 pH 值至 6 左右？

15．含赤藓红的样品为什么要用液-液分配法提取其中的色素？

 拓展训练

1．酱油中山梨酸钾、苯甲酸钠的测定。

2．火腿肠中亚硝酸盐的测定。

3．凉果中二氧化硫的测定。

4．饮料中安赛蜜的测定。

5．植物油中抗氧化剂 BHA、BHT、TBHQ 的测定。

6．糖果中合成着色剂的测定。

第七章　食品中农药残留和兽药残留的检验

- **知识目标**　了解食品中常见的农药残留和兽药残留的种类；了解食品中最大农药残留限量和兽药最高残留限量的相关要求；熟悉食品中的农药残留量和兽药残留量测定常用的方法；掌握常见农药残留量和兽药残留量测定的原理和操作方法。

- **能力目标**　能正确进行样品处理并利用相关技术测定农药残留量和兽药残留量；掌握快速测定农药残留量和兽药残留量的操作技能，能对食品中农药残留量和兽药残留量进行快速筛选测定；能按要求处理检验数据，并正确评价食品品质。

- **职业素养**　提高安全意识，确立绿色环保理念，培养良好的心理素质，增强抗干扰的能力。

第一节　食品中农药残留量的测定

农药是指在农业生产中，为保障、促进植物和农作物的成长，所施用的杀虫、杀菌、杀灭有害动物（或杂草）的一类药物的统称。由于使用农药而在食品、农产品和动物饲料中出现的任何特定物质，包括被认为具有毒理学意义的农药衍生物，如农药转化物、代谢物、反应产物及杂质等统称为农药残留物。

目前，国内外生产和使用的农药品种有上千种，其中大多数为化学合成农药。按用途可分为杀虫剂、杀菌剂、杀螨剂、杀鼠剂、除草剂、特异剂和植物生长调节剂等；按毒性可分为高毒、中毒和低毒3类；按化学结构可分为有机磷类、有机氯类、氨基甲酸酯类、拟除虫菊酯类、苯氧乙酸类、有机锡类等。

有机氯类农药是一类含氯的有机化合物。常见的有机氯农药有六六六（BHC）、滴滴涕（DDT）和环戊二烯衍生物等。我国从20世纪60年代开始禁止在蔬菜、茶叶、烟草等作物上施洒滴滴涕、六六六。但滴滴涕、六六六等有机氯农药和它们的代谢产物化学性质稳定，在农作物及环境中消解缓慢，同时容易在人和动物体脂肪中积累，因而虽然有机氯农药及其代谢物毒性并不高，但它们的残毒问题仍然存在。这类农药通过食物进入人体，在肝、肾、心脏等组织内蓄积，而且在脂肪中蓄积最多。蓄积的农药还可通过母乳排出，禽类可转入卵、蛋等组织，影响后代。

有机磷类农药是一类含磷的有机化合物，自20世纪80年代发展迅速，是农药中极为重要的一类化合物，其品种多、药效高、用途广，对光、热不稳定，易分解，残留时间短，在人、畜体内一般不积累，但有机磷类农药中存在着部分高毒和剧毒品种，如甲胺磷、对硫磷、水胺硫磷等，如果被施用于生长期较短、连续采收的蔬菜，则很难避免因残留量超标而导致人畜中毒。

氨基甲酸酯类农药是人类针对有机氯和有机磷农药的缺点而开发出的一种新型广谱杀虫、杀螨、除草剂，具有选择性强、高效、广谱、对人畜低毒、易分解和残毒少的特点，在农业、林业和牧业中应用广泛。使用量较大的氨基甲酸酯类农药有速灭威、西维因、涕灭威、克百威、叶蝉散和抗蚜威等。氨基甲酸酯类农药一般在酸性条件下较稳定，遇碱易分解，暴露在空气和阳光下易分解，在土壤中的半衰期为数天至数周。但涕灭威、克百威等属于高毒和剧毒品种，另外一部分农药虽然本身毒性较低，但其生产杂质或代谢物残毒较高，如二硫代氨基甲酸酯类杀菌剂生产过程中产生的杂质及其代谢物乙撑硫脲属致癌物。

拟除虫菊酯类农药是一类广谱性杀虫剂，具有速效、高效、低毒、低残留、对作物安全等特点，广泛用于棉花、蔬菜、果树、粮食等作物，还被广泛应用于家用杀虫剂。常用的拟除虫菊酯类农药品种有溴氰菊酯、氯氰菊酯、氯菊酯、胺菊酯、甲醚菊酯等，虽然拟除虫菊酯类农药相对有机磷农药来讲属于低毒农药，但其为神经毒物，对免疫、心血管系统等多方面均能造成危害，所以也不能忽视安全操作规程，不然也会引起中毒。拟除虫菊酯类农药对鱼类、蜜蜂和天敌的毒性很高。

农药残留问题是随着农药大量生产和广泛使用而产生的。其中农药本身的性质、环境因素及农药的使用方法是造成农药残留的主要因素。例如，一味追求经济利益而过频、过量使用农药或施用期不当、违规使用违禁农药等。施用于作物上的农药，其中一部分附着于作物上，一部分散落在土壤、大气和水等环境中，环境残存的农药中的一部分又会被植物吸收。有些农药在较短时间内可以通过生物降解成为无害物质，而有些农药难以降解，残留性强。残留性农药在植物、土壤和水体中的残存形式有两种：一种是保持原来的化学结构；另一种以其化学转化产物或生物降解产物的形式残存。残留农药直接通过植物果实或水、大气到达人、畜体内，或通过环境、食物链最终传递给人、畜。

农药残留对人和生物危害很大，各国对农药的施用都进行了严格的管理，并对食品中农药残留限量做了规定。GB 2763—2021《食品安全国家标准　食品中农药最大残留限量》规定了食品中 2,4-滴丁酸等 564 种常用农药的主要用途、每日允许摄入量（acceptable daily intake，ADI）、残留物、最大残留限量及检测方法指引。最大残留限量（maximum residue limit，MRL）是指在食品或农产品内部或表面法定允许的农药最大浓度，以每千克食品或农产品中农药残留的毫克数表示（mg/kg）。再残留限量（extraneous maximum residue limit，EMRL）是指一些持久性农药虽已禁用，但还长期存在于环境中，从而再次在食品中形成残留，为控制这类农药残留物对食品的污染而制定其在食品中的残留限量，以每千克食品或农产品中农药残留的毫克数表示（mg/kg）。

目前，对于挥发性农药的检测多采用气相色谱法（GC），对于半挥发性、不挥发、极性、热不稳定性农药的检测选用液相色谱法（HPLC）。通过气相色谱-质谱联用法（GC-MS）、液相色谱-质谱联用法（LC-MS）等方法可以对残留农药的结构进行鉴定和确证，分析的目的物主要有农药的母体、农药代谢物、降解产物、转化物残留。由于蔬菜类鲜食农产品保存时间相对短，而应用色谱等技术耗时长、成本高，不能满足现场快速检测的要求，为了及时发现问题，采取措施，控制高残留量蔬菜的上市，保障人们的食菜安全，简便快捷的农药快速检测新技术在农药残留量的快速筛选测定方面的应用越来越广泛，如酶抑制法、酶联免疫分析方法、活体生物测定方法和生物传感器法等。农药残留量的主要检测方法及对应的标准见表 7-1。

表 7-1　农药残留量的主要检测方法及对应标准

使用的方法	主要相关标准
气相色谱法	GB/T 5009.19—2008《食品中有机氯农药多组分残留量的测定》 GB/T 5009.20—2003《食品中有机磷农药残留量的测定》 GB/T 5009.144—2003《植物性食品中甲基异柳磷残留量的测定》 GB 23200.16—2016《食品安全国家标准　水果和蔬菜中乙烯利残留量的测定　气相色谱法》 NY/T 761—2008《蔬菜和水果中有机磷、有机氯、拟除虫菊酯和氨基甲酸酯类农药多残留的测定》中第 1 部分和第 2 部分蔬菜和水果中有机磷、有机氯和拟除虫菊酯类农药多残留的测定 ……
液相色谱法	GB/T 5009.147—2003《植物性食品中除虫脲残留量的测定》 NY/T 761—2008《蔬菜和水果中有机磷、有机氯、拟除虫菊酯和氨基甲酸酯类农药多残留的测定》中第 3 部分蔬菜和水果中氨基甲酸酯类农药多残留的测定 GB 23200.19—2016《食品安全国家标准　水果和蔬菜中阿维菌素残留量的测定　液相色谱法》 GB 23200.29—2016《食品安全国家标准　水果和蔬菜中唑螨酯残留量的测定　液相色谱法》 ……
气相色谱-质谱法	GB 23200.8—2016《食品安全国家标准　水果和蔬菜中 500 种农药及相关化学品残留量的测定　气相色谱-质谱法》 GB 23200.9—2016《食品安全国家标准　粮谷中 475 种农药及相关化学品残留量的测定　气相色谱-质谱法》 GB/T 5009.146—2008《植物性食品中有机氯和拟除虫菊酯类农药多种残留量的测定》 GB/T 23204—2008《茶叶中 519 种农药及相关化学品残留量的测定　气相色谱-质谱法》 GB 23200.33—2016《食品安全国家标准　食品中解草嗪、莎稗磷、二丙烯草胺等 110 种农药残留量的测量　气相色谱-质谱法》 ……
液相色谱-质谱法	GB 23200.20—2016《食品安全国家标准　食品中阿维菌素残留量的测定　液相色谱-质谱/质谱法》 GB/T 20769—2008《水果和蔬菜中 450 种农药及相关化学品残留量的测定　液相色谱-串联质谱法》 GB/T 20770—2008《粮谷中 486 种农药及相关化学品残留量的测定　液相色谱-串联质谱法》 SN/T 2325—2009《进出口食品中四唑嘧磺隆、甲基苯苏呋安、醚磺隆等 45 种农药残留量的检测方法　高效液相色谱-质谱/质谱法》 NY/T 1453—2007《蔬菜及水果中多菌灵等 16 种农药残留测定　液相色谱-质谱/质谱联用法》 SN/T 2560—2010《进出口食品中氨基甲酸酯类农药残留量的测定　液相色谱-质谱/质谱法等》 ……
酶抑制法	GB/T 5009.199—2003《蔬菜中有机磷和氨基甲酸酯类农药残留量快速检测》 NY/T 448—2001《蔬菜上有机磷和氨基甲酸酯类农药残毒快速检测方法》 KJ201710《蔬菜中敌百虫、丙溴磷、灭多威、克百威、敌敌畏残留的快速检测》 ……

在农药残留量检测的样品前处理方面，液-液萃取、索氏抽提、振荡-过滤、匀浆等传统技术仍在使用。固相萃取技术应用越来越广泛，其集萃取、净化、浓缩于一体，具有短缩分析时间、降低成本、节省有机溶剂、可实现半自动化、全自动化操作等优点。QuEChERS（quick、easy、cheap、effective、rugged、safe）方法是近年来发展起来的一种用于农产品检测的快速样品前处理技术，在水果蔬菜农药残留分析中得到大量应用，具有简单、快速、灵敏、可靠等特点。QuEChERS 由美国农业部 Anastassiades 教授等于

2003 年开发，原理与高效液相色谱（HPLC）和固相萃取（SPE）相似，都是利用吸附剂填料与基质中的杂质相互作用、吸附杂质，从而达到除杂净化的目的。QuEChERS 方法的步骤可以简单归纳为：①样品粉碎；②单一溶剂乙腈提取分离；③加入硫酸镁等盐类除水；④加入乙二胺-*N*-丙基硅烷（PSA）等吸附剂除杂；⑤上清液进行气相色谱-质谱、液相色谱-质谱检测。QuEChERS 方法回收率高，对大量极性及挥发性的农药品种的回收率大于 85%；精确度和准确度高，可用内标法进行校正；可分析的农药范围广，极性、非极性的农药种类均能利用此技术得到较好的回收率；分析速度快，能在 30min 内完成 6 个样品的处理；溶剂使用量少，污染小，价格低廉且不使用含氯化物溶剂；操作简便，无须良好训练和较高技能便可很好地完成；乙腈加到容器后立即密封，使其与工作人员的接触机会减少；样品制备过程中使用很少的玻璃器皿，装置简单。

检测农药最大残留限量时，必须按照对谷物、蔬菜、水果、坚果、饮料类、食用菌、调味料、油料油脂、动物源性食品等不同类别食品测定部位的要求进行样品的采集及制备。具体要求见 GB 2763—2021《食品安全国家标准　食品中农药最大残留限量》附录 A。

农药残留量测定实例如下所示。

一、蔬菜和水果中有机磷、有机氯、拟除虫菊酯和氨基甲酸酯类农药多残留的测定

（一）蔬菜和水果中有机磷类农药多残留的测定

1. 原理

第一法：试样中有机磷类农药经乙腈提取，提取溶液经过滤、浓缩后，用丙酮定容，用双自动进样器同时注入气相色谱仪的两个进样口，农药组分经不同极性的两根毛细管柱分离，火焰光度检测器（FPD 磷滤光片）检测。用双柱的保留时间定性，外标法定量。

第二法：试样中有机磷类农药经乙腈提取，提取溶液经过滤、浓缩后，用丙酮定容后直接注入气相色谱仪，农药组分经毛细管柱（50%聚苯基甲基硅氧烷柱）分离，火焰光度检测器（FPD 磷滤光片）检测。保留时间定性，外标法定量。

2. 试剂和材料

（1）乙腈。
（2）丙酮，重蒸。
（3）氯化钠，140℃烘烤 4h。
（4）敌敌畏等 54 种农药标准品。
（5）农药标准溶液配制。

单一农药标准溶液：准确称取一定量（精确至 0.1mg）某农药标准品，用丙酮作溶剂，逐一配制成 1000mg/L 的单一农药标准贮备液，贮存在－18℃以下冰箱中。使用时根据各农药在对应检测器上的响应值，准确吸取适量的标准贮备液，用丙酮稀释配制成

所需的标准工作液。

农药混合标准溶液：根据各农药在仪器上的响应值，逐一准确吸取一定体积的同组别的单个农药贮备液分别注入同一容量瓶中，用丙酮稀释至刻度，采用同样方法配制成4组农药混合标准贮备溶液。使用前用丙酮稀释成所需质量浓度的标准工作液。

3．仪器和设备

（1）气相色谱仪：带有双火焰光度检测器（FPD 磷滤光片）、双自动进样器、双分流/不分流进样口。

（2）组织捣碎机。

（3）漩涡振荡器。

（4）匀浆机。

（5）氮吹仪。

4．分析步骤

1）试样制备

按要求抽取蔬菜、水果样品，取可食部分，经缩分后，将其切碎，充分混匀放入组织捣碎机粉碎，制成待测样。放入分装容器中，于−20～−16℃条件下保存，备用。

2）提取

准确称取 25.0g 试样放入匀浆杯中，加入 50.0mL 乙腈，在匀浆机中高速匀浆 2min后用滤纸过滤，滤液收集到装有 5～7g 氯化钠的 100mL 具塞量筒中，收集滤液 40～50mL，盖上塞子，剧烈振荡 1min，在室温下静置 30min，使乙腈相和水相分层。

3）净化

从具塞量筒中吸取 10.00mL 乙腈溶液，放入 150mL 烧杯中，将烧杯放在 80℃水浴锅上加热，杯内缓缓通入氮气或空气流，蒸发近干，加入 2.0mL 丙酮，盖上铝箔，备用。

将上述备用液完全转移至 15mL 刻度离心管中，再用约 3mL 丙酮分 3 次冲洗烧杯，并转移至离心管，最后定容至 5.0mL，在漩涡振荡器上混匀，分别移入两个 2mL 自动进样器样品瓶中，供色谱测定。如定容后的样品溶液过于混浊，应用 0.22μm 滤膜过滤后再进行测定。

4）测定

（1）色谱参考条件。

① 色谱柱：预柱，柱长 1.0m，内径 0.53mm，脱活石英毛细管柱。

② 用双自动进样器进样时选择以下两根色谱柱，如果用单自动进样器进样选择以下 A柱：A 柱为 50%聚苯基甲基硅氧烷（DB-17 或 HP-50＋）柱，柱长 30m，内径 0.53mm，膜厚 1.0μm，或相当者；B 柱为 100%聚甲基硅氧烷（DB-1 或 HP-1）柱，柱长 30m，内径 0.53mm，膜厚 1.5μm，或相当者。

③ 进样口温度：220℃；检测器温度：250℃。

④ 柱温：150℃（保持 2min）$\xrightarrow{8℃/min}$ 250℃（保持 12min）。

⑤ 载气：氮气，纯度大于等于 99.999%，流速为 10mL/min。

⑥ 燃气：氢气，纯度大于等于 99.999%，流速为 75mL/min。

⑦ 助燃气：空气，流速为 100mL/min。

⑧ 进样方式：不分流进样，样品溶液一式 2 份，由双自动进样器同时进样。

（2）色谱分析。由自动进样器分别吸取 1.0μL 标准混合溶液和净化后的样品溶液注入色谱仪中，以双柱保留时间定性，以 A 柱获得的样品溶液峰面积与标准溶液峰面积比较定量。

5．结果计算

1）定性分析

双柱测得样品溶液中未知组分的保留时间（RT）分别与标准溶液在同一色谱柱上的保留时间（RT）相比较，如果样品溶液中某组分的两组保留时间与标准溶液中某一农药的两组保留时间相差都在 ±0.05min 内，则可认定为该农药。

2）定量结果计算

试样中被测农药残留量按式（7-1）计算：

$$w = \frac{V_1 A V_3}{V_2 A_s m} \rho \qquad (7\text{-}1)$$

式中，w——试样中被测农药残留量，mg/kg；

ρ——标准溶液中农药的质量浓度，mg/L；

A——样品溶液中被测农药的峰面积；

A_s——农药标准溶液中被测农药的峰面积；

V_1——提取溶剂总体积，mL；

V_2——吸取出用于检测的提取溶液的体积，mL；

V_3——样品溶液定容体积，mL；

m——试样的质量，g。

计算结果保留 2 位有效数字，当结果大于 1mg/kg 时保留 3 位有效数字。

6．说明和注意事项

（1）该方法适用于蔬菜和水果中敌敌畏、甲拌磷、乐果、对氧磷、对硫磷、甲基对硫磷、毒死蜱、倍硫磷等 54 种有机磷类农药残留量的检测。

（2）提取过程中加入氯化钠的目的是促进乙腈相和水相分层，氯化钠加入量要足够，否则影响提取效果。

（3）剧烈振荡具塞量筒时应及时开塞放气，避免试液喷出。

（4）氮吹时应吹至近干，若吹得过干，回收率可能降低。

（5）农药组分经不同极性的两根毛细管柱分离，以双柱的保留时间分别与标准溶液在同一色谱柱上的保留时间相比较定性，使定性分析更加准确。

（二）蔬菜和水果中有机氯类、拟除虫菊酯类农药多残留的测定

第一法：试样中有机氯类、拟除虫菊酯类农药用乙腈匀浆提取，提取液经过滤、氮

吹浓缩后，用正己烷溶解残渣。采用弗罗里矽固相萃取柱分离、净化，用丙酮＋正己烷（10＋90）洗脱，洗脱液经氮吹浓缩后，用正己烷定容。用双塔自动进样器同时将样品溶液注入气相色谱仪的两个进样口，农药组分经不同极性的两根毛细管柱分离（A柱：100%聚甲基硅氧烷毛细管柱，B柱：50%聚苯基甲基硅氧烷毛细管柱），电子捕获检测器（ECD）检测。双柱保留时间定性，外标法定量。

第二法：将试样经上述处理后，分别吸取 1.0μL 标准混合溶液和净化后的样品溶液注入色谱仪中，农药组分经毛细管柱（100%聚甲基硅氧烷毛细管柱）分离，用电子捕获检测器（ECD）检测。以保留时间定性，以样品溶液峰面积与标准溶液峰面积比较定量。

（三）蔬菜和水果中氨基甲酸酯类农药多残留的测定

试样中氨基甲酸酯类农药及其代谢物用乙腈匀浆提取，提取液经过滤、氮吹浓缩后，用甲醇＋二氯甲烷（1＋99）溶解残渣。采用氨基固相萃取柱分离、净化，用甲醇＋二氯甲烷（1＋99）洗脱，淋洗液经氮吹浓缩后，用甲醇定容。使用带荧光检测器和柱后衍生系统的高效液相色谱进行检测。保留时间定性，外标法定量。

二、蔬菜中有机磷和氨基甲酸酯类农药残留量的快速检测

（一）速测卡法（纸片法）

1.原理

胆碱酯酶可催化靛酚乙酸酯（红色）水解为乙酸与靛酚（蓝色），有机磷或氨基甲酸酯类农药对胆碱酯酶有抑制作用，使催化、水解、变色的过程发生改变，由此可判断出样品中是否有高剂量有机磷或氨基甲酸酯类农药的存在。

2.试剂和材料

（1）固化有胆碱酯酶和靛酚乙酸酯试剂的纸片（速测卡）。

（2）pH 值为 7.5 的缓冲溶液：分别取 15.0g 磷酸氢二钠 [$Na_2HPO_4 \cdot 12H_2O$] 与 1.59g 无水磷酸二氢钾（KH_2PO_4），用 500mL 蒸馏水溶解。

3.仪器和设备

（1）常量天平。

（2）有条件时配备（37±2）℃恒温装置。

4.分析步骤

1）整体测定

选取有代表性的蔬菜样品，擦去表面泥土，剪成 1cm 左右见方碎片，取 5g 放入带盖瓶中，加入 10mL 缓冲溶液，振摇 50 次，静置 2min 以上。

取一片速测卡，用白色药片蘸取提取液，放置 10min 以上进行预反应，有条件时在 37℃恒温装置中放置 10min，预反应后必须保持湿润。

将速测纸对折，用手捏 3min 或用恒温装置恒温 3min，使红色药片和白色药片叠合发生反应。

每批测定应设一个缓冲液的空白对照卡。

2）表面测定法（粗筛法）

擦去蔬菜表面泥土，滴 2～3 滴缓冲溶液在蔬菜表面，用另一片蔬菜在滴液处轻轻摩擦。

取一片速测卡，将蔬菜上的液滴滴在白色药片上。放置 10min 以上进行预反应，有条件时在 37℃恒温装置中放置 10min。预反应后必须保持湿润。

将速测纸对折，用手捏 3min 或用恒温装置恒温 3min，使红色药片和白色药片叠合发生反应。

每批测定应设一个缓冲液的空白对照卡。

5．结果判定

结果以酶被有机磷或氨基甲酸酯类农药抑制（为阳性）、未抑制（为阴性）表示。

与空白对照卡比较，白色药片不变色或略有浅蓝色，均为阳性结果。白色药片变为天蓝色或与空白对照卡相同，为阴性结果。

对阳性结果的样品，可用其他分析方法进一步确定具体农药品种和含量。

6．说明和注意事项

（1）该方法适用于蔬菜中有机磷和氨基甲酸酯类农药残留量的快速筛选测定。

（2）葱、蒜、萝卜、韭菜、芹菜、香菜、茭白、蘑菇及番茄汁液中含有对酶有影响的植物次生物质，容易产生假阳性。处理这类样品时，可采取整株（体）蔬菜浸提或采用表面测定法。对一些含叶绿素较高的蔬菜，也可采取整株（体）蔬菜浸提的方法测定，以减少色素的干扰。

（3）当温度条件低于 37℃时，酶反应的速度随之放慢，药片加液后放置反应的时间应相对延长，延长时间的确定，应以空白对照卡用手指（体温）捏 3min 时可以变蓝，即可往下操作。注意：样品放置的时间应与空白对照卡放置的时间一致才有可比性。

（4）空白对照卡不变色的原因：一是药片表面缓冲溶液加的少，预反应后的药片表面不够湿润；二是温度太低。

（5）红色药片与白色药片叠合反应的时间以 3min 为准，3min 后的蓝色会逐渐加深，24h 后颜色会逐渐褪去。

（二）酶抑制率法（分光光度法）

1．原理

在一定条件下，有机磷和氨基甲酸酯类农药对胆碱酯酶正常功能有抑制作用，其抑制率与农药的浓度呈正相关。正常情况下，酶催化神经传导代谢产物（乙酰胆碱）水解，其水解产物与显色剂反应，产生黄色

蔬菜中有机磷和氨基甲酸酯类农药残留量的快速检测——酶抑制率法

物质，用分光光度计在 412nm 处测定吸光度随时间的变化值，并计算出抑制率，通过抑制率可判断出被测样品中是否含有有机磷或氨基甲酸酯类农药。

2．试剂和材料

（1）pH 值为 8.0 的缓冲溶液：分别称取 11.9g 无水磷酸氢二钾与 3.2g 磷酸二氢钾，用 1000mL 蒸馏水溶解。

（2）显色剂：分别取 160mg 二硫代二硝基苯甲酸（DTNB）和 15.6mg 磷酸氢钠，用 20mL 缓冲溶液溶解，4℃冰箱保存。

（3）底物：取 25.0mg 硫代乙酰胆碱，加 3.0mL 蒸馏水溶解，摇匀后置于 4℃冰箱中保存备用，保存期不超过 2 周。

（4）乙酰胆碱酯酶：根据酶的活性情况，用缓冲溶液溶解，3min 的吸光度变化 ΔA_0 值应控制在 0.3 以上。摇匀后置 4℃冰箱中保存备用，保存期不超过 4d。

（5）可选用由以上试剂制备的试剂盒，乙酰胆碱酯酶 ΔA_0 应控制在 0.3 以上。

3．仪器和设备

（1）分光光度计或相应测定仪。
（2）常量天平。
（3）恒温水浴锅或电热恒温干燥箱。

4．分析步骤

1）样品处理

选取有代表性的蔬菜样品，冲洗表面泥土，剪成 1cm 左右见方碎片，用天平称取 2g 放入烧杯或提取瓶中，加入 10mL 缓冲液，振荡 1～2min，倒出提取液，静置 3～5min，待用。

2）对照溶液测试

在 1cm 的比色皿中加入 2.5mL 缓冲液，再加入 0.1mL 酶液、0.1mL 显色剂，摇匀后于 37℃放置 15min 以上（每批样品的控制时间应一致）。加入 0.1mL 底物摇匀，此时检液开始显色反应，应立即放入仪器比色池中，记录对照溶液反应 3min 的吸光度变化值 ΔA_0。

3）样品溶液测试

在 1cm 的比色皿中加入 2.5mL 样品提取液，其他操作与对照溶液测试相同，记录样品溶液反应 3min 的吸光度变化值 ΔA_t。

5．结果计算

（1）抑制率按式（7-2）计算结果：

$$抑制率（\%）= \frac{\Delta A_0 - \Delta A_t}{\Delta A_0} \times 100 \qquad (7\text{-}2)$$

式中，ΔA_0——对照溶液反应 3min 吸光度的变化值；

ΔA_t——样品溶液反应 3min 吸光度的变化值；

100——单位换算系数。

（2）结果判定。

结果以酶被抑制的程度（抑制率）表示。

当蔬菜样品提取液对酶的抑制率大于等于 50% 时，表示蔬菜中有高剂量有机磷或氨基甲酸酯类农药存在，样品为阳性结果，阳性结果的样品需要重复检验 2 次以上。

对阳性结果的样品，可用其他方法进一步确定具体农药品种和含量。

6. 说明和注意事项

（1）该方法适用于蔬菜中的有机磷和氨基甲酸酯类农药残留量的快速筛选测定。

（2）葱、蒜、萝卜、韭菜、芹菜、香菜、茭白、蘑菇及番茄汁液中含有对酶有影响的植物次生物质，容易产生假阳性。处理这类样品时，可采取整株（体）蔬菜浸提。对一些含叶绿素较高的蔬菜，也可采取整株（体）蔬菜浸提的方法测定，以减少色素的干扰。

（3）当温度条件低于 37℃ 时，酶反应的速度随之放慢，加入酶和显色剂后放置反应的时间应相对延长，延长时间的确定，应以胆碱酯酶空白对照测试 3min 的吸光度变化 ΔA_0 值在 0.3 以上，即可往下操作。注意：样品放置的时间应与空白对照溶液放置的时间一致才有可比性。胆碱酯酶空白对照液 3min 的吸光度变化 ΔA_0 小于 0.3 的原因：一是酶的活性不够；二是温度太低。

（4）比色皿中的样品液只能用仪器测试一次，测试完成后，不能重新放进仪器再测量。

（5）测试过程中应防止试剂交叉污染，以免产生错误的测试数据。

第二节 食品中兽药残留量的测定

兽药是指用于预防、治疗、诊断动物疾病或者有目的地调节动物生理机能的物质（含药物饲料添加剂）。兽药具有防治食品动物疾病、促进生长、提高饲料利用率等功效。我国在畜牧养殖方面使用较多的兽药主要有磺胺类、喹诺酮类、β-受体激动剂类、大环内酯类、糖皮质激素类、氯霉素类、头孢类、青霉素类等化合物。

兽药残留是指动物在使用了兽药后蓄积或贮存在动物细胞、组织或器官内的药物原型、有毒性的代谢物或杂质。为满足人类对动物性食品需求量不断增长的需求，兽药的用量不断增大，兽药的滥用易造成畜牧产品的严重污染，并通过代谢途径进入动物源性食品中，最终通过食物链可在人体内蓄积，当蓄积的药物浓度达到一定量时会对人体产生多种急慢性中毒。例如，红霉素等大环内酯类可致急性肝毒性；磺胺类药物能够破坏人体造血机能等；经常食用含有抗生素的食品，会使原来对抗生素不敏感的人受到反复刺激而致敏，严重可导致死亡；此外，还可能致人畸形或诱发癌症，并且这些药物具有导致过敏反应和使人体产生抗药性等副作用，严重危害公众的身体健康。为保证畜产品的质量安全，GB 31650—2019《食品安全国家标准 食品中兽药最大残留限量》对兽药的使用及动物性食品中兽药的最大残留限量做了相关规定。

目前，动物性食品中兽药残留量的测定方法大部分以农业农村部（原农业部）公告的形式发布，如农业部 1025 号公告、农业部 1031 号公告、农业部 1077 号公告、农业部 1163 号公告、农业部 781 号公告、农业部 958 号公告等均是关于各类（种）兽药残留量的测定方法。另外，相关的国家标准、进出口行业标准、商业标准和农业标准中也规定了动物性食品、水产品中各类（种）兽药残留量的测定方法。测定兽药残留量的主要方法有高效液相色谱法、液相色谱-串联质谱法、气相色谱法、气相色谱-质谱法、酶联免疫吸附法、胶体金免疫层析法等，通过酶联免疫吸附法、胶体金免疫层析法等快速检测技术对残留的兽药的筛查及色谱技术进一步对残留的兽药进行确证和定量，来满足我国对兽药残留有效监控的需要。

畜禽产品、蜂蜜、水产品中常见药物残留量的主要测定方法见表 7-2。

表 7-2　畜禽产品、蜂蜜、水产品中常见药物残留量的主要测定方法

化合物	测定方法
氟喹诺酮类	液相色谱-质谱/质谱法（GB/T 21312—2007） 高效液相色谱法（农业部 781 号公告-6-2006） 高效液相色谱法（农业部 1025 号公告-14-2008） 高效液相色谱法（GB 29692—2013） 液相色谱-质谱/质谱法（GB/T 23412—2009） 酶联免疫吸附法（农业部 1025 号公告-8-2008） 胶体金免疫层析法（KJ201906） ……
磺胺类	液相色谱-串联质谱法（农业部 1025 号公告-23-2008） 高效液相色谱法（GB 29694—2013） 液相色谱-串联质谱法（农业部 781 号公告-12-2006） 液相色谱-串联质谱法 （GB/T 20759—2006） 液相色谱-串联质谱法（GB/T 18932.17—2003） ……
氯霉素	液相色谱-串联质谱法（农业部 781 号公告-2-2006） 气相色谱-质谱法（农业部 781 号公告-1-2006） 气相色谱法（农业部 1025 号公告-21-2008） 液相色谱-质谱/质谱法（GB/T 18932.19—2003） 酶联免疫吸附法（农业部 1025 号公告-26-2008） 胶体金免疫层析法（DB34/T 2254—2014） ……
四环素类	液相色谱-串联质谱法（农业部 1025 号公告-12-2008） 液相色谱-紫外检测法（GB/T 22990—2008） 液相色谱-串联质谱法（GB/T 18932.23—2003） 酶联免疫法（GB/T 18932.28—2005） ……
β-受体激动剂类	气相色谱-质谱法（农业部 958 号公告-8-2007、GB/T 5009.192-2003） 高效液相色谱法（GB/T 5009.192—2003） 液相色谱-质谱/质谱法（GB/T 21313—2007、GB/T 22965—2008、GB/T 22944—2008） 酶联免疫法（GB/T 5009.192—2003） 胶体金免疫层析法（KJ201706） ……
硝基呋喃类代谢物	液相色谱-串联质谱法（农业部 781 号公告-4-2006） 液相色谱-串联质谱法（GB/T 18932.24—2005） 高效液相色谱法（农业部 1077 号公告-2-2008） 液相色谱-串联质谱法（农业部 783 号公告-1-2006） 胶体金免疫层析法（KJ201705） ……

续表

化合物	测定方法
孔雀石绿	液相色谱-质谱/质谱法或高效液相色谱法（GB/T 19857—2005） 高效液相色谱-荧光法（GB/T 20361—2006） 胶体金免疫层析法（KJ201701） ……
喹乙醇	高效液相色谱法（农业部 1077 号公告-5-2008） ……
己烯雌酚	酶联免疫吸附法（农业部 1163 号公告-1-2009） 气相色谱-质谱法（农业部 1163 号公告-9-2009） 液相色谱-串联质谱法（GB/T 22963—2008） ……

一、β-兴奋剂残留量的测定

β-兴奋剂，即 β-激动剂，是一组结构和生理功能类似肾上腺素和去甲肾上腺素的苯乙醇胺类衍生物，可分为含取代基的苯胺型（如克伦特罗）和苯酚型（如沙丁胺醇）两大类。β-兴奋剂能结合并激活肌体大多数组织细胞上的 β-肾上腺素受体，从而加速细胞内脂肪的分解和游离脂肪酸的氧化，因此 β-兴奋剂的主要功效是促进动物肌肉组织的增长，减少胴体脂肪的含量，提高瘦肉率。由于这种用法可能造成组织中药物残留等毒理学问题，许多国家禁止在动物中使用该类药物。β-兴奋剂的测定可参照以下方法进行。

（一）气相色谱-质谱法

GB/T 5009.192—2003《动物性食品中克伦特罗残留量的测定》中第一法为气相色谱-质谱法。固体试样剪碎，用高氯酸溶液匀浆；液体试样加入高氯酸溶液，进行超声加热提取，用异丙醇＋乙酸乙酯（40＋60）萃取，有机相浓缩，经弱阳离子交换柱进行分离，用乙醇＋浓氨水（98＋2）溶液洗脱，洗脱液浓缩，经 N,O-双三甲基硅烷三氯乙酰胺（BSTFA）衍生后于气质联用仪上进行测定，以美托洛尔为内标，定量。

（二）高效液相色谱法（HPLC）

GB/T 5009.192—2003《动物性食品中克伦特罗残留量的测定》中第二法为高效液相色谱法。固体试样剪碎，用高氯酸溶液匀浆；液体试样加入高氯酸溶液，进行超声加热提取，用异丙醇＋乙酸乙酯（40＋60）萃取，有机相浓缩，经弱阳离子交换柱进行分离，用乙醇＋浓氨水（98＋2）溶液洗脱，洗脱液浓缩，流动相定容后在高效液相色谱仪上进行测定，外标法定量。BDS 或 ODS 色谱柱分离，甲醇＋水（45＋55）为流动相，检测波长为 244nm。

（三）酶联免疫法（ELISA 筛选法）

GB/T 5009.192—2003《动物性食品中克伦特罗残留量的测定》中第三法为酶联免疫法。基于抗原抗体反应进行竞争性抑制测定。微孔板包被有针对克伦特罗 IgG 的包被抗体。克伦特罗抗体被加入，经过孵育及洗涤步骤后，加入竞争性酶标记物、标准或试样溶液。克伦特罗与竞争性酶标记物竞争克伦特罗抗体，没有与抗体连接的克伦特罗标记酶在洗涤步骤中被除去。将底物（过氧化尿素）和发色剂（四甲基联苯胺）加入孔中孵育，结合的标记酶将无色的发色剂转化为蓝色的产物。加入反应停止液后使颜色由蓝色转变为黄色。在 450nm 处测量吸光度值，吸光度值与克伦特罗浓度的自然对数成反比。

（四）液相色谱-串联质谱法

GB/T 22965—2008《牛奶和奶粉中 12 种 β-兴奋剂残留量的测定 液相色谱-串联质谱法》。12 种 β-兴奋剂药物包括溴布特罗、塞曼特罗、克仑特罗、克仑潘特、羟甲基氨克仑特罗、苯氧丙酚胺、马布特罗、莱克多巴胺、利托君、沙丁胺醇、特布他林和妥布特罗。样品经稀盐酸于 37℃水解 16h，高氯酸沉淀蛋白并用氢氧化钠溶液调节 pH 值至 9.7 后，残留的 β-兴奋剂以乙酸乙酯与异丙醇混合溶剂漩涡萃取，0.1mol/L 盐酸溶液转换溶剂，混合型阳离子交换反相吸附固相萃取柱净化，采用乙酸铵-甲酸乙腈梯度洗脱，液相色谱-串联质谱测定，内标法定量。

（五）胶体金免疫层析法

1．原理

该方法采用竞争抑制免疫层析原理。样品中克伦特罗、莱克多巴胺、沙丁胺醇与胶体金标记的特异性抗体结合，抑制抗体和检测卡中检测线（T 线）上抗原的结合，从而导致检测线颜色深浅的变化。通过比较检测线与控制线（C 线）颜色深浅，对样品中克伦特罗、莱克多巴胺、沙丁胺醇进行定性判定。

2．试剂和材料

（1）氢氧化钠溶液（1mol/L）：称取氢氧化钠 4g，用水溶解并稀释至 100mL。

（2）缓冲液：准确称取磷酸二氢钾 0.3g、磷酸氢二钠 1.5g，溶于约 800mL 水中，充分混匀后用盐酸或氢氧化钠溶液（1mol/L）调节 pH 值至 7.4，用水稀释至 1000mL，混匀。4℃保存，有效期 3 个月。

（3）展开液：准确称取磷酸二氢钾 2g、磷酸氢二钠 1.44g、氯化钠 8g、氯化钾 0.2g、三氮化钠 0.5g、乙二胺四乙酸二钠 1.0g 溶于约 500mL 水中，充分混匀后用水稀释至 1000mL。

（4）Tris 缓冲液（pH 值为 9.0，1mol/L）：称取 Tris（三羟甲基氨基甲烷）121.14g，溶于约 700mL 水中，充分混匀后加入盐酸调试 pH 值至 9.0 后用水定容至 1000mL。

（5）Tris 缓冲液（pH 值为 9.0，10mmol/L）：准确量取 1mol/L Tris 缓冲液 1mL，用水稀释定容至 100mL。

（6）磷酸二氢钠溶液（0.2mol/L）：称取磷酸二氢钠 24.0g，用水溶解并稀释至 1000mL。

（7）磷酸氢二钠溶液（0.2mol/L）：称取磷酸氢二钠 28.4g，用水溶解并稀释至 1000mL。

（8）磷酸盐缓冲液（pH 值为 7.4，0.2mol/L）：量取磷酸二氢钠溶液（0.2mol/L）19mL，加入 81mL 磷酸氢二钠溶液（0.2mol/L），混匀。

（9）磷酸盐缓冲液（pH 值为 7.4，10mmol/L）：量取 0.2mol/L 磷酸盐缓冲液（pH 值为 7.4，0.2mol/L）50mL，用水稀释至 1000mL。

（10）标准贮备液：准确称取适量克伦特罗、莱克多巴胺、沙丁胺醇参考物质（纯度大于等于 97%），分别置于 100mL 容量瓶中，用甲醇（色谱纯）溶解并稀释至刻度，摇匀，分别制成质量浓度为 100μg/mL 的克伦特罗、莱克多巴胺、沙丁胺醇标准贮备液。－18℃保存，有效期 1 年。

（11）克伦特罗标准中间液（1μg/mL）：准确吸取克伦特罗标准贮备液（100μg/mL）1mL 置于 100mL 容量瓶中，用甲醇（色谱纯）稀释至刻度，摇匀，制成质量浓度为 1μg/mL 的克伦特罗标准中间液。临用新制。

（12）克伦特罗标准工作液（20ng/mL）：准确吸取克伦特罗标准中间液（1μg/mL）1mL，置于 50mL 容量瓶中，用甲醇（色谱纯）稀释至刻度，摇匀，制成质量浓度为 20ng/mL 的克伦特罗标准工作液。临用新制。

（13）莱克多巴胺标准中间液（1μg/mL）：准确吸取莱克多巴胺标准贮备液（100μg/mL）1mL 置于 100mL 容量瓶中，用甲醇（色谱纯）稀释至刻度，摇匀，制成质量浓度为 1μg/mL 的莱克多巴胺标准中间液。临用新制。

（14）莱克多巴胺标准工作液（20ng/mL）：准确吸取莱克多巴胺标准中间液（1μg/mL）1mL，置于 50mL 容量瓶中，用甲醇（色谱纯）稀释至刻度，摇匀，制成质量浓度为 20ng/mL 的莱克多巴胺标准工作液。临用新制。

（15）沙丁胺醇胺标准中间液（1μg/mL）：准确吸取沙丁胺醇标准贮备液（100μg/mL）1mL 置于 100mL 容量瓶中，用甲醇（色谱纯）稀释至刻度，摇匀，制成质量浓度为 1μg/mL 的沙丁胺醇标准中间液。临用新制。

（16）沙丁胺醇标准工作液（20ng/mL）：准确吸取沙丁胺醇标准中间液（1μg/mL）1mL，置于 50mL 容量瓶中，用甲醇（色谱纯）稀释至刻度，摇匀，制成质量浓度为 20ng/mL 的沙丁胺醇标准工作液。临用新制。

（17）克伦特罗试剂盒/检测卡（条）：含胶体金试纸条及配套的试剂。

（18）莱克多巴胺试剂盒/检测卡（条）：含胶体金试纸条及配套的试剂。

（19）沙丁胺醇试剂盒/检测卡（条）：含胶体金试纸条及配套的试剂。

（20）固相萃取柱：丙烯酸系弱酸性阳离子交换柱。

3．仪器和设备

（1）分析天平：感量为 0.01g 和 0.0001g。

（2）组织捣碎机。

（3）水浴箱。

（4）离心机：转速大于等于 4000r/min。

（5）移液器：10μL、100μL、1mL、5mL。

（6）读数仪：产品配套可使用的检测仪器（可选）。

（7）固相萃取装置（可选）。

4．分析步骤

1）试样制备

取适量具有代表性样品的可食部分，充分粉碎混匀。

2）试样提取和净化

称取适量试样，按照下述第一法或第二法提取步骤分别对空白试样、加标质控样品、待测样进行处理。

第一法（隔水煮法）：称取粉碎混匀的样品 5g（精确至 0.01g）于 50mL 离心管，置90℃水浴中加热 20min 至离心管中可清晰看见有组织液渗透，4000r/min 离心 10min，将上清液转至另一离心管，重复离心操作一次。准确移取上清液 900μL，加入缓冲液 100μL混匀，即得待测液。本方法推荐水浴加热，也可按照试剂盒说明书进行操作。

第二法（固相萃取法）：称取粉碎混匀的样品 5g（精确至 0.01g）于 50mL 离心管，加入 10mmol/L Tris 缓冲液 5mL，剧烈振摇 5min，放置 20min，加入乙酸乙酯 10mL，剧烈振摇 1min。以 4000r/min 离心 2min，上清液待净化。连接好固相萃取装置，并在固相萃取柱上方连接 30mL 注射器针筒，将上述上清液全部倒入 30mL 针筒中，用手缓慢推压注射器活塞，控制液体流速约 1 滴/s，使注射器中液体全部流过固相萃取柱，尽可能将固相萃取柱中溶液去除干净。将固相萃取柱下方的接液管更换为洁净的离心管，向固相萃取柱中加入 0.5mL 10mmol/L 磷酸盐缓冲液。用手缓慢推压注射器活塞，控制液体流速约 1 滴/s，使固相萃取柱中的液体全部流至离心管中，即得待测液。

3）测定

检测卡与金标微孔测定步骤：测试前，将未开封的检测卡恢复至室温。吸取 100μL上述待测液于金标微孔中，上下抽吸 5～10 次直至微孔试剂混合均匀。室温温育 5min，将反应液全部加入检测卡的加样孔中，1min 后加入 1 滴展开液。检测卡加入样本后 10min进行结果判定。

无金标微孔时，检测卡测定步骤：测试前，将未开封的检测卡恢复至室温。吸取 100μL上述待测液直接加入检测卡加样孔中，1min 后加入 1 滴展开液。检测卡加入样本后 10min后进行结果判定。

试纸条与金标微孔测定步骤：测试前，将未开封的试纸条恢复至室温。吸取 100μL上述待测液于金标微孔中，上下抽吸 5～10 次直至微孔试剂混合均匀。室温温育 1min，将试纸条样品垫插入金标微孔中。室温温育 4min，从微孔中取出试纸条，去掉试纸条下端样品垫，进行结果判定。

4）质控试验和空白试验

质控试验：每批样品应同时进行空白试验和加标质控试验。

空白试验：称取空白试样，按照上述"试样提取和净化"和"测定步骤"与样品同法操作。

加标质控试验：称取空白试样 5g（精确至 0.01g）置于 50mL 离心管中，加入适量克伦特罗标准工作液（20ng/mL），使克伦特罗质量浓度为 0.5μg/kg，按照上述"试样提取和净化"和"测定步骤"与样品同法操作。

称取空白试样 5g（精确至 0.01g）置于 50mL 离心管中，加入适量莱克多巴胺标准工作液（20ng/mL），使莱克多巴胺浓度为 0.5μg/kg，按照上述"试样提取和净化"和"测定步骤"与样品同法操作。

准确称取空白试样 5g（精确至 0.01g）置于 50mL 离心管中，加入适量沙丁胺醇标准工作液（20ng/mL），使沙丁胺醇浓度为 0.5μg/kg，按照上述"试样提取和净化"和"测定步骤"与样品同法操作。

5．结果判定

（1）读数仪测定结果：通过仪器对结果进行判读。

当质控线（C 线）不显色时，无论检测线（T 线）是否显色，均表示测定结果无效。

若检测结果显示"＋"（阳性），表示试样中含有待测组分且其含量大于等于方法检测限。

若检测结果显示"－"（阴性），表示试样中不含待测组分或其含量低于方法检测限。

（2）目视判定：通过对比质控线（C 线）和检测线（T 线）的颜色深浅进行结果判定，如图 7-1 所示。

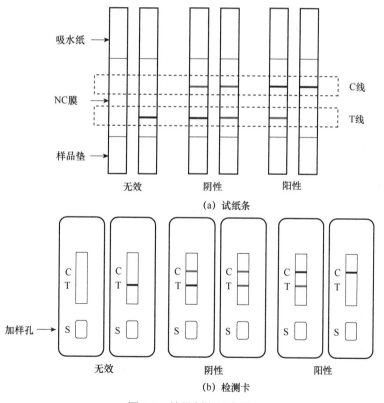

图 7-1 结果判定示意图

当质控线（C 线）不显色时，无论检测线（T 线）是否显色，均表示测定结果无效。

质控线（C 线）显色，若检测线（T 线）不出现或出现但颜色浅于质控线（C 线），表示试样中含有待测组分且其含量高于方法检测限，判为阳性。

质控线（C 线）显色，若检测线（T 线）颜色深于或等于质控线（C 线），表示试样中不含待测组分或其含量低于方法检测限，判为阴性。

（3）质控试验要求：空白试样测定结果应为阴性，加标质控样品测定结果应为阳性。当检测结果为阳性时，应对结果进行确证。

6．说明和注意事项

（1）该方法适用于猪肉、牛肉等动物肌肉组织中克伦特罗、莱克多巴胺及沙丁胺醇的胶体金免疫层析快速测定。

（2）该方法参比方法为 GB/T 22286—2008《动物源性食品中多种 β-受体激动剂残留量的测定　液相色谱串联质谱法》（包括所有的修改单）。

（3）该方法使用克伦特罗试剂盒可能与沙丁胺醇、特布他林、西马特罗等有交叉反应，当结果判定为阳性时，应对结果进行确证。

（4）该方法使用沙丁胺醇试剂盒可能与克伦特罗、特布他林、西马特罗等有交叉反应，当结果判定为阳性时，应对结果进行确证。

（5）试样制备过程、测定步骤建议按照试剂盒说明书进行操作。

（6）结果判定建议使用读数仪，读数仪的具体使用参照仪器使用说明书。

二、动物性食品中氟喹诺酮类药物残留的测定

动物性食品中氟喹诺酮类药物残留的检测可参照农业部 1025 号公告-14-2008《动物性食品中氟喹诺酮类药物残留检测　高效液相色谱法》。

1．原理

用磷酸盐缓冲溶液提取试料中的药物，C_{18} 柱净化，流动相洗脱。以磷酸-乙腈为流动相，用高效液相色谱-荧光检测法测定，外标法定量。

2．试剂和材料

（1）达氟沙星：含达氟沙星（$C_{19}H_{20}FN_3O_3$）不得少于 99.0%。

（2）恩诺沙星：含恩诺沙星（$C_{19}H_{22}FN_3O_3$）不得少于 99.0%。

（3）环丙沙星：含环丙沙星（$C_{17}H_{18}FN_3O_3$）不得少于 99.0%。

（4）沙拉沙星：含沙拉沙星（$C_{20}H_{17}FN_3O_3$）不得少于 99.0%。

（5）5.0mol/L 氢氧化钠溶液：取氢氧化钠饱和溶液 28mL，加水稀释至 100mL。

（6）0.03mol/L 氢氧化钠溶液：取 5.0mol/L 氢氧化钠溶液 0.6mL，加水稀释至 100mL。

（7）0.05mol/L 磷酸/三乙胺溶液：取浓磷酸 3.4mL，用水稀释至 1000mL，用三乙胺调 pH 值至 2.4。

（8）磷酸盐缓冲溶液（用于肌肉、脂肪组织）：取磷酸二氢钾 6.8g，加水使溶解并稀释至 500mL，用 5.0mol/L 氢氧化钠溶液调节 pH 值至 7.0。

（9）磷酸盐缓冲溶液（用于肝脏、肾脏组织）：取磷酸二氢钾 6.8g，加水溶解并稀释至 500mL，pH 值为 4.0～5.0。

（10）达氟沙星、恩诺沙星、环丙沙星和沙拉沙星标准贮备液：分别取达氟沙星对照品约 10mg，恩诺沙星、环丙沙星和沙拉沙星对照品各约 50mg，准确称量，用 0.03mol/L 氢氧化钠溶液溶解并稀释成质量浓度为 0.2mg/mL（达氟沙星）和 1mg/mL（恩诺沙星、环丙沙星、沙拉沙星）的标准贮备液。置 2～8℃冰箱中保存，有效期为 3 个月。

（11）达氟沙星、恩诺沙星、环丙沙星和沙拉沙星标准工作液：准确吸取适量标准贮备液用乙腈稀释成适宜浓度的达氟沙星、恩诺沙星、环丙沙星和沙拉沙星标准工作液。置于 2～8℃冰箱中保存，有效期为 1 周。

3．仪器和设备

（1）高效液相色谱仪：配荧光检测器。
（2）分析天平：感量为 0.01g 和 0.01mg。
（3）振荡器。
（4）组织匀浆机。
（5）离心机。
（6）匀浆杯：30mL。
（7）离心管：50mL。
（8）固相萃取柱：C_{18} 柱（100mg/mL）。
（9）微孔滤膜：0.45μm。

4．分析步骤

1）试样的制备
取绞碎后的供试样品，作为供试试样；取绞碎后的空白样品，作为空白试样；取绞碎后的空白样品，添加适宜浓度的对照溶液，作为空白添加试样。

2）提取
取（2±0.05）g 试料，置于 30mL 匀浆杯中，加磷酸盐缓冲溶液 10.0mL，10 000r/min 匀浆 1min。匀浆液转入离心管中，中速振荡 5min，离心（肌肉、脂肪 10 000r/min 5min；肝、肾 15 000r/min 10min），取上清液，待用。用磷酸盐缓冲溶液 10.0mL 洗刀头及匀浆杯，转入离心管，洗残渣，混匀，中速振荡 5min，离心（肌肉、脂肪 10 000r/min 5min；肝、肾 15 000r/min 10min）。合并 2 次上清液，混匀，备用。

3）净化
固相萃取柱先依次用甲醇、磷酸盐缓冲溶液各 2mL 预洗。取上清液 5.0mL 过柱，用水 1mL 淋洗，挤干。用流动相 1.0mL 洗脱，挤干，收集洗脱液。经滤膜过滤后作为试样溶液，供高效液相色谱法测定。

4）标准曲线的制备
准确吸取适量达氟沙星、恩诺沙星、环丙沙星和沙拉沙星标准工作液，用流动相稀释成质量浓度分别为 0.005μg/mL、0.01μg/mL、0.05μg/mL、0.1μg/mL、0.3μg/mL、0.5μg/mL 的对照溶液，供高效液相色谱分析。

5）测定

（1）色谱参考条件。

色谱柱：C_{18}柱，柱长 250mm，内径 4.6mm，粒径 5μm，或相当者。

流动相：0.05mol/L 磷酸溶液/三乙胺-乙腈（82＋18），使用前经微孔滤膜过滤。

流速：0.8mL/min。

检测波长：激发波长 280nm，发射波长 450nm。

柱温：室温。

进样量：20μL。

（2）测定。取试样溶液和相应的对照溶液，做单点或多点校准，按外标法以峰面积计算。对照溶液及试样溶液中达氟沙星、恩诺沙星、环丙沙星和沙拉沙星响应值均应在仪器检测的线性范围之内。

6）空白试验

除不加试料外，采用完全相同的测定步骤进行平行操作。

5．结果计算

按式（7-3）计算试料中达氟沙星、恩诺沙星、环丙沙星或沙拉沙星的残留量：

$$X=\frac{A\rho_s V_1 V_3}{A_s V_2 m} \tag{7-3}$$

式中，X——试样中达氟沙星、恩诺沙星、环丙沙星、沙拉沙星的残留量，ng/g；

A——试样溶液中相应药物的峰面积；

A_s——对照溶液中相应药物的峰面积；

ρ_s——对照溶液中相应药物的质量浓度，ng/mL；

V_1——提取用磷酸盐缓冲溶液的总体积，mL；

V_2——过 C_{18} 固相萃取柱所用备用液体积，mL；

V_3——洗脱用流动相体积，mL；

m——样品的质量，g。

计算结果需去除空白值，测定结果用平行测定的算术平均值表示，保留 3 位有效数字。

6．说明和注意事项

（1）该方法适用于猪的肌肉、脂肪、肝脏和肾脏，鸡的肝脏和肾脏组织中达氟沙星、恩诺沙星、环丙沙星和沙拉沙星药物残留量的检测。

（2）样品的制备与保存：取适量的新鲜或冷冻的空白或供试组织，绞碎并使均匀。－20℃以下冰箱中贮存备用。样品采集过程中要特别注意采样的科学性与代表性。

（3）GB/T 21312—2007《动物源性食品中 14 种喹诺酮药物残留检测方法 液相色谱-质谱/质谱法》适用于猪肉、猪肝、猪肾、牛乳、鸡蛋等动物源性食品中恩诺沙星、诺氟沙星、环丙沙星、氧氟沙星等 14 种喹诺酮类兽药残留量的测定和确证。用 0.1mol/L EDTA-Mcllvaine 缓冲溶液（pH 值为 4.0）提取样品中的喹诺酮类抗生素，经过滤和离心后，上清液经 HLB

固相萃取柱净化。高效液相色谱-质谱/质谱测定，用阴性样品基质加外标法定量。

（4）GB 29692—2013《食品安全国家标准　牛奶中喹诺酮类药物多残留的测定　高效液相色谱法》适用于牛乳中环丙沙星、达氟沙星、恩诺沙星、沙拉沙星和二氟沙星单个或多个药物残留量的测定。

第一法：试料中残留的喹诺酮类药物，用乙腈提取，旋转蒸发至近干，流动相溶解，高效液相色谱-荧光检测器测定，外标法定量。

第二法：用10%三氯乙酸-乙腈提取，反相聚合物SPE柱净化，流动相溶解，高效液相色谱-荧光检测器测定，外标法定量。

三、动物性食品中磺胺类药物多残留的测定

磺胺类药物为人工合成的抗菌药，具有抗菌谱较广、性质稳定、使用简便等优点。磺胺类药物是重要的化学治疗药物，对许多革兰氏阳性菌和一些革兰氏阴性菌、诺卡氏菌属、衣原体属和某些原虫（如疟原虫和阿米巴原虫）有抑制作用。此类药物具有引起排尿和造血紊乱等副作用。不合理用药会导致磺胺类药物在动物组织中残留，影响食品安全。

食品中磺胺类药物的测定可参照GB 29694—2013《食品安全国家标准　动物性食品中13种磺胺类药物多残留的测定　高效液相色谱法》。

试样中残留的磺胺类药物用乙酸乙酯提取，0.1mol/L盐酸溶液转换溶剂，正己烷除脂，MCX柱（60mg/3mL，或性能相当者）净化，高效液相色谱-紫外检测法检测，外标法定量。

 思考题

1．解释农药残留物、最大残留限量、再残留限量的概念。

2．食品中农药残留量的测定方法主要有哪些？

3．农药残留量的测定常用的样品前处理技术有哪些？

4．简述酶抑制率法（分光光度计法）测定蔬菜中有机磷和氨基甲酸酯类农药残留量的原理及操作要点。

5．食品中兽药残留量的测定方法主要有哪些？

6．简述固相萃取的原理，固相萃取柱操作过程中有哪些注意事项？

7．简述酶联免疫法的原理及优缺点。

8．简述胶体金免疫层析法测定β-兴奋剂残留量的原理及结果判定的要求。

 **拓展训练**

1．蔬菜中有机磷和氨基甲酸酯类农药残留量的快速检测（农残快速测定仪法）。

2．动物源性食品中克伦特罗、莱克多巴胺及沙丁胺醇的快速检测（胶体金免疫层析法）。

第八章　食品中真菌毒素的检验

☞ **知识目标**　了解食品中真菌毒素限量的相关要求；熟悉食品中真菌毒素常用的测定方法；掌握黄曲霉毒素 B_1 等真菌毒素测定的原理和操作方法。

☞ **能力目标**　掌握酶联免疫法测定黄曲霉毒素 B_1 的操作技能，能使用酶联免疫法测定黄曲霉毒素 B_1 的含量；能按要求处理检验数据，并正确评价食品品质。

☞ **职业素养**　遵守检验规范，认真负责，增强依法开展检验工作的意识。

真菌毒素是由真菌在生长繁殖过程中产生的有毒次生代谢产物，广泛污染农作物、食品及饲料，是自然发生的危险的食品污染物之一。全球每年约有25%的农产品受到真菌毒素的污染，造成粮食及食品损失超过10亿t。真菌毒素主要污染花生、玉米、大米、小麦、酱油、坚果、乳与乳制品、腌制肉等食品及饲料，油料作物种子、水果、干果、蔬菜、烟草、麻类、鱼虾、发酵产品等也发现了不同程度的污染。真菌毒素在体内积累后可能致癌、致畸、致突变，引发中毒，损害肝脏、肾脏、神经组织、造血器官等。真菌毒素属于小分子物质，极耐热，毒性不因通常的加热而被破坏。现已查明的天然真菌毒素有200多种，常见的对人类危害较大的有十几种，如黄曲霉毒素、赭曲霉毒素 A、单端孢霉烯族毒素、玉米赤霉烯酮、伏马毒素、杂色曲霉素等。

黄曲霉毒素是由黄曲霉和寄生曲霉分泌产生的一类次生代谢产物，主要存在于玉米、谷物、棉籽、花生、坚果、食用油、调味品、牛乳等产品中。黄曲霉毒素具有强毒性和致癌性，对肝脏有特殊亲和性，是一种强烈的肝脏毒素，同肝细胞 DNA 的鸟嘌呤碱基结合，导致抑癌基因产生变异，导致肝变、免疫系统受损或引发癌症。其毒性是氰化钾的10倍，砒霜的68倍，二甲基亚硝胺的75倍，3,4-苯并[a]芘的4000倍，被世界卫生组织列为 I 类致癌物。1960年英国引起10万多只火鸡死亡的"火鸡 X 病"就是由饲料中的黄曲霉毒素引起的。

黄曲霉毒素是一组化学结构十分相似的化合物，都含有一个双呋喃环、一个氧杂萘邻酮（香豆素）。前者是基本毒性结构，后者可能与致癌有关。黄曲霉毒素的分子量为312～346，难溶于水，易溶于油、甲醇、丙酮和氯仿等有机溶剂，但不溶于石油醚、己烷和乙醚。一般在中性溶液中较稳定，在强酸性溶液中稍有分解，在 pH 值为9～10的强碱溶液中分解迅速，可被 5%次氯酸钠溶液瞬时破坏。其纯品为无色结晶，耐高温，黄曲霉毒素 B_1 的分解温度为268℃。

已分离鉴定出12种黄曲霉毒素，包括黄曲霉毒素 B_1、黄曲霉毒素 B_2、黄曲霉毒素 G_1、黄曲霉毒素 G_2、黄曲霉毒素 M_1、黄曲霉毒素 M_2、黄曲霉毒素 P_1、黄曲霉毒素 Q、黄曲霉毒素 H_1、黄曲霉毒素 GM、黄曲霉毒素 B_{2a} 和毒醇。在天然污染的食品中以黄曲霉毒素 B_1 最为常见，其毒性和致癌性也最强。黄曲霉毒素 M_1 和黄曲霉毒素 M_2 主要存在于牛乳中。黄曲霉毒素 M_1 是黄曲霉毒素 B_1 在体内经过羟化而衍生成的代谢产物。在紫外线下，黄曲霉毒素 B_1、黄曲霉毒素 B_2 发蓝色荧光，黄曲霉毒素 G_1、黄曲霉毒素 G_2 发绿色荧光。黄曲霉毒素 B_1、黄曲霉毒素 B_2、黄曲霉毒素 G_1、黄曲霉毒素 G_2、黄曲霉毒素 M_1、黄曲霉毒素 M_2 化学结构式如图 8-1 所示。

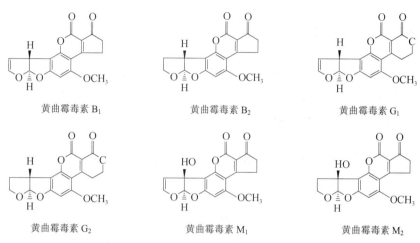

黄曲霉毒素 B_1　　黄曲霉毒素 B_2　　黄曲霉毒素 G_1

黄曲霉毒素 G_2　　黄曲霉毒素 M_1　　黄曲霉毒素 M_2

图 8-1　黄曲霉毒素化学结构式

世界上有 100 多个国家或地区制定了食品和饲料中真菌毒素的限量标准与法规。世界卫生组织制定的食品黄曲霉毒素（$B_1+B_2+G_1+G_2$ 的总量）最高允许含量为 $15\mu g/kg$，中国规定花生油、大米和小麦中黄曲霉毒素 B_1 允许的最大含量水平分别为 $20\mu g/kg$、$10\mu g/kg$ 和 $5.0\mu g/kg$，乳及乳制品中黄曲霉毒素 M_1 允许的最大含量水平为 $0.5\mu g/kg$。

第一节　食品中真菌毒素的检验方法

真菌毒素典型的测定方法是免疫亲和柱净化-液相色谱柱分离-质谱或荧光法（IAC-LC-MS/FL）、酶联免疫法（ELISA）和免疫亲和柱净化-分光光度法（IAC-SP）。此外，真菌毒素的测定方法还有免疫层析试纸条（ICA，胶体金试纸条）、放射免疫分析（RIA）、免疫荧光分析（IFA）、免疫传感器（IS）、免疫芯片（IC）等免疫分析方法，以及气相色谱-质谱联用法（GC-MS）、毛细管电泳法（CE）、微柱筛选法（MC）等。

一、免疫分析技术

免疫分析技术是基于抗原和抗体的特异性反应建立起来的一类快速分析方法。通过酶、同位素、荧光素或胶体金等标记技术加以放大和显示，从而定性或定量显示抗原或抗体。

1．免疫亲和柱净化

免疫亲和柱净化是将免疫技术和色谱层析技术相结合的快速净化方式。用黄曲霉毒素单克隆抗体蛋白固化在水不溶性的载体上，装成免疫亲和层析柱。当试样溶液通过该柱时，只有和固定相分子有特异亲和力的物质（抗原，如黄曲霉毒素 B_1）才能被固定相吸附结合，其他没有亲和力的无关组分（杂质）就随流动相流出，再用洗脱液将结合的亲和物（黄曲霉毒素 B_1）洗脱下来。免疫亲和柱净化效果好，快速简便，但柱子较贵。

2. 酶联免疫吸附技术

酶联免疫吸附技术是以免疫学反应为基础，将抗原、抗体的特异性反应与酶对底物的高效催化作用相结合起来的一种敏感性很高的试验技术。酶联免疫法的基本原理是将抗原（或抗体）与酶用胶联剂结合为酶标抗原（或抗体），此酶标抗原（或抗体）可与固相载体上的相应抗体（或抗原）发生特异反应，并牢固地结合形成仍保持活性的免疫复合物。当加入相应底物时，底物被酶催化而呈现出相应反应的颜色，颜色深浅与相应抗原（或抗体）的含量成正比。

由于抗原、抗体的反应在一种固相载体——聚苯乙烯微量滴定板的孔中进行，每加入一种试剂孵育后，可通过洗涤除去多余的游离反应物，从而保证试验结果的特异性与稳定性。

在实际应用中，通过不同的设计，具体的方法步骤可有多种，如用于检测小分子抗原或半抗原的抗原竞争法、用于检测抗原的双抗体夹心法及用于检测抗体的间接法等。抗原竞争法是将待测液和一定量酶标抗原的混合溶液加在微孔板上，使之与固相抗体反应。如待测液中无抗原，则酶标抗原能顺利地与固相抗体结合；如待测液中含有抗原，则与酶标抗原以同样的机会与固相抗体结合，竞争性地占去了酶标抗原与固相载体结合的机会，使酶标抗原与固相载体的结合量减少。洗涤，加底物显色。颜色越深，表示酶标记抗原越多，待测液中未标记的抗原越少；颜色越浅，表示酶标记抗原越少，待测液中未标记的抗原越多。

酶联免疫法具有敏感、特异、稳定、简便的优点，广泛用于真菌毒素的快速筛选。但酶联免疫法存在交叉反应，易出现假阳性结果，且仅能检测单一毒素（如黄曲霉毒素 B_1）含量。酶联免疫法用于食品真菌毒素检测主要有双抗体夹心法、间接竞争法和直接竞争法。

3. 胶体金标记技术

胶体金标记技术是以胶体金作为示踪标记物，应用于抗原、抗体反应的免疫标记技术。胶体金是由氯金酸在还原剂作用下聚合成特定大小的金颗粒，以稳定的胶体状态存在。试样提取液中黄曲霉毒素 B_1 与检测条中胶体金微粒发生显色反应，颜色深浅与试样中黄曲霉毒素 B_1 含量相关。用读数仪测定测试条上检测线和质控线颜色深浅，根据颜色深浅和读数仪内置曲线自动计算出试样中黄曲霉毒素 B_1 含量。由此产生的黄曲霉毒素金标试纸快速检测法是利用单克隆抗体而设计的固相免疫分析法，可在 $5\sim10\text{min}$ 完成对样品中黄曲霉毒素的定性测定，非常适用于现场测试和大量样品的初筛。

二、液相色谱分析

液相色谱常结合单克隆抗体免疫技术测定食品中真菌毒素的含量。利用免疫亲和柱的净化作用和液相色谱柱的分离作用，特异地将真菌毒素分离出来，并用串联质谱仪或荧光检测器进行检测。这类方法安全、可靠、灵敏度和准确度高。

1．免疫亲和柱净化-液相色谱-串联质谱法

GB 5009.22—2016《食品安全国家标准　食品中黄曲霉毒素 B 族和 G 族的测定》中第一法为同位素稀释液相色谱-串联质谱法。试样中的黄曲霉毒素 B_1、黄曲霉毒素 B_2、黄曲霉毒素 G_1 和黄曲霉毒素 G_2 用乙腈-水溶液或甲醇-水溶液提取，提取液用含 1% TritonX-100（或吐温-20）的磷酸盐缓冲溶液稀释后（必要时经黄曲霉毒素固相净化柱初步净化），通过免疫亲和柱净化和富集，净化液浓缩、定容和过滤后经液相色谱分离，电喷雾离子源离子化，多反应离子监测检测，同位素内标法定量。

2．免疫亲和柱净化-衍生-液相色谱-荧光法

GB 5009.22—2016《食品安全国家标准　食品中黄曲霉毒素 B 族和 G 族的测定》中第二法为高效液相色谱-柱前衍生法。试样中的黄曲霉毒素 B_1、黄曲霉毒素 B_2、黄曲霉毒素 G_1 和黄曲霉毒素 G_2 用乙腈-水溶液或甲醇-水溶液的混合溶液提取，提取液经黄曲霉毒素固相净化柱净化去除脂肪、蛋白质、色素及碳水化合物等干扰物质，净化液用三氟乙酸柱前衍生，液相色谱分离，荧光检测器检测，外标法定量。

GB 5009.22—2016《食品安全国家标准　食品中黄曲霉毒素 B 族和 G 族的测定》中第三法为高效液相色谱-柱后衍生法。试样中的黄曲霉毒素 B_1、黄曲霉毒素 B_2、黄曲霉毒素 G_1 和黄曲霉毒素 G_2 用乙腈-水溶液或甲醇-水溶液的混合溶液提取，提取液经免疫亲和柱净化和富集，净化液浓缩、定容和过滤后经液相色谱分离，柱后衍生（碘或溴试剂衍生、光化学衍生、电化学衍生等），经荧光检测器检测，外标法定量。

3．薄层色谱法

GB 5009.22—2016《食品安全国家标准　食品中黄曲霉毒素 B 族和 G 族的测定》中第五法为薄层色谱法。样品经提取、浓缩、薄层分离后，黄曲霉毒素 B_1 在紫外光（波长365nm）下产生蓝紫色荧光，根据其在薄层上显示荧光的最低检出量来测定含量。

三、分光光度分析

试样中的黄曲霉毒素用一定比例的甲醇-水提取液经过过滤，稀释后，用单克隆免疫亲和柱净化，以甲醇将亲和柱上的黄曲霉毒素淋洗下来，在淋洗液中加入溴溶液衍生，用荧光分光光度计定量。

第二节　酶联免疫吸附筛查法测定黄曲霉毒素 B_1

在真菌毒素中，黄曲霉毒素 B_1 的毒性和污染频率居首位。在一般情况下，受黄曲霉毒素污染的粮油食品中，如未检出黄曲霉毒素 B_1，就不存在黄曲霉毒素 B_2、黄曲霉毒素 G_1 等，故污染的黄曲霉毒素常以黄曲霉毒素 B_1 为主要指标。GB 5009.22—2016《食品安全国家标准　食品中黄曲霉毒素 B 族和 G 族的测定》中第四法采用酶联免疫吸附筛查法

检测黄曲霉毒素 B_1。

1．原理

试样中的黄曲霉毒素 B_1 用甲醇水溶液提取，经均质、漩涡振荡、离心（过滤）等处理获取上清液。被辣根过氧化物酶标记或固定在反应孔中的黄曲霉毒素 B_1 与试样上清液或标准溶液中的黄曲霉毒素 B_1 竞争性结合特异性抗体。在洗涤后加入相应显色剂显色，经无机酸终止反应，于 450nm 或 630nm 波长下检测。样品中黄曲霉毒素 B_1 的浓度与吸光度在一定范围内成反比。

2．试剂和材料

配制溶液所需试剂均为分析纯，水为 GB/T 6682—2008《分析实验室用水规格和试验方法》中规定的二级水。

按照试剂盒说明书所述，配制所需溶液。

3．仪器和设备

（1）微孔板酶标仪：带 450nm 与 630nm（可选）滤光片。
（2）研磨机。
（3）振荡器。
（4）分析天平：感量为 0.01g。
（5）离心机：转速大于等于 6000r/min。
（6）快速定量滤纸：孔径 11μm。
（7）筛网：孔径 1～2mm。
（8）试剂盒所要求的仪器。

4．分析步骤

1）试样制备
取食品可食用部分进行检测。
（1）液态样品（油脂和调味品）：取 100g 待测样品摇匀，称取 5.0g 样品于 50mL 离心管中，加入试剂盒所要求提取液，按照试纸盒说明书所述方法进行检测。
（2）固态样品（谷物、坚果和特殊膳食用食品）：称取至少 100g 样品，用研磨机进行粉碎，粉碎后的样品过 1～2mm 孔径试验筛。取 5.0g 样品于 50mL 离心管中，加入试剂盒所要求提取液，按照试纸盒说明书所述方法进行检测。

2）样品检测
按照酶联免疫试剂盒所述操作步骤对待测试样（液）进行定量检测。以某种包被抗体试剂盒的操作步骤示例如下：
将所需试剂从冷藏环境中取出，置于室温（20～25℃）平衡 30min 以上，注意每种液体试剂使用前均须摇匀。取出需要数量的微孔板，将不用的微孔放入自封袋，保存于 2～8℃。

编号：将样品和标准品对应微孔按序编号，每个样品和标准品做 2 孔平行，并记录标准孔和样品孔所在的位置。

加标准品/样品：加标准品/样品 50μL/孔到对应的微孔中，轻轻振荡混匀，用盖板膜盖板后置 25℃避光环境中反应 30min。

洗板：小心揭开盖板膜，将孔内液体甩干，用洗涤工作液 250μL/孔，充分洗涤 4～5 次，每次间隔 10s，用吸水纸拍干。

加酶标物：加入黄曲霉毒素 B_1 酶标物 50μL/孔，轻轻振荡混匀，用盖板膜盖板后置 25℃避光环境中反应 15min，取出，重复洗板步骤。

显色：加入底物液 A 液 50μL/孔，再加底物液 B 液 50μL/孔，轻轻振荡混匀，用盖板膜盖板后置 25℃避光环境中反应 15min。

测定：加入终止液 50μL/孔，轻轻振荡混匀，设定酶标仪于 450nm 处，测定每孔吸光度。

5．结果计算

1）标准工作曲线绘制

利用试剂盒说明书提供的计算方法或者计算机软件，根据标准品浓度与吸光度的变化关系绘制标准工作曲线。

2）待测液浓度计算

利用试剂盒说明书提供的计算方法或者计算机软件，由待测液吸光度和标准工作曲线计算得待测液中黄曲霉毒素 B_1 的质量浓度（ρ）。

3）结果计算

试样中黄曲霉毒素 B_1 的含量按式（8-1）计算：

$$X=\frac{\rho V f}{m} \tag{8-1}$$

式中，X——试样中黄曲霉毒素 B_1 的含量，μg/kg；

ρ——待测液中黄曲霉毒素 B_1 的质量浓度，μg/L；

V——提取液体积（固态样品为加入提取液体积，液态样品为样品和提取液总体积），L；

f——前处理过程中的稀释倍数；

m——试样质量，kg。

6．说明和注意事项

（1）该方法适用于谷物及其制品、豆类及其制品、坚果及籽类、油脂及其制品、调味品、婴幼儿配方食品和婴幼儿辅助食品中黄曲霉毒素 B_1 的测定。

（2）酶联免疫法是一种快速筛选方法，对不同基质的检测差异性较大，且常采用成品试剂盒进行检测。试剂盒由于试验机理不同，在性能、操作使用、适用范围和应用效果上存在较大差别，因此，针对不同的样品基质，需要合理选择酶联免疫试剂盒。由于市场上酶联免疫试剂盒质量参差不齐，在对相应基质进行检测之前，应参考相关标准，对试剂盒的定量限和回收率进行验证，以确保结果的准确性。

（3）酶联免疫中存在交叉反应，可能出现假阳性现象。因此，当检测过程中出现阳性样品时，需要用液相色谱法进行确认。

（4）取样：试样中污染黄曲霉毒素高的霉粒一粒，即可左右测定结果，而且有毒粒的比例小，同时分布不均匀。为避免取样带来的误差，应大量取样，并将该大量试样粉碎，混合均匀，才有可能得到准确、能代表一批试样的相对可靠的结果，所以采样时应根据规定采取有代表性的试样。对局部发霉变质的试样应单独检验。每份检测用样品从大样经粗碎及连续多次用四分法缩减为 0.5～1kg，然后全部粉碎。粮食样品全部通过 20 目筛，花生样品全部通过 10 目筛、混匀。或将好、坏分别测定，再计算其含量。花生油和花生酱等试样不需制备，但取样时应搅拌均匀。必要时，每批试样可采取 3 份大样作试样制备及分析测定用，以观察所采试样是否具有一定代表性。

（5）在整个试验过程中，操作者应按照接触剧毒物的要求采取相应的保护措施。用过后受污染的玻璃器皿，须用次氯酸溶液（25g/L）浸泡消毒后再清洗。

思考题

1．食品中黄曲霉毒素 B_1 的测定方法主要有哪些？
2．简述酶联免疫法测定黄曲霉毒素 B_1 的原理及操作要点。
3．如何配制黄曲霉毒素 B_1 的标准溶液？
4．测定黄曲霉毒素后的玻璃器皿，为什么要用次氯酸溶液浸泡清洗？

拓展学习

查阅并了解以下标准。

GB 5009.22—2016《食品安全国家标准　食品中黄曲霉毒素 B 族和 G 族的测定》
GB 5009.24—2016《食品安全国家标准　食品中黄曲霉毒素 M 族的测定》
GB 5009.111—2016《食品安全国家标准　食品中脱氧雪腐镰刀菌烯醇及其乙酰化衍生物的测定》
GB 5009.185—2016《食品安全国家标准　食品中展青霉素的测定》
GB 5009.96—2016《食品安全国家标准　食品中赭曲霉毒素 A 的测定》
GB 5009.209—2016《食品安全国家标准　食品中玉米赤霉烯酮的测定》
GB 5009.25—2016《食品安全国家标准　食品中杂色曲霉素的测定》
GB 5009.118—2016《食品安全国家标准　食品中 T-2 毒素的测定》
GB 5009.222—2016《食品安全国家标准　食品中桔青霉素的测定》
GB 5009.240—2016《食品安全国家标准　食品中伏马毒素的测定》
LS/T 6108—2014《粮油检验　谷物中黄曲霉毒素 B_1 的快速测定　免疫层析法》
LS/T 6111—2015《粮油检验　粮食中黄曲霉毒素 B_1 测定　胶体金快速定量法》

LS/T 6114—2015《粮油检测　粮食中赭曲霉毒素 A 测定　胶体金快速定量法》

NY/T 1664—2008《牛乳中黄曲霉毒素 M_1 的快速检测　双流向酶联免疫法》

SN/T 1035—2011《进出口食品中产毒青霉属、曲霉属及其毒素的检测方法》

SN/T 3136—2012《出口花生、谷类及其制品中黄曲霉毒素、赭曲霉毒素、伏马毒素 B_1、脱氧雪腐镰刀菌烯醇、T-2 毒素、HT-2 毒素的测定》

SN/T 3868—2014《出口植物油中黄曲霉毒素 B_1、B_2、G_1、G_2 的检测-免疫亲和柱净化高效液相色谱法》

SN/T 4675.10—2016《出口葡萄酒中赭曲霉毒素 A 的测定　液相色谱-质谱/质谱法》

第九章　食品接触材料及制品的检验

☞ **知识目标**　了解食品接触材料的定义和主要类别；了解食品接触材料及制品的通用安全要求；熟悉食品接触材料及制品的主要理化指标；掌握常见的食品模拟物及选择；掌握食品接触材料及制品主要理化指标测定的原理和操作方法。

☞ **能力目标**　掌握食品接触材料及制品主要理化指标测定的操作技能，能准确测定食品接触材料及制品主要理化指标的含量；能按要求处理检验数据，并正确评价食品接触材料及制品品质。

☞ **职业素养**　具有独立发现问题、分析问题和解决问题的能力，能高效获取信息。

食品接触材料及制品是指在正常使用条件下，各种已经或预期可能与食品或食品添加剂接触，或其成分可能转移到食品中的材料和制品，包括食品生产、加工、包装、运输、贮存、销售和使用过程中用于食品的包装材料、容器、工具和设备，以及可能直接或间接接触食品的油墨、黏合剂、润滑油等，不包括洗涤剂、消毒剂和公共输水设施。

《中华人民共和国食品安全法》将用于食品的包装材料、容器、洗涤剂、消毒剂和用于食品生产经营的工具、设备称为食品相关产品。

食品接触材料及制品按材质分为搪瓷、陶瓷、玻璃、金属材料、塑料树脂、塑料材料、涂料及涂层、橡胶材料、竹木制品等。

食品接触材料及制品的产品类别分为食品包装材料、食品容器及器皿、餐厨具、家用组织捣碎机具、食品生产加工机械、管道、奶嘴、瓶盖、垫片、垫圈、高压锅圈等。

《中华人民共和国食品安全法》明确规定：食品相关产品应当无毒、清洁，禁止生产经营被包装材料、容器、运输工具等污染的食品。

食品接触材料及制品常见安全问题见表 9-1。

表 9-1　食品接触材料及制品常见安全问题

类别	安全问题
天然材料（竹子、布、木头、纸等）	微生物污染；包装纸中荧光增白剂、浸蜡包装纸中多环芳烃、彩色或印刷图案油墨等对食品的污染
长期使用的材质（搪瓷、陶瓷、金属容器、玻璃制品）	重金属、金属盐、金属氧化物等对食品的污染
高分子化合物（树脂合成塑料、橡胶、化学纤维）	游离单体、裂解物、降解物，添加剂及助剂、老化产生的有害物质等对食品的污染

食品接触材料安全问题的主要原因：大量化学物质（单体、起始物、添加剂、智能材料、活性材料）用于食品接触材料的生产，广泛用于接触各类食品；经历了从原料、制成、食品包装、回收处理、消费、运输一系列复杂和冗长的供应链；有害、超标物质

（芳香族伯胺、三聚氰胺、甲醛、重金属、双酚 A、增塑剂、聚乙烯单体、亚硝胺化合物等）会迁移出污染食品，从而危害消费者健康。

第一节　食品接触材料及制品通用安全要求

GB 4806.1—2016《食品安全国家标准　食品接触材料及制品通用安全要求》规定了食品接触材料及制品的基本要求、限量要求、符合性原则、检验方法、可追溯性和产品信息。

基本要求包括以下几方面：

（1）食品接触材料及制品在推荐的使用条件下与食品接触时，迁移到食品中的物质水平不应危害人体健康。

（2）食品接触材料及制品在推荐的使用条件下与食品接触时，迁移到食品中的物质不应造成食品成分、结构或色香味等性质的改变，不应对食品产生技术功能（有特殊规定的除外）。

（3）食品接触材料及制品中使用的物质在可达到预期效果的前提下，尽可能降低在食品接触材料及制品中的用量。

（4）食品接触材料及制品中使用的物质应符合相应的质量规格要求。

（5）食品接触材料及制品生产企业应对产品中的非有意添加物质进行控制，使其迁移到食品中的量符合相关要求。

（6）对于不和食品直接接触与食品之间有有效阻隔层阻隔的、未列入相应食品安全国家标准的物质，食品接触材料及制品生产企业应对其进行安全性评估和控制，使其迁移到食品中的量不超过 0.01mg/kg。致癌、致畸、致突变物质及纳米物质不适用于以上原则，应按照相关法律法规规定执行。

（7）食品接触材料及制品的生产应符合 GB 31603—2015《食品安全国家标准　食品接触材料及制品生产通用卫生规范》的要求。

限量一般要求：食品接触材料与制品的总迁移量、物质的使用量、特定迁移量、特定迁移总量和残留量等应符合相应食品安全国家标准中对于总迁移限量、最大使用量、特定迁移限量、特定迁移总量限量和最大残留量等的规定。

第二节　食品接触材料及制品迁移试验通则

GB 31604.1—2015《食品安全国家标准　食品接触材料及制品迁移试验通则》规定了各类食品接触材料及制品迁移试验的通用要求。

迁移试验：在规定条件下，为测定食品接触材料及制品的组分迁移到与之接触的食品或食品模拟物中的量而进行的试验。

食品模拟物：能够接近真实地反映食品接触材料及制品中组分向与之接触的食品中的迁移，具有某类食品的典型共性，用于模拟食品进行迁移试验的测定介质。

一、迁移试验的基本要求

（1）食品接触材料及制品的迁移试验通则规定了已与食品接触的应直接检测与之接

触的食品中的迁移量。

（2）进行迁移试验时应选择实际使用时最严苛的情形，如最大接触面积与体积的比、最高使用温度及最长接触时间。

（3）进行迁移试验时应尽可能地接近实际情形，应当按照实际加工条件下制成成型品（或片材、试样）进行迁移试验，试验过程中不应导致测试样品发生在正常使用条件下不会发生的物理性能（如变形、融化、溶胀等）的改变或导致食品模拟物出现沉淀、混浊等其他改变。

（4）对于与实际成型品有明显差异的食品接触材料（如树脂、涂料、油墨、黏合剂等），应当按照实际加工条件制成成型品（或片材、试样）进行迁移试验。

二、食品模拟物选择的一般要求

当食品接触材料及制品预期接触某一类食品（如酸性食品）时，应当选择相应的食品模拟物进行迁移试验，食品模拟物的选择见表 9-2。

表 9-2　食品类别与食品模拟物

食品类别		食品模拟物
水性食品，乙醇含量≤10%（体积分数）		
	非酸性食品（pH 值≥5）[①]	10%（体积分数）乙醇或水
	酸性食品（pH 值＜5）	4%（体积分数）乙酸
含乙醇饮料，乙醇含量＞10%（体积分数）		
	乙醇含量≤20%（体积分数）[②]	20%（体积分数）乙醇
	20%（体积分数）＜乙醇含量≤50%（体积分数）[③]	50%（体积分数）乙醇
	乙醇含量＞50%（体积分数）	实际浓度或95%（体积分数）
油脂及表面含油脂食品		植物油[④]

① 对于乙醇含量小于等于 10%（体积分数）的食品和不含乙醇的非酸性食品应首选 10%（体积分数）乙醇，如食品接触材料及制品与乙醇发生酯交换反应或其他理化改变应选择水作为模拟物，水的质量应符合相关规定。

② 也适用于富含有机成分且使食品的脂溶性增加的食品。

③ 也适用于水包油乳化食品（如部分乳及乳制品）。

④ 植物油为精制玉米油、橄榄油，其质量要求应符合 GB 5009.156—2016《食品安全国家标准　食品接触材料及制品迁移试验预处理方法通则》的规定。

一次性使用的食品接触材料与制品的特定迁移试验条件应符合表 9-3 和表 9-4 的规定。

表 9-3　特定迁移试验条件（时间）

预期最极端接触时间 θ	迁移试验时间 θ
$\theta \leqslant 0.5h$	0.5h
$0.5h < \theta \leqslant 1h$	1h
$1h < \theta \leqslant 2h$	2h
$2h < \theta \leqslant 6h$	6h
$6h < \theta \leqslant 24h$	24h
$1d < \theta \leqslant 3d$	3d
$3d < \theta \leqslant 30d$	10d
30d 以上	可按照表 9-5 进行

表9-4　特定迁移试验条件（温度）

预期最极端接触温度 t/℃	迁移试验温度 t/℃
$t \leqslant 5$	5
$5 < t \leqslant 20$	20
$20 < t \leqslant 40$	40
$40 < t \leqslant 70$	70
$70 < t \leqslant 100$	100 或回流温度
$100 < t \leqslant 121$	121
$121 < t \leqslant 130$	130
$130 < t \leqslant 150$	150
$150 < t \leqslant 175$	175
$t > 175$	调节温度至与食品接触的实际温度

室温或低于室温条件下贮存 30d 以上时，可采用升温加速试验进行迁移试验，升温加速试验条件的选择应符合表 9-5 的规定。

表9-5　特定迁移升温加速试验条件

预期使用条件	升温加速试验条件[①]
冷冻贮存 30d 以上	20℃、10d
冷藏贮存 30d 以上（包括 $t \leqslant 70$℃、$\theta \leqslant 2h$ 或 $t \leqslant 100$℃、$\theta \leqslant 15min$ 的试验条件）	40℃、10d
室温贮存 30d 以上 180d 以下（包括 $t \leqslant 70$℃、$\theta \leqslant 2h$ 或 $t \leqslant 100$℃、$\theta \leqslant 15min$ 的试验条件）	50℃、10d
室温或低于室温条件下贮存 180d 以上（包括 $t \leqslant 70$℃、$\theta \leqslant 2h$ 或 $t \leqslant 100$℃、$\theta \leqslant 15min$ 的试验条件）	60℃、10d

① 较高温度下的测试结果可以代替较低温度下的测试结果。相同贮存或使用温度下，较长时间下的测试结果可以代替和涵盖较短时间下的测试结果。

三、迁移试验预处理方法

GB 5009.156—2016《食品安全国家标准　食品接触材料及制品迁移试验预处理方法通则》规定了食品接触材料及制品迁移试验预处理方法的试验总则、试剂和材料、设备与器具、采样与制样方法、试样接触面积、试样接触面积与食品模拟物体积比、试样的清洗和特殊处理、试验方法、迁移量的测定要求和结果表述要求。

1. 采样与制样

（1）所采样品应具有代表性。样品应完整、无变形、规格一致。采样数量应能满足检验项目对试样量的需求，供检测与复测之用。

（2）样品的采集与存储应避免污染与变质。当样品含有挥发性物质时，应采用低温保存或密闭保存等方式。

（3）迁移试验预处理尽可能在样品原始状态下进行。

（4）对应组合材料及制品，应尽可能按接触食品的各材质材料的要求分别采样。

（5）对于形状不规则的、容积较大或难以测量计算表面积的制品，可采用其原材料（如板材）或取同批制品中有代表性制品裁剪一定面积板块作为试样。

（6）对于树脂或粒料、涂料、油墨和黏合剂等与实际成型品有明显差异的食品接触材料，应当按照实际加工条件制成成品或片材进行迁移试验与处理。

2．试样接触面积

应采用合适的方法准确测定试样与食品模拟物的接触面积。不同形态试样面积的测定参照不同的方法进行。如空心制品的面积：

（1）有规格的空心制品按其规格计算。

（2）无规格的空心制品，食品模拟物液面与空心制品上边缘（溢出面）的距离不超过 1cm。需要加入煮沸的空心制品，加入食品模拟物的量应能保证加热煮沸时液体不会溢出，接触容积不得小于容积的 4/5。边缘有花彩者应浸过花面。

迁移测试池法中试样面积以试样实际接触食品模拟物或其他化学溶剂的面积计算。

扁平制品面积、全浸没法中试样面积及其他不同形状的制品面积测定方法详见 GB 5009.156—2016《食品安全国家标准 食品接触材料及制品迁移试验预处理方法通则》。

3．试样接触面积与食品模拟物体积比（S/V）

（1）采用不同的试验方法，选择合适的 S/V 对试样进行迁移试验预处理。

（2）因技术原因无法采用实际的 S/V 或常规 S/V（$6dm^2$ 接触面积对应 1L 或 1kg 食品模拟物）时，可调整 S/V 使食品模拟物中待测迁移物达到合适的浓度以满足方法检测要求。

（3）迁移试验预处理中试样 S/V 应确保在整个试验过程中，食品模拟物中待测迁移物的浓度始终处于不饱和状态。

第三节　食品接触材料及制品中常见理化指标的检验

各种食品接触材料及制品常见理化指标及检验方法见表9-6。

表 9-6　各种食品接触材料及制品常见理化指标及检验方法

类别	安全标准	理化指标	指标要求	检验方法
搪瓷制品	GB 4806.3—2016	铅（Pb）	详见 GB 4806.3—2016	GB 31604.34—2016
		镉（Cd）	详见 GB 4806.3—2016	GB 31604.24—2016
陶瓷制品	GB 4806.4—2016	铅（Pb）	详见 GB 4806.4—2016	GB 31604.34—2016
		镉（Cd）	详见 GB 4806.4—2016	GB 31604.24—2016
玻璃制品	GB 4806.5—2016	铅（Pb）	详见 GB 4806.5—2016	GB 31604.34—2016
		镉（Cd）	详见 GB 4806.5—2016	GB 31604.24—2016
金属材料及制品	GB 4806.9—2016	铅（Pb）	详见 GB 4806.9—2016	GB 31604.34—2016 或 GB 31604.49—2016

续表

类别	安全标准	理化指标	指标要求	检验方法
金属材料及制品	GB 4806.9—2016	镉（Cd）	详见 GB 4806.9—2016	GB 31604.24—2016 或 GB 31604.49—2016
		砷（As）	详见 GB 4806.9—2016	GB 31604.38—2016 或 GB 31604.49—2016
		铬（Cr）	详见 GB 4806.9—2016	GB 31604.25—2016 或 GB 31604.49—2016
		镍（Ni）	详见 GB 4806.9—2016	GB 31604.33—2016 或 GB 31604.49—2016
塑料材料及制品	GB 4806.7—2016	总迁移量/（mg/dm²）	≤10	GB 31604.8—2016
		高锰酸钾消耗量/（mg/kg）水（60℃，2h）	≤10	GB 31604.2—2016
		重金属（以 Pb 计）/（mg/kg）4%乙酸（体积分数）（60℃，2h）	≤1	GB 31604.9—2016
		脱色试验（仅适用于添加了着色剂的产品）	阴性	GB 31604.7—2016
		单体及起始物的迁移量等	详见 GB 4806.6—2016	
纸和纸板材料及制品	GB 4806.8—2016	铅（Pb）	详见 GB 4806.8—2016	GB 31604.34—2016 或 GB 31604.49—2016
		砷（As）	详见 GB 4806.8—2016	GB 31604.38—2016 或 GB 31604.49—2016
		甲醛/（mg/dm²）	≤1.0	详见 GB 4806.8—2016
		荧光性物质波长 254nm 和 365nm	阴性	GB 31604.47—2016
		总迁移量/（mg/dm²）	≤10	GB 31604.8—2016
		高锰酸钾消耗量/（mg/kg）水（60℃，2h）	≤10	GB 31604.2—2016
		重金属（以 Pb 计）/（mg/kg）4%乙酸（体积分数）（60℃，2h）	≤1	GB 31604.9—2016
涂料及涂层	GB 4806.10—2016	总迁移量/（mg/dm²）	≤10	GB 31604.8—2016
		高锰酸钾消耗量/（mg/kg）水（60℃，2h 或煮沸 0.5h，再在室温放置 24h）	≤10	GB 31604.2—2016
		重金属（以 Pb 计）/（mg/kg）4%乙酸（体积分数）（60℃，2h 或煮沸 0.5h，再在室温放置 24h）	≤1	GB 31604.9—2016
橡胶制品	GB 4806.11—2016	总迁移量/（mg/dm²）	≤10	GB 31604.8—2016
		高锰酸钾消耗量/（mg/kg）水（60℃，0.5h）	≤10	GB 31604.2—2016
		重金属（以 Pb 计）/（mg/kg）4%乙酸（体积分数）（60℃，0.5h）	≤1	GB 31604.9—2016

一、食品接触材料及制品总迁移量的测定

总迁移量指食品接触材料及制品迁移到与之接触的食品模拟物中所有非挥发物质的总量，以每千克食品模拟物中非挥发性迁移物的毫克数（mg/kg）或每平方分米接触面积迁出的非挥发性迁移物的毫克数（mg/dm²）表示。对婴幼儿专用食品接触材料及制品，以 mg/kg 表示。

总迁移量的测定方法参考 GB 31604.8—2016《食品安全国家标准 食品接触材料及制品 总迁移量的测定》。

1．原理

试样用各种食品模拟物浸泡，将浸泡液蒸发并干燥后，得到试样向浸泡液迁移的不挥发物质的总量。

2．试剂和材料

食品模拟物（按 GB 31604.1—2015《食品安全国家标准 食品接触材料及制品迁移试验通则》操作）。

3．仪器和设备

（1）分析天平：感量为 0.1mg。
（2）电热恒温干燥箱。
（3）玻璃蒸发皿：规格 50mL。

4．分析步骤

取食品模拟物试液各 200mL，分次置于预先在（100±5）℃干燥箱中干燥 2h 的 50mL玻璃蒸发皿中，在各浸泡液沸点温度的水浴上蒸干，擦去皿底的水滴，置于（100±5）℃干燥箱中干燥 2h 取出，在干燥器中冷却 0.5h 后称量。

同时做空白试验。

5．结果计算

试样中总迁移量按式（9-1）进行计算：

$$X_1 = \frac{(m_1 - m_2)\ V}{V_1 S} \tag{9-1}$$

式中，X_1——试样总迁移量，mg/dm²；

m_1——样品浸泡液蒸发残渣质量，mg；

m_2——空白浸泡液蒸发残渣质量，mg；

V——试样浸泡液总体积，mL；

V_1——测定用浸泡液的体积，mL；

S——试样与浸泡液接触的面积，dm²。

计算结果保留 2 位有效数字。在重复性条件下获得的 2 次独立测定结果的绝对差值不超过算术平均值的 20%。

6．说明和注意事项

（1）该方法适用于食品接触材料及制品中总迁移量的测定，不适用于植物油类食品模拟物总迁移量的测定。

（2）食品接触材料在使用过程中，其含有的增塑剂、着色剂、催化剂等生产助剂，以及聚合物单体、重金属、荧光物质、毒素等可能会迁移至食品中，危害消费者的身体健康。迁移到食品（或食品模拟物）中所有物质的量称为总迁移量。

（3）食品模拟物和浸泡条件不同，总迁移量也会不同，故需注明食品模拟物的种类和浸泡条件。

二、食品接触材料及制品高锰酸钾消耗量的测定

高锰酸钾消耗量表示可溶出有机物的总量，指那些迁移到浸泡液中能被高锰酸钾氧化的全部物质的总量。

高锰酸钾消耗量的测定方法参考 GB 31604.2—2016《食品安全国家标准　食品接触材料及制品　高锰酸钾消耗量的测定》。

食品接触材料及制品——高锰酸钾消耗量的测定

1．原理

试样浸泡液在酸性条件下，用高锰酸钾标准溶液滴定，根据样品消耗的滴定液的体积计算试样中高锰酸钾消耗量。

2．试剂和材料

（1）硫酸溶液（1+2）：取硫酸 100mL 小心加入 200mL 水中，混匀。

（2）0.04%高锰酸钾溶液：称取 0.4g 高锰酸钾，加水溶解至 1000mL。

（3）高锰酸钾标准溶液（$c_{\frac{1}{5}KMnO_4}$=0.1mol/L）：按 GB/T 601—2016《化学试剂　标准滴定溶液的制备》配制与标定。

（4）高锰酸钾标准溶液（$c_{\frac{1}{5}KMnO_4}$=0.01mol/L）：吸取 10.0mL 高锰酸钾标准溶液（$c_{\frac{1}{5}KMnO_4}$=0.1mol/L），置于 100mL 容量瓶中，用水定容至刻度。

（5）草酸标准溶液（$c_{\frac{1}{2}H_2C_2O_4}$=0.1mol/L）：按 GB/T 601—2016《化学试剂　标准滴定溶液的制备》配制与标定。

（6）草酸标准溶液（$c_{\frac{1}{2}H_2C_2O_4}$=0.01mol/L）：吸取 10.0mL 草酸标准溶液（$c_{\frac{1}{2}H_2C_2O_4}$=0.1mol/L），置于 100mL 容量瓶中，用水定容至刻度。

3．仪器和设备

（1）恒温设备（恒温箱、水浴锅等）：用于食品模拟物试液的制备。

（2）分析天平：感量为 0.1mg 和 0.01g。

4．分析步骤

（1）锥形瓶的处理：取 100mL 水，放入 250mL 锥形瓶中，加入 5mL 硫酸（1＋2）、0.04%高锰酸钾溶液 5mL，煮沸 5min，倒去，用水冲洗备用。

（2）样品测定：准确吸取 100mL 水浸泡液（可根据实际情况调整取样量）于已处理的锥形瓶中，加入 5mL（1＋2）硫酸溶液、10.0mL 高锰酸钾标准滴定溶液（0.01mol/L），加玻璃珠 2 粒，煮沸 5min，趁热准确加入 10.0mL 草酸标准滴定溶液（0.01mol/L），再用 0.01mol/L 高锰酸钾标准溶液滴定至微红色，并在 0.5min 内不褪色，记取最后高锰酸钾标准滴定溶液的滴定量。

同时取 100mL 水做试剂空白试验。

5．结果计算

高锰酸钾消耗量按式（9-2）计算：

$$X_1 = \frac{(V_1 - V_2)\ c \times 31.6V}{V_3 S} \tag{9-2}$$

式中，X_1——试样中高锰酸钾的消耗量，mg/dm^2；

　　　　V_1——试样浸泡液消耗高锰酸钾溶液的体积，mL；

　　　　V_2——试剂空白消耗高锰酸钾溶液的体积，mL；

　　　　c——高锰酸钾标准滴定溶液的摩尔浓度，mol/L；

　　　　31.6——与 1.00mL 的高锰酸钾标准滴定溶液（$c_{\frac{1}{5}KMnO_4}$＝1.000mol/L）相当的高锰

　　　　　　　酸钾的质量，mg；

　　　　V——试样浸泡液的总体积，mL；

　　　　V_3——测定用浸泡液体积，mL；

　　　　S——与浸泡液接触的试样面积，dm^2。

当按实际使用情形计算试样中高锰酸钾消耗量时，按式（9-3）计算：

$$X_2 = X_1 \frac{S_2}{V_4} \times 1000 \tag{9-3}$$

式中，X_2——按实际使用情形计算的试样中高锰酸钾消耗量，mg/L 或 mg/kg；

　　　　X_1——试样中高锰酸钾消耗量，mg/dm^2；

　　　　S_2——试样实际包装接触面积，dm^2；

　　　　V_4——试样实际包装接触体积或质量，mL 或 g；

　　　　1000——单位换算系数。

计算结果保留 2 位有效数字。在重复性条件下获得的 2 次独立测定结果的绝对差值不超过算术平均值的 20%。

6．说明和注意事项

（1）食品接触材料可能含有一些对人体有毒有害的成分，如残留溶剂、油墨、树脂、颜料、增塑剂、稀释剂、黏合剂及其他助剂。这些成分与食品接触会污染食品，长期摄入这些物质会对身体造成伤害。用蒸馏水浸泡待测样品，容易溶出的有机小分子物质溶解于水中，用强氧化性的高锰酸钾对浸泡液进行滴定，有机物质全部被氧化，通过消耗的高锰酸钾的量，可计算得到可溶出有机物质的含量。

（2）高锰酸钾消耗量的测定结果波动较大，为提高测定结果的准确度，注意以下操作因素：

① 试验用器皿需预先用酸性高锰酸钾处理，除去还原性物质。

② 煮沸时间要严格控制煮沸 5min，时间太短，有机物质氧化不彻底；时间太长，高锰酸钾会分解。

③ 煮沸 5min 后，若立即加入草酸，会造成草酸的挥发和分解，使测定结果偏低，宜放置 3min 后再加入草酸。

④ 趁热滴定，滴定时温度最好在 60～80℃。

⑤ 控制滴定速度，刚开始时高锰酸钾溶液褪色很慢，滴定速度要慢些，待生成的 Mn^{2+} 起催化作用后，滴定速度可加快，但不宜过快，否则高锰酸钾来不及与草酸反应而在热的酸性溶液中发生分解反应；也不宜过慢，否则空气中的还原性气体和尘埃与高锰酸根离子作用会使溶液的粉红色消失，导致高锰酸钾消耗量增加。

（3）高锰酸钾消耗量的测定通常以水作为食品模拟物对样品进行迁移试验，迁移试验的条件按相应的产品标准操作，可参考表 9-6。

三、食品接触材料及制品食品模拟物中重金属的测定

重金属（以铅计）的测定方法参考 GB 31604.9—2016《食品安全国家标准　食品接触材料及制品　食品模拟物中重金属的测定》中第一法。

1．原理

经迁移试验所得的食品模拟物试液（乙酸浸泡液）中重金属（以铅计）与硫化钠作用，在酸性溶液中形成黄棕色硫化物，与铅标准溶液的呈色相比较。

2．试剂和材料

（1）硝酸溶液（10%，质量分数）：移取 16.7mL 硝酸，加水定容至 100mL。

（2）硫化钠溶液：称取 15.4g 九水合硫化钠，加入 10mL 水，用玻璃棒充分搅拌直至溶解，然后加入 30mL 甘油，混匀，密闭保存。本溶液常温下可稳定保存 1 个月。

（3）食品模拟物：4% 乙酸溶液（体积分数），量取 40mL 无水乙酸于 1L 容量瓶中，加水定容至刻度。

（4）铅标准贮备液（100μg/mL）：准确称取 0.1598g 硝酸铅（纯度大于 98%），精确至 0.0001g，溶于 10mL 硝酸溶液（10%，质量分数）中，移入 1000mL 容量瓶内，加水稀释至刻度。

（5）铅标准使用液（10μg/mL）：吸取 10.0mL 铅标准贮备液（100μg/mL），置于 100mL 容量瓶中，用水稀释至刻度，摇匀。

3．仪器和设备

（1）恒温设备（恒温箱、水浴锅、冰箱等）：用于食品模拟物试液的制备与保存。
（2）分析天平：感量 0.1mg 和 0.01g。

4．分析步骤

取 4%乙酸浸泡液 20mL 于 50mL 比色管中，加水至 50mL，另取 0.01mg/mL 的铅标准溶液 2mL 于 50mL 比色管中，加 4%乙酸 20mL，加水至刻度。分别于两个溶液中加硫化钠溶液 2 滴，混合后放置 5min，两管以白色为背景，从上方或侧面观察溶液颜色。

5．结果判定

当试样呈色深于标准溶液呈色时，重金属（以铅计）含量大于 1mg/L；当试样呈色浅于标准溶液呈色时，重金属（以铅计）含量小于 1mg/L。

6．说明和注意事项

（1）食品接触材料及制品中的重金属通常指密度大于 $5g/cm^3$、生物毒性显著的金属元素，如铅、砷（类金属）、镉、汞、铬、锡、锑等。该方法是以铅的含量来表示样品中在酸性条件下能与硫化钠反应的金属元素和少量非金属元素的总量，适用于食品接触材料及制品在食品模拟物 4%乙酸溶液（体积分数）中重金属的测定。
（2）以 4%乙酸溶液（体积分数）作为食品模拟物对样品进行迁移试验得到食品模拟物试液，应在 0～4℃冰箱中保存。
（3）硫化钠比色法操作简便、快速，可用于重金属限量测定。
（4）重金属含量很低时，生成的重金属硫化钠悬浊液呈乳白色，通过比较浊度进行判断。
（5）硫化钠溶液中的 S^{2-} 不稳定，易被氧化，故配制浓溶液时加入甘油以降低其活性。分析时用的稀溶液宜临用时配制。

四、食品接触材料及制品脱色试验

脱色试验主要检控食品接触材料中着色剂的牢固情况，防止其向食品中迁移。
脱色试验的测定方法参考 GB 31604.7—2016《食品安全国家标准　食品接触材料及制品　脱色试验》。

1．原理

试样经溶剂擦拭及浸泡液浸泡，观察颜色变化情况。

2．试剂和材料

（1）乙醇溶液（65＋35）：量取 65mL 无水乙醇，加入 35mL 水，混匀。

（2）植物油：无色或浅色植物油。

（3）浸泡液：按 GB 5009.156—2016《食品安全国家标准　食品接触材料及制品迁移试验预处理方法通则》中浸泡液的制备操作。

（4）脱脂棉。

3．仪器和设备

恒温设备（恒温箱、水浴锅、冰箱等）：用于食品模拟物试液的制备与保存。

4．分析步骤

（1）取试样一个，用蘸有植物油的脱脂棉，在接触食品部位的约 4cm×2cm 小面积内，用力往返擦拭 100 次。

（2）另取试样一个，用蘸有无水乙醇或乙醇溶液（65＋35）的脱脂棉，在接触食品部位的约 4cm×2cm 小面积内，用力往返擦拭 100 次。

（3）观察浸泡液的颜色。

5．结果判定

（1）脱脂棉上未染有颜色，结果表述为阴性。

（2）浸泡液无颜色，结果表述为阴性。

6．说明和注意事项

（1）脱色试验主要考察食品接触材料及制品在接触酒、油、酸性物质时的脱色情况。添加了着色剂的产品中规定了该项指标的测定。

（2）脱色试验不合格的产品在使用过程中可能导致添加的着色剂迁移至食品中。着色剂含有重金属等有毒有害物质，迁移至食品中会损害人体健康。

 思考题

1．常见的食品模拟物有哪些？

2．为什么要对食品接触材料及制品进行高锰酸钾消耗量和总迁移量的测定？

 拓展训练

食品接触材料及制品高锰酸钾消耗量的测定。

 拓展学习

查阅并了解以下标准。

GB 9685—2016《食品安全国家标准　食品接触材料及制品用添加剂使用标准》

GB 31604 系列标准（食品接触材料及制品中其他理化指标的检验方法）

GB 4806 系列标准

GB 5009.156—2016《食品安全国家标准　食品接触材料及制品迁移试验预处理方法通则》

第十章　食品标签的检验

```
☞ 知识目标　了解预包装食品标签通则、预包装食品营养标签通则和预包装特
　殊膳食用食品标签相关标准要求，掌握食品标签相关知识。
☞ 能力目标　能根据食品标签、食品营养标签和特殊膳食用食品标签标示的相
　关要求，对各类食品标签进行检验。
☞ 职业素养　熟悉食品相关法规，正确理解标准内涵，具备敏锐的判断力。
```

　　食品标签是向消费者传递产品信息的载体。《中华人民共和国食品安全法》明确了食品标签是食品安全标准的重要组成部分。做好预包装食品标签管理，既是维护消费者权益，保障行业健康发展的有效手段，也是实现食品安全科学管理的需求。GB 7718—2011《食品安全国家标准　预包装食品标签通则》规定了预包装食品（包括特殊膳食用食品）标签的基本标示要求。GB 28050—2011《食品安全国家标准　预包装食品营养标签通则》规定了预包装食品的营养标签要求，包括营养成分表、营养成分含量声称和功能声称等。GB 13432—2013《食品安全国家标准　预包装特殊膳食用食品标签》规定了特殊膳食用食品标签中具有特殊性的标示要求。

第一节　预包装食品标签通则

　　GB 7718—2011《食品安全国家标准　预包装食品标签通则》规定了食品标签的通用性要求。标准适用于两类预包装食品：一是直接提供给消费者的预包装食品；二是非直接提供给消费者的预包装食品。不适用于散装食品、现制现售食品和食品贮运包装的标示。直接提供给消费者的预包装食品，所有事项均在标签上标示。非直接向消费者提供的预包装食品标签上必须标示食品名称、规格、净含量、生产日期、保质期和贮存条件，其他内容如未在标签上标注，则应在说明书或合同中注明。

一、术语和定义

　　（1）预包装食品：预先定量包装或者制作在包装材料和容器中的食品，包括预先定量包装及预先定量制作在包装材料和容器中并且在一定量限范围内具有统一的质量或体积标识的食品。预包装食品首先应当预先包装，此外包装上要有统一的质量或体积的标示。
　　（2）食品标签：指食品包装上的文字、图形、符号及一切说明物。

二、基本要求

　　（1）应符合法律、法规的规定，并符合相应食品安全标准的规定。

（2）应清晰、醒目、持久，应使消费者购买时易于辨认和识读。

（3）应通俗易懂、有科学依据，不得标示封建迷信、色情、贬低其他食品或违背营养科学常识的内容。

（4）应真实、准确，不得以虚假、夸大、使消费者误解或欺骗性的文字、图形等方式介绍食品，也不得利用字号大小或色差误导消费者。

（5）不应直接或以暗示性的语言、图形、符号，误导消费者将购买的食品或食品的某一性质与另一产品混淆。

（6）不应标注或者暗示具有预防、治疗疾病作用的内容，非保健食品不得明示或者暗示具有保健作用。

（7）不应与食品或者其包装物（容器）分离。

（8）应使用规范的汉字（商标除外）。具有装饰作用的各种艺术字，应书写正确，易于辨认。

（9）预包装食品包装物或包装容器最大表面面积大于 $35cm^2$ 时，强制性标示内容的文字、符号、数字的高度不得小于 1.8mm。

（10）一个销售单元的包装中含有不同品种、多个独立包装可单独销售的食品，每件独立包装的食品标识应当分别标注。

（11）外包装易于开启识别或透过外包装物能清晰地识别内包装物（容器）上的所有强制标示内容或部分强制标示内容，可不在外包装物上重复标示相应的内容；否则应在外包装物上按要求标示所有强制标示内容。

三、标签标示内容一般要求

直接向消费者提供的预包装食品标签标示内容应包括：

（1）食品名称。

（2）配料表。

（3）净含量和规格。

（4）生产者和（或）经销者的名称、地址和联系方式。

（5）生产日期和保质期。

（6）贮存条件。

（7）食品生产许可证编号。

（8）产品标准代号。

（9）其他需要标示的内容：辐照食品、转基因食品、营养标签、质量（品质）等级。

四、标示内容的豁免

（1）下列预包装食品可以免除标示保质期：酒精度大于等于10%的饮料酒、食醋、食用盐、固态食糖类、味精。

（2）当预包装食品包装物或包装容器的最大表面面积小于 $10cm^2$ 时，可以只标示产品名称、净含量、生产者（或经销商）的名称和地址。

五、推荐标示内容

根据产品需要，可以标示产品的批号、食用方法、（可能）含有的致敏物质。

六、食品标签标注常见问题

1．食品名称

（1）利用字号大小、色差、图形、符号及暗示性的语言误导消费者。使消费者误将购买的食品或食品的某一性质与另一属性相近的产品混淆。

例如，"橙汁饮料"或"芭乐果味饮料"，"橙汁"或"芭乐"字号大、颜色醒目，而反映其真实属性的"饮料"或"果味饮料"字体则很小，颜色较淡，消费者很容易将这类产品误认为是纯粹的芭乐果汁。

（2）在使用"新创名称""奇特名称""音译名称""牌号名称""地区俚语名称""商标名称"而存在误导消费者的可能时，未在食品标签的醒目位置和品名邻近处清晰地标示反映食品真实属性的专用名称。

例如，商标名称为"××乳"或"××奶"，而产品本身只是添加少量乳制品制成的含乳饮料，如果标签未在品名附近显著标示"含乳饮料"，极易使消费者对产品真实属性产生混淆，误以为选购食品是乳制品。

2．配料表

1）配料标示不能反映产品的真实属性

例如，液态法白酒按照工艺必然以水、食用乙醇为主，而部分产品标签为了蒙蔽消费者达到鱼龙混杂的目的，刻意不标示食用酒精，而仅标示所用固态法白酒涉及的原粮；又如，有的食品在产品名称中明示含有某种配料，而在配料表中却没有该配料。

2）配料名称不规范，容易引起误导

例如，以植物油为原料的植脂奶油在配料表中标示为"奶油"，很容易让消费者误以为是以乳品为原料制成的产品，规范的标注应该是"植脂奶油"或"人造奶油"；人工种植的人参被列为新资源食品后，有的企业在标示配料时标示为"人参"，存在容易让消费者与野生人参混淆的可能，规范的标注应是"人参（人工种植）"。

3）错用引导词

部分食品标签配料表未使用"配料"或"配料表"为引导词，而错误使用"配方""成分表"等；另外，部分企业对于 GB 7718—2011《食品安全国家标准　预包装食品标签通则》中规定的可以将"原料"或"原料与辅料"作为引导词的产品范围（适用于加工过程中所用的原料已改变为其他成分的产品，如酒、酱油、食醋之类的发酵产品）不清晰，造成错误使用。

4）单一配料问题

GB 7718—2011《食品安全国家标准　预包装食品标签通则》要求无论是多种或单种配料的食品均要标示配料表。不少单一配料的食品（如茶叶、瓶桶装饮用水、食糖、食用淀粉等）未标示配料表。

　　5）复合配料标示问题

　　根据 GB 7718—2011《食品安全国家标准　预包装食品标签通则》规定，有相关国家标准、行业标准或地方标准的复合配料，且添加量不超过 25%的情况下可以不用标示其原始配料。除此之外，无相关标准或是有相关国家标准、行业标准、地方标准的复合配料但添加量超过 25%的复合配料需要在名称后加括号将原始配料按从多到少的顺序具体标注。例如，月饼中馅料含量超过 25%却未将馅料原始配料按要求标出。

　　另外，复合配料标示的一些特殊要求也经常被忽略。例如，复合配料中包含的、对最终产品起工艺作用的食品添加剂需要根据 GB 2760—2014《食品安全国家标准　食品添加剂使用标准》中的带入原则进行标示；食品中复合香辛料加入量超过 2%应标示其具体名称；加入果脯蜜饯总量超过 10%的食品也需要将加入的各种果脯蜜饯的具体名称标示出来。

　　6）添加剂标示问题

　　常见的不规范情况有：

　　（1）标示的食品添加剂名称不是 GB 2760—2014《食品安全国家标准　食品添加剂使用标准》规定的通用名称，使用俗称标示或标注错别字。例如，将"脱氢乙酸钠"标示为"脱氢醋酸钠"，将"碳酸氢钠"标示为"小苏打"，将"碳酸氢铵"标示为"臭粉"，将"苯甲酸钠"标示为"笨甲酸钠"等。

　　（2）部分食品为了以"食品添加剂零添加"等观念吸引消费者，故意不标示加工中使用的、对终产品起作用的食品添加剂。

　　（3）对 GB 2760—2014《食品安全国家标准　食品添加剂使用标准》的要求了解不足，错误使用标准不允许使用的食品添加剂并且标示出来。

　　（4）标注的食品添加剂编码不是国际编码（INS 号），部分标签标注错误或错误标注成中国编码（CNS 号）。

　　（5）未在配料或原料栏将复合食品添加剂在终产品中具有功能作用的每种食品添加剂逐一、完整地标示出来。例如，面包、糕点中常用的"泡打粉""膨松剂"就需要在名称后括号内将具有功能作用的食品添加剂按量从多到少的顺序标示出来。

　　3．字符高度

　　（1）包装物或包装容器最大表面积大于等于 35cm^2 时，强制标示的内容文字、符号、数字高度不小于 1.8mm；部分企业标签内容或部分标示内容字符和符号高度达不到标准要求。

　　（2）净含量字符高度未能达到 GB 7718—2011《食品安全国家标准　预包装食品标签通则》要求。部分企业在设计制作标签时，经常未将"净含量"、"数字字符"及"计量单位"作为一个整体，出现只注重数字字符高度，而忽略了"净含量"字样和计量单位的高度，导致净含量字串整体的最小高度达不到标准要求。

　　4．其他常见问题

　　（1）贮存条件由有条件的豁免标示内容变为普遍强制性标示内容，漏标情况常见于酒类。

（2）执行标准有等级区分的食品未标示质量等级，或标示质量等级与标准划分等级不符。

（3）漏标依法承担产品质量法律责任的生产者或经销者的联系方式，这种情况常见于茶叶。

（4）产品标准代号标示错误，常见的问题有标示标准代号与标准主管部门审定的标准代号不符、标示标准已废止。

（5）在未取得认证授权或认证授权过期未及时延续的情况下，标示"有机""绿色""无公害""GMP""HACCP""ISO 22000"等字样和相关标志。

第二节　预包装食品营养标签通则

食品营养标签是向消费者提供食品营养信息和特性的说明，也是消费者直观了解食品营养组分、特征的有效方式。国家营养调查显示，我国居民既有营养不足，也有营养过剩的问题，特别是脂肪和钠（食盐）的摄入较高，是引发慢性病的主要因素。根据《中华人民共和国食品安全法》有关规定，为指导和规范我国食品营养标签标示，在参考国际食品法典委员会和国内外管理经验的基础上，我国制定了 GB 28050—2011《食品安全国家标准　预包装食品营养标签通则》。通过实施营养标签标准，要求预包装食品必须标示营养标签内容，一是有利于宣传普及食品营养知识，指导公众科学选择膳食；二是有利于促进消费者合理平衡膳食和身体健康；三是有利于规范企业正确标示营养标签，促进食品产业健康发展。

一、术语和定义

（1）营养标签：预包装食品标签上向消费者提供食品营养信息和特性的说明，包括营养成分表、营养声称和营养成分功能声称。营养标签是预包装食品标签的一部分。

（2）营养素：食物中具有特定生理作用，能维持机体生长、发育、活动、繁殖及正常代谢所需的物质，包括蛋白质、脂肪、碳水化合物、矿物质及维生素等。

（3）营养成分：食品中的营养素和除营养素以外的具有营养和（或）生理功能的其他食物成分。

（4）核心营养素：营养标签中的核心营养素，包括蛋白质、脂肪、碳水化合物和钠。

（5）营养素参考值（NRV）：专用于食品标签，用于比较食品营养成分含量的参考值。

二、基本要求

（1）预包装食品营养标签标示的任何营养信息，应真实、客观，不得标示虚假信息，不得夸大产品的营养作用或其他作用。

（2）预包装食品营养标签应使用中文。如同时使用外文标示，其内容应当与中文相对应，外文字号不得大于中文字号。

（3）营养成分表应以一个"方框表"的形式表示（特殊情况除外），方框可为任意尺寸，并与包装的基线垂直，表题为"营养成分表"。

（4）食品营养成分含量应以具体数值标示。

（5）营养标签应标在向消费者提供的最小销售单元的包装上。

三、强制标示内容

（1）所有预包装食品营养标签强制标示的内容包括能量、核心营养素的含量值及其占营养素参考值（NRV）的百分比。当标示其他成分时，应采取适当形式使能量和核心营养素的标示更加醒目。

（2）对除能量和核心营养素外的其他营养成分进行营养声称或营养成分功能声称时，在营养成分表中还应标示出该营养成分的含量及其占营养素参考值（NRV）的百分比。

（3）使用了营养强化剂的预包装食品，标示的内容除能量、核心营养素的含量值及其占营养素参考值（NRV）的百分比外，在营养成分表中还应标示强化后食品中该营养成分的含量值及其占营养素参考值（NRV）的百分比。

（4）食品配料含有或生产过程中使用了氢化和（或）部分氢化油脂时，在营养成分表中还应标示出反式脂肪（酸）的含量。

（5）未规定营养素参考值（NRV）的营养成分仅需标示含量。

四、营养成分的表达方式

（1）预包装食品中能量和营养成分的含量应以每100g和（或）每100mL和（或）每份食品可食部中的具体数值来标示。当用份标示时，应标明每份食品的量。份的大小可根据食品的特点或推荐量规定。

（2）营养成分表中强制标示和可选择性标示的营养成分的名称和顺序、标示单位、修约间隔、"0"界限值应符合规定。

五、可选择标示内容

（1）当某营养成分含量标示值符合相应的含量要求和限制性条件时，可对该成分进行含量声称。对营养成分进行含量声称时，必须使用规定用语，如"含有"、"高"、"低"或"无"等声称用语。

（2）当某营养成分的含量标示值符合含量声称或比较声称的要求和条件时，可使用相应的功能声称标准用语。不应对功能声称用语进行任何形式的删改、添加和合并。

六、豁免强制标示营养标签的预包装食品

下列预包装食品豁免强制标示营养标签：

（1）生鲜食品，如包装的生肉、生鱼、生蔬菜和水果、禽蛋等。

（2）乙醇含量大于等于0.5%的饮料酒类。

（3）包装总表面积小于等于100cm^{2}或最大表面面积小于等于20cm^{2}的食品。

（4）现制现售的食品。

（5）包装的饮用水。

（6）每日食用量小于等于 10g 或 10mL 的预包装食品。

（7）其他法律法规标准规定可以不标示营养标签的预包装食品。

七、食品营养标签标注常见问题

不属于 GB 28050—2011《食品安全国家标准　预包装食品营养标签通则》豁免范围的普通食品，其营养成分表标示经常出现的问题有：

（1）漏标营养成分表。

（2）标示的营养成分表格式与 GB 28050—2011《食品安全国家标准　预包装食品营养标签通则》规定的格式不符。

（3）将能量单位"kJ"标示为"KJ"、"Kj"或"kj"。

（4）将"营养成分表"标示为"营养成份表"。

（5）各种营养素的含量值和 NRV 值未按照 GB 28050—2011《食品安全国家标准　预包装食品标签通则》要求的修约间隔进行标注。

（6）当实测含量值低于"0"界限值时，含量值和 NRV 值标示错误。

（7）营养成分标示顺序不符合 GB 28050—2011《食品安全国家标准　预包装食品标签通则》规定的顺序。

（8）配料表显示产品使用氢化植物油，但营养成分表中未标示"反式脂肪（酸）"及其含量值。

第三节　预包装特殊膳食用食品标签

特殊膳食用食品是指为满足特殊的身体或生理状况和（或）满足疾病、紊乱等状态下的特殊膳食需求，专门加工或配方的食品，主要包括婴幼儿配方食品、婴幼儿辅助食品、特殊医学用途配方食品及其他特殊膳食用食品（包括辅食营养补充品、运动营养食品，以及其他具有相应国家标准的特殊膳食食品）。这类食品的适宜人群、营养素和（或）其他营养成分的含量要求等有一定特殊性，对其标签内容如能量和营养成分、食用方法、适宜人群的标示等有特殊要求。

能量和营养成分的含量是特殊膳食用食品与普通食品区别的主要特征，其含量应符合相应产品标准的要求，并应在标签上如实标示。除了应符合 GB 13432—2013《食品安全国家标准　预包装特殊膳食用食品标签》对预包装特殊膳食用食品特殊性的标示要求外，预包装特殊膳食用食品标签还应按照 GB 7718—2011《食品安全国家标准　预包装食品标签通则》和 GB 13432—2013《食品安全国家标准　预包装特殊膳食用食品标签》执行。

一、术语和定义

（1）特殊膳食用食品：为满足特殊的身体或生理状况和（或）满足疾病、紊乱等状态下的特殊膳食需求，专门加工或配方的食品。这类食品的营养素和（或）其他营养成分的含量与可类比的普通食品有显著不同。

（2）推荐摄入量：可以满足某一特定性别、年龄及生理状况群体中绝大多数个体需要的营养素摄入水平。

（3）适宜摄入量：营养素的一个安全摄入水平。

二、基本要求

标签应符合 GB 7718—2011《食品安全国家标准　预包装食品标签通则》规定的基本要求的内容，还应符合以下要求：

（1）不应涉及疾病预防、治疗功能。

（2）应符合相应产品标准中标签、说明书的有关规定。

（3）不应对 0～6 月龄婴儿配方食品中的必需成分进行含量声称和功能声称。

三、强制性标示内容

（1）一般要求：标示内容应符合 GB 7718—2011《食品安全国家标准　预包装食品标签通则》中相应条款的要求。

（2）食品名称：只有符合"预包装特殊膳食用食品"定义的食品才可以在名称中使用"预包装特殊膳食用食品"或相应的描述产品特殊性的名称。

（3）能量和营养成分的标示：①应以"方框表"的形式标示能量、蛋白质、脂肪、碳水化合物和钠，以及相应产品中要求的其他营养成分及其含量。如果产品根据相关法规或标准，添加了可选择性成分或强化了某些物质，还应标示这些成分及其含量。以婴儿配方食品为例，产品标签中除应标示能量、蛋白质、脂肪、碳水化合物和钠的含量外，还应标示 GB 10765—2010《食品安全国家标准　婴儿配方食品》中规定的必需成分的含量。②能量和营养成分的含量应以每 100g 和（或）每 100mL 和（或）每份食品可食部中的具体数值来标示。当用份标示时，应标明每份食品的量，份的大小可根据食品的特点或推荐量规定。如有必要或相应产品标准中另有要求的，还应标示出每 100kJ 产品中各营养成分的含量。

（4）食用方法和适宜人群：①应标示食用方法、每日或每餐食用量；②应标示适宜人群。

（5）贮存条件：①应标明贮存条件；②如开封后不宜贮存或不宜在原包装容器内贮存，应特别提示。

四、标示内容的豁免

当包装物或包装容器的最大表面面积小于 $10cm^2$ 时，可只标示产品名称、净含量、生产者（或经销者）的名称和地址、生产日期和保质期。

五、可选择标示内容

（1）能量和营养成分占推荐摄入量或适宜摄入量的质量分数。

（2）能量和营养成分的含量声称。

（3）能量和营养成分的功能声称。

 思考题

1．什么是食品标签？什么是营养标签？

2．预包装食品标签有哪些基本要求？

3．直接向消费者提供的预包装食品标签应包括哪些内容？

4．预包装食品营养标签有哪些基本要求？

5．预包装食品营养标签包括哪些强制标示内容？

 拓展学习

查阅并了解以下标准。

GB 7718—2011《食品安全国家标准　预包装食品标签通则》

GB 13432—2013《食品安全国家标准　预包装特殊膳食用食品标签》

GB 28050—2011《食品安全国家标准　预包装食品营养标签通则》

GB 29924—2013《食品安全国家标准　食品添加剂标识通则》

农业部 869 号公告-1-2007《农业转基因生物标签的标识》

GB/T 32950—2016《鲜活农产品标签标识》

SN/T 0400.9—2005《进出口罐头食品检验规程　第 9 部分：标签》

GB 2760—2014《食品安全国家标准　食品添加剂使用标准》

GB 14880—2012《食品安全国家标准　食品营养强化剂使用标准》

GB 26687—2011《食品安全国家标准　复配食品添加剂通则》

第十一章 食品中其他常见理化项目的检验

> ☞ **知识目标** 了解食用油脂中常见理化指标（酸价、过氧化值、烟点）的检验、食品中非食用物质（三聚氰胺、苏丹红染料、游离矿酸、挥发性盐基氮等）的检验、食品中常见功能因子（总黄酮、粗多糖、茶多酚）及常见理化指标（氯化物）的检验等相关知识。
>
> ☞ **能力目标** 能制定检验方案，根据不同的分析对象和检验目的，选择合适的检测方法，熟练使用各种分析仪器。
>
> ☞ **职业素养** 提升自主学习的意识，培养独立思维和创新品格。

第一节 食用油脂中常见理化指标的检验

油脂是人们的重要能量来源之一，其以良好的起酥性及特有的风味成为很多食品的加工原料，但油脂容易酸败变质，不仅会造成食品外观、气味、滋味的变化，而且会降低其内在质量和营养价值，甚至产生有害物质，引起食物中毒。油脂受氧气、微生物、光热、水分等的作用，逐渐氧化分解而变质酸败，使中性脂肪分解为甘油和脂肪酸，或使脂肪酸中的不饱和链断开形成过氧化物，再依次分解为低级脂肪酸、醛类、酮类等物质，而产生异臭和异味。油脂在酸败的同时使油中的维生素破坏，并且对有机体酶系统（如琥珀酸氧化酶、细胞色素氧化酶等）有损害作用，影响体内正常代谢，危害机体的健康。油脂酸败表现为酸价和过氧化值的增高，感官指标最敏感的是出现油醭味，因此对油脂酸价和过氧化值的控制显得非常重要。

一、食品酸价的测定

酸价是脂肪中游离脂肪酸含量的标志。一般认为，酸价越小，油脂质量越好，新鲜度和精炼程度越好。酸价和过氧化值略有升高不会对人体的健康产生损害，但如果酸价过高，则会导致人体肠胃不适、腹泻并损害肝脏。

食品中酸价的检测可参照 GB 5009.229—2016《食品安全国家标准 食品中酸价的测定》。

1. 冷溶剂指示剂滴定法

用有机溶剂乙醚-异丙醇混合液将油脂试样溶解成样品溶液，再用氢氧化钾或氢氧化钠标准滴定溶液中和滴定样品溶液中的游离脂肪酸，以酚酞（或百里香酚酞或碱性蓝 6B）指示剂相应的颜色变化来判定滴定终点，最后通过滴定终点消耗的标准滴定溶液的体积计算油脂试样的酸价。

2. 冷溶剂自动电位滴定法

从食品样品中提取出油脂（纯油脂试样可直接取样）作为试样，用有机溶剂将油脂试样溶解成样品溶液，再用氢氧化钾或氢氧化钠标准滴定溶液中和滴定样品溶液中的游离脂肪酸，同时测定滴定过程中样品溶液 pH 值的变化，并绘制相应的 pH 值-滴定体积实时变化曲线及其一阶微分曲线，以游离脂肪酸发生中和反应所引起的"pH 值突跃"为依据判定滴定终点，最后通过滴定终点消耗的标准溶液的体积计算油脂试样的酸价。

3．热乙醇指示剂滴定法

将固体油脂试样同乙醇一起加热至 70℃以上（但不超过乙醇的沸点），使固体油脂试样熔化为液态，同时通过振摇形成油脂试样的热乙醇悬浊液，使油脂试样中的游离脂肪酸溶解于热乙醇，再趁热用氢氧化钾或氢氧化钠标准滴定溶液中和滴定热乙醇悬浊液中的游离脂肪酸，以酚酞（或百里香酚酞或碱性蓝 6B）指示剂相应的颜色变化来判定滴定终点，然后通过滴定终点消耗的标准溶液的体积计算样品油脂的酸价。

二、食品中过氧化值的测定

过氧化值是表征油脂和脂肪酸等被氧化程度的一个指标。一般来说，过氧化值越高代表油脂酸败越严重，油脂氧化酸败产生的一些小分子物质（如自由基）在体内会对人体产生不良的影响。

食品中过氧化值的检测可参照 GB 5009.227—2016《食品安全国家标准　食品中过氧化值的测定》。

1．滴定法

制备的油脂试样在三氯甲烷和无水乙酸中溶解，其中的过氧化物与碘化钾反应生成碘，用硫代硫酸钠标准溶液滴定析出的碘。滴定至淡黄色时，加 1mL 淀粉指示剂，继续滴定并强烈振摇至溶液蓝色消失为终点。用过氧化物相当于碘的质量分数或 1kg 样品中活性氧的毫摩尔数表示过氧化值的量。

2．电位滴定法

制备的油脂试样溶解在异辛烷和无水乙酸中，试样中过氧化物与碘化钾反应生成碘，反应后用硫代硫酸钠标准溶液滴定析出的碘，用电位滴定仪确定滴定终点。用过氧化物相当于碘的质量分数或 1kg 样品中活性氧的毫摩尔数表示过氧化值的量。

三、植物油脂烟点的测定

烟点是当油脂暴露在空气中加热时，热分解产生的烟雾达到可见时的温度。烟点是植物油脂的一项重要质量指标，烟点高的油脂热稳定性较好。油脂产生的烟雾主要是低级醛与酮、游离脂肪酸、不饱和碳氢化合物，以及油脂精炼程度不够而从油料中带入的蛋白质、磷脂、胶等成分的热分解产物。油脂中游离脂肪酸含量越高，油脂越易被氧化，烟点越低，油脂品质越差。在煎炸食品及烹饪过程中，烟点越低，油烟越大，不但污染环境，而且影响食品风味和操作者的健康。

植物油脂烟点的检测可参照 GB/T 20795—2006《植物油脂烟点测定》。

1．自动测定仪方法

在植物油脂烟点测定仪中，样品被快速加热至 150℃，然后以 5～6℃/min 的速度继续加热升温，样品中低沸点和热不稳定物质挥发出来并产生烟雾，产生的初次连续蓝烟进入光电烟雾检测器后，对检测器发出的光线（波长范围：380～780nm）产生吸收，使检测器产生响应并达到设定的检测阈值，检测此时样品的温度即为烟点值。

2．目视测定方法

将油脂样品小心地装入样品杯中，使其液面恰好在装样线上。调节装置的位置，使照明光束正好通过油样杯杯口中心，火苗集中在杯底部的中央，将温度计垂直地悬挂在样品杯中央，水银球离杯底约为 6.35mm。迅速加热样品到发烟点前 42℃ 左右，然后调节热源，使样品升温速度为 5～6℃/min。看见样品有少量、连续带蓝色的烟（油脂中热分解物）冒出时，读取温度计指示的温度，即为烟点。

第二节　食品中非食用物质的检验

食品中的非食用物质既包括非法添加物、有毒有害加工副产物，也包括由原料带入的、由接触材料迁移到食品中的及贮藏过程产生的有害有毒物质，如三聚氰胺、苏丹红、吊白块、荧光增白剂、工业用乙酸、工业明胶、乌洛托品、高氯酸盐、二氧化硫脲、游离矿酸、多氯联苯、苯并芘、溴酸钾、4-甲基咪唑、真菌毒素、重金属、农药残留、兽药残留、动植物毒素、邻苯二甲酸酯类增塑剂、亚硝胺等。

一、原料乳与乳制品中三聚氰胺的测定

2008 年中国乳制品污染事件是中国的一起食品安全事故。事件起因是很多食用三鹿集团生产的乳粉的婴儿被发现患有肾结石，随后在其乳粉中发现含有化工原料三聚氰胺。该事件给消费者特别是婴幼儿的身体健康带来了极大危害，也造成了严重的社会影响。该事件对中国制造商品信誉造成了重创，多个国家禁止中国乳制品进口，中国消费者对国产乳制品失去信心。海外代购乳粉从那时起开始走热。该事件过去多年，全国仍有众多消费者对国产乳粉没有信心。

三聚氰胺俗称密胺、蛋白精，是一种化工原料，与甲醛缩合聚合可制得三聚氰胺树脂，广泛应用于塑料、涂料、木质建筑模板工业中。其化学式为 $C_3H_6N_6$，含氮量为 66.7%。乳制品中蛋白质含量的检测采用经典的凯氏定氮法，以检测氮元素的含量来计算，在牛乳中违法添加三聚氰胺是为了提高牛乳中的含氮量。2017 年世界卫生组织将三聚氰胺列为 2B 类致癌物。

原料乳与乳制品中三聚氰胺的检测可参照 GB/T 22388—2008《原料乳与乳制品中三聚氰胺检测方法》。

1．高效液相色谱法

试样用 1%三氯乙酸溶液-乙腈超声提取，经阳离子交换固相萃取柱净化、氨化甲醇

洗脱后，用高效液相色谱法测定，外标法定量。C_8 或 C_{18} 色谱柱进行分离，离子对试剂缓冲液-乙腈为流动相，240nm 为检测波长。

2. 液相色谱-质谱/质谱法

试样用 1%三氯乙酸溶液超声提取，经阳离子交换固相萃取柱净化、氨化甲醇洗脱后，用液相色谱-质谱/质谱法测定，外标法定量。强阳离子交换与 C_{18} 混合填料色谱柱进行分离，10mmol/L 乙酸铵-乙腈为流动相，采用多反应监测模式（MRM），以 m/z 127＞85 为定量离子对，以 m/z 127＞68 为定性离子对。

3. 气相色谱-质谱联用法

试样用 1%三氯乙酸溶液超声提取，经阳离子交换固相萃取柱净化、氨化甲醇洗脱后，进行硅烷化衍生，衍生产物用气相色谱-质谱联用法测定，外标法定量。5%苯基二甲基聚硅氧烷石英毛细管柱进行分离，用化合物的保留时间和质谱碎片的丰度比定性。气相色谱-质谱法采用选择离子监测质谱扫描模式（SIM），以 m/z 327 为定量离子，以 m/z 99、171、327、342 为定性离子。气相色谱-质谱/质谱法采用多反应监测质谱扫描模式（MRM），以 m/z 342＞327 为定量离子，以 m/z 342＞171 为定性离子。

二、食品中苏丹红染料的测定

苏丹红是亲脂性偶氮染料，作为工业染料主要用于油彩、机油、蜡和鞋油等产品的染色。苏丹红具有致突变性和致癌性，主要包括苏丹红Ⅰ、苏丹红Ⅱ、苏丹红Ⅲ和苏丹红Ⅳ，苏丹红Ⅰ被世界卫生组织列为 3 类致癌物。由于用苏丹红染色后的食品颜色非常鲜艳且不易褪色，能引起人们强烈的食欲，一些不法食品企业把苏丹红添加到食品中。常见违法添加苏丹红的食品有辣椒粉、辣椒油、红豆腐、红心禽蛋等。

食品中苏丹红染料的检测可参照 GB/T 19681—2005《食品中苏丹红染料的检测方法高效液相色谱法》。

样品经溶剂正己烷提取、氧化铝层析柱固相萃取净化后，用反相高效液相色谱-紫外可见光检测器进行色谱分析，采用外标法定量。C_{18} 色谱柱进行分离，以 0.1%甲酸的水溶液＋乙腈（85＋15）和 0.1%甲酸的乙腈溶液＋丙酮（80＋20）为流动相梯度洗脱，苏丹红Ⅰ的检测波长为 478nm，苏丹红Ⅱ、苏丹红Ⅲ、苏丹红Ⅳ的检测波长为 520nm。

三、食品中邻苯二甲酸酯的测定

邻苯二甲酸酯类化合物（phthalates，PAEs）能起到软化作用，作为增塑剂、载体及材料液化添加剂广泛用于塑料、玩具、汽车、润滑剂、化妆品和农药等行业。这类化合物对动物具有潜在的致畸性、致癌性和致突变性等特殊毒性，并显示较强的内分泌干扰性。2011 年爆发了"塑化剂事件"，二(2-乙基己基)邻苯二甲酸酯（DEHP）被某家企业当作饮料起云剂的配方长达 30 年，多家知名运动饮料及果汁、酵素饮品遭受污染。DEHP被世界卫生组织列入 2B 类致癌物清单。

食品中邻苯二甲酸酯的检测可参照 GB 5009.271—2016《食品安全国家标准　食品

中邻苯二甲酸酯的测定》。

同位素内标法在试样中加入 16 种氘代的邻苯二甲酸酯作为内标，各类食品经正己烷/乙腈超声提取、PSA/Silica 复合填料玻璃柱净化后经气相色谱-质谱联用仪进行测定。采用特征选择离子监测扫描模式（SIM），以保留时间和定性离子碎片的丰度比定性，同位素内标法定量。5%苯基-甲基聚硅氧烷石英毛细管色谱柱进行分离。标准曲线以邻苯二甲酸酯各组分及其对应氘代同位素内标的峰面积比值为纵坐标，以系列标准溶液中各组分含量与对应氘代同位素内标含量比值为横坐标。

外标法除不加入氘代的邻苯二甲酸酯内标物外，其余操作与同位素内标法一致。标准曲线以标准工作液的质量浓度为横坐标，以相应的峰面积为纵坐标。

四、食品（含保健食品）中西布曲明等化合物的测定

随着我国减肥类产品市场需求的不断增长，一些无良企业为了增加产品功效，牟取经济利益，在减肥类食品和保健食品中非法添加对人体有害的违禁成分，严重危害消费者的身体健康。

国家食品药品监督管理总局 2017 年第 24 号公告中规定了食品（含保健食品）基质中西布曲明等 33 种违法添加减肥降脂类化合物的高效液相色谱-串联质谱测定方法。

试样经甲醇超声提取，过滤后，上清液供高效液相色谱-串联质谱测定。采用 Waters CORTECS T3（柱长 100mm，内径 2.1mm，粒径 2.7μm），或性能相当者色谱柱进行分离，0.1%甲酸水溶液和 0.1%甲酸乙腈溶液为流动相梯度洗脱，采用多反应监测模式（MRM），以保留时间和相对离子丰度定性，外标法定量。以混合标准工作溶液的浓度为横坐标，以色谱峰的峰面积为纵坐标，绘制标准曲线。根据标准曲线得到待测液中组分的浓度，平行测定次数不少于 2 次。如基质复杂情况（如固体冲饮品等），可采用基质混合标准工作溶液绘制标准曲线，以降低基质影响。

五、食醋中游离矿酸的测定

游离矿酸指硫酸、盐酸、硝酸、磷酸等无机酸和草酸等有机酸，是非食用物质，常存在于工业用乙酸中。一些不法经营者使用工业用乙酸充当食用乙酸添加到食醋中，以降低生产成本，同时也将游离矿酸带入食醋。

食醋中游离矿酸的检测可参照 GB 5009.233—2016《食品安全国家标准 食醋中游离矿酸的测定》。

游离矿酸（硫酸、硝酸、盐酸等）存在时，氢离子浓度增大，可改变指示剂颜色。用毛细管或玻璃棒蘸少许试样，分别点在百里草酚蓝和甲基紫试纸上，观察其变化情况。若百里草酚蓝试纸变为紫色斑点或紫色环（中心淡紫色），表示有游离矿酸存在。不同浓度的乙酸、无水乙酸在百里草酚蓝试纸上呈现橘黄色环、中心淡黄色或无色。若甲基紫试纸变为蓝绿色，表示有游离矿酸存在。百里草酚蓝试纸和甲基紫试纸结果均判定为阳性时，该样品判定含有游离矿酸。

六、食品中挥发性盐基氮的测定

挥发性盐基氮是动物性食品由于酶和细菌的作用，在腐败过程中，使蛋白质分解而产生的氨及胺类等碱性含氮物质。

食品中挥发性盐基氮的检测可参照 GB 5009.228—2016《食品安全国家标准　食品中挥发性盐基氮的测定》。

1．半微量定氮法

挥发性盐基氮具有挥发性，在碱性氧化镁混悬溶液中蒸出，利用硼酸溶液吸收后，用标准酸溶液滴定至终点。使用甲基红乙醇溶液与溴甲酚绿乙醇溶液混合指示液，终点颜色至紫红色。使用甲基红乙醇溶液与亚甲基蓝乙醇溶液混合指示液，终点颜色至蓝紫色。计算挥发性盐基氮含量。

2．自动凯氏定氮仪法

称取充分混匀的试样至蒸馏管中，加入 75mL 水，振摇使试样在样液中分散均匀，浸渍 30min。在蒸馏管中加入 1g 氧化镁，连接到蒸馏器（使用前加入氢氧化钠溶液、盐酸或硫酸标准溶液，以及含有混合指示剂 A 或混合指示剂 B 的硼酸溶液）上实现自动加液、蒸馏、滴定和记录滴定数据的过程。

3．微量扩散法

挥发性盐基氮可在 37℃碱性饱和碳酸钾溶液中释出，挥发 2h 后吸收于硼酸吸收液中，用标准盐酸或硫酸溶液滴定至终点。使用甲基红乙醇溶液和溴甲酚绿乙醇溶液混合指示液，终点颜色至紫红色。使用甲基红乙醇溶液与亚甲基蓝乙醇溶液混合指示液，终点颜色至蓝紫色。计算挥发性盐基氮含量。

第三节　食品中功能成分的检验

功能食品的概念在世界各国有所不同。日本对功能食品的定义：功能食品是具有与生物防御、生物节律调整、预防疾病及恢复健康等有关的功能因子，经设计加工，对生物体有明显调整功能的食品。欧洲联盟对功能食品的定义：一种食品如果可以令人信服地证明对身体某种或多种机能有益处，有足够营养效果改善健康状况或能减少患病，即可被称为功能食品。我国对功能食品的定义同保健食品：声称并具有特定保健功能或者以补充维生素、矿物质为目的的食品，即适用于特定人群食用，具有调节机体功能，不以治疗疾病为目的，并且对人体不产生任何急性、亚急性或慢性危害的食品。

功能食品具有 3 个基本属性：食品基本属性，也就是有营养还要保证安全；修饰属性，也就是具备色、香、味，能使人产生食欲；功能属性，也就是对机体的生理机能有一定的良好调节作用。常见的功能食品素材有些是常见的食品原料（小麦、燕麦、玉米、初乳、胡萝卜等），有些是动植物组织（鱼头、骨头、脂肪等），有些是传统中药（灵芝、虫草、枸杞、甘草、杜仲、人参等）。

功能食品含有功效成分，即能通过激活酶的活性或其他途径调节人体机能的物质。功效成分又称为功能因子、活性成分、有效成分。

一、食品中总黄酮的测定

黄酮类化合物是具有苯并吡喃环结构的一类天然化合物的总称，其广泛存在于植物中，多以苷类形式存在。黄酮类化合物是部分食品及制品中主要的抗氧化活性成分之一。黄酮类化合物多显黄色，难溶于水。黄酮类化合物有多种测定方法，对于黄酮类化合物的相互分离及单一成分的定量分析，常采用高效液相色谱法；而对于总黄酮含量的测定，则主要采用分光光度法。

保健食品中总黄酮的检测可参照《保健食品检验与评价技术规范》（2003 年版）。

称取一定量的试样，加乙醇定容至 25mL，摇匀后，超声提取 20min，放置，吸取上清液 1.0mL，于蒸发皿中，加 1g 聚酰胺粉吸附，于水浴上挥去乙醇，然后转入层析柱。先用 20mL 苯洗，苯液弃去，然后用甲醇洗脱黄酮，定容至 25mL。此液于波长 360nm 测定吸收值。同时以芦丁为标准品，测定标准曲线，求回归方程，计算试样中总黄酮含量。

另外，NY/T 1295—2007《荞麦及其制品中总黄酮含量的测定》、NY/T 2010—2011《柑橘类水果及制品中总黄酮含量的测定》、GB/T 20574—2006《蜂胶中总黄酮含量的测定方法　分光光度比色法》、SN/T 4592—2016《出口食品中总黄酮的测定》等标准中规定了不同食品中总黄酮含量的测定方法。

二、食品中粗多糖的测定

粗多糖是指以 β-D-葡聚糖或 α-D-葡聚糖或其他碳糖为主链的一系列高分子化合物，广泛存在于灵芝、香菇、枸杞、银耳等植物中。粗多糖因其功能显著而受到广泛的重视，但不同的食品，其多糖含量差异很大。从 20 世纪 60 年代开始，随着国内外有关专家对多糖活性的深入了解，以及人们对各种天然食品的推崇，多糖以其无毒副作用，而且又是营养、辅助治疗等功能性保健品的有效成分，被当今世界所重视。随着食品工业技术的迅速发展，食品中粗多糖含量的准确测定越来越重要。

食品或保健食品中多糖的种类很多，测定其中多糖的含量一般先将样品溶于水，然后加无水乙醇将多糖沉淀，经离心分离后除去水溶性的单糖及低聚糖，再用水洗涤沉淀物，重复沉淀-分离步骤，获得活性多糖。具体检测方法可参考《保健食品功效成分检测方法》（2002 年版）及 SN/T 4260—2015《出口植物源性食品中粗多糖的测定　苯酚-硫酸法》。

1．碱性酒石酸铜滴定法

样品中多糖沉淀物经酸解后，全部转化成单糖。单糖具有还原性，在加热条件下直接滴定标定过的碱性酒石酸铜溶液，以亚甲基蓝作指示剂，根据样液消耗的体积计算还原糖含量，再乘以系数 0.9 计算多糖含量。

2．蒽酮比色法

多糖经乙醇沉淀分离后，去除其他可溶性糖及杂质的干扰，糖与硫酸在沸水浴中加热脱水生成羟甲基呋喃甲醛（羟甲基糠醛），再与蒽酮缩合成蓝绿色化合物，其呈色强度与溶液中糖的浓度成正比，在 620nm 波长下比色，与葡萄糖标准系列比较定量。

3．苯酚-硫酸法

多糖在浓硫酸作用下，先水解成单糖，并迅速脱水生成糠醛衍生物，与苯酚反应生成橙黄色溶液，在 490nm 处有特征吸收，与葡萄糖标准系列比较，计算样品中粗多糖含量。

三、茶饮料中茶多酚的测定

茶多酚是茶叶中多酚类物质的总称，包括黄烷醇类、花色苷类、黄酮类、黄酮醇类和酚酸类等，主要为黄烷醇（儿茶素）类，其中儿茶素占 60%～80%。茶多酚又称茶鞣或茶单宁，是形成茶叶色香味的主要成分之一，也是茶叶中有保健功能的主要成分之一。

茶饮料中茶多酚
的测定

茶多酚能极强地清除有害自由基，阻断脂质过氧化过程，提高人体内酶的活性，具有抗氧化、抗衰老、抗突变、抗癌症、抗放射、降血脂、预防心脑血管疾病等功效。

茶饮料是以茶叶的水提取液或其浓缩液、茶粉等为主要原料加工制成的液体饮料，茶多酚含量高低是评价茶饮料质量好坏的一项主要指标。茶饮料中茶多酚的检测可参照 GB/T 21733—2008《茶饮料》中的方法。

茶叶中的多酚类物质能与亚铁离子形成紫蓝色络合物，用分光光度计法测定其含量。称取制备好的样品溶液 1～5g 于 25mL 容量瓶中，加蒸馏水 4mL，加酒石酸铁溶液 5mL，摇匀，再加入 pH 值为 7.5 的磷酸缓冲液稀释至刻度。用 10mm 比色皿，在波长 540nm 处，以试剂空白作参比，测定其吸光度（A_1）。同时称取等量的试液于 25mL 容量瓶中，加蒸馏水 4mL，用 pH 值为 7.5 的磷酸缓冲液稀释至刻度。用 10mm 比色皿，在波长 540nm 处，以试剂空白作参比，测定其吸光度（A_2），以扣除试液底色对测定结果的影响。根据吸光度的大小计算样品中茶多酚的含量。

四、食品中氯化物的测定

氯化物是人体必需的元素，血液中的氯等电解质离子比例失调时，轻者使人疲乏无力、厌食嗜睡、消化不良；重者导致呕吐、抽搐、昏迷不醒、心律失常等症状。食品中氯化物的测定方法主要有自动电位滴定法、间接沉淀滴定法、直接滴定法、连续注射-电导法、分子吸收光谱法、ICP-OES 和 X 射线荧光分析法等。前 3 种方法抗干扰强、不用或只需价廉仪器、测试成本低。

食品中氯化物的检测可参照 GB 5009.44—2016《食品安全国家标准　食品中氯化物的测定》。

1．电位滴定法

试样经水或热水溶解、沉淀蛋白质、硝酸酸化处理后，加入丙酮，以玻璃电极为参比电极，银电极为指示电极，用硝酸银标准滴定溶液滴定试液中的氯化物。根据电位的"突跃"，确定滴定终点。以硝酸银标准滴定溶液的消耗量，计算食品中氯化物的含量。

2．佛尔哈德法（间接沉淀滴定法）

样品经水或热水溶解、沉淀蛋白质、硝酸酸化处理后，加入过量的硝酸银溶液，以硫酸铁铵为指示剂，用硫氰酸钾标准滴定溶液滴定过量的硝酸银，滴定至出现淡棕红色并保持 1min 不褪色。根据硫氰酸钾标准滴定溶液的消耗量，计算食品中氯化物的含量。

3．银量法（摩尔法或直接滴定法）

样品经水或热水溶解、沉淀蛋白质、硝酸酸化处理后，以铬酸钾为指示剂，用硝酸银标准滴定溶液滴定试液中的氯化物，颜色由黄色变为橙黄色并保持 1min 不褪色。根据硝酸银标准滴定溶液的消耗量，计算食品中氯化物的含量。

参 考 文 献

程云燕，李双石，2007. 食品分析与检验 [M]. 北京：化学工业出版社.

李东凤，2008. 食品分析综合实训 [M]. 北京：化学工业出版社.

李京东，余奇飞，刘丽红，2016. 食品分析与检验技术 [M]. 北京：化学工业出版社.

彭珊珊，张俊艳，2014. 食品掺伪鉴别检验 [M]. 3版. 北京：中国轻工业出版社.

曲祖乙，刘靖，2006. 食品分析与检验 [M]. 北京：中国环境科学出版社.

师邱毅，纪其雄，许莉勇，2010. 食品安全快速检测技术及应用 [M]. 北京：化学工业出版社.

田春美，2015. 食品理化检验技术 [M]. 北京：化学工业出版社.

王光亚，2002. 保健食品功效成分检测方法 [M]. 北京：中国轻工业出版社.

王磊，2017. 食品分析与检验 [M]. 北京：化学工业出版社.

王硕，张鸿雁，王俊平，2011. 酶联免疫吸附分析方法：基本原理及其在食品中化学污染物检测应用 [M]. 北京：科学出版社.

王燕，2008. 食品检验技术. 理化部分 [M]. 北京：中国轻工业出版社.

王一凡，2009. 食品检验综合技能实训 [M]. 北京：化学工业出版社.

王永华，戚穗坚，2017. 食品分析 [M]. 3版. 北京：中国轻工业出版社.

颜世敢，2017. 免疫学原理与技术 [M]. 北京：化学工业出版社.

臧剑甬，陈红霞，2013. 食品理化检测技术 [M]. 北京：中国轻工业出版社.

张水华，2004. 食品分析 [M]. 北京：中国轻工业出版社.

张意静，2001. 食品分析技术 [M]. 北京：中国轻工业出版社.

周光理，2015. 食品分析与检验技术 [M]. 3版. 北京：化学工业出版社.

朱克永，2011. 食品检测技术：理化检验　感官检验技术 [M]. 北京：科学出版社.

邹志飞，2010. 食品添加剂检测指南 [M]. 北京：中国标准出版社.

附　　录

附表 1　乙醇水溶液密度与酒精度（乙醇含量）对照表（20℃）

（酒精度 3%～15%）

密度/（g/L）	酒精度/(%, 体积分数)	密度/（g/L）	酒精度/(%, 体积分数)	密度/（g/L）	酒精度/(%, 体积分数)	密度/（g/L）	酒精度/(%, 体积分数)
993.81	3.00	993.09	3.51	992.38	4.02	991.68	4.54
993.79	3.01	993.07	3.52	992.36	4.04	991.66	4.55
993.77	3.02	993.05	3.54	992.35	4.05	991.65	4.56
993.76	3.03	993.04	3.55	992.33	4.06	991.63	4.57
993.74	3.05	993.02	3.56	992.31	4.07	991.61	4.59
993.72	3.06	993.00	3.57	992.29	4.09	991.60	4.60
993.70	3.07	992.99	3.59	992.28	4.10	991.58	4.61
993.69	3.08	992.97	3.60	992.26	4.11	991.56	4.62
993.67	3.10	992.95	3.61	992.24	4.12	991.54	4.64
993.65	3.11	992.93	3.62	992.23	4.14	991.53	4.65
993.63	3.12	992.92	3.64	992.21	4.15	991.51	4.66
993.61	3.13	992.90	3.65	992.19	4.16	991.49	4.67
993.60	3.15	992.88	3.66	992.17	4.17	991.48	4.69
993.58	3.16	992.86	3.67	992.16	4.19	991.46	4.70
993.56	3.17	992.85	3.69	992.14	4.20	991.44	4.71
993.54	3.18	992.83	3.70	992.12	4.21	991.43	4.72
993.53	3.20	992.81	3.71	992.11	4.22	991.41	4.74
993.51	3.21	992.79	3.72	992.09	4.24	991.39	4.75
993.49	3.22	992.78	3.74	992.07	4.25	991.38	4.76
993.47	3.24	992.76	3.75	992.05	4.26	991.36	4.77
993.46	3.25	992.74	3.76	992.04	4.27	991.34	4.79
993.44	3.26	992.72	3.77	992.02	4.29	991.33	4.80
993.42	3.27	992.71	3.79	992.00	4.30	991.31	4.81
993.40	3.29	992.69	3.80	991.99	4.31	991.29	4.82
993.39	3.30	992.67	3.81	991.97	4.32	991.28	4.84
993.37	3.31	992.66	3.82	991.95	4.34	991.26	4.85
993.35	3.32	992.64	3.84	991.94	4.35	991.24	4.86
993.33	3.34	992.62	3.85	991.92	4.36	991.22	4.87
993.32	3.35	992.60	3.86	991.90	4.37	991.21	4.89
993.30	3.36	992.59	3.87	991.88	4.39	991.19	4.90
993.28	3.37	992.57	3.89	991.87	4.40	991.17	4.91
993.26	3.39	992.55	3.90	991.85	4.41	991.16	4.92
993.25	3.40	992.54	3.91	991.83	4.42	991.14	4.94
993.23	3.41	992.52	3.92	991.82	4.44	991.12	4.95
993.21	3.42	992.50	3.94	991.80	4.45	991.11	4.96
993.19	3.44	992.48	3.95	991.78	4.46	991.09	4.97
993.18	3.45	992.47	3.96	991.77	4.47	991.07	4.99
993.16	3.46	992.45	3.97	991.75	4.49	991.06	5.00
993.14	3.47	992.43	3.99	991.73	4.50	991.04	5.01
993.12	3.49	992.41	4.00	991.71	4.51	991.02	5.02
993.11	3.50	992.40	4.01	991.70	4.52	991.01	5.04

密度/（g/L）	酒精度/（%，体积分数）	密度/（g/L）	酒精度/（%，体积分数）	密度/（g/L）	酒精度/（%，体积分数）	密度/（g/L）	酒精度/（%，体积分数）
990.99	5.05	990.29	5.57	989.60	6.09	988.92	6.62
990.97	5.06	990.28	5.58	989.59	6.11	988.91	6.62
990.96	5.07	990.26	5.60	989.57	6.12	988.89	6.64
990.94	5.09	990.24	5.61	989.56	6.13	988.88	6.65
990.92	5.10	990.23	5.62	989.54	6.14	988.86	6.67
990.91	5.11	990.21	5.63	989.52	6.16	988.84	6.68
990.89	5.12	990.19	5.65	989.51	6.17	988.83	6.69
990.87	5.13	990.18	5.66	989.49	6.18	988.81	6.70
990.86	5.15	990.16	5.67	989.47	6.19	988.80	6.72
990.84	5.16	990.14	5.68	989.46	6.21	988.78	6.73
990.82	5.17	990.13	5.70	989.44	6.22	988.76	6.74
990.81	5.18	990.11	5.71	989.43	6.23	988.75	6.75
990.79	5.20	990.09	5.72	989.41	6.24	988.73	6.77
990.77	5.21	990.08	5.73	989.39	6.26	988.72	6.78
990.76	5.22	990.06	5.75	989.38	6.27	988.70	6.79
990.74	5.23	990.05	5.76	989.36	6.28	988.68	6.80
990.72	5.25	990.03	5.77	989.34	6.29	988.67	6.81
990.71	5.26	990.01	5.78	989.33	6.31	988.65	6.83
990.69	5.27	990.00	5.80	989.31	6.32	988.64	6.84
990.67	5.28	989.98	5.81	989.30	6.33	988.62	6.85
990.66	5.30	989.96	5.82	989.28	6.34	988.60	6.86
990.64	5.31	989.95	5.83	989.26	6.36	988.59	6.88
990.62	5.32	989.93	5.85	989.25	6.37	988.57	6.89
990.61	5.33	989.91	5.86	989.23	6.38	988.56	6.90
990.59	5.35	989.90	5.87	989.21	6.39	988.54	6.91
990.57	5.36	989.88	5.88	989.20	6.40	988.52	6.93
990.56	5.37	989.87	5.89	989.18	6.42	988.51	6.94
990.54	5.38	989.85	5.91	989.17	6.43	988.49	6.95
990.52	5.40	989.83	5.92	989.15	6.44	988.48	6.96
990.51	5.41	989.82	5.93	989.13	6.45	988.46	6.98
990.49	5.42	989.80	5.94	989.12	6.47	988.45	6.99
990.47	5.43	989.78	5.96	989.10	6.48	988.43	7.00
990.46	5.45	989.77	5.97	989.09	6.49	988.41	7.01
990.44	5.46	989.75	5.98	989.07	6.50	988.40	7.03
990.42	5.47	989.73	5.99	989.05	6.52	988.38	7.04
990.41	5.48	989.72	6.01	989.04	6.53	988.37	7.05
990.39	5.50	989.70	6.02	989.02	6.54	988.5	7.06
990.37	5.51	989.69	6.03	989.01	6.55	988.33	7.08
990.36	5.52	989.67	6.04	988.99	6.57	988.32	7.09
990.34	5.53	989.65	6.06	988.97	6.58	988.30	7.10
990.33	5.55	989.64	6.07	988.96	6.59	988.29	7.11
990.31	5.56	989.62	6.08	988.94	6.60	988.27	7.12

密度/（g/L）	酒精度/（%，体积分数）	密度/（g/L）	酒精度/（%，体积分数）	密度/（g/L）	酒精度/（%，体积分数）	密度/（g/L）	酒精度/（%，体积分数）
988.25	7.14	987.61	7.65	986.97	8.15	986.34	8.66
988.24	7.15	987.59	7.66	986.96	8.17	986.33	8.67
988.22	7.16	987.58	7.67	986.94	8.18	986.31	8.69
988.21	7.17	987.56	7.68	986.92	8.19	986.29	8.70
988.19	7.19	987.55	7.70	986.91	8.20	986.28	8.71
988.18	7.20	987.53	7.71	986.89	8.22	986.26	8.72
988.16	7.21	987.51	7.72	986.88	8.23	986.25	8.73
988.14	7.22	987.50	7.73	986.86	8.24	986.23	8.75
988.13	7.24	987.48	7.74	986.85	8.25	986.22	8.76
988.11	7.25	987.47	7.76	986.83	8.26	986.20	8.77
988.10	7.26	987.45	7.77	986.82	8.28	986.19	8.78
988.08	7.27	987.44	7.78	986.80	8.29	986.17	8.80
988.06	7.29	987.42	7.79	986.79	8.30	986.16	8.81
988.05	7.30	987.41	7.81	986.77	8.31	986.14	8.82
988.03	7.31	987.39	7.82	986.75	8.33	986.13	8.83
988.02	7.32	987.37	7.83	986.74	8.34	986.11	8.85
988.00	7.34	987.36	7.84	986.72	8.35	986.10	8.86
987.99	7.35	987.34	7.66	986.71	8.36	986.08	8.87
987.97	7.36	987.33	7.87	986.69	8.38	986.07	8.88
987.95	7.37	987.31	7.88	986.68	8.39	986.05	8.90
987.94	7.39	987.30	7.89	986.66	8.40	986.04	8.91
987.92	7.40	987.28	7.91	986.65	8.41	986.02	8.92
987.91	7.41	987.27	7.92	986.63	8.43	986.01	8.93
987.89	7.42	987.25	7.93	986.62	8.44	985.99	8.95
987.88	7.44	987.23	7.94	986.60	8.45	985.98	8.96
987.86	7.45	987.22	7.96	986.59	8.46	985.96	8.97
987.84	7.46	987.20	7.97	986.57	8.48	985.94	8.98
987.83	7.47	987.19	7.98	986.55	8.49	985.93	8.99
987.81	7.48	987.17	7.99	986.54	8.50	985.91	9.01
987.80	7.50	987.16	8.01	986.52	8.51	985.90	9.02
987.78	7.51	987.14	8.02	986.51	8.52	985.88	9.03
987.77	7.52	987.13	8.03	986.49	8.54	985.87	9.04
987.75	7.53	987.11	8.04	986.48	8.55	985.85	9.06
987.73	7.55	987.09	8.05	986.46	8.56	985.84	9.07
987.72	7.56	987.08	8.07	986.45	8.57	985.82	9.08
987.70	7.57	987.06	8.08	986.43	8.59	985.81	9.09
987.69	7.58	987.05	8.09	986.42	8.60	985.79	9.11
987.67	7.60	987.03	8.10	986.40	8.61	985.78	9.12
987.66	7.61	987.02	8.12	986.39	8.62	985.76	9.13
987.64	7.62	987.00	8.13	986.37	8.64	985.75	9.14
987.62	7.63	986.99	8.14	986.36	8.65	985.73	9.16

密度/（g/L）	酒精度/（%，体积分数）	密度/（g/L）	酒精度/（%，体积分数）	密度/（g/L）	酒精度/（%，体积分数）	密度/（g/L）	酒精度/（%，体积分数）
985.72	9.17	985.09	9.69	984.47	10.20	983.85	10.72
985.70	9.18	985.07	9.70	984.45	10.22	983.84	10.73
985.69	9.19	985.06	9.71	984.44	10.23	983.82	10.75
985.67	9.20	985.04	9.72	984.42	10.24	983.81	10.76
985.66	9.22	985.03	9.74	984.41	10.25	983.79	10.77
985.64	9.23	985.01	9.75	984.39	10.27	983.78	10.78
985.63	9.24	985.00	9.76	984.38	10.28	983.76	10.79
985.61	9.25	984.98	9.77	984.36	10.29	983.75	10.81
985.60	9.27	984.97	9.78	984.35	10.30	983.73	10.82
985.58	9.28	984.95	9.80	984.33	10.31	983.72	10.83
985.57	9.29	984.94	9.81	984.32	10.33	983.70	10.84
985.55	9.30	984.92	9.82	984.30	10.34	983.69	10.86
985.54	9.32	984.91	9.83	984.29	10.35	983.68	10.87
985.52	9.33	984.89	9.85	984.27	10.36	983.66	10.88
985.51	9.34	984.88	9.86	984.26	10.38	983.65	10.89
985.49	9.35	984.86	9.87	984.24	10.39	983.63	10.91
985.48	9.36	984.85	9.88	984.23	10.40	983.62	10.92
985.46	9.38	984.84	9.90	984.22	10.41	983.60	10.93
985.45	9.39	984.84	9.91	984.20	10.43	983.59	10.94
985.43	9.40	984.81	9.92	984.19	10.44	983.57	10.95
985.42	9.41	984.79	9.93	984.17	10.45	983.56	10.97
985.40	9.43	984.78	9.94	984.16	10.46	983.54	10.98
985.39	9.44	984.76	9.96	984.14	10.47	983.53	10.99
985.37	9.45	984.75	9.97	984.13	10.49	983.52	11.00
985.36	9.46	984.73	9.98	984.11	10.50	983.50	11.02
985.34	9.48	984.72	9.99	984.10	10.51	983.49	11.03
985.33	9.49	984.70	10.01	984.08	10.52	983.47	11.04
985.31	9.50	984.69	10.02	984.07	10.54	983.46	11.05
985.30	9.51	984.67	10.03	984.05	10.55	983.44	11.07
985.28	9.53	984.66	10.04	984.04	10.56	983.43	11.08
985.27	9.54	984.64	10.06	984.03	10.57	983.41	11.09
985.25	9.55	984.63	10.07	984.01	10.59	983.40	11.10
985.24	9.56	984.61	10.08	984.00	10.60	983.39	11.11
985.22	9.57	984.60	10.09	983.98	10.61	983.37	11.13
985.21	9.59	984.58	10.10	983.97	10.62	983.36	11.14
985.19	9.60	984.57	10.12	983.95	10.63	983.34	11.15
985.18	9.61	984.55	10.13	983.94	10.65	983.33	11.16
985.16	9.62	984.54	10.14	983.92	10.66	983.31	11.18
985.15	9.64	984.52	10.15	983.91	10.67	983.30	11.19
985.13	9.65	984.51	10.17	983.89	10.68	983.28	11.20
985.12	9.66	984.49	10.18	983.88	10.70	983.27	11.21
985.10	9.67	984.48	10.19	983.86	10.71	983.26	11.23

续表

密度/（g/L）	酒精度/（%，体积分数）	密度/（g/L）	酒精度/（%，体积分数）	密度/（g/L）	酒精度/（%，体积分数）	密度/（g/L）	酒精度/（%，体积分数）
983.24	11.24	982.64	11.75	982.04	12.27	981.45	12.78
983.23	11.25	982.63	11.77	982.03	12.28	981.44	12.80
983.21	11.26	982.61	11.78	982.02	12.29	981.43	12.81
983.20	11.27	982.60	11.79	982.00	12.31	981.41	12.82
983.18	11.29	982.58	11.80	981.99	12.32	981.40	12.83
983.17	11.30	982.57	11.81	981.97	12.33	981.38	12.85
983.15	11.31	982.55	11.83	981.96	12.34	981.37	12.86
983.14	11.32	982.54	11.84	981.94	12.35	981.36	12.87
983.13	11.34	982.53	11.85	981.93	12.37	981.34	12.88
983.11	11.35	982.51	11.86	981.92	12.38	981.33	12.89
983.10	11.36	982.50	11.88	981.90	12.39	981.31	12.91
983.08	11.37	982.48	11.89	981.89	12.40	981.30	12.92
983.07	11.38	982.47	11.90	981.87	12.42	981.29	12.93
983.05	11.40	982.45	11.91	981.86	12.43	981.27	12.94
983.04	11.41	982.44	11.93	981.85	12.44	981.26	12.96
983.03	11.42	982.43	11.94	981.83	12.45	981.24	12.97
983.01	11.42	982.41	11.95	981.82	12.47	981.23	12.98
983.00	11.45	982.40	11.96	981.80	12.48	981.22	12.99
982.98	11.46	982.38	11.97	981.79	12.49	981.20	13.00
982.97	11.47	982.37	11.99	981.78	12.50	981.19	13.02
982.95	11.48	982.35	12.00	981.76	12.51	981.18	13.03
982.94	11.50	982.34	12.01	981.75	12.53	981.16	13.04
982.93	11.51	982.33	12.02	981.73	12.54	981.15	13.05
982.91	11.52	982.31	12.04	981.72	12.55	981.13	13.07
982.90	11.53	982.30	12.05	981.71	12.56	981.12	13.08
982.88	11.54	982.28	12.06	981.69	12.58	981.11	13.09
982.87	11.56	982.27	12.07	981.68	12.59	981.09	13.10
982.85	11.57	982.26	12.08	981.66	12.60	981.08	13.11
982.84	11.58	982.24	12.10	981.65	12.61	981.06	13.12
982.82	11.59	982.23	12.11	981.64	12.62	981.05	13.14
982.81	11.61	982.21	12.12	981.62	12.64	981.04	13.15
982.80	11.62	982.20	12.13	981.61	12.65	981.02	13.16
982.78	11.63	982.18	12.15	981.59	12.66	981.01	13.18
982.77	11.64	982.17	12.16	981.58	12.67	980.99	13.19
982.75	11.66	982.16	12.17	981.57	12.69	980.98	13.20
982.74	11.67	982.14	12.18	981.55	12.70	980.97	13.21
982.72	11.68	982.13	12.20	981.54	12.71	980.95	13.22
982.71	11.69	982.11	12.21	981.52	12.72	980.94	13.24
982.70	11.70	982.10	12.22	981.51	12.73	980.93	13.25
982.68	11.72	982.09	12.23	981.50	12.75	980.91	13.26
982.67	11.73	982.07	12.24	981.48	12.76	980.90	13.27
982.65	11.74	982.06	12.26	981.47	12.77	980.88	13.29

密度/（g/L）	酒精度/（%, 体积分数）	密度/（g/L）	酒精度/（%, 体积分数）	密度/（g/L）	酒精度/（%, 体积分数）	密度/（g/L）	酒精度/（%, 体积分数）
980.87	13.30	980.39	13.73	979.91	14.15	979.43	14.58
980.86	13.31	980.37	13.74	979.89	14.17	979.42	14.59
980.84	13.32	980.36	13.75	979.88	14.18	979.41	14.61
980.83	13.33	980.35	13.76	979.87	14.19	979.39	14.62
980.81	13.35	980.33	13.78	979.85	14.20	979.38	14.63
980.80	13.36	980.32	13.79	979.84	14.22	979.36	14.64
980.79	13.37	980.31	13.80	979.83	14.23	979.35	14.65
980.77	13.38	980.29	13.81	979.81	14.24	979.34	14.67
980.76	13.40	980.28	13.82	979.80	14.25	979.32	14.68
980.75	13.41	980.26	13.84	979.79	14.26	979.31	14.69
980.73	13.42	980.25	13.85	979.77	14.28	979.30	14.70
980.72	13.42	980.24	13.86	979.76	14.29	979.28	14.72
980.70	13.45	980.22	13.87	979.74	14.30	979.27	14.73
980.69	13.46	980.21	13.89	979.73	14.31	979.26	14.74
980.68	13.47	980.20	13.90	979.72	14.33	979.24	14.75
980.66	13.48	980.18	13.91	979.70	14.34	979.23	14.76
980.65	13.49	980.17	13.92	979.69	14.35	979.22	14.78
980.64	13.51	980.15	13.93	979.68	14.36	979.20	14.79
980.62	13.52	980.14	13.95	979.66	14.37	979.19	14.80
980.61	13.53	980.13	13.96	979.65	14.39	979.18	14.81
980.59	13.54	980.11	13.97	979.64	14.40	979.16	14.83
980.58	13.56	980.10	13.98	979.62	14.41	979.15	14.84
980.57	13.57	980.09	14.00	979.61	14.42	979.13	14.85
980.55	13.58	980.07	14.01	979.60	14.44	979.12	14.86
980.54	13.59	980.06	14.02	979.58	14.45	979.11	14.87
980.52	13.60	980.04	14.03	979.57	14.46	979.09	14.89
980.51	13.62	980.03	14.04	979.55	14.47	979.08	14.90
980.50	13.63	980.02	14.06	979.54	14.48	979.07	14.91
980.48	13.64	980.00	14.07	979.53	14.50	979.05	14.92
980.47	13.65	979.99	14.08	979.51	14.51	979.04	14.94
980.46	13.67	979.98	14.09	979.50	14.52	979.03	14.95
980.44	13.68	979.96	14.11	979.49	14.53	979.01	14.96
980.43	13.69	979.95	14.12	979.47	14.55	979.00	14.97
980.41	13.70	979.94	14.13	979.46	14.56	978.99	14.98
980.40	13.71	979.92	14.14	979.45	14.57	978.97	15.00

附表2 20℃时观测锤度对温度的校正表

观测锤度/°Bx

温度/℃	1	2	3	4	5	6	7	8	9	10	11	12	13	14	15	16	17	18	19	20	21	22	23	24	25	30
应减去的校正值																										
10	0.33	0.34	0.36	0.37	0.38	0.39	0.40	0.41	0.42	0.43	0.44	0.45	0.46	0.47	0.48	0.49	0.50	0.50	0.51	0.52	0.53	0.54	0.55	0.57	0.57	0.60
11	0.32	0.33	0.33	0.34	0.35	0.36	0.37	0.38	0.39	0.40	0.41	0.42	0.42	0.43	0.44	0.45	0.46	0.46	0.47	0.48	0.49	0.49	0.50	0.50	0.51	0.55
12	0.30	0.30	0.31	0.31	0.32	0.33	0.34	0.34	0.35	0.36	0.37	0.38	0.38	0.39	0.40	0.41	0.41	0.42	0.42	0.43	0.44	0.44	0.45	0.45	0.46	0.50
13	0.27	0.27	0.28	0.28	0.29	0.30	0.30	0.31	0.31	0.32	0.33	0.33	0.34	0.34	0.35	0.36	0.36	0.37	0.37	0.38	0.39	0.39	0.40	0.40	0.41	0.44
14	0.24	0.24	0.24	0.25	0.26	0.27	0.27	0.28	0.28	0.29	0.29	0.30	0.30	0.31	0.31	0.32	0.32	0.33	0.33	0.34	0.34	0.35	0.36	0.36	0.36	0.38
15	0.20	0.20	0.20	0.21	0.22	0.22	0.23	0.23	0.24	0.24	0.24	0.25	0.25	0.26	0.26	0.26	0.27	0.27	0.28	0.28	0.28	0.29	0.29	0.30	0.30	0.32
16	0.17	0.17	0.18	0.18	0.18	0.18	0.19	0.19	0.20	0.20	0.20	0.21	0.21	0.22	0.22	0.22	0.22	0.23	0.23	0.23	0.24	0.24	0.25	0.25	0.25	0.26
17	0.13	0.13	0.14	0.14	0.14	0.14	0.14	0.15	0.15	0.15	0.15	0.16	0.16	0.16	0.16	0.16	0.16	0.17	0.17	0.18	0.18	0.18	0.19	0.19	0.19	0.20
18	0.09	0.09	0.10	0.10	0.10	0.10	0.10	0.10	0.10	0.10	0.10	0.10	0.11	0.11	0.11	0.11	0.11	0.12	0.12	0.12	0.12	0.12	0.13	0.13	0.13	0.13
19	0.05	0.05	0.05	0.05	0.05	0.05	0.05	0.05	0.05	0.05	0.05	0.05	0.06	0.06	0.06	0.06	0.06	0.06	0.06	0.06	0.06	0.06	0.06	0.06	0.06	0.07
应加上的校正值																										
21	0.04	0.04	0.05	0.05	0.05	0.05	0.05	0.06	0.06	0.06	0.06	0.06	0.06	0.06	0.06	0.06	0.06	0.06	0.06	0.05	0.06	0.06	0.07	0.07	0.07	0.07
22	0.10	0.10	0.10	0.10	0.10	0.10	0.10	0.11	0.11	0.11	0.11	0.11	0.12	0.12	0.12	0.12	0.12	0.12	0.12	0.12	0.12	0.12	0.13	0.13	0.13	0.14
23	0.16	0.16	0.16	0.16	0.16	0.16	0.16	0.17	0.17	0.17	0.17	0.17	0.17	0.17	0.17	0.17	0.18	0.18	0.19	0.19	0.19	0.19	0.20	0.20	0.20	0.21
24	0.21	0.21	0.22	0.22	0.22	0.22	0.22	0.23	0.23	0.23	0.23	0.23	0.24	0.24	0.24	0.24	0.25	0.25	0.26	0.25	0.26	0.26	0.27	0.27	0.27	0.28
25	0.27	0.27	0.28	0.28	0.28	0.28	0.29	0.29	0.30	0.30	0.30	0.30	0.31	0.31	0.31	0.31	0.31	0.32	0.32	0.32	0.32	0.33	0.33	0.34	0.34	0.35
26	0.33	0.38	0.34	0.34	0.34	0.34	0.35	0.35	0.36	0.36	0.36	0.36	0.37	0.37	0.37	0.38	0.38	0.39	0.39	0.40	0.40	0.40	0.40	0.40	0.40	0.42
27	0.40	0.40	0.41	0.41	0.41	0.41	0.41	0.42	0.42	0.42	0.42	0.43	0.43	0.44	0.44	0.44	0.45	0.45	0.46	0.46	0.46	0.47	0.47	0.48	0.48	0.50
28	0.46	0.46	0.47	0.47	0.47	0.47	0.48	0.48	0.49	0.49	0.49	0.50	0.50	0.51	0.51	0.52	0.52	0.53	0.53	0.54	0.54	0.55	0.55	0.56	0.56	0.58
29	0.54	0.54	0.55	0.55	0.55	0.55	0.55	0.56	0.56	0.56	0.57	0.57	0.58	0.58	0.59	0.59	0.60	0.60	0.61	0.61	0.61	0.62	0.62	0.63	0.63	0.66
30	0.61	0.61	0.62	0.62	0.62	0.62	0.62	0.63	0.63	0.63	0.64	0.64	0.65	0.65	0.66	0.66	0.67	0.67	0.68	0.68	0.68	0.69	0.69	0.70	0.71	0.73

附表 3　不同温度下蒸馏水的折射率

温度/℃	折射率（n_D）	温度/℃	折射率（n_D）
10	1.333 69	26	1.332 40
11	1.333 64	27	1.332 29
12	1.333 58	28	1.332 17
13	1.333 52	29	1.332 06
14	1.333 46	30	1.331 94
15	1.333 39	31	1.331 82
16	1.333 31	32	1.331 70
17	1.333 24	33	1.331 57
18	1.333 16	34	1.331 44
19	1.333 07	35	1.331 31
20	1.332 99	36	1.331 17
21	1.332 90	37	1.331 04
22	1.332 80	38	1.330 90
23	1.332 71	39	1.330 75
24	1.332 61	40	1.330 61
25	1.332 50		

附表4　20℃时折射率与可溶性固形物含量换算表

折射率	可溶性固形物含量/(%，质量分数)	折射率	可溶性固形物含量/(%，质量分数)	折射率	可溶性固形物含量/(%，质量分数)	折射率	可溶性固形物含量/(%，质量分数)	折射率	可溶性固形物含量/(%，质量分数)	折射率	可溶性固形物含量/(%，质量分数)	折射率	可溶性固形物含量/(%，质量分数)
1.3330	0.0	1.3549	14.5	1.3793	29.0	1.4066	43.5	1.4373	58.0	1.4713	72.5
1.3337	0.5	1.3557	15.0	1.3802	29.5	1.4076	44.0	1.4385	58.5	1.4725	73.5
1.3344	1.0	1.3565	15.5	1.3811	30.0	1.4086	44.5	1.4396	59.0	1.4737	73.0
1.3351	1.5	1.3573	16.0	1.3820	30.5	1.4096	45.0	1.4407	59.5	1.4749	74.0
1.3359	2.0	1.3582	16.5	1.3829	31.0	1.4107	45.5	1.4418	60.0	1.4762	74.5
1.3367	2.5	1.3590	17.0	1.3838	31.5	1.4117	46.0	1.4429	60.5	1.4774	75.0
1.3373	3.0	1.3598	17.5	1.3847	32.0	1.4127	46.5	1.4441	61.0	1.4787	75.5
1.3381	3.5	1.3606	18.0	1.3856	32.5	1.4137	47.0	1.4453	61.5	1.4799	76.0
1.3388	4.0	1.3614	18.5	1.3865	33.0	1.4147	47.5	1.4464	62.0	1.4812	76.5
1.3395	4.5	1.3622	19.0	1.3874	33.5	1.4158	48.0	1.4475	62.5	1.4825	77.0
1.3403	5.0	1.3631	19.5	1.3883	34.0	1.4169	48.5	1.4486	63.0	1.4838	77.5
1.3411	5.5	1.3639	20.0	1.3893	34.5	1.4179	49.0	1.4497	63.5	1.4850	78.0
1.3418	6.0	1.3647	20.5	1.3902	35.0	1.4189	49.5	1.4509	64.0	1.4863	78.5
1.3425	6.5	1.3655	21.0	1.3911	35.5	1.4200	50.0	1.4521	64.5	1.4876	79.0
1.3433	7.0	1.3663	21.5	1.3920	36.0	1.4211	50.5	1.4532	65.0	1.4888	79.5
1.3441	7.5	1.3672	22.0	1.3929	36.5	1.4221	51.0	1.4544	65.5	1.4901	80.0
1.3448	8.0	1.3681	22.5	1.3939	37.0	1.4231	51.5	1.4555	66.0	1.4914	80.5
1.3456	8.5	1.3689	23.0	1.3949	37.5	1.4242	52.0	1.4570	66.5	1.4927	81.0
1.3464	9.0	1.3698	23.5	1.3958	38.0	1.4253	52.5	1.4581	67.0	1.4941	81.5
1.3471	9.5	1.3706	24.0	1.3968	38.5	1.4264	53.0	1.4593	67.5	1.4954	82.0
1.3479	10.0	1.3715	24.5	1.3978	39.0	1.4275	53.5	1.4605	68.0	1.4967	82.5
1.3487	10.5	1.3723	25.0	1.3987	39.5	1.4285	54.0	1.4616	68.5	1.4980	83.0
1.3494	11.0	1.3731	25.5	1.3997	40.0	1.4296	54.5	1.4628	69.0	1.4993	83.5
1.3502	11.5	1.3740	26.0	1.4007	40.5	1.4307	55.0	1.4639	69.5	1.5007	84.0
1.3510	12.0	1.3749	26.5	1.4016	41.0	1.4318	55.5	1.4651	70.0	1.5020	84.5
1.3518	12.5	1.3758	27.0	1.4026	41.5	1.4329	56.0	1.4663	70.5	1.5033	85.0
1.3526	13.0	1.3767	27.5	1.4036	42.0	1.4340	56.5	1.4676	71.0		
1.3533	13.5	1.3775	28.0	1.4046	42.5	1.4351	57.0	1.4688	71.5		
1.3541	14.0	1.3781	28.5	1.4056	43.0	1.4362	57.5	1.4700	72.0		

附表5　20°C时可溶性固形物含量对温度的校正表

可溶性固形物含量/（%，质量分数）

温度/°C	0	5	10	15	20	25	30	35	40	45	50	55	60	65	70
						应减去的校正值									
10	0.50	0.54	0.58	0.61	0.64	0.66	0.68	0.70	0.72	0.73	0.74	0.75	0.76	0.78	0.79
11	0.46	0.49	0.53	0.55	0.58	0.60	0.62	0.64	0.65	0.66	0.67	0.68	0.69	0.70	0.71
12	0.42	0.45	0.48	0.50	0.52	0.54	0.56	0.57	0.58	0.59	0.60	0.61	0.61	0.63	0.63
13	0.37	0.40	0.42	0.44	0.46	0.48	0.49	0.50	0.51	0.52	0.53	0.54	0.54	0.55	0.55
14	0.33	0.35	0.37	0.39	0.40	0.41	0.42	0.43	0.44	0.45	0.45	0.46	0.46	0.47	0.48
15	0.27	0.29	0.31	0.33	0.34	0.34	0.35	0.36	0.37	0.37	0.38	0.39	0.39	0.40	0.40
16	0.22	0.24	0.25	0.26	0.27	0.28	0.28	0.29	0.30	0.30	0.30	0.31	0.31	0.32	0.32
17	0.17	0.18	0.19	0.20	0.21	0.21	0.21	0.22	0.22	0.23	0.23	0.23	0.23	0.24	0.24
18	0.12	0.13	0.13	0.14	0.14	0.14	0.14	0.15	0.15	0.15	0.15	0.16	0.16	0.16	0.16
19	0.06	0.06	0.06	0.07	0.07	0.07	0.07	0.08	0.08	0.08	0.08	0.08	0.08	0.08	0.08
						应加上的校正值									
21	0.06	0.07	0.07	0.07	0.07	0.08	0.08	0.08	0.08	0.08	0.08	0.08	0.08	0.08	0.08
22	0.13	0.13	0.14	0.14	0.15	0.15	0.15	0.15	0.15	0.16	0.16	0.16	0.16	0.16	0.16
23	0.19	0.20	0.21	0.22	0.22	0.23	0.23	0.23	0.23	0.24	0.24	0.24	0.24	0.24	0.24
24	0.26	0.27	0.28	0.29	0.30	0.30	0.31	0.31	0.31	0.31	0.31	0.32	0.32	0.32	0.32
25	0.33	0.35	0.36	0.37	0.38	0.38	0.39	0.40	0.40	0.40	0.40	0.40	0.40	0.40	0.40
26	0.40	0.42	0.43	0.44	0.45	0.46	0.47	0.48	0.48	0.48	0.48	0.48	0.48	0.48	0.48
27	0.48	0.50	0.52	0.53	0.54	0.55	0.55	0.56	0.56	0.56	0.56	0.56	0.56	0.56	0.56
28	0.56	0.57	0.60	0.61	0.62	0.63	0.63	0.63	0.64	0.64	0.64	0.64	0.64	0.64	0.64
29	0.64	0.66	0.68	0.69	0.71	0.72	0.72	0.73	0.73	0.73	0.73	0.73	0.73	0.73	0.73
30	0.72	0.74	0.77	0.78	0.79	0.80	0.80	0.81	0.81	0.81	0.81	0.81	0.81	0.81	0.81

附表6 相当于氧化亚铜质量的葡萄糖、果糖、乳糖、转化糖质量表 单位：mg

氧化亚铜	葡萄糖	果糖	乳糖（含水）	转化糖	氧化亚铜	葡萄糖	果糖	乳糖（含水）	转化糖
11.3	4.6	5.1	7.7	5.2	51.8	22.1	24.4	35.2	23.5
12.4	5.1	5.6	8.5	5.7	52.9	22.6	24.9	36.0	24.0
13.5	5.6	6.1	9.3	6.2	54.0	23.1	25.4	36.8	24.5
14.6	6.0	6.7	10.0	6.7	55.2	23.6	26.0	37.5	25.0
15.8	6.5	7.2	10.8	7.2	56.3	24.1	26.5	38.3	25.5
16.9	7.0	7.7	11.5	7.7	57.4	24.6	27.1	39.1	26.0
18.0	7.5	8.3	12.3	8.2	58.5	25.1	27.6	39.8	26.5
19.1	8.0	8.8	13.1	8.7	59.7	25.6	28.2	40.6	27.0
20.3	8.5	9.3	13.8	9.2	60.8	26.1	28.7	41.4	27.6
21.4	8.9	9.9	14.6	9.7	61.9	26.5	29.2	42.1	28.1
22.5	9.4	10.4	15.4	10.2	63.0	27.0	29.8	42.9	28.6
23.6	9.9	10.9	16.1	10.7	64.2	27.5	30.3	43.7	29.1
24.8	10.4	11.5	16.9	11.2	65.3	28.0	30.9	44.4	29.6
25.9	10.9	12.0	17.7	11.7	66.4	28.5	31.4	45.2	30.1
27.0	11.4	12.5	18.4	12.3	67.6	29.0	31.9	46.0	30.6
28.1	11.9	13.1	19.2	12.8	68.7	29.5	32.5	46.7	31.2
29.3	12.3	13.6	19.9	13.3	69.8	30.0	33.0	47.5	31.7
30.4	12.8	14.2	20.7	13.8	70.9	30.5	33.6	48.3	32.2
31.5	13.3	14.7	21.5	14.3	72.1	31.0	34.1	49.0	32.7
32.6	13.8	15.2	22.2	14.8	73.2	31.5	34.7	49.8	33.2
33.8	14.3	15.8	23.0	15.3	74.3	32.0	35.2	50.6	33.7
34.9	14.8	16.0	23.8	15.8	75.4	32.5	35.8	51.3	34.3
36.0	15.3	16.8	24.5	16.3	76.6	33.0	36.3	52.1	34.8
37.2	15.7	17.4	25.3	16.8	77.7	33.5	36.8	52.9	35.3
38.3	16.2	17.9	26.1	17.3	78.8	34.0	37.4	53.6	35.8
39.4	16.7	18.4	26.8	17.8	79.9	34.5	37.9	54.4	36.3
40.5	17.2	19.0	27.6	18.3	81.1	35.0	38.5	55.2	36.8
41.7	17.7	19.5	28.4	18.9	82.2	35.5	39.0	55.9	37.4
42.8	18.2	20.1	29.1	19.4	83.3	36.0	39.6	56.7	37.9
43.9	18.7	20.6	29.9	19.9	84.4	36.5	40.1	57.5	38.4
45.0	19.2	21.1	30.6	20.4	85.6	37.0	40.7	58.2	38.9
46.2	19.7	21.7	31.4	20.9	86.7	37.5	41.2	59.0	39.4
47.3	20.1	22.2	32.2	21.4	87.8	38.0	41.7	59.8	40.0
48.4	20.6	22.8	32.9	21.9	88.9	38.5	42.3	60.5	40.5
49.5	21.1	23.3	33.7	22.4	90.1	39.0	42.8	61.3	41.0
50.7	21.6	23.8	34.5	22.9	91.2	39.5	43.4	62.1	41.5

氧化亚铜	葡萄糖	果糖	乳糖（含水）	转化糖	氧化亚铜	葡萄糖	果糖	乳糖（含水）	转化糖
92.3	40.0	43.9	62.8	42.0	136.2	59.7	65.4	92.8	62.6
93.4	40.5	44.5	63.6	42.6	137.4	60.2	66.0	93.6	63.1
94.6	41.0	45.0	64.4	43.1	138.5	60.7	66.5	94.4	63.6
95.7	41.5	45.6	65.1	43.6	139.6	61.3	67.1	95.2	64.2
96.8	42.0	46.1	65.9	44.1	140.7	61.8	67.7	95.9	64.7
97.9	42.5	46.7	66.7	44.7	141.9	62.3	68.2	96.7	65.2
99.1	43.0	47.2	67.4	45.2	143.0	62.8	68.8	97.5	65.8
100.2	43.5	47.8	68.2	45.7	144.1	63.3	69.3	98.2	66.3
101.3	44.0	48.3	69.0	46.2	145.2	63.8	69.9	99.0	66.8
102.5	44.5	48.9	69.7	46.7	146.4	64.3	70.4	99.8	67.4
103.6	45.0	49.4	70.5	47.3	147.5	64.9	71.0	100.6	69.7
104.7	45.5	50.0	71.3	47.8	148.6	65.4	71.6	101.3	68.4
105.8	46.0	50.5	72.1	48.3	149.7	65.9	72.1	102.1	69.0
107.0	46.5	51.1	72.8	48.8	150.9	66.4	72.7	102.9	69.5
108.1	47.0	51.6	73.6	49.4	152.0	66.9	73.2	103.6	70.0
109.2	47.5	52.2	74.4	49.9	153.1	67.4	73.8	104.4	70.6
110.3	48.0	52.7	75.1	50.4	154.2	68.0	74.3	105.2	71.1
111.5	48.5	53.3	75.9	50.9	155.4	68.5	74.9	106.0	71.6
112.6	49.0	53.8	76.7	51.5	156.5	69.0	75.5	106.7	72.2
113.7	49.5	54.4	77.4	52.0	157.6	69.5	76.0	107.5	72.7
114.8	50.0	54.9	78.2	52.5	158.7	70.0	76.6	108.3	73.2
116.0	50.6	55.5	79.0	53.0	159.9	70.5	77.1	109.0	73.8
117.1	51.1	56.0	79.7	53.6	161.0	71.1	77.7	109.8	74.3
118.2	51.6	56.6	80.5	54.1	162.1	71.6	78.3	110.6	74.9
119.3	52.1	57.1	81.3	54.6	163.2	72.1	78.8	111.4	75.4
120.5	52.6	57.7	82.1	55.2	164.4	72.6	79.4	112.1	75.9
121.6	53.1	58.2	82.8	55.7	165.5	73.1	80.0	112.9	76.5
122.7	53.6	58.8	83.6	56.2	166.6	73.7	80.5	113.7	77.0
123.8	54.1	59.3	84.4	56.7	167.8	74.2	81.1	114.4	77.6
125.0	54.6	59.9	85.1	57.3	168.9	74.7	81.6	115.2	78.1
126.1	55.1	60.4	85.9	57.8	170.0	75.2	82.2	116.0	78.6
127.2	55.6	61.0	86.7	58.3	171.0	75.7	82.8	116.8	79.2
128.3	56.1	61.6	87.4	58.9	172.3	76.3	83.3	117.5	79.7
129.5	56.7	62.1	88.2	59.4	173.4	76.8	83.9	118.3	80.3
130.6	57.2	62.7	89.0	59.9	174.5	77.3	84.4	119.1	80.8
131.7	57.7	63.2	89.8	60.4	175.6	77.8	85.0	119.9	81.3
132.8	58.2	63.8	90.5	61.0	176.8	78.3	85.6	120.6	81.9
134.0	58.7	64.3	91.3	61.5	177.9	78.9	86.1	121.4	82.4
135.1	59.2	64.9	92.1	62.0	179.0	79.4	86.7	122.2	83.0

氧化亚铜	葡萄糖	果糖	乳糖（含水）	转化糖	氧化亚铜	葡萄糖	果糖	乳糖（含水）	转化糖
180.1	79.9	87.3	122.9	83.5	224.0	100.5	109.4	153.2	104.8
181.3	80.4	87.8	123.7	84.0	225.2	101.1	110.0	153.9	105.4
182.4	81.0	88.4	124.5	84.6	226.3	101.6	110.6	154.7	106.0
183.5	81.5	89.0	125.3	85.1	227.4	102.2	111.1	155.5	106.5
184.5	82.0	89.5	126.0	85.7	228.5	102.7	111.7	156.3	107.1
185.8	82.5	90.1	126.8	86.2	229.7	103.2	112.3	157.0	107.6
186.9	83.1	90.6	127.6	86.8	230.8	103.8	112.9	157.8	108.2
188.0	83.6	91.2	128.4	87.3	231.9	104.3	113.4	158.6	108.7
189.1	84.1	91.8	129.1	87.8	233.1	104.8	114.0	159.4	109.3
190.3	84.6	92.3	129.9	88.4	234.2	105.4	114.6	160.2	109.8
191.4	85.2	92.9	130.7	88.9	235.3	105.9	115.2	160.9	110.4
192.5	85.7	93.5	131.5	89.5	236.4	106.5	115.7	161.7	110.9
193.6	86.2	94.0	132.2	90.0	237.6	107.0	116.3	162.5	111.5
194.8	86.7	94.6	133.0	90.6	238.7	107.5	116.9	163.3	112.1
195.9	87.3	95.2	133.8	91.1	239.8	108.1	117.5	164.0	112.6
197.0	87.8	95.7	134.6	91.7	240.9	108.6	118.0	164.8	113.2
198.1	88.3	96.3	135.3	92.2	242.1	109.2	118.6	165.6	113.7
199.3	88.9	96.9	136.1	92.8	243.1	109.7	119.2	166.4	114.3
200.4	89.4	97.4	136.9	93.3	244.3	110.2	119.8	167.1	114.9
201.5	89.9	98.0	137.7	93.8	245.4	110.8	120.3	167.9	115.4
202.7	90.4	98.6	138.4	94.4	246.6	111.3	120.9	168.7	116.0
203.8	91.0	99.2	139.2	94.9	247.7	111.9	121.5	169.5	116.5
204.9	91.5	99.7	140.0	95.5	247.8	112.4	122.1	170.3	117.1
206.0	92.0	100.3	140.8	96.0	247.9	112.9	122.6	171.0	117.6
207.2	92.6	100.9	141.5	96.6	251.1	113.5	123.2	171.8	118.2
208.3	93.1	101.4	142.3	97.1	252.2	114.0	123.8	172.6	118.8
209.4	93.6	102.0	143.1	97.7	253.3	114.6	124.4	173.4	119.3
210.5	94.2	102.6	143.9	98.2	254.4	115.1	125.0	174.2	119.9
211.7	94.7	103.1	144.6	98.8	255.6	115.7	125.5	174.9	120.4
212.8	95.2	103.7	145.4	99.3	256.7	116.2	126.1	175.7	121.0
213.9	95.7	104.3	146.2	99.9	257.8	116.7	126.7	176.5	120.6
215.0	96.3	104.8	147.0	100.4	258.9	117.3	127.3	177.3	122.1
216.2	96.8	105.4	147.7	101.0	260.1	117.8	127.9	178.1	122.7
217.3	97.3	106.0	148.5	101.5	261.2	118.4	128.4	178.8	123.3
218.4	97.9	106.6	149.3	102.1	262.3	118.9	129.0	179.6	123.8
219.5	98.4	107.1	150.1	105.6	263.4	119.5	129.6	180.4	124.4
220.7	98.9	107.7	150.8	103.2	264.6	120.0	130.2	181.2	124.9
221.8	99.5	108.3	151.6	103.7	265.7	120.6	130.8	181.9	125.5
222.9	100.0	108.8	152.4	104.3	266.8	121.1	131.3	182.7	126.1

续表

氧化亚铜	葡萄糖	果糖	乳糖（含水）	转化糖	氧化亚铜	葡萄糖	果糖	乳糖（含水）	转化糖
268.0	121.7	131.9	183.5	126.6	311.9	143.2	154.8	214.0	148.9
269.1	122.2	132.5	184.3	127.2	313.0	143.8	155.4	214.7	149.4
270.2	122.7	133.1	185.1	127.8	314.1	144.4	156.0	215.5	150.0
271.3	123.3	133.7	185.8	128.3	315.2	144.9	156.5	216.3	150.6
272.5	123.8	134.2	186.6	128.9	316.4	145.5	157.1	217.1	151.2
273.6	124.4	134.8	187.4	129.5	317.5	146.0	157.7	217.9	151.8
274.7	124.9	135.4	188.2	130.0	318.6	146.6	158.3	218.7	152.3
275.8	125.5	136.0	189.0	130.6	319.7	147.2	158.9	219.4	152.9
277.0	126.0	136.6	189.7	131.2	320.9	147.7	159.5	220.2	153.5
278.1	126.6	137.2	190.5	131.7	322.0	148.3	160.1	221.0	154.1
279.2	127.1	137.7	191.3	132.3	323.1	148.8	160.7	221.8	154.6
280.3	127.7	138.3	192.1	132.9	324.2	149.4	161.3	222.6	155.2
281.5	128.2	138.9	192.9	133.4	325.4	150.0	161.9	223.3	155.8
282.6	128.8	139.5	193.6	134.0	326.5	150.5	162.5	224.1	156.4
283.7	129.3	140.1	194.4	134.6	327.6	154.1	163.1	224.9	157.0
284.8	129.9	140.7	195.2	135.1	328.7	151.7	163.7	225.7	157.5
286.0	130.4	141.3	196.0	135.7	329.9	152.2	164.3	226.5	158.1
287.1	131	141.8	196.8	136.3	331.0	152.8	164.9	227.3	158.7
288.2	131.6	142.4	197.5	136.8	332.1	153.4	165.4	228.0	159.3
289.3	132.1	143.0	198.3	137.4	333.3	153.9	166.0	228.8	159.9
290.5	132.7	143.6	199.1	138.0	334.4	154.5	166.6	229.6	160.5
291.6	133.2	144.2	199.9	138.6	335.5	155.1	167.2	230.4	161.0
292.7	133.8	144.8	200.7	139.1	336.6	155.6	167.8	231.2	161.6
293.8	134.3	145.4	201.4	139.7	337.8	156.2	168.4	232.0	162.2
295.0	134.9	145.9	202.2	140.3	338.9	156.8	169.0	232.7	162.8
296.1	135.4	146.5	203.0	140.8	340.0	157.3	169.6	233.5	163.4
297.2	136	147.1	203.8	141.4	341.1	157.9	170.2	234.3	164.0
298.3	136.5	147.7	204.6	142.0	342.3	158.5	170.8	235.1	164.5
299.5	137.1	148.3	205.3	142.6	343.4	159.0	171.4	235.9	165.1
300.6	137.7	148.9	206.1	143.1	344.5	159.6	172.0	236.7	165.7
301.7	138.2	149.5	206.9	143.7	345.6	160.2	172.6	237.4	166.3
302.9	138.8	150.1	207.7	144.3	346.8	160.7	173.2	238.2	166.9
304.0	139.3	150.6	208.5	144.8	347.9	161.3	173.8	239.0	167.5
305.1	139.9	151.2	209.2	145.4	349.0	161.9	174.4	239.8	168.0
306.2	140.4	151.8	210.0	146.0	350.1	162.5	175.0	240.6	168.6
307.4	141	152.4	210.8	146.6	351.3	163.0	175.6	241.4	169.2
308.5	141.6	153.0	211.6	147.1	352.4	163.6	176.2	242.2	169.8
309.6	142.1	153.6	212.4	147.7	353.5	164.2	176.8	243.0	170.4
310.7	142.7	154.2	213.2	148.3	354.6	164.7	177.4	243.7	171.0

续表

氧化亚铜	葡萄糖	果糖	乳糖（含水）	转化糖	氧化亚铜	葡萄糖	果糖	乳糖（含水）	转化糖
355.8	165.3	178.0	244.5	171.6	399.7	187.9	201.6	275.2	194.8
356.9	165.9	178.6	245.3	172.2	400.8	188.5	202.2	276.0	195.4
358.0	166.5	179.2	246.1	172.8	401.9	189.1	202.8	276.8	196.0
359.1	167.0	179.8	246.9	173.3	403.1	189.7	203.4	277.6	196.6
360.3	167.6	180.4	247.7	173.9	404.2	190.3	204.0	278.4	197.2
361.4	168.2	181.0	248.5	174.5	405.3	190.9	204.7	279.2	197.8
362.5	168.8	181.6	249.2	175.1	406.4	191.5	205.3	280.0	198.4
363.6	169.3	182.2	250.0	175.7	407.6	192.0	205.9	280.8	199.0
364.8	169.9	182.8	250.8	176.3	408.7	192.6	206.5	281.6	199.6
365.9	170.5	183.4	251.6	176.9	409.8	193.2	207.1	282.4	200.2
367.0	171.1	184.0	252.4	177.5	410.9	193.8	207.7	283.2	200.8
368.2	171.6	184.6	253.2	178.1	412.1	194.4	208.3	284.0	201.4
369.3	172.2	185.2	253.9	178.7	413.2	195.0	209.0	284.8	202.0
370.4	172.8	185.8	254.7	179.3	414.3	195.6	209.6	285.6	202.6
371.5	173.4	186.4	255.5	179.8	415.4	196.2	210.2	286.3	203.2
372.7	173.9	187.0	256.3	180.4	416.6	196.8	210.8	287.1	203.8
373.8	174.5	187.6	257.1	181.0	417.7	197.4	211.4	287.9	204.4
374.9	175.1	188.2	257.9	181.6	418.8	198.0	212.0	288.7	205.0
376.0	175.7	188.8	258.7	182.2	419.9	198.5	212.6	289.5	205.7
377.2	176.3	189.4	259.4	182.8	421.1	199.1	213.3	290.3	206.3
378.3	176.8	190.1	260.2	183.4	422.2	199.7	213.9	291.1	206.9
379.4	177.4	190.7	261.0	184.0	423.3	200.3	214.5	291.9	207.5
380.5	178.0	191.3	261.8	184.6	424.4	200.9	215.1	292.7	208.1
381.7	178.6	191.9	262.6	185.2	425.6	201.5	215.7	293.5	208.7
382.8	179.2	192.5	263.4	185.8	426.7	202.1	216.3	294.3	209.3
383.9	179.7	193.1	264.2	186.4	427.8	202.7	217.0	295.0	209.9
385.0	180.3	193.7	265.0	187.0	428.9	203.5	217.6	295.8	210.5
386.2	180.9	194.3	265.8	187.6	430.1	203.9	218.2	296.6	211.1
387.3	181.5	194.9	266.6	188.2	431.2	204.5	218.8	297.4	211.8
388.4	182.1	195.5	267.4	188.8	432.3	205.1	219.5	298.2	212.4
389.5	182.7	196.1	268.1	189.4	433.5	205.1	220.1	299.0	213.0
390.7	183.2	196.7	268.9	190.0	434.6	206.3	220.7	299.8	213.6
391.8	183.8	197.3	269.7	190.6	435.7	206.9	221.3	300.6	214.2
392.9	184.4	197.9	270.5	191.2	436.8	207.5	221.9	301.4	214.8
394.0	185.0	198.5	271.3	191.8	438.0	208.1	222.6	302.2	215.4
395.2	185.6	199.2	272.1	192.4	439.1	208.7	232.2	303.0	216.0
396.3	186.2	199.8	272.9	193.0	440.2	209.3	223.8	303.8	216.7
397.4	186.8	200.4	273.7	193.6	441.3	209.9	224.4	304.6	217.3
398.5	187.3	201.0	274.4	194.2	442.5	210.5	225.1	305.4	217.9

氧化亚铜	葡萄糖	果糖	乳糖（含水）	转化糖	氧化亚铜	葡萄糖	果糖	乳糖（含水）	转化糖
443.6	211.1	225.7	306.2	218.5	463.8	222.0	237.1	320.7	229.7
444.7	211.7	226.3	307.0	219.1	465.0	222.6	237.7	321.6	230.4
445.8	212.3	226.9	307.8	219.8	466.1	223.3	238.4	322.4	231.0
447.0	212.9	227.6	308.6	220.4	467.2	223.9	239.0	323.3	231.7
448.1	213.5	228.2	309.4	221.0	468.4	224.5	239.7	324.0	232.3
449.2	214.1	228.8	310.2	221.6	469.5	225.1	240.3	324.9	232.9
450.3	214.7	229.4	311.0	222.2	470.6	225.7	241.0	325.7	233.6
451.5	215.3	230.1	311.8	222.9	471.7	226.3	241.6	326.5	234.2
452.6	215.9	230.7	312.6	223.5	472.9	227.0	242.2	327.4	234.8
453.7	216.5	231.3	313.4	224.1	474.0	227.6	242.9	328.2	235.5
454.8	217.1	232.0	314.2	224.7	475.1	228.2	243.6	329.1	236.1
456.0	217.8	232.6	315.0	225.4	476.2	228.8	244.3	329.9	236.8
457.1	218.4	233.2	315.9	226.0	477.4	229.5	244.9	330.8	237.5
458.2	219.0	233.9	316.7	226.6	478.5	230.1	245.6	331.7	238.1
459.3	219.6	234.5	317.5	227.2	479.6	230.7	246.3	332.6	238.8
460.5	220.2	235.1	318.3	227.9	480.7	231.4	247.0	333.5	239.5
461.6	220.8	235.8	319.1	228.5	481.9	232.0	247.8	334.4	240.2
462.7	221.4	236.4	319.9	229.1	483.0	232.7	248.5	335.3	240.8

附表7 0.1mol/L 铁氰化钾体积与还原糖含量对照表

0.1mol/L 铁氰化钾体积/mL	还原糖含量/%	0.1mol/L 铁氰化钾体积/mL	还原糖含量/%	0.1mol/L 铁氰化钾体积/mL	还原糖含量/%	0.1mol/L 铁氰化钾体积/mL	还原糖含量/%
0.10	0.05	2.30	1.16	4.50	2.37	6.70	3.79
0.20	0.10	2.40	1.21	4.60	2.44	6.80	3.85
0.30	0.15	2.50	1.26	4.70	2.51	6.90	3.92
0.40	0.20	2.60	1.30	4.80	2.57	7.00	3.98
0.50	0.25	2.70	1.35	4.90	2.64	7.10	4.06
0.60	0.31	2.80	1.40	5.00	2.70	7.20	4.12
0.70	0.36	2.90	1.45	5.10	2.76	7.30	4.18
0.80	0.41	3.00	1.51	5.20	2.82	7.40	4.25
0.90	0.46	3.10	1.56	5.30	2.88	7.50	4.31
1.00	0.51	3.20	1.61	5.40	2.95	7.60	4.38
1.10	0.56	3.30	1.66	5.50	3.02	7.70	4.45
1.20	0.60	3.40	1.71	5.60	3.08	7.80	4.51
1.30	0.65	3.50	1.76	5.70	3.15	7.90	4.58
1.40	0.71	3.60	1.82	5.80	3.22	8.00	4.65
1.50	0.76	3.70	1.88	5.90	3.28	8.10	4.72
1.60	0.80	3.80	1.95	6.00	3.34	8.20	4.78
1.70	0.85	3.90	2.01	6.10	3.41	8.30	4.85
1.80	0.90	4.00	2.07	6.20	3.47	8.40	4.92
1.90	0.96	4.10	2.13	6.30	3.53	8.50	4.99
2.00	1.01	4.20	2.18	6.40	3.60	8.60	5.05
2.10	1.06	4.30	2.25	6.50	3.67	8.70	5.12
2.20	1.11	4.40	2.31	6.60	3.73	8.80	5.19

注：还原糖含量以麦芽糖计算。

附表 8　硫代硫酸钠的毫摩尔数同葡萄糖量（m_3）的换算关系

硫代硫酸钠毫摩尔数 X_3 $[10\times(V_{空}-V_3)c]$	相应的葡萄糖量	
	m_3/mg	$\Delta m_3/mg$
1	2.4	
2	4.8	
3	7.2	
4	9.7	
5	12.2	
6	14.7	
7	17.2	
8	19.8	
9	22.4	
10	25.0	
11	27.6	
12	30.3	
13	33.0	
14	35.7	
15	38.5	
16	41.3	
17	44.2	
18	47.1	
19	50.0	
20	53.0	
21	56.0	
22	59.1	
23	62.2	
24	65.3	
25	68.4	